《煤矿安全生产标准化管理体系基本要求及评分方法》理解与适用

应急管理部信息研究院　组织编写

应急管理出版社

·北　京·

图书在版编目（CIP）数据

《煤矿安全生产标准化管理体系基本要求及评分方法》理解与适用 / 应急管理部信息研究院组织编写. -- 北京 : 应急管理出版社，2024. -- ISBN 978-7-5237-0862-0

Ⅰ. TD7-65

中国国家版本馆 CIP 数据核字第 2024LN7206 号

《煤矿安全生产标准化管理体系基本要求及评分方法》理解与适用

组织编写 应急管理部信息研究院
责任编辑 郭玉娟
责任校对 李新荣
封面设计 解雅欣

出版发行 应急管理出版社（北京市朝阳区芍药居 35 号 100029）
电　　话 010－84657898（总编室） 010－84657880（读者服务部）
网　　址 www. cciph. com. cn
印　　刷 河北赛文印刷有限公司
经　　销 全国新华书店

开　　本 710mm×1000mm 1/16 **印张** 24 3/4 **字数** 433 千字
版　　次 2024 年 12 月第 1 版 2024 年 12 月第 1 次印刷
社内编号 20240933 **定价** 118.00 元

前　　言

《煤矿安全生产标准化管理体系基本要求及评分方法》经国家矿山安全监察局正式印发，自2024年11月1日起施行。为了协助煤矿及其上级单位准确把握和正确理解标准，做好煤矿安全生产标准化相关工作，提升煤矿安全管理水平，我们组织编写了《〈煤矿安全生产标准化管理体系基本要求及评分方法〉理解与适用》一书。

《〈煤矿安全生产标准化管理体系基本要求及评分方法〉理解与适用》一书针对《煤矿安全生产标准化管理体系基本要求及评分方法》评分表中的基本要求，按照“依据的法律、法规、规程、标准有哪些——部分专业词语是什么、为什么这么做、有什么作用——怎么做——需要建立哪些资料”的脉络，建立了“标准原文”“条文依据”“条文内涵”“实施要点”“资料清单”的要素阐释结构，对煤矿安全生产标准化管理体系基本要求进行深入阐述。

本书主要编制原则如下：

（1）面向基层。重点是帮助煤矿基层管理人员准确、全面理解煤矿安全生产标准化的内涵要求，理清各专业安全生产管理工作思路和工作方法，明确工作重点和工作突破口，为煤矿安全生产标准化管理体系建设工作高质量发展奠定基础。

（2）解疑答惑。针对煤矿及其上级单位和检查专家在考核过程中存在理解不统一、依据标准不统一的问题，本书对上述问题进行分析和阐述，提出参考建议。

（3）标准梳理。目前煤矿的现状是规范标准由多部门发布，同一规范标准内容要求不一致现象十分突出，而且大多数基层管理人员对很多规范标准不了解。为此编者在众多规范标准中遴选出对煤矿现场安全生产有指导意义的条款，方便煤矿各专业人员学习掌握。

《〈煤矿安全生产标准化管理体系基本要求及评分方法〉理解与适用》一书中内容仅作为煤矿开展安全生产标准化管理体系建设的实践参考，也可作为煤矿安全生产管理的参考书、安全生产管理人员的工具书。

由于编者水平有限，本书可能存在不妥之处，请各位读者不吝赐教，以供后续修改完善。

编　者

2024年11月

目　　录

第 1 部分　安全基础管理……………………………………………… 1
第 2 部分　重大灾害防治 ……………………………………………… 45
第 3 部分　专业管理……………………………………………………… 109
3. 1　通风 ……………………………………………………………… 109
3. 2　地质测量 ………………………………………………………… 145
3. 3　采煤 ……………………………………………………………… 182
3. 4　掘进 ……………………………………………………………… 208
3. 5　机电 ……………………………………………………………… 241
3. 6　运输 ……………………………………………………………… 297
3. 7　调度应急和“三堂一舍” ………………………………………… 352

第1部分　安全基础管理

一、安全目标

（一）目标内容

【标准原文】

结合煤矿实际明确年度安全目标，包括但不限于工伤事故、标准化达标创建等量化考核指标，分解、制定完成目标的工作任务和措施，并对考核奖惩等内容作出规定。

【条文依据】

《职业健康安全管理体系　要求及使用指南》（GB/T 45001—2020）第6.2.1条；《企业安全生产标准化基本规范》（GB/T 33000—2016）第5.1.1条。

【条文内涵】

"安全目标"是指要实现的安全生产结果。"制定完成目标的工作任务和措施"是指为了煤矿安全生产目标的实现，所制定的工作任务或采取的措施。"分解"是指应将工作任务和措施细化，分解到各部门和区（队），并明确具体的完成时限。

【实施要点】

要点1：安全目标的制定原则——"SMART"原则

（1）S（Specific）：明确性。目标必须是具体的，不能模糊不清。目标的设定应使各级员工清楚，目标避免使用模糊词语，如"加强安全培训教育""提升安全管理水平"等。

（2）M（Measurable）：可衡量性。目标应尽可能量化，但必须能衡量，就是说能够清楚是否完成目标。

（3）A（Attainable）：可达成性。目标应该是通过努力可以实现的。避免设置过高，再努力也完不成，同样也避免设置过低，不需努力就能完成。目标应略高于现有水平，通过努力可以实现。

（4）R（Relevant）：相关性。目标必须与组织的整体目标相关联。

（5）T（Time - bound）：时限性。目标必须有明确的时间限制。

要点 2：安全目标的发布形式与内容

煤矿可以单独制定安全目标及管理方案或在安全生产 1 号文件中明确年度安全生产目标和工作任务或措施。目标应至少包含工伤事故控制要求和安全生产标准化应达到的结果。这里的工伤事故控制要求包括死亡事故、重伤事故、轻伤事故等。

要点 3：落实安全目标的工作任务或措施的分解

工作任务或措施应符合实际，具有可操作性，安全生产 1 号文件中工作任务较宏观的，可制定 1 号文件分解表，细化为具体工作，分解到具体负责部门或区（队），明确各项工作任务的完成时间要求。

【资料清单】

煤矿安全生产 1 号文件（1 号文件分解表）或煤矿年度安全目标与管理方案。

（二）考核奖惩

【标准原文】

每季度统计安全目标任务完成情况；未按时完成的分析原因，提出改进措施；每年对安全目标任务完成情况进行考核，并严格兑现奖惩。

【条文依据】

《企业安全生产标准化基本规范》（GB/T 33000—2016）第 5. 1. 1 条。

【条文内涵】

"改进措施"表示三个方面的含义，一是出现因管理等主观原因导致工作任务或措施制定得不合理，无法执行的情况，应组织进行分析，在下次制定工作任务或措施时充分吸取教训进行改进，提高工作任务或措施制定的科学性和合理性；二是出现因管理等主观原因导致工作任务或措施未能按照计划执行的，应分析产生原因，针对原因制定措施，提高执行力；三是因客观原因导致工作任务或措施未能按期或按要求进行执行的，应及时对计划进行调整。

"考核"不仅是对目标完成情况的考核，更要加强对工作任务或措施的执行情况进行考核，确保工作任务或措施能够得到执行或落实，提高煤矿安全生产工作的执行力。

【实施要点】

要点 1：目标统计与分析

煤矿应指定部门每个季度对安全目标、工作任务或措施的完成情况进行一次统计，对于安全目标、工作任务或措施未能按时完成的，应认真分析其根本原因，制定并落实改进措施。

要点2：目标考核与奖惩

年底前煤矿应当根据相关管理制度的规定组织对安全目标、工作任务或措施完成情况进行考核，考核应具体到部门（区队），并根据考核结果兑现奖惩，奖惩可以是具体金额的奖惩，也可以和安全结构工资挂钩。

【资料清单】

（1）季度安全目标、工作任务或措施落实情况统计表。

（2）安全目标、工作任务或措施未完成情况分析资料。

（3）安全目标、工作任务或措施考核及兑现表。

二、组织保障

（一）机构设置

【标准原文】

按规定设置安全生产技术管理部门，明确相应的责任范围及工作职责并严格落实。对煤（岩）与瓦斯（二氧化碳）突出、高瓦斯、冲击地压、煤层容易自燃、水文地质类型复杂和极复杂的煤矿，还应当按规定设立相应的专门防治机构。

【条文依据】

《中华人民共和国安全生产法》第二十四条；《煤矿安全生产条例》第十九条、第二十二条。

【条文内涵】

“安全生产技术管理部门”泛指负责煤矿安全、采掘、通风、地质、测量、机电、运输等的技术管理部门。“专门防治机构”指专门负责该类灾害防治的机构，可以是专职科室，也可以是在专业技术科室内部设置的专职办公室。

【实施要点】

要点1：一般煤矿机构设置要求

煤矿应根据《中华人民共和国安全生产法》《煤矿安全生产条例》《煤矿安全规程》等法律法规的规定，设置安全生产管理机构和负责采掘、通风、地质、测量、机电、运输、调度等的技术管理部门。煤矿结合安全生产实际，对于技术管理部门可以单独设立，也可以合并设立，如对于机电和运输管理相对简单的煤矿，可以设机电运输科，负责全矿机电和运输技术管理工作。煤矿可以单独设立地质科和测量科，对于地质和测量相对工作量小的煤矿，也可以设立地测科，负责全矿的地质和测量技术管理工作。

要点2：特殊煤矿机构设置要求

对煤（岩）与瓦斯（二氧化碳）突出、高瓦斯矿井应设置专职瓦斯防治的科室（办公室或区队）。

冲击地压矿井应设置专职防冲的科室（办公室或区队）。

开采容易自燃煤层的煤矿应设置专职防灭火的科室（办公室或区队）。

水文地质类型复杂和极复杂的煤矿应设置防治水的科室（办公室或区队）。

【资料清单】

煤矿机构设置的相关文件。

（二）人员配备

【标准原文1】

按规定配备“五职”矿长（矿长、总工程师，负责安全、生产、机电的副矿长）和副总工程师，不得在其他煤矿兼职；学历、经历等条件符合相关规定。

【条文依据】

《煤矿安全生产条例》第二十二条；《关于防范遏制矿山领域重特大生产安全事故的硬措施》第五条；《煤矿安全培训规定》第十一条。

【条文内涵】

煤矿开采涉及地质、机械、电气、通风、地质、测量、安全工程等多个学科领域，需要配备多学科人员作为煤矿领导层及专业技术管理人员，确保煤矿决策层知识体系完整。煤矿领导层及专业技术人员掌握了先进的管理理念和科学的思维方法，才能在复杂的煤矿生产环境中做出理性的决策。煤矿工作环境复杂且危险，丰富的行业经验可以帮助“五职”矿长和专业技术人员更好地应对各种突发情况。煤矿领导层及副总工程师需要熟悉煤矿生产的各个环节，从煤炭开采、运输到设备维护等。只有经历过不同的生产流程，才能有效组织和协调生产，合理安排灾害治理及采掘进度，避免生产过程中的混乱，提高生产效率。

【实施要点】

要点1：一般煤矿人员配置要求

煤矿按照《煤矿安全生产条例》规定配备矿长、总工程师，负责安全、生产、机电的副矿长和副总工程师，不得在其他煤矿任职。矿长、总工程师，负责安全、生产、机电的副矿长必须有主体专业大专以上学历且有 10 年以上矿山一线从业经历。

要点 2：特殊煤矿人员配置要求

煤（岩）与瓦斯（二氧化碳）突出、高瓦斯、冲击地压、煤层容易自燃、水文地质类型复杂和极复杂的煤矿，应当配备专职副总工程师。副总工程师应当具备煤矿相关专业大专及以上学历，具有 3 年以上煤矿相关工作经历。

【资料清单】

（1）煤矿矿长、总工程师，负责安全、生产、机电的副矿长和副总工程师的任职文件。

（2）煤矿矿长、副总工程师等人员基本情况汇总表。

【标准原文 2】

煤矿根据不同的灾害类型（指突出、冲击地压、水文地质类型复杂和极复杂、开采容易自燃和自燃煤层）配备满足工作需要的安全生产管理人员、专业技术人员；人员学历、经历等条件符合相关规定。

【条文依据】

《防治煤与瓦斯突出细则》第三十六条、第四十二条；《防治煤矿冲击地压细则》第十八条；《煤矿防治水细则》第五条；《煤矿防灭火细则》第三条。

【条文内涵】

煤矿安全生产管理人员，是指在煤矿从事安全生产管理工作的人员。具体为煤矿企业分管安全、生产、机电、通风、地测、机电、运输的负责人；安全生产管理机构负责人及其管理人员；各类煤矿采煤、掘进、机电、运输、通风、地测、调度等部门负责人。

煤矿专业技术人员，是指从事煤矿安全生产技术工作的人员。具体可分为安全、采煤、掘进、机电、运输、通风、地质、测量等专业技术人员。

【实施要点】

要点：煤矿人员配置要求

煤矿应根据安全生产实际配备满足工作需要的安全管理人员和专业技术人员。

开采有突出煤层煤矿的防突机构应配备不少于 2 名专业技术人员，防突机构和安全管理机构负责人应当具备煤矿相关中专及以上学历，具有 2 年以上煤矿相关工作经历。冲击地压矿井配备负责冲击地压业务的管理人员和专业技术人员。

煤矿应当根据本单位的水害情况，配备满足工作需要的防治水专业技术人员。

【资料清单】

（1）安全管理人员基本信息汇总表。

（2）专业技术人员基本信息汇总表。

（3）安全管理人员和专业技术人员任职文件。

【标准原文3】

配备满足安全生产工作需要的特种作业人员和其他从业人员，并持证上岗。井下工作岗位不得使用劳务派遣工。

【条文依据】

《中华人民共和国安全生产法》第三十条；《煤矿安全生产条例》第二十一条、第二十四条；《劳务派遣暂行规定》第三条、第四条。

【条文内涵】

特种作业，是指容易发生事故，对操作者本人、他人的安全健康及设备、设施的安全可能造成重大危害的作业。特种作业的范围由特种作业目录规定。“特种作业人员”是指直接从事特殊种类作业的从业人员。

煤矿其他从业人员，是指除煤矿主要负责人、安全生产管理人员和特种作业人员以外，从事生产经营活动的其他从业人员。

劳务派遣工，是指由劳务派遣单位与被派遣劳动者签订劳动合同，然后将劳动者派遣到其他用工单位工作的一种用工形式。

【实施要点】

要点1：特种作业人员的配置要求

煤矿应当根据安全生产工作需要配备特种作业人员和其他从业人员。按照《特种作业人员安全技术培训考核管理规定》《煤矿安全培训规定》对特种作业人员培训合格后持证上岗。

要点2：其他从业人员的配置要求

煤矿应按照《煤矿安全培训规定》对其他从业人员培训，其他从业人员持证上岗。

井下各工作岗位不使用劳务派遣工。

【资料清单】

（1）特种作业人员基本情况汇总表。

（2）其他从业人员基本情况汇总表。

三、安全制度

（一）制度建立

【标准原文】

依据相关法律、法规、规章、规范、标准，结合煤矿实际，至少建立以下安全管理制度：安全生产责任制管理考核制度；安全办公会议制度；矿领导带班下井（坑）制度；安全投入保障制度；安全监督检查制度；安全技术措施审批制度；矿用设备、器材使用管理制度；主要灾害预防管理制度；安全奖惩制度；安全操作规程管理制度；事故报告与责任追究制度；“三违”管理制度。

【条文依据】

《煤矿安全规程》第四条。

【条文内涵】

煤矿作业环境复杂且危险，如瓦斯爆炸、顶板坍塌、透水事故等隐患多。首先，完善的安全管理制度可以规范矿工操作；其次，有助于企业的稳定运营。煤矿事故一旦发生，会导致生产停滞。安全管理制度可以通过对设备定期维护检查等要求，降低事故发生率，保障生产活动有序开展，避免因事故造成的经济损失和声誉损害。

【实施要点】

要点：制度建设要求

煤矿应当依据相关法律、法规、规章、规范、标准，结合煤矿实际，建立以下制度：安全生产责任制管理考核制度；安全办公会议制度；矿领导带班下井（坑）制度；安全投入保障制度；安全监督检查制度；安全技术措施审批制度；矿用设备、器材使用管理制度；主要灾害预防管理制度；安全奖惩制度；安全操作规程管理制度；事故报告与责任追究制度；“三违”管理制度。管理制度的名称不必与基本要求完全一致，但制度应以煤矿文件下发。

【资料清单】

（1）安全生产责任制管理考核制度。

（2）安全办公会议制度。

（3）矿领导带班下井（坑）制度。

（4）安全投入保障制度。

（5）安全监督检查制度。

（6）安全技术措施审批制度。

（7）矿用设备、器材使用管理制度。

（8）主要灾害预防管理制度。

（9）安全奖惩制度。

（10）安全操作规程管理制度。

（11）事故报告与责任追究制度。

（12）“三违”管理制度。

（二）安全生产责任制

【标准原文】

建立健全覆盖各层级负责人、各部门（区队）、各岗位的安全生产责任制，明确安全责任范围，并对安全生产责任落实不到位人员按照本矿规定问责。

【条文依据】

《中华人民共和国安全生产法》第二十二条；《煤矿安全生产条例》第四条。

【条文内涵】

全员安全生产责任制至关重要。它明确了各层级、各岗位员工在安全生产中的责任，让员工清楚自己的工作任务与安全要求，能有效避免因职责不清导致的安全隐患。在责任落实方面，它使得安全责任具体到个人，出现问题可以精准问责，这促使员工认真对待安全工作。从安全文化角度讲，全员参与安全生产责任制有助于形成人人讲安全的氛围，安全的文化让安全意识深入人心，提高整体安全管理水平。

【实施要点】

要点1：全员安全生产责任制的建设要求

煤矿应由矿长组织建立全员安全生产责任制，责任制的范围应覆盖各层级、各岗位，在责任制中明确每个岗位的责任范围和责任清单。

煤矿安全生产责任制的内容应符合《中华人民共和国安全生产法》等相关法律法规的要求。

要点2：全员安全生产责任制的考核要求

煤矿应对安全生产责任落实不到位的人员严格按照煤矿的相关制度进行问责，问责可以落实到绩效考核中，也可以给予处分或罚款。

【资料清单】

（1）全员安全生产责任制。

(2) 安全生产责任制问责汇总表。

(三) 安全办公会议

【标准原文】

定期召开安全办公会议由矿长主持，总工程师、副矿长、副总工程师、职能科室和基层区队等负责人参加，总结分析管理周期内安全工作情况，安排部署下一管理周期的安全工作，形成会议纪要。

【条文依据】

《煤矿安全规程》第四条。

【条文内涵】

煤矿安全生产涉及的专业和环节多，安全风险大，煤矿需要通过召开安全办公会议，用于传达贯彻上级单位安全生产的方针、政策、规定等文件精神，总结当月或上月安全生产的完成情况，研究解决当前安全生产中存在的问题或不足，审议安全生产相关的重要计划、方案，布置下月安全生产任务，对发生的各类事故进行分析、讨论，落实对事故责任者及严重“三违”人员的处理意见。

【实施要点】

要点1：安全办公会的召开周期

煤矿安全办公会议一般每月至少组织召开一次，遇特殊情况时需要增加会议。部分煤矿成立安委会的，安委会会议可以作为煤矿的安全办公会议。

要点2：安全办公会的主持与参会人员

会议通常由矿长主持。如果矿长因出差、外出开会或其他特殊情况不能主持会议，要书面授权其他班子成员主持。

参会人员包括矿领导班子成员各专业副总工程师，相关科室主要负责人，各区队负责人。

要点3：安全办公会的会议记录与纪要

煤矿应当安排专人负责做好安全办公会议记录，记录内容应详实、准确、全面，包括会议的时间、地点、主持人、参会人员、会议内容、讨论结果、决策事项等。根据需要对确定的安排事项写出会议纪要，经相关领导审查合格后下发执行。

要点4：安全办公会决议内容督办

安全管理部门或相关监督部门负责对各单位、部门贯彻落实安全办公会议决定事项进行督办。

【资料清单】

（1）安全办公会议记录。

（2）安全办公会议纪要。

（3）矿长授权书。

（四）矿领导带班下井（坑）

【标准原文】

煤矿每班有矿领导带班下井（坑），并建立实名登记档案；带班信息在井工煤矿井口、露天煤矿调度室或交接班室等显著位置公示。

【条文依据】

《煤矿安全生产条例》第二十三条；《煤矿领导带班下井及安全监督检查规定》第七条。

【条文内涵】

矿领导带班下井（坑）能够体现煤矿企业对安全工作的高度重视，让员工感受到安全工作的严肃性；领导亲身体验井下工作环境和风险，有助于优化安全管理制度和措施，使安全管理更加贴合实际工作需求；也能够有效监督作业人员行为，及时发现和处理安全隐患，避免生产安全事故发生。

【实施要点】

要点：矿领导带班要求

煤矿制定矿领导带班下井（坑）计划，保证各矿领导能够满足带班下井（坑）次数要求，确保每班均有领导带班。并将当天带班信息在井工煤矿井口、露天煤矿调度室或交接班室等显著位置公示。带班矿领导应填写带班相关记录，包含带班行走路线、排查隐患情况、重大风险管控措施落实情况等内容。

【资料清单】

（1）矿领导带班下井（坑）计划。

（2）矿领导带班下井（坑）记录。

（五）安全投入保障

【标准原文】

编制年度安全生产费用提取和使用计划，严格按照国家规定的标准足额提取，并在规定的范围内使用；建立台账，规范管理。

【条文依据】

《煤矿安全生产条例》第三十八条；《企业安全生产费用提取和使用管理办法》第七条、第八条。

【条文内涵】

煤矿安全投入的目的主要是预防事故、保障人员安全健康、确保合规运营。一是通过安全投入来改善煤矿井下的自然条件，对老旧设备进行更新换代，有效预防生产安全事故发生；二是改善安全防护装备的配备，减少职业危害，保护员工的身体健康；三是保障生产连续性，使生产设备和环境处于良好状态，有利于煤矿企业持续稳定地进行生产，提升企业竞争力。

【实施要点】

要点：安全费用提取和使用要求

煤矿应根据年度采掘接续计划制定年度安全费用提取和使用计划，每月足额提取安全费用，提取和使用范围应符合《企业安全生产费用提取和使用管理办法》的规定。建立安全费用使用台账，及时登记安全费用使用进展。对于无法实施或需要增列的项目应及时下发文件进行调整，确保安全费用能够专款专用、足额使用。

【资料清单】

（1）安全费用提取和使用计划（调整计划）。

（2）安全费用使用台账。

四、安全培训

（一）基础保障

【标准原文】

建立并执行安全培训管理制度；严格按照规定的比例提取和使用教育培训经费，做到专款专用。具备安全生产培训条件的煤矿企业自主开展安全技术培训，不具备培训条件的煤矿，应委托具备安全生产培训条件的机构进行安全培训。

【条文依据】

《中华人民共和国安全生产法》第二十一条、第二十五条、第二十八条、第二十九条、第三十条、第四十四条、第五十八条；《中华人民共和国职业病防治法》第三十四条；《中华人民共和国矿山安全法》第二十六条、第二十七条；《中华人民共和国煤炭法》第三十三条；《煤矿安全生产条例》第十八～二十条、第六十二条；《煤矿安全培训规定》第一～五章。

【条文内涵】

实施安全生产教育和安全培训，既是企业一项重要的基础性管理，又是国家法律、法规、规章一系列强制性的要求。基于煤矿属高危行业之特征，更应该通过实施对安全教育和培训的标准化管理，严格执行和落实国家法律法规安全生产教育和培训方面关于制度建设、机构设置、人员配置、经费保障、过程管控等方面的相关规定，从而持续提升煤矿管理人员和作业职工的安全意识、管理技能、操作技能，为煤矿安全生产打下坚实基础，促进煤矿安全生产长治久安。

【实施要点】

要点1：安全培训基础投入保障

应根据法律、法规、标准等相关规定，结合本煤矿实际，保障在组织机构、人员配置、培训费用、场所场地、设备设施、技术资源等方面满足培训教育和培训的需求。

要点2：安全培训制度

（1）煤矿应按照国家和本行业关于安全教育、安排培训的相关规定，结合本煤矿资源、条件、风险等实际，建立完善煤矿安全教育和培训的一整套管理制度。

（2）制度应以本煤矿正式行政文件载体颁发。煤矿应及时跟踪国家、行业安全教育培训相关法规的更新、变化，及时修订本煤矿的制度，以确保制度的持续符合性。

（3）制度内容应完整。包括完整覆盖安全教育培训管控的各环节、各管理层级（部门）职能及岗位职责。

要点3：安全培训实施要求

（1）既注重教育培训计划的科学性、完整性、适宜性，又注重过程管控。

（2）严禁教育培训的形式主义、弄虚作假。

（3）应能够提供客观、完整的培训教育证据性资料，以确保培训后其对象在知识、权利、义务、技能等方面的掌握程度符合国家相关要求，并接受政府、上级的督查和检查。

【资料清单】

（1）安全教育培训管理制度。

（2）安全教育培训年度计划。

（3）安全教育培训费用保障证据资料。

(4) 安全教育培训其他投入（机构、人员、场所、设施等）证据。

(5) 外委培训证据（包括委托的机构资质、培训和考核合格证件等）资料。

（二）组织实施

【标准原文1】

矿长组织制定并实施安全生产教育和培训计划。培训对象覆盖所有从业人员，安全培训学时符合规定。

【条文依据】

《中华人民共和国安全生产法》第五条、第二十一条、第二十八条；《中华人民共和国职业病防治法》第三十四条；《关于防范遏制矿山领域重特大生产安全事故的硬措施》；《煤矿安全培训规定》第六条、第二十五条、第二十九条、第三十三条、第三十五条、第三十六条；《煤矿安全规程》第九条。

【条文内涵】

安全生产教育和培训工作必须遵循管理学的基本逻辑，国家对安全教育培训计划编制工作有明确法规规定，煤矿就应该按照“PDCA”管理模式，首先做好其“策划”管理。基于煤矿安全教育培训是一项长期性、复杂性的基础性工作，必须强调煤矿安全教育培训计划编制工作的重要性，即必须由作为矿长的安全生产第一责任者，应该履行法律法规规定的职责，亲自参与并组织安全生产教育和培训计划的编制工作。其计划编制强调科学性，即必须在培训对象、范围方面满足法规相关要求；在培训学时方面，必须满足相关法规、标准的要求；在培训实施的可行性方面，适宜于本矿资源与条件。

【实施要点】

要点：煤矿年度安全生产教育和培训计划的编制管理要求

(1) 符合性。即计划安排的内容及学时，应符合安全生产法律、法规、规章、标准和上级相关规定。

(2) 完整性。即计划应完整覆盖法规规定的教育培训对象，包括各管理层级的所有管理人员、各生产作业岗位的操作人员（含派遣、劳务等人员）。

(3) 适宜性。即计划安排的教育培训方式方法、期次班次、师资调遣、课程内容、场所地点、管理资源等环节，适宜于本煤矿的资源、条件和现状，具有可行性、可操作性。

(4) 可考核性。即整个计划的实施过程，包括策划、组织、形式、学时、对象、人数、期数、过程、结果、档案等各环节的管控，具有可检查、可识别、可认定的证据予以提供。

【资料清单】

（1）文件化的年度安全培训教育计划文本。

（2）矿长亲自组织计划编制的证据资料。

（3）教育培训对象全员覆盖证据资料。

（4）教育培训学时符合性证据资料。

（5）教育培训过程管控证据资料。

（6）安全培训教育结果证据资料（包括培训资料、培训档案、合格资质证件等）。

【标准原文 2】

组织开展生产安全事故案例警示教育。

【条文依据】

《中华人民共和国安全生产法》第二十八条、第五十八条；《中共中央 国务院关于推进安全生产领域改革发展的意见》；《国务院安全生产委员会关于〈安全生产治本攻坚三年行动方案（2024—2026）〉的通知》第三条；《关于防范遏制矿山领域重特大生产安全事故的硬措施》第八条；《煤矿安全规程》第九条；《煤矿安全培训规定》第四条。

【条文内涵】

基于煤矿重大事故隐患多、重大事故时有发生、零星死亡事故多发的特征，煤矿十分有必要利用典型事故案例，开展多种形式的宣传教育活动，这是煤矿安全基础性管理的一个重要方面。同时，国家一系列安全生产法律、法规、规章等，对利用事故案例进行警示教育多有规定。煤矿应该扎实做好事故案例警示教育活动，通过该活动的有效、持续开展，切实并深刻吸取事故教训，以提升从业人员特别是井下安全生产管理人员和井下各岗位作业人员的安全意识、应急避险意识，提升其应对各类灾害风险、各类事故的应急处置能力。

【实施要点】

要点 1：事故案例警示教育的机制

（1）负责事故案例警示教育活动的主管领导，负责该项活动的主管部门及其管控职责。

（2）事故案例收集和整理的管控。

（3）活动开展的方式方法、周期频次、活动内容、教育对象、组织实施、监督检查、效果考核等。

要点2：事故案例警示教育的内容

应将国家行业主管部门通报的煤矿重大典型事故案例纳入本煤矿的该项活动；应将本矿发生的重大生产安全事故案例、死亡事故案例纳入该项活动。

要点3：事故案例警示教育的要求

煤矿所开展的事故案例警示教育活动应与本煤矿年度安全教育培训计划有机衔接。按照该项制度的规定，扎实开展教育活动，跟踪其效果，不断改进提高。能够提供该项活动开展的客观证据（资料、视频、图片等）。

【资料清单】

（1）文件化的事故案例警示教育活动管理制度文本。

（2）本煤矿搜集的行业重特大事故案例清单。

（3）本煤矿重大事故、死亡事故案例清单。

（4）活动开展客观证据资料。

（三）人员素质

【标准原文】

煤矿主要负责人、安全生产管理人员安全生产知识和管理能力经考核合格；“五职”矿长每年接受矿山安全监察机构会同监管部门组织的专门安全教育培训。特种作业人员经专门的安全技术培训和考核，取得特种作业操作证。其他从业人员经培训考核合格后持证上岗；新上岗的从业人员岗前安全培训时间符合规定，并经培训考核合格后方可上岗。

【条文依据】

《煤矿安全生产条例》第二十一条；《关于防范遏制矿山领域重特大生产安全事故的硬措施》第五条；《煤矿安全规程》第九条；《煤矿安全培训规定》第十二条、第十七条、第二十四条、第三十三条、第三十五～三十七条。

【条文内涵】

持续提升所有从业人员的素质是煤矿安全管理的基础之一。国家安全生产法律、法规、规章以及《关于防范遏制矿山领域重特大生产安全事故的硬措施》和《煤矿安全培训规定》等，对煤矿主要负责人、“五职”矿长、特种作业人员、其他从业人员等，分别明确了各自不同的安全素质基本要求、考核要求，这就要求必须把煤矿各类人员的素质提升作为一项长期性的安全基础工作抓扎实。

【实施要点】

要点1：培训制度的要求

（1）分管“从业人员素质”的分管负责人、主管部门及其管理职能、岗位管控职责。

（2）确保从业人员素质提升管理的资源投入，包括管理的人力、资金、物力、场所、设施、技术、信息等资源。

（3）实施从业人员素质提升管理的各管控环节，包括管控对象（矿主要负责人、“五职”矿长、特种作业人员、一般从业人员等）和管控方式方法（内部培训、外委培训、计划组织、技术考核、知识考核、资质证件、持证上岗、监督检查、考核追责、资料档案等）。

（4）制度应以本煤矿正式行政文件载体颁发，且应及时跟踪国家、行业关于从业人员素质提升的规定更新及变化，及时修订完善本矿制度，确保制度的持续符合性。

要点2：安全培训的要求

应严格、扎实执行本煤矿从业人员素质提升管理的制度，杜绝形式主义、弄虚作假。煤矿应能够提供客观、完整的从业人员素质提升管理证据性资料，接受政府、上级的督查和检查。

【资料清单】

（1）煤矿管理人员清单（应分层级或分类别）、生产作业人员清单（应分类别）。

（2）煤矿主要负责人、安全管理人员安全生产知识和管理能力考核合格证据资料。

（3）煤矿特种作业人员安全培训、考核合格的证据资料。

（4）其他作业人员资质证件。新上岗及转岗从业人员安全培训符合性证据资料（含井下新工人以师带徒管理）。

五、风险分级管控

（一）工作制度

【标准原文】

建立安全风险分级管控工作制度，矿长全面负责，分管负责人负责分管范围内安全风险分级管控工作，副总工程师、科室、区（队）安全风险分级管控职责明确；明确安全风险辨识评估范围、方法和安全风险的辨识、评估、管控、公告等工作要求。

【条文依据】

《中华人民共和国安全生产法》第二十一条、第四十一条、第一百零一条；《煤矿安全生产条例》第十九条；《中央企业安全生产监督管理办法》第十八条；《企业安全生产标准化基本规范》（GB/T 33000—2016）第 5.5.1.1 条、第 5.5.1.3 条；《国务院安委会办公室关于实施遏制重特大事故工作指南构建双重预防机制的意见》（安委办〔2016〕11 号）一（二）。

【条文内涵】

传统安全管理为事后管理，即发生事故后，通过分析事故原因，针对原因采取措施，以避免事故再次发生。传统安全管理的弊端在于，事故已经发生，损失已经出现；只能避免同类事故不再发生，不能有效避免其他类别的事故。如煤矿发生了提升事故，通过分析原因，采取的措施都是提升方面的措施，对其他专业和生产系统的事故预防涉及内容很少。

系统管理的观点注重事前管理，即在开展工作前，通过风险辨识，找到可能造成事故的风险事件；通过风险评估，确定风险大小；通过风险管控措施日常培训，使作业人员做到知风险、懂作业标准，增加抗风险能力，整体提升从业人员素质；通过作业人员作业前开展安全确认，确保控制风险的各项技术、工程、管理措施得到落实，消除或降低风险，从而实现安全生产。

安全风险是指发生危险事件或有害暴露的可能性，与随之引发的人身伤害、健康损害的严重性的组合。实施风险分级管控是煤矿实现安全管理关口前移，消除或控制安全风险的基本手段。通过工作制度建设进一步理清各级管理人员和各部门在安全风险分级管控中的职责，提高安全管理的执行力；促使煤矿企业采用科学的方法进行安全管理，提高安全管理的水平和效率。

【实施要点】

要点 1：安全风险分级管控职责分配

对矿长、总工程师、各业务分管副矿长、各业务分管副总工程师、各业务科室、区（队）在安全风险分级管控方面的职责进行明确，职责内容应覆盖安全风险分级管控标准所有条款规定。

要点 2：安全风险分级管控工作制度建设要求

（1）明确安全风险辨识评估范围，范围应至少包含矿井（坑）下所有系统、场所、区域及变电所、通风机房、压风机房、抽采泵房等地面场所。

（2）明确方法，安全风险辨识评估方法包含风险辨识方法、风险评估方法、风险分级方法。

（3）对本矿开展安全风险的辨识、评估、管控、公告的方式方法和要求规定清楚。

（4）制度应以文件形式正式下发。

【资料清单】

煤矿安全风险分级管控工作制度。

（二）风险辨识评估

1. 年度辨识评估

【标准原文】

1. 每年矿长组织各分管负责人、副总工程师和相关科室、区（队）进行年度安全风险辨识评估；重点对井工煤矿瓦斯、水、火、煤尘、顶板、冲击地压、爆破及提升运输系统，露天煤矿边坡、爆破、机电运输等容易导致群死群伤事故的危险因素开展；

2. 风险辨识评估范围应覆盖煤矿井（坑）下所有系统、场所、区域及变电所、通风机房、压风机房、抽采泵房等地面场所；

3. 年底前完成下一年度安全风险辨识评估报告的编制，制定重大安全风险管控清单，清单内容至少包括风险点、风险描述、管控期限、管控措施、管控责任；

4. 年度辨识评估结果应用于指导编制下一年度灾害预防和处理计划等。

【条文依据】

《中华人民共和国安全生产法》第四十条；《国务院安委会办公室关于实施遏制重特大事故工作指南构建双重预防机制的意见》（安委办〔2016〕11 号）二（一）、（二）；《企业安全生产标准化基本规范》（GB/T 33000—2016）第 5. 5. 1. 1 ~ 5. 5. 1. 3 条。

【条文内涵】

煤矿安全风险相对稳定，但随着掘进巷道的逐渐延伸、采煤工作面的回采，其瓦斯、水、火、顶板、煤尘等灾害因素、环境、系统、设备等也在逐渐发生变化，需要持续定期开展安全生产风险辨识评估，综合国际安全生产先进体系的规定和先进企业的实践做法，确定煤矿每年开展 1 次符合工作顺序逻辑的、全面的安全风险辨识和评估。

年度安全风险辨识评估工作是全面识别全年风险、评估风险等级、策划风险管控的过程。安全风险辨识工作应能够明确安全管理管什么的问题，安全风险评估应能够明确安全管理的重点，管控措施应能够确定如何管的问题，因此年度安全风险辨识评估是安全生产工作的基础。查清本矿安全风险现状是做好煤矿安全生产工作的基础，安全风险辨识评估应作为各级管理人员开展安全管理工作的切入点，因此需要在安排全年安全生产工作之前、下一年度灾害预防和处理计划编制前完成。

【实施要点】

要点1：年度风险辨识工作方案

（1）组织机构及职责。包括成立领导小组，负责年度风险辨识评估组织协调和领导工作；划分若干辨识评估小组，负责具体风险辨识评估工作。

（2）资料收集。包括采掘工程平面图、井上下对照图，圈定煤矿井上、井下的地理范围，再将井田范围进行区域划分；收集水、火、瓦斯、煤尘、顶板、冲击地压、爆破作业、运输提升系统等有关的信息；收集本矿事故、当前年度内风险管控情况、隐患台账、各隐患治理持续改进措施情况等。

（3）启动会及审核会。包括启动会及审核会召开的时间，参与人员要求。

（4）辨识评估技术培训。包括对参加辨识评估人员进行辨识评级技术培训的授课老师、课程内容、时间等。

（5）工作进展。包括风险辨识、风险评估、风险管控措施制定、报告编写时间节点要求。

（6）工作要求。对于年度风险辨识评估过程中相关工作质量、进度的要求。

（7）文档表格准备。包括对风险辨识评估和措施制定过程中的各类表格、文件格式进行统一规范。

要点2：年度风险辨识工作

开展风险识别，确定可能导致事故的危险源、事故后果的严重程度和影响范围、事故类型和触发事故的因素，见表1-1。年度安全风险辨识评估需要覆盖煤矿所有的区域、所有的工艺系统、所有的灾害。实现区域全覆盖，可以借助井上下对照图，圈定煤矿井上、井下的地理范围，再将井田范围进行区域划分，再针对每个区域或工作场所开展风险辨识评估。实现灾害、生产系统全覆盖，需要煤矿预先收集水、火、瓦斯、煤尘、顶板、冲击地压有关的信息；然后按照生产系统（采煤、掘进、运输等）、辅助生产系统（运送人员、物料）、保障系统（供电系统、供水系统、压风系统）、安全系统（通风系统、排水系统、防尘系统等）的顺序，逐项开展风险辨识评估。

表1-1 风险辨识表

危险源	风险描述	事件类型	后果及影响
老空水	采煤工作面回采过程中，导通老空区	透水	可能造成老空水透水风险
隅角有毒有害气体	回采过程中，有害气体瞬间涌出量大	瓦斯爆炸、燃烧，中毒窒息	可能造成瓦斯爆炸或中毒窒息风险
地质构造	井巷掘进过程中遇地质构造	冒顶、片帮	可能造成顶板破碎冒顶片帮风险

要点3：年度风险评估工作

结合本矿人员素质、现场管理实际，选取适合的评估方法确定风险，进行风险分级。

要点4：年度风险控制措施制定

采取的技术措施、工程措施和管理措施，应确保风险控制措施在技术上可行，经济适宜，可操作性强，保证能够在全面落实后将风险控制到可接受程度。

煤矿应按照上述框架，进一步完善相关内容，形成可执行的具体任务。

要点5：煤矿重大安全风险清单制定的要求

（1）区域和作业场所方面的风险。

（2）高风险作业活动。

（3）关键设备设施。

（4）其他方面的重大风险。

要点6：风险管控措施落实的要求

风险评估报告应以正式文件的形式下发，确保风险管控措施得到监督执行。年度辨识评估中，因带班、培训、出差等特殊原因无法参加的人员应注明原因。

【资料清单】

（1）年度风险辨识评估报告。

（2）年度风险辨识重大安全风险清单。

2. 专项辨识评估

【标准原文1】

1. 新采（盘）区、新工作面设计前，由总工程师组织有关科室开展1次专项辨识评估，重点辨识评估地质条件、重大灾害因素等方面存在的安全风险，形成专项辨识评估纪要；如有新增重大风险，应补充完善重大安全风险管控清单；

2. 辨识评估结果应用于完善设计方案，指导生产工艺选择、生产系统布置、设备选型、劳动组织确定。

【条文依据】

《中华人民共和国安全生产法》第二十五条；《职业健康安全管理体系　要求及使用指南》(GB/T 45001—2020) 第6.1.2.1条；《企业安全生产标准化基本规范》(GB/T 33000—2016) 第5.5.1.1条、第5.5.1.2条；《国务院安委会办公室关于实施遏制重特大事故工作指南构建双重预防机制的意见》(安委办〔2016〕11号) 二（二）。

【条文内涵】

专项辨识评估主要有以下两方面的作用：一是对年度辨识评估进行补充，部分重大风险事项或工作在年度辨识评估时未预判或未考虑到，通过专项辨识评估能够进一步补充；二是对年度辨识评估相关风险的具体化，专项辨识评估是在特定事项和工作即将开展或发生后开展的，与年度辨识评估比较，煤矿掌握的相关情况和参数更加具体和清晰，能够针对性地对煤矿风险辨识评估工作相关内容具体化。

专项辨识评估是在年度辨识评估的基础上开展的。所以，重大风险项目与年度辨识评估会有重复；但是，专项辨识评估与年度辨识评估的深度不同。年度辨识会确定风险，专项辨识会更具体、更深入、更具有针对性和直面性，并且作为年度风险辨识评估的补充和完善，见表1-2。

表1-2　年度辨识评估与专项辨识评估对照表

危险源	年度辨识评估	专项辨识评估
老空水	井巷掘进揭露采空区，导致老空水突出	1. ×××掘进工作面运输巷揭露采空区突水； 2. 雨季期间老空水通过×××密闭进入井巷； 3. 老空水通过×××通道涌入井巷

不同层级针对危险源采取的措施也不相同。矿级采取的措施通常是配置资源，如组建探放水队伍，购买探放水设备，构筑探放水设施，编制探放水设计；区队级通常编制探放水作业安全技术措施，确保探放水措施执行到位等。

【实施要点】

要点1：新采（盘）区、新工作面开展风险辨识评估的内容

（1）可能造成威胁的自然因素，如暴雨、暴雪等恶劣天气。

（2）可能造成威胁的地理因素，如井田周边的矿井、采空区，井田范围内的建筑物、河流等。

（3）可能造成威胁的地质地形因素，如构造、断层、含水带等。

（4）可能受到影响的建（构）筑物、设备、装置、工器具、材料等。

（5）作业场所的环境条件，如空间大小、布局、支护条件、有毒有害气体、照明、温度、湿度、噪声、粉尘和气压等。

要点2：专项辨识评估工作的流程

（1）风险辨识评估准备。包括确定评估范围，组建风险辨识评估小组，收集相关资料等。

风险评估的范围应覆盖新采（盘）区、新工作面相关的井上、井下所有区域，相关的生产系统和自然灾害；风险评估小组成员包括相关科室、区队人员；收集的资料包括与新采（盘）区、新工作面相关的地质地形、自然灾害、相邻采区和工作面的情况、采区和工作面设计等方面的资料。

（2）危险源辨识。应通过风险辨识评估，确定新采（盘）区、新工作面可能造成事故的根源、状态或行为，也就是风险管理的对象。

（3）风险分析。要对辨识出的全部危险源进行风险分析，全面了解风险性质及其特征，包括可能性、后果严重性、控制措施及其有效性等，依据事件产生的原因，认定特定事件发生的可能性和后果的严重度。

（4）风险评价。通过确定事故后果的严重性、事故发生可能性等，划分风险等级。

（5）风险管控措施制定。包括工程、技术和管理方面的措施，并将这些措施融入煤矿工艺系统改善、目标与计划制定、制度和规程完善中。

（6）风险管控措施监测。包括管控措施是否得到有效实施，管控措施是否有效。

要点3：专项辨识评估工作的要求

专项辨识评估由总工程师组织，涉及水、瓦斯、煤尘、顶板等具体风险事项，由总工程师指定相关的科室人员参与。

专项辨识评估后，应形成专项辨识评估会议纪要和重大安全风险清单，相关资料应至少保存1年。

【资料清单】

（1）新采（盘）区、新工作面专项辨识评估会议纪要。

（2）专项辨识评估重大安全风险清单。

【标准原文2】

1. 生产系统，生产工艺，主要设施设备，井工煤矿水、火、瓦斯、冲击地压灾害等级，露天煤矿边坡参数等发生重大变化时，新技术、新工艺、新设备、新材料试验或推广应用前，由分管负责人组织有关科室开展1次专项辨识评估，重点辨识评估作业环境、生产过程、重大灾害因素和设施设备运行等方面存在的安全风险，形成专项辨识评估纪要；如有新增重大风险，应补充完善重大安全风险清单；

2. 辨识评估结果应用于指导编制或修订完善作业规程、操作规程。

【条文依据】

《企业安全生产标准化基本规范》（GB/T 33000—2016）第5.4.2.1条、第5.5.1.4条；《职业健康安全管理体系　要求及使用指南》（GB/T 45001—2020）第8.1.3条。

【条文内涵】

按照"变化-失误理论"，事故是由意外的能量释放引起的。这种能量释放的发生是由于管理者或操作者没有适应生产过程中物的或人的因素变化，产生了计划错误或人为失误，从而导致不安全行为或不安全状态，破坏了对能量的屏蔽或控制，即发生了事故。按照变化的观点，变化可引起人的失误和物的故障，因此，变化被看作是一种潜在的事故致因，应该被尽早地发现并采取相应的措施。

煤矿安全管理过程中的变化包含工艺、设备设施、人员等永久性或暂时性的变化。工艺变化主要包括：新、改、扩建项目引起的技术变化；工艺流程的变化；操作参数的变化；操作规程的变化；水、电、气、风等公用工程系统变化等。设备设施变化主要包括：设备设施的更新、改造；安全设施的变化；更换与原设备不同的设备和配件；临时增加设备设施；替换材料等。人员变化主要包括：所在区域的人员，如维修人员、操作人员等；变化涉及的人员，如设备管理人员、培训人员等；相关的直接组织管理人员、承包商、外来人员、其他相关人员。

煤矿应确定本矿井上述方面的变化，必要时进行分级，确定分级管控职责，执行分级管控要求。

【实施要点】

要点1：重大变化的分级要求

煤矿应当对生产系统、生产工艺、主要设施设备、重大灾害因素等方面发生的变化进行分级，并规定不同层级人员变化的风险辨识评估职责。

要点2：专项风险辨识评估要求

（1）风险辨识评估前，收集与生产系统、生产工艺、主要设施设备、重大灾害因素等相关的资料。

（2）变化专项辨识评估由分管负责人负责。煤矿需要清晰准确地界定变化的范围，并对变化进行分级，建立完整的变化管理流程；明确相关职责，包括申请人、批准人、监控和检查等人员的职责。

（3）专项辨识评估后，应形成专项辨识评估会议纪要和重大安全风险清单，相关资料应至少保存1年。

【资料清单】

（1）重大变化及“四新”应用前专项辨识评估会议纪要。

（2）专项辨识评估重大安全风险清单。

【标准原文3】

1. 连续停工停产1个月以上的煤矿复工复产前，由矿长组织有关科室、区（队）开展1次专项辨识评估；井工煤矿井下动火作业，清理煤仓，启封密闭，排放瓦斯，反风演习，工作面通过空巷（采空区），采煤工作面初采和收尾，综采（放）工作面安装和回撤，掘进工作面贯通前，突出矿井石门揭煤、突出危险区过构造带等高危作业实施前，由分管负责人组织有关科室、区（队）开展1次专项辨识评估，重点辨识评估作业环境、工程技术、设备设施、现场操作等方面存在的安全风险，形成专项辨识评估纪要。如有新增重大风险，应补充完善重大安全风险清单；

2. 辨识评估结果应用于对安全技术措施编制提出指导意见。

【条文依据】

《中华人民共和国安全生产法》第二十五条；《职业健康安全管理体系　要求及使用指南》（GB/T 45001—2020）第6.1.2.1条；《企业安全生产标准化基本规范》（GB/T 33000—2016）第5.5.1.1条、第5.4.2.1条；《国务院安委会办公室关于实施遏制重特大事故工作指南构建双重预防机制的意见》（安委办〔2016〕11号）二（二）。

【条文内涵】

通过实施高危作业活动的风险辨识评估，确认风险，采取有效的措施控制或降低作业活动的风险，确保实现安全作业。这是在年度全面开展风险辨识评估的基础上，针对高危工作任务开展的风险评估。

【实施要点】

要点 1：高危作业范围的确定

煤矿企业应根据作业活动的风险性质，界定高危作业活动的范围。包括启封密闭、排放瓦斯、反风演习、工作面通过空巷（采空区）、更换大型设备、采煤工作面初采和收尾、综采（放）工作面安装回撤、掘进工作面贯通前；突出矿井过构造带及石门揭煤等高危作业实施前；露天煤矿抛掷爆破等作业。

掘进工作面贯通不包括双巷掘进之间的联络巷贯通。突出煤层突出危险区过构造带不包括薄煤层、中厚煤层过落差小于煤厚的断层、厚煤层过落差小于 3 m 的断层。

煤矿还应根据本企业的实际，开展除上述作业以外的其他高危作业活动、非常规作业活动的风险辨识评估。

要点 2：资料的要求

煤矿应当收集与启封密闭、排放瓦斯、反风演习、工作面通过空巷（采空区）、更换大型设备、采煤工作面初采和收尾、综采（放）工作面安装回撤、掘进工作面贯通、突出矿井过构造带及石门揭煤等高危作业；涉及新技术、新工艺、新设备、新材料的相关信息等。

专项辨识评估后，应形成专项辨识评估会议纪要和重大安全风险清单，相关资料应至少保存 1 年。

【资料清单】

（1）复工复产及高危作业前专项辨识评估会议纪要。

（2）专项辨识评估重大安全风险清单。

【标准原文 4】

1. 本矿发生死亡事故或涉险事故，所在省份、隶属集团煤矿发生较大事故，全国煤矿发生重特大事故后，由矿长组织分管负责人、科室开展 1 次针对性的专项辨识评估，重点识别安全风险辨识评估结果及管控措施是否存在漏洞、盲区，形成专项辨识评估纪要；如有新增重大风险，应补充完善重大安全风险清单；

2. 辨识评估结果应用于指导修订完善设计方案、作业规程、操作规程、安全技术措施。

【条文依据】

《企业安全生产标准化基本规范》(GB/T 33000—2016) 第5.5.1.1条。

【条文内涵】

这是在年度全面开展风险辨识评估的基础上，针对发生的事故、重大事故隐患开展的风险评估，以便识别缺陷，完善安全管理体系。

发生事故往往反映出煤矿日常安全管理过程中存在漏洞，漏洞的原因可能反映在以下方面：

(1) 年度风险已辨识到该风险，但没有被重视。

(2) 未制定或落实有效的措施控制风险。

(3) 风险管控措施未得到有效执行，或风险管控措施没有效果。

所以，本矿发生死亡事故或涉险事故，所在省份、隶属集团煤矿发生较大事故，全国煤矿发生重特大事故后，应该开展1次针对性的专项辨识评估。

【实施要点】

要点1：专项辨识评估的要求

矿长组织相关人员全面识别事故暴露出的风险，分析本矿在安全风险辨识评估等活动中存在的漏洞和问题，并将辨识评估结果应用于设计、规程、措施的修订和完善。

要点2：资料收集的要求

煤矿应当收集与事故、重大事故隐患有关的灾害、生产系统、生产工艺、设备设施，以及相关作业活动的信息。

专项辨识评估后，应形成专项辨识评估会议纪要和重大安全风险清单，相关资料应至少保存1年。

【资料清单】

(1) 事故后专项辨识评估会议纪要。

(2) 专项辨识评估重大安全风险清单。

(三) 风险管控——分级管控

【标准原文】

1. 矿长掌握并落实本矿重大安全风险及主要管控措施，分管负责人、副总工程师、科室负责人、专业技术人员掌握相关范围的重大安全风险及管控措施；

2. 在重大安全风险区域作业的区（队）长、班组长掌握并落实该区域重大安全风险及相应的管控措施，区（队）长、班组长组织作业时对管控措施落实情况进行现场确认，班前会通报本工作区域风险点；

3. 岗位人员作业前进行安全风险确认；

4. 矿长每年组织对重大安全风险管控措施落实情况和管控效果进行总结分析，指导下一年度安全风险管控工作（纳入全矿标准化管理体系运行分析报告）。

【条文依据】

《国务院安委会办公室关于实施遏制重特大事故工作指南构建双重预防机制的意见》（安委办〔2016〕11号）二（三）；《职业健康安全管理体系 要求及使用指南》（GB/T 45001—2020）第8.1.2条；《企业安全生产标准化基本规范》（GB/T 33000—2016）第5.5.1.3条。

【条文内涵】

风险等级的划分由煤矿企业根据《国务院安委会办公室关于实施遏制重特大事故工作指南构建双重预防机制的意见》，安全风险等级从高到低划分为重大风险、较大风险、一般风险和低风险，分别用红、橙、黄、蓝四种颜色标示。煤矿可以根据本矿的管理层级确定对应的风险等级，比如矿井、科队、班组和岗位可以分别对应4个风险等级，矿长负责重大风险、专业分管领导负责较大风险、科队负责一般风险、班组级岗位负责低风险，并遵循上级风险下级必须管控原则。

风险分级除了需要考虑风险不同级别以外，还需要考虑所需管控资源、管控能力、管控措施复杂及难易程度等因素。如对于操作难度大、技术含量高、风险等级高、可能导致严重后果的作业活动，可以重点进行管控。

风险分级管控的基本原则：上级负责管控的风险下级必须负责管控，并逐级落实负责业务范围管控的具体措施。

本条款要求的总结分析，本质上是对安全风险管控措施执行情况进行回顾的一个过程。回顾应确定风险控制措施是否实现了预期目标，或达到了预期效果。如果实现了预期目标，继续按照措施执行，反之则需要制定并落实改进措施。

【实施要点】

要点1：相关人员掌握重大安全风险及管控措施的要求

煤矿可采用年度培训、定期考试、日常抽考等方式，确保相关人员熟悉重大安全风险及管控措施的内容。

要点2：现场安全风险确认的要求

区（队）长、班组长组织作业时对管控措施落实情况进行现场确认，可以采用多种方式，如手指口述、交接班时检查等，现场确认和整改情况应填写到交接班记录中。

岗位人员作业前进行安全风险确认可以采用手指口述、持表（卡）检查等方式进行，风险确认可以不用填写相关记录。

要点 3：总结分析工作的要求

（1）总结分析工作可以在管控措施完成后开展，也可以在管控措施实施过程中开展。无论采取何种形式，都需要收集相关信息：重大风险管控措施执行情况及相关记录；重大风险管控措施相关的检查记录；发现的隐患和整改措施的执行情况。

（2）应当对管控方案实际效果与预期目标进行比较、分析，确定是否达到了预期效果。通过分析，形成以下决议：针对不符合事项，或者有提升空间的事项，确定改进措施，应用于下一年度的安全工作计划；已经达到预期效果的，完善相关制度，形成日常执行机制。

（3）煤矿矿长应组织总结分析，参加人员应包括业务分管负责人、各职能科室和相关区队、班组的负责人。总结分析可以采用会议的形式，也可以是其他形式。

指定相关人员收集会议相关资料，并通过会议形成相关决议，形成决议的事项应落实责任单位和责任人，明确完成时间期限，在煤矿内部通报并跟踪和验证。

【资料清单】

（1）交接班记录。

（2）年度安全风险分级管控总结或报告。

（四）保障措施

1. 组织宣贯

【标准原文】

1. 年度辨识评估完成后 1 个月内，对入井（坑）、地面相关人员进行宣贯，内容包括与本岗位相关的重大安全风险及管控措施；

2. 专项辨识评估完成后 1 周内，对相关人员进行宣贯，内容包括与本岗位相关的安全风险及管控措施。

【条文依据】

《中华人民共和国安全生产法》第四十四条；《国务院安委会办公室关于实

施遏制重特大事故工作指南构建双重预防机制的意见》(安委办〔2016〕11号)二(四);《企业安全生产标准化基本规范》(GB/T 33000—2016)第5.4.4条、第5.5.1.3条。

【条文内涵】

为了使煤矿从业人员了解本煤矿重大安全风险，掌握与本岗位相关的重大安全风险管控措施，煤矿应组织开展培训。煤矿应依据年度风险辨识评估的结果，识别各岗位需求的相关风险管控知识和要求，将上述项目列入年度培训计划，并实施培训。

【实施要点】

要点：重大安全风险及管控措施的培训要求

煤矿矿长应指定负责安全风险培训的科室或岗位，组织识别培训需求，制定培训计划，并按计划实施。培训应符合下列要求：

(1)根据不同的部门、区队，分别识别培训需求，确定各区队分别需要接受的培训内容。

(2)将上述需求列入年度安全培训计划，明确培训内容、学时、形式等。

(3)按照培训计划组织培训，培训内容包括重大安全风险清单、与岗位相关的重大安全风险管控措施。

(4)年度辨识评估完成后1个月内开展，专项辨识评估完成后1周内开展。

(5)培训结束后进行效果评价，应确保所有入井(坑)的从业人员了解本煤矿的重大安全风险；与重大安全风险相关的区队、班组和岗位人员熟悉并掌握责任范围内的重大安全风险管控措施。

【资料清单】

(1)煤矿年度培训计划或安全培训计划。

(2)年度风险分级管控培训记录。

(3)专项风险分级管控培训记录。

2. 信息管理

【标准原文】

采用信息化管理手段，实现对安全风险记录、跟踪、统计、分析等全过程的信息化闭合管理。

【条文依据】

《国务院安委会办公室关于实施遏制重特大事故工作指南构建双重预防机制的意见》(安委办〔2016〕11号)四(四);《企业安全生产标准化基本规范》

（GB/T 33000—2016）第 5.5.4 条、第 6.4.3 条。

【条文内涵】

本条款的要求是为了使涉及重大安全风险的信息得到及时传递、重要信息得到及时处理，并提高煤矿安全风险管理的效率。信息化的形式，可以通过个人电脑终端借助互联网实现；也可以通过手机终端借助互联网实现。无论采取何种形式，均应满足对安全风险记录、跟踪、统计、分析、上报所有功能。

【实施要点】

要点：重大安全风险信息及处置要求

与安全风险相关的信息至少包括与危险源有关的管控措施、危险源管控措施的执行情况、危险源的实时状态。针对这些信息处置的要求包括：

（1）收集重大安全风险动态、管控措施的执行情况等，并进行记录。

（2）将收集的信息传递至相关人员，如煤矿矿长、分管负责人、区队、班组和岗位，也包括各职能部门；必要时，传递至外部相关单位和人员。

（3）重大安全风险出现异常、紧急等情况时，及时通知相关人员。

（4）相关人员接收到信息后，对信息进行处置，包括发布命令、执行措施、完成报告等。

（5）信息处置后及时反馈。

（6）对重大安全风险的状态及管控措施的执行情况进行统计、分析。

煤矿应使用信息化手段，通过开发电子信息化系统，或采用其他载体，实现上述功能，并保持系统有效运行。

六、隐患排查治理

（一）工作制度

【标准原文】

建立隐患排查治理工作制度，明确矿长全面负责、分管负责人负责分管范围内隐患排查治理工作，副总工程师、科室、区（队）、班组、岗位人员的隐患排查治理职责；规定并落实事故隐患分级标准，以及事故隐患排查、登记、治理、验收、销号、分析总结等工作要求。

【条文依据】

《中华人民共和国安全生产法》第四十一条、第一百零一条；《煤矿生产安全事故隐患排查治理制度建设指南（试行）》第二条；《煤矿安全生产条例》第三十五条、第六十二条。

【条文内涵】

事故隐患排查治理是防止事故发生的最后一道关口，是保证煤矿安全生产的根本措施。建立事故隐患排查治理制度，明确各层级管理人员、各部门事故隐患排查治理中工作职责，规范事故隐患排查治理各环节工作要求，确保隐患必治。

【实施要点】

要点1：事故隐患排查治理责任体系的要求

建立从主要负责人（包括煤矿企业的实际控制人）到每位作业人员，覆盖各部门、各单位、各岗位的事故隐患排查治理责任体系，明确主要负责人为本单位隐患排查治理工作的第一责任人，分管负责人负责分管范围内隐患排查治理工作，副总工程师、科室、区（队）、班组、岗位人员的隐患排查治理职责。职责内容应覆盖事故隐患排查治理标准所有条款规定。

要点2：事故隐患排查治理制度建设的要求

事故隐患排查治理制度应包括：事故隐患分级分类制度（标准）、事故隐患排查制度；事故隐患建账登记上报制度；事故隐患分级治理、分级验收销号制度。

制度可以综合编写，也可以单独编写但内容必须全面，有可执行性、可操作性、可考核性。

【资料清单】

事故隐患排查治理工作制度。

（二）事故隐患排查

1. 周期范围

【标准原文1】

矿长每月组织分管负责人及相关科室、区（队）对重大安全风险管控措施落实情况、管控效果及覆盖生产各系统、各岗位的事故隐患至少开展1次排查；排查前制定工作方案，明确排查时间、方式、范围、内容和参加人员。

【条文依据】

《安全生产事故隐患排查治理暂行规定》第十条。

【条文内涵】

（1）矿长组织覆盖生产各系统、各岗位事故隐患排查，能够保证排查质量及排查效果，做到不留死角、没有漏洞和盲区；对重大风险管控措施落实情况检查和管控效果的排查，能够及时发现重大安全风险失控形成的事故隐患，及时采取措施治理消除，确保重大安全风险时刻处于受控状态。

（2）风险管控效果：指风险在采取管控措施后所达到的目标，表述为一可量化的数值。

【实施要点】

要点：排查工作方案及内容要求

（1）制定矿长月度隐患全覆盖大排查工作方案，包括：排查时间、排查参与人员、排查范围、排查内容、排查方式、排查要求等。

（2）排查人员：矿长、分管副矿长（明确到人头）、相关科室（明确到具体部门及人员）。

（3）排查范围：结合矿井实际，明确到具体的各大生产系统、生产区域、主要设施设备、采掘工作面、主要岗位。

（4）排查内容：重大风险管控措施落实情况管控效果；技术文件、图纸、资料、事故隐患等。

（5）排查结果参与人员签字上报，留档备查。

（6）矿长组织，每月至少一次，矿长因事离矿应授权其他领导组织排查。

【资料清单】

（1）月度事故隐患全覆盖大排查工作方案。

（2）事故隐患排查结果原始记录。

【标准原文 2】

矿分管负责人每半月组织相关人员对覆盖分管范围的重大安全风险管控措施落实情况、管控效果和事故隐患至少开展 1 次排查。

【条文依据】

《安全生产事故隐患排查治理暂行规定》第十条；《煤矿生产安全事故隐患排查治理制度建设指南（试行）》第六条第（三）款。

【条文内涵】

分管负责人每半月组织相关人员对覆盖分管范围的重大安全风险管控措施落实情况、管控效果和事故隐患排查更具专业性、针对性，是对矿长组织的月度事故隐患排查的加强、补充和细化，更有利于及时发现并消除事故隐患。

【实施要点】

要点：分管负责人事故隐患排查工作要求

（1）分管负责人每月至少组织两次覆盖分管范围的重大安全风险管控措施

落实情况、管控效果和事故隐患排查，其中一次可以与矿长组织的月度事故隐患排查合并。

(2) 参与排查人员需签字留档，排查路线需与人员定位系统相一致。

(3) 排查原始记录需留档备查。

【资料清单】

排查结果原始记录。

【标准原文3】

生产期间，每天安排管理、技术和安检人员进行巡查，对作业区域开展事故隐患排查。

【条文依据】

《煤矿生产安全事故隐患排查治理制度建设指南（试行）》第六条第（二）款；《安全生产事故隐患排查治理暂行规定》第十条。

【条文内涵】

煤矿生产区域作业环境、作业条件、设施设备时刻变化，属事故隐患多发区域，每天安排管理、技术和安检人员对作业区域进行巡查，能够及时发现作业过程中产生的事故隐患，及时治理消除。

【实施要点】

要点：管理、技术和安检人员排查要求

(1) 煤矿应有专门部门负责安排该项工作。

(2) 每月应有作业区域管理、技术和安检人员巡查排查安排计划。

(3) 巡查结果由巡查排查人员签字上报并留档备查。

【标准原文4】

岗位作业人员作业过程中随时排查事故隐患。

【条文依据】

《煤矿生产安全事故隐患排查治理制度建设指南（试行）》第六条第（一）款。

【条文内涵】

煤矿岗位作业人员作业区域内作业条件复杂多变，属事故隐患多发区域，作业人员作业过程中随时排查事故隐患可以保证及时发现事故隐患，及时治理消除。

【实施要点】

要点：岗位作业人员事故隐患排查要求

(1) 岗位作业人员作业前进行安全确认，风险受控、隐患消除方可作业。

（2）作业过程中发现事故隐患，能够立即治理的立即治理。不能立即治理的采取临时管控措施。

2. 登记上报

【标准原文】

建立隐患排查治理台账，登记内部排查和外部检查的事故隐患；排查发现重大事故隐患后，及时向当地煤矿安全监管监察部门书面报告，并建立重大事故隐患信息档案。

【条文依据】

《煤矿生产安全事故隐患排查治理制度建设指南（试行）》第七条；《安全生产事故隐患排查治理暂行规定》第十四条。

【条文内涵】

建账登记排查发现的事故隐患，能够有效管控事故隐患分级、治理、验收销号的全过程，防止治理漏项，确保事故隐患全部按期治理消除。重大事故隐患可能导致重大人身伤亡或重大经济损失。向当地煤矿安全监管监察部门报告，自我加压，主动接受安全监管监察部门监督检查，同时安全监管监察部门也能够快速响应，指导、协调重大事故隐患高质量、高效率完成治理；建立重大事故隐患信息档案，便于分析总结。

【实施要点】

要点1：事故隐患台账内容

事故隐患排查治理台账包括：序号、排查时间、排查地点、排查人员、事故隐患内容、隐患分级、隐患分类、临时管控措施、治理责任单位及人员、治理期限、治理资金、验收销号责任单位及人员、验收时间等要素。台账可参考表1－3。

表1－3　×××煤矿事故隐患排查治理台账

序号	排查时间	排查地点	排查人员	隐患内容	隐患分级	隐患分类	临时管控措施	治理责任单位及人员	治理期限	验收责任单位及人员	验收时间	备注

要点2：事故隐患记录要求

逐项登记内部排查和外部检查的事故隐患，包括：矿长月度排查，分管负责人半月排查，管理、技术和安检人员每天排查，岗位作业人员随时排查的事故隐患以及上级公司、安全监管监察部门检查的事故隐患。能够立即治理的事故隐患立即治理，不进入事故隐患排查治理台账。不能立即治理的事故隐患现场应采取临时管控措施。台账是对矿井而言，不对部门或岗位，煤矿只能设一本台账，不能多头设账。

要点3：重大事故隐患记录存档要求

重大事故隐患治理过程中，应将重大事故隐患原始资料、治理方案、监管监察部门督办验收资料、治理进展记录、影像资料和书面报告等各类电子信息、纸质信息归档立卷，形成重大事故隐患信息档案。

【资料清单】

（1）煤矿事故隐患排查治理台账。

（2）重大事故隐患信息档案。

（三）事故隐患治理

1. 分级治理

【标准原文1】

对排查出的事故隐患进行分级，能立即治理完成的事故隐患，当班采取措施及时治理消除，当班未完成整改的隐患，要告知下一班治理消除；不能立即治理完成的事故隐患，采取临时管控措施，按照事故隐患等级明确相应层级的单位（部门）、人员负责治理、验收。

【条文依据】

《煤矿生产安全事故隐患排查治理制度建设指南（试行）》第四条、第八条。

【条文内涵】

根据事故隐患的影响范围、危害程度和治理难度等将排查出的事故隐患进行分级，不同级别的事故隐患明确不同级别的责任人进行治理、验收，即治理、验收层级与事故隐患等级对应，保证事故隐患在治理过程中权责对应、责任明确、快速高效。能够立即治理完成的事故隐患，立即治理消除，当班无法完成移交下一班，确保隐患治理的连续性及时效性。

【实施要点】

要点：事故隐患分级、治理的要求

（1）事故隐患通常按照治理难度（影响范围、危害程度和治理难度三选一）

进行分级。一般分四级：矿长（级）—分管副矿长（级）—科长（级）—队长（级）。

（2）按照事故隐患等级确定治理单位及责任人后，有专门的通知单或信息系统通知治理单位及责任人。

（3）事故隐患治理前无法保证安全或事故隐患治理过程中出现险情时，应撤离危险区域作业人员，并设置警示标志。

（4）隐患分级、分级治理、分级验收见表1－4。

表1－4　隐患分级表

隐患级别	划分标准	治理单位及责任人	验收单位及责任人
A	应急管理部令第4号确定的重大隐患，需上级部门协调处理的隐患	矿长	上级安监部门
B	业务分管领导能够协调处理	业务分管领导	安全分管领导
C	科室能够自行安排治理	业务科室	安全部门
D	区队能够自行治理	区队	安全员

【资料清单】

（1）煤矿事故隐患排查治理台账。

（2）事故隐治理通知单原始记录（纸质、信息系统均可）。

（3）事故隐患治理责任人原始签字记录（纸质、信息系统均可）。

【标准原文2】

重大事故隐患由矿长按照责任、措施、资金、时限、预案“五落实”的原则，组织制定专项治理方案并组织实施；治理方案按规定及时上报。

【条文依据】

《煤矿生产安全事故隐患排查治理制度建设指南（试行）》第八条。

【条文内涵】

重大事故隐患可能导致重大人身伤亡或重大经济损失，灾害程度严重、影响范围广、治理难度大。由矿长组织治理，可充分调动隐患治理所需一切资源，包括人力、技术、装备、资金等，使隐患能够得到高质量、高效根除。“五落实”专项治理方案的实施，保证了治理过程的有条不紊，避免了事故隐患扩大、次生隐患出现或造成人身伤害。

【实施要点】

要点1：重大事故隐患治理的负责人

重大事故隐患由矿长组织制定专项治理方案并实施。

要点2：重大事故隐患治理方案的内容

（1）治理的目标和任务。

（2）采取的方法和措施。

（3）经费和物资的落实。

（4）负责治理的机构和人员。

（5）治理的时限和要求。

（6）安全措施和应急预案。

要点3：重大事故隐患报告的要求

重大事故隐患“五落实”专项治理方案上报上级公司、安全监管监察部门。报告应包括以下内容：

（1）隐患的基本情况和产生原因。

（2）隐患危害程度、波及范围和治理难易程度。

（3）需要停产治理的区域。

（4）发现隐患后采取的安全措施。

（5）重大事故隐患的治理方案。

【资料清单】

（1）重大事故隐患“五落实”专项治理方案。

（2）重大事故隐患报告及上报回执。

2. 安全措施

【标准原文】

对治理过程危险性较大、可能危及治理人员及接近治理区人员安全的事故隐患（如爆炸、人员坠落、坠物、冒顶、电击、机械伤人等），应制定并落实安全技术措施，现场设置警示标识。

【条文依据】

《煤矿生产安全事故隐患排查治理制度建设指南（试行）》第十条。

【条文内涵】

事故隐患治理过程中，秉持安全第一的原则。危险性较大的事故隐患、治理过程中发生事故的可能性较大、后果也较严重，必须制定安全技术措施、现场处置方案，采取专人指挥、设置警示标识、安检员现场监督等措施，严防事故发生、严防事故隐患扩大、严防次生事故隐患出现。治理过程中出现险情时，应撤离危险区域作业人员，并设置警示标志。短期内无法彻底治理的事故隐患，及时组织对其危险程度和影响范围进行评估，根据评估结果采取相应的安全监控和防护措施。

【实施要点】

要点：治理要求

（1）治理危险性较大的事故隐患要制定专项治理安全技术措施，明确专人现场指挥，设置警示标识，安检员现场监督等。

（2）治理过程中出现险情时，应撤离危险区域作业人员，并设置警示标识。

（3）短期内无法彻底治理的事故隐患，及时组织对其危险程度和影响范围进行评估，根据评估结果采取相应的安全监控和防护措施。

【资料清单】

（1）煤矿事故隐患排查治理台账。

（2）危险性较大事故隐患治理安全技术措施及预案。

（3）短期内无法彻底治理事故隐患的危险程度和影响范围评估资料。

3. 验收销号

【标准原文】

煤矿自行排查发现的事故隐患完成治理后，由验收责任单位（部门）或人员负责验收，合格后予以销号；煤矿安全监管监察机构和上级公司检查发现的事故隐患，完成治理后，按要求报告发现部门或其委托部门（单位）。

【条文依据】

《煤矿生产安全事故隐患排查治理制度建设指南（试行）》第九条、第十三条。

【条文内涵】

对事故隐患的治理结果进行验收销号，确认事故隐患治理是否符合规范或标准要求，是实现事故隐患排查治理闭环管理的基本要求。不同等级的事故隐患由不同层级的单位或责任人进行验收，且治理和验收责任不应为同一个单位。煤矿自查事故隐患由煤矿自行安排验收；上级公司、安全监管监察部门检查发现的事故隐患，煤矿治理完成验收后形成书面报告报上级公司、安全监管监察部门或其委托部门。

【实施要点】

要点：事故隐患治理情况验收的要求

（1）不同等级的事故隐患由不同层级的单位或责任人进行验收。

（2）上级公司、安全监管监察部门检查发现的事故隐患，煤矿治理完成后首先由煤矿自行验收。

（3）验收责任人应到事故隐患点实地验收，禁止采取听汇报、查资料的方式进行验收。

（4）上级公司、安全监管监察部门检查发现的事故隐患治理完成验收后形成书面报告上报。

【资料清单】

（1）煤矿事故隐患排查治理台账。

（2）事故隐患验收通知单原始记录（纸质、信息系统均可）。

（3）上级公司、安全监管监察部门检查发现的事故隐患治理书面报告。

（4）重大事故隐患上级公司、安全监管监察部门验收相关资料。

（四）保障措施

1. 信息管理

【标准原文】

采用信息化管理手段，实现对事故隐患登记录入、过程跟踪、逾期报警、验收销号、信息上报等信息化闭合管理。

【条文依据】

《煤矿生产安全事故隐患排查治理制度建设指南（试行）》第十二条。

【条文内涵】

煤矿事故隐患排查治理涉及范围广、涉及人员多、涉及信息量大，采用信息化管理手段，可以极大地降低劳动强度，提高工作效率，尤其逾期报警可以及时掌握、了解未按期治理完成的事故隐患，及时采取有效措施进行干预，确保事故隐患能够及时得到治理消除。

【实施要点】

要点：事故隐患排查治理信息管理的要求

信息化管理的手段多种多样，煤矿可以根据自身情况灵活掌握，不一定非要有大的系统，办公平台、微信、钉钉、小的局域网甚至单台计算机也可以。只要能满足对隐患的登记、分级、治理、验收销号、逾期警示即可。有条件的煤矿可以建立事故隐患排查治理信息化管理系统或在现有综合信息化系统的基础上加载事故隐患管理模块功能。

2. 公示公告

【标准原文】

井工煤矿在行人井口和存在重大事故隐患的区域，露天煤矿在显著位置公示重大事故隐患的地点、主要内容、治理时限、责任人。

【条文依据】

《煤矿生产安全事故隐患排查治理制度建设指南（试行）》第十五条。

【条文内涵】

在煤矿显著位置公示重大事故隐患的地点、主要内容、治理时限、责任人，可以使所有相关从业人员清楚作业区内可能危及自身安全的重大事故隐患，采取有效规避措施，同时积极参与重大事故隐患治理的监督，使重大事故隐患能够高质量、高效率快速消除。

【实施要点】

要点：公示公告的要求

（1）制作重大事故隐患公示牌板，固定于煤矿显著位置。

（2）牌板规格以过往人员能够看清牌板内容为准。

（3）微信、短信群发从业人员提醒。

（4）牌板内容：重大事故隐患的地点、主要内容、治理时限、责任人。

3. 举报监督

【标准原文】

公布事故隐患举报联系方式，接受从业人员和社会监督。

【条文依据】

《煤矿生产安全事故隐患排查治理制度建设指南（试行）》第十六条。

【条文内涵】

事故隐患是事故发生的直接诱发因素，消除事故隐患是杜绝事故发生的主要手段。公布事故隐患举报联系方式，充分发挥从业人员和社会的监督作用，查缺补漏，及时发现未排查出的事故隐患，及时掌握排查、治理、验收环节的疏漏之处，使事故隐患排查、治理、验收各环节规范、高效，确保矿井安全。通过举报奖励，调动从业人员和社会人员踊跃参与的积极性。

【实施要点】

要点：事故隐患举报监督的要求

（1）制定事故隐患举报奖励制度，明确负责部门、奖励方式、奖励标准等，公布举报电话。

（2）举报电话包括煤矿、煤矿上级公司、安全监管监察部门。

（3）建立事故隐患举报台账，逐项登记举报内容并查实。

（4）依据核实结果，向举报人兑现奖励，有据可查。

4. 总结分析

【标准原文】

矿长每月组织召开事故隐患治理会议，对事故隐患的治理情况进行通报，分析重大安全风险管控情况、归纳事故隐患产生的原因，布置月度安全风险管控重点，提出预防事故隐患的改进措施，并形成月度统计分析报告。

【条文依据】

《煤矿生产安全事故隐患排查治理制度建设指南（试行）》第十二条。

【条文内涵】

每月根据事故隐患的治理情况（包括事故隐患排查、治理、验收等情况），矿长组织会议，对重大安全风险管控失控或弱化、管控效果不达标以及隐患排查、治理、验收环节的疏漏、事故隐患产生原因等方面进行讨论分析，及时发现隐患排查治理过程中出现的共性、普遍性、反复性问题，“追根溯源”查清问题产生的根本原因，提出针对性改进措施，落实到责任人限期整改。通过加强管理，使重大风险时刻处于受控状态，事故隐患逐步减少，事故隐患排查、治理、验收更加规范高效，矿井安全管理基石更牢。

【实施要点】

要点：事故隐患排查治理总结分析的要求

（1）矿长每月组织召开一次事故隐患治理会议，形成月度统计分析报告。

（2）月度统计数据真实、有效、精准。

（3）会议讨论分析内容：重大安全风险管控措施落实情况、重大安全风险管控效果、事故隐患产生的原因。

（4）对问题产生的原因追根究底，分析透彻。改进措施有针对性、可操作性、可执行性。

（5）改进措施落实到责任人，限期整改。

【资料清单】

（1）事故隐患排查治理月度统计分析报告。

（2）改进措施整改结果。

七、持续改进

（一）自查自评

【标准原文】

每季度至少组织开展一次全面的自查自评，对内部和外部检查的问题进行总结分析，提出改进措施并落实。

【条文内涵】

内部检查就是煤矿的自查，每季度进行一次。外部检查包括煤矿上级公司和各级煤矿安全监管部门、煤矿安全监察机构和煤炭行业管理部门、自然资源部门的检查考核。通过两种检查结果的分析，肯定成绩，查找短板、制定改进措施并落实到责任人，确保体系高质量有效运行。

【实施要点】

要点：标准化体系检查、分析与改进的要求

（1）煤矿每季度至少组织一次安全生产标准化管理体系内部自查。

（2）煤矿应根据内部自查和外部检查结果编制问题或隐患清单，总结分析问题或隐患产生的根源，制定改进措施并落实到责任人限期整改。

（3）“总结分析”是指从管理制度、生产环境、设施设备、人员等方面入手剖析问题或隐患产生的具体原因。

【资料清单】

（1）安全生产标准化管理体系内部自查原始记录。

（2）外部检查原始记录。

（3）内部自查和外部检查季度总结分析报告：包括问题或隐患统计表、问题或隐患产生原因分析、改进措施、责任人、完成时间。

（二）改进提升

【标准原文】

根据安全目标完成情况、安全生产责任制落实情况、标准化内部自查和外部检查考核情况、年度风险辨识结果及重大风险管控情况、年度重大事故隐患排查整改情况、本矿生产安全事故情况，每年底由矿长组织对标准化管理体系的运行质量进行分析，形成分析报告，对报告提出的改进措施，明确责任人及完成时限。

【条文内涵】

每年底由矿长组织，通过实施持续改进，对标准化管理体系各要素以及年度重大事故隐患排查整改情况、本矿生产安全事故情况进行检视，及时修订和改进存在的问题，及时调整和完善体系内容，构建管理体系自主运行、自我完善、自我提升的内生机制。

【实施要点】

要点1：体系运行质量分析依据的要求

标准化管理体系运行质量分析包括但不限于：国家政策、法规、标准变化调整情况，安全目标完成情况，安全生产责任制落实情况，标准化内部自查和外部检查考核情况，年度安全风险辨识结果及重大风险管控情况，年度重大事故隐患排查整改情况，本矿生产安全事故情况等。

要点2：体系运行质量分析的要求

每一要素需明确指出发现的问题，分析问题产生的深层次原因，提出针对性的改进措施，并落实到责任人限期整改完成。

【资料清单】

（1）标准化管理体系运行质量分析报告。

（2）标准化管理体系运行质量分析问题整改完成情况结果。

八、附加项

【标准原文】

1. 考核期内，从业人员获得省部级及以上技能大师称号；

2. 设置专门的安全生产标准化管理机构。

【条文内涵】

为了引导煤矿注重高技能人才的培养，主动采取措施提升从业人员素质；为了鼓励煤矿有条不紊持续推动安全生产标准化动态达标创建，设置本条。专门的安全生产标准化管理机构是指煤矿设置专门的科室（科室设专门办公室亦可），负责本矿安全生产标准化达标创建活动或计划的研究和策划，专职负责标准化相关的培训、指导、检查、考核等工作。

【实施要点】

要点1：高技能人才培养的要求

煤矿建立健全职业技能及高技能人才培养机制，努力提高各岗位人员作业技能，鼓励从业人员参与职业技能鉴定，积极组织参与职业技能大赛，培养高技能人才。

要点2：标准化管理机构的要求

煤矿积极设置煤矿安全生产标准化管理机构，配置安全生产标准化专职管理人员，推动煤矿标准化达标升级。

【资料清单】

（1）涉及本矿在职人员的省部级技能大师相关文件。

（2）煤矿机构设置相关文件。

第2部分　重大灾害防治

一、隐蔽致灾因素普查——隐蔽致灾因素普查

【标准原文1】

全面普查：煤矿围绕未来3~5年采掘接续规划，每3年开展1次隐蔽致灾因素普查，查明各类灾害类型、影响范围及程度，编制普查报告，提出治理方案，建立管理台账。

【条文依据】

《煤矿安全规程》第三十二条；《煤矿地质工作细则》第二十条、第二十一条、第三十六条。

【条文内涵】

生产煤矿应结合未来3~5年采掘接续规划，开展隐蔽致灾地质因素普查。煤矿隐蔽致灾地质因素普查每3年开展1次。因地质条件发生变化导致较大以上事故发生的煤矿，应加大普查频次。煤矿隐蔽致灾地质因素必须全面具体。煤矿必须结合实际情况开展隐蔽致灾地质因素普查或探测工作，并提出报告，由矿总工程师组织审定。

【实施要点】

要点1：采掘接续规划

建设煤矿、生产煤矿、资源整合煤矿等应结合未来3~5年采掘接续规划，开展隐蔽致灾地质因素普查。

要点2：煤矿隐蔽致灾因素普查内容

煤矿隐蔽致灾因素普查包括且不少于采空区、废弃井筒、火区，封闭不良钻孔、水源井、油气井、煤层气井，断层、褶曲，地表水体、水利工程、松散含水层、基岩含水层、陷落柱、烧变岩、离层水、风氧化带、古河床冲刷带、剥离回填体、隔水层缺失区、垮落带、导水裂缝带、底板采动导水破坏带，突出煤层、突出危险区、高瓦斯含量区（或高瓦斯压力区）、邻近煤（岩）层含瓦斯情况、应力集中区、煤层厚度异常变化区，厚硬顶板、冲击倾向性、上覆（下伏）遗留煤柱、孤岛煤柱、地应力、矿山压力，边坡软弱夹层、古隆起、古滑坡、隐蔽

火区、排弃物基底等因素。

要点3：煤矿隐蔽致灾因素要求

（1）煤矿隐蔽致灾地质因素普查每3年开展1次。因地质条件发生变化导致较大以上事故发生的煤矿，应加大普查频次。

（2）煤矿必须结合实际情况开展隐蔽致灾地质因素普查或探测工作。

【资料清单】

（1）煤矿3～5年采掘接续规划。

（2）隐蔽致灾因素普查报告。

（3）隐蔽致灾因素管理台账等。

【标准原文2】

补充探查：隐蔽致灾因素未查明的，应进行补充地质勘探。

【条文依据】

《煤矿安全规程》第二十三条、第一百九十一条、第二百八十五条；《煤矿地质工作细则》第三十七条、第三十八条、第四十条、第四十三条、第六十九条、第八十二条、第八十八条、第九十一条；《煤矿防治水细则》第八条、第二十～三十三条；《防治煤与瓦斯突出细则》第六条、第十六条。

【条文内涵】

（1）煤矿地质补充勘探工作应以查明地质构造、煤层厚度及结构、瓦斯赋存规律、水文地质条件、冲击地压危险性和工程地质条件等为主要任务，满足工程设计和安全采掘要求。

（2）煤矿地质资料不能满足设计、建设和生产需要时，应针对存在的问题进行补充调查与勘探，收集相关地质资料，重点调查井（矿）田内或周边煤矿开采情况。

（3）矿井水文地质补充勘探应当针对具体问题合理选择勘查技术、方法，井田外区域以遥感水文地质测绘等为主，井田内以水文地质物探、钻探、试验、实验及长期动态观（监）测等为主，进行综合勘查。矿井水文地质补充勘探根据相关规范编制补充勘探设计，经煤炭企业总工程师组织审批后实施。

【实施要点】

要点1：隐蔽致灾因素补充探查要求

（1）煤矿现有的地质资料不能满足安全生产时，按要求进行补充地质调查与勘探。应针对存在的问题进行补充调查与勘探，收集相关地质资料，重点调查井（矿）田内或周边煤矿开采情况。煤矿地质补充勘探工作要以查明地质构造、煤层厚度及结构、瓦斯赋存规律、水文地质条件、冲击地压危险性和工程地质条件等为主要任务，满足工程设计和安全采掘要求。

（2）矿井水文地质条件尚未查清时，进行水文地质补充勘探工作。

（3）回采工作面形成后，开展相关物探、钻探等补充地质探查工作，查明工作面内部地质构造及其导（含）水性、顶底板富水异常区、瓦斯异常区、上覆坚硬岩层和遗留煤柱等情况。

要点2：需要开展地质补充调查与勘探的情形

（1）井（矿）田内及周边采空区、老窑等隐蔽致灾地质因素不清。

（2）原勘探程度不足，或遗留有瓦斯地质、水文地质、冲击地压或重大工程地质等问题。

（3）在建矿和生产过程中，构造、煤层、瓦斯、水文地质、冲击地压及工程地质等条件发生重大变化。

（4）资源整合、水平延深或煤矿范围扩大时，原地质勘探报告不能满足煤矿建设和安全生产要求。

（5）需要提高资源储量级别或新增资源储量。

（6）其他专项安全工程要求。

要点3：需要开展水文地质补充勘探的情形

（1）矿井主要勘探目的层未开展过水文地质勘探工作的。

（2）矿井原勘探工作量不足，水文地质条件尚未查清的。

（3）矿井经采掘揭露煤岩层后，水文地质条件比原勘探报告复杂的。

（4）矿井水文地质条件发生较大变化，原有勘探成果资料难以满足生产建设需要的。

（5）矿井开拓延深、开采新煤系（组）或者扩大井田范围设计需要的。

（6）矿井采掘工程处于特殊地质条件部位，强富水松散含水层下提高煤层开采上限或者强富水含水层上带压开采，专门防治水工程设计、施工需要的。

（7）矿井井巷工程穿过强含水层或者地质构造异常带，防治水工程设计、施工需要的。

要点4：需要开展井下水文地质补充勘探的情形

（1）采用地面水文地质勘探难以查清问题，需要在井下进行放水试验或者连通（示踪）试验的。

（2）受地表水体、地形限制或者受开采塌陷影响，地面没有施工条件的。

（3）孔深或者地下水位埋深过大，地面无法进行水文地质试验的。

要点5：疏干开采专门水文地质勘探或补充勘探

被富水性强的松散含水层覆盖的缓倾斜煤层，需要疏干（降）开采时，应当进行专门水文地质勘探或者补充勘探，根据勘探成果确定疏干（降）地段、制定疏干（降）方案，经煤炭企业总工程师组织审批后实施。

要点6：现场与资料出入较大时补充勘探要求

矿井因矿井地质、水文地质等条件与原地质资料出入较大时，必须针对所存在的地质问题开展补充地质勘探工作。当矿井水文地质条件尚未查清时，应当进行水文地质补充勘探工作。

【资料清单】

（1）煤矿井上下补充探查设计。

（2）煤矿地面井下物探设计。

（3）补充探查设计批复文件。

（4）工程施工原始资料。

（5）成果报告或总结及批复文件。

【标准原文3】

动态排查：煤矿总工程师每月根据月度采掘生产计划开展1次隐蔽致灾因素动态排查，建立排查清单，排查出的隐蔽致灾因素作为编制月度地质等预报的依据。

【法律依据】

《煤矿地质工作细则》第三十八条、第六十八条；《煤矿防治水细则》第九条、第二十条、第二十六条、第三十三条、第三十七条、第四十一条、第五十八条、第七十八条、第八十三条、第一百零九条；《防治煤与瓦斯突出细则》第六条、第四十九条、第八十六条；《防治煤矿冲击地压细则》第四十七条、第四十九条。

【条文内涵】

为了防范重特大生产安全事故，做好煤矿重大灾害防治工作，煤矿总工程师每月根据月度采掘生产计划开展1次隐蔽致灾因素动态排查，对井田内及周边采空区、废弃老窑（井筒）、封闭不良钻孔、断层、裂隙、褶曲、陷落柱、瓦斯富集区、导水裂隙带、离层空间、地下含水体、地表水体、井下火区、油气及油气井、煤层气井、冲击地压危险性、古河床冲刷带、岩浆岩侵入体、煤（岩）层风氧化带、火烧区、古隆起、天窗、暗河、溶洞等不良地质体、边坡稳定性等各类灾害类型、影响范围及程度等隐蔽致灾因素全部排查清楚，完善煤矿隐蔽致灾因素普查治理方案，补充隐蔽致灾因素普查与治理的各种管理台账。对未查明的隐蔽致灾因素，进行补充地质勘探，直至查明查清煤矿各种主要隐蔽致灾因素。建立排查清单，对排查出的隐蔽致灾因素作为编制月度地质等预报的依据。

【实施要点】

要点1：隐蔽致灾地质因素排查内容

（1）井（矿）田内及周边采空区、老窑等隐蔽致灾地质因素。

（2）原勘探程度不足，或遗留有瓦斯地质、水文地质、冲击地压或重大工程地质等问题。

（3）在生产过程中，构造、煤层、瓦斯、水文地质、冲击地压及工程地质等条件发生重大变化情况。

（4）资源整合、水平延深或煤矿范围扩大时，原地质勘探报告能不能满足煤矿建设和安全生产要求。

要点2：雨季前地表水排查要求

雨季前对煤矿防治水工作进行全面检查，制定雨季防治水措施，建立雨季巡视制度，组织抢险队伍并进行演练，储备足够的防洪抢险物资。对检查出的事故隐患，制定措施，落实资金，责任到人，并限定在汛期前完成整改。

要点3：排水系统排查要求

水泵、水管、闸阀、配电设备和线路，经常检查和维护。在每年雨季之前，应当全面检修1次，并对全部工作水泵、备用水泵及潜水泵进行1次联合排水试验，提交联合排水试验报告。水仓、沉淀池和水沟中的淤泥，应当及时清理；每年雨季前必须清理1次。检修、清理工作应当做好记录，并存档备查。

要点4：地下水动态监测系统

矿井建立地下水动态监测系统，对井田范围内主要充水含水层的水位进行长期动态观测，对矿井涌水量进行动态监测。受底板承压水威胁的水文地质类型复杂、极复杂矿井建立突水监测预警系统。

要点5：水文地质勘察工作排查内容

（1）矿井是否存在主要勘探目的层未开展过水文地质勘探工作。

（2）矿井是否存在原勘探工作量不足，水文地质条件尚未查清。

（3）矿井是否存在经采掘揭露煤岩层后，水文地质条件比原勘探报告复杂现象。

（4）矿井是否存在水文地质条件发生较大变化，原有勘探成果资料难以满足生产建设需要问题。

（5）矿井是否存在水文地质条件不能满足开拓延深、开采新煤系（组）或者扩大井田范围设计需要。

（6）矿井是否存在采掘工程处于特殊地质条件部位，强富水松散含水层下提高煤层开采上限或者强富水含水层上带压开采，专门防治水工程设计、施工不能满足需要。

（7）矿井是否存在井巷工程穿过强含水层或者地质构造异常带，水文地质勘探不能满足防治水工程设计、施工需要问题。

要点6：地表水动态观测

矿井对与充水含水层有水力联系的地表水体进行长期动态观测，掌握其动态规律，分析研究地表水与地下水的水力联系，掌握其补给、排泄地下水的规律。

要点7：采掘工作面水文地质排查内容

（1）接近水淹或者可能积水的井巷、老空或者相邻煤矿。

（2）接近含水层、导水断层、溶洞或者导水陷落柱。

（3）打开隔离煤柱放水。

（4）接近可能与河流、湖泊、水库、蓄水池、水井等相通的导水通道。

（5）接近有出水可能的钻孔。

（6）接近水文地质条件不清的区域。

（7）接近有积水的灌浆区。

（8）接近其他可能突水的地区。

要点8：水文地质图纸填绘及监测分析

（1）煤矿应当及时掌握本矿及相邻矿井距离本矿 200 m 范围内的采掘动态，将采掘范围、积水情况、防隔水煤（岩）柱等填绘在矿井充水性图、采掘工程平面图等图件上，并标出积水线、探水线和警戒线的位置。

（2）根据老空积水情况动态监测、防隔水煤（岩）柱和防水闸墙措施隔离安全状态监测情况，分析判断老空积水威胁情况。

要点9：突出煤层排查要求

（1）煤矿每月排查突出煤层采取两个“四位一体”综合防突措施情况，是否做到多措并举、可保必保、应抽尽抽、效果达标。

（2）突出煤层进行工作面突出危险性的综合预测，是否存在煤层的构造破坏带（包括断层、剧烈褶曲、火成岩侵入等）、煤层赋存条件急剧变化、采掘应力叠加、工作面出现喷孔顶钻、工作面出现明显的突出预兆等。

要点10：防冲排查要求

（1）冲击地压矿井采用微震监测法进行区域监测时，微震监测系统的监测与布置是否覆盖矿井采掘区域，对微震信号进行远距离、实时、动态监测，是否能确定微震发生的时间、能量（震级）及三维空间坐标等参数。

（2）冲击地压矿井采用应力监测法进行局部监测时，是否根据冲击危险性评价结果，确定应力传感器埋设深度、测点间距、埋设时间、监测范围、冲击地压危险判别指标等参数，实现远距离、实时、动态监测。

要点11：排查资料要求

矿井建立排查清单，排查出的隐蔽致灾因素作为编制月度地质等预报的依据。

【资料清单】

（1）月度隐蔽致灾因素动态排查计划。

（2）月度隐蔽致灾因素动态排查清单。

（3）月度致灾因素预报。

二、灾害治理规划及计划——灾害治理中长期规划和年度计划

【标准原文1】

治理规划编制与实施：煤矿根据矿井中长期采掘接续计划和查明的隐蔽致灾因素情况，按规定编制灾害治理3～5年中长期规划，明确重大灾害治理时间节点、灾害治理工程量、开工及竣工时间；因安全生产条件变化确需调整规划的按原规定报批

【条文依据】

《煤矿安全规程》第二百二十八条；《防治煤矿冲击地压细则》第二十条、第二百二十八条；《煤矿防治水细则》第七条、第三十七条、第二百八十四条。

【条文内涵】

煤矿根据矿井中长期采掘接续计划和查明的隐蔽致灾因素情况，按规定编制的灾害治理3～5年中长期规划有助于煤矿按照规划安排来实现灾害治理目标。煤矿就不容易受到其他因素干扰，而是坚定地实现灾害治理目标。煤矿有了按规定编制的灾害治理3～5年中长期规划，更有利于煤矿看清灾害治理目标是可以实现的，外围因素和条件是可以控制的。让灾害治理规划更具有实现的可能性。

为了实施灾害治理规划，煤矿需要明确重大灾害治理时间节点、灾害治理工程量、开工及竣工时间。

【实施要点】

要点1：中长期灾害防治规划编制要求

（1）煤矿根据各自灾害类型编制中长期灾害防治规划。中长期灾害防治规划每3～5年编制一次，执行期内有较大变化时，应当在年度计划中补充说明。中长期灾害防治规划由煤矿组织编制，经煤矿企业审批后实施。

（2）灾害严重、治理难度大的煤矿每3年修订1次灾害防治中长期规划。发生重大及以上的灾害事故后，矿井在恢复生产前重新确定煤矿灾害类型等级。

（3）中长期灾害防治规划应当做到"一矿一策、一面一策"，确保安全技术措施的科学性、针对性和有效性。

（4）中长期灾害防治规划因安全生产条件变化确需调整规划的按原规定报批。

要点2：中长期灾害防治规划内容

中长期灾害防治规划主要包括灾害防治管理机构及队伍组成、规划期内的采掘接续、灾害危险区域划分、灾害监测与治理措施的指导性方案、灾害防治科研重点、安全费用、灾害防治原则及实施保障措施等。

【资料清单】

（1）煤矿隐蔽致灾因素查明资料。

（2）冲击地压矿井中长期防冲规划制定报批及实施资料。

（3）安全生产条件变化调整防冲规划的报批文件。

（4）矿井防治水中长期规划制定报批及实施资料。

（5）安全生产条件变化调整防治水规划的报批文件。

（6）突出矿井中长期瓦斯治理规划制定报批及实施资料。

（7）安全生产条件变化调整瓦斯治理规划的报批文件。

（8）高瓦斯矿井中长期瓦斯治理规划制定报批及实施资料。

（9）高瓦斯矿井安全生产条件变化调整瓦斯治理规划的报批文件。

（10）开采容易自然发火煤层的煤矿，中长期防灭火规划报批及实施资料。

（11）开采地热明显的煤矿，中长期地热治理规划报批及实施资料。

（12）矿井重大灾害治理及采掘工作面灾害治理方案。

（13）矿井重大灾害治理及采掘工作面灾害治理方案落实资料。

【标准原文2】

年度计划编制与执行：

1. 矿长每年底根据灾害治理中长期规划和年度采掘计划，按规定组织编制下一年灾害治理年度计划，内容包括矿井重大灾害治理及采掘工作面灾害治理方案，明确灾害治理范围、措施、工程量、起止时间、序时进度和预期效果；

2. 煤矿总工程师每季度组织对灾害治理方案及措施落实情况、治理效果进行检查分析，动态补充完善治理措施；矿长每年底组织对灾害治理方案及措施执行情况进行总结，分析落实过程中存在问题和影响因素，提出改进措施，为下一年度灾害治理提供依据

【条文依据】

《煤矿安全规程》第二百二十八条、第二百八十四条；《防治煤矿冲击地压细则》第二十条；《煤矿防治水细则》第七条、第三十七条。

【条文内涵】

矿长每年底根据灾害治理中长期规划和年度采掘计划，按规定组织编制下一年灾害治理年度计划，内容包括矿井重大灾害治理及采掘工作面灾害治理方案，明确灾害治理范围、措施、工程量、起止时间、序时进度和预期效果；煤矿总工程师每季度组织对灾害治理方案及措施落实情况、治理效果进行检查分析，动态补充完善治理措施；矿长每年底组织对灾害治理方案及措施执行情况进行总结，分析落实过程中存在问题和影响因素，提出改进措施，为下一年度灾害治理提供依据。

【实施要点】

要点 1：灾害治理年度计划制定的要求

（1）矿长每年底根据年度采掘计划，按规定组织编制下一年灾害治理年度计划，内容主要包括上年度灾害防治总结及本年度采掘工作面接续、矿井重大灾害治理及采掘工作面灾害治理方案，明确灾害治理范围、措施、工程量、起止时间、序时进度和预期效果。灾害危险区域排查、致灾因素监测与治理措施的实施方案、科研项目、安全费用、灾害防治安全技术措施、年度培训计划等。

（2）煤矿灾害治理计划做到“一矿一策、一面一策”，确保安全技术措施的科学性、针对性和有效性。

要点 2：致灾因素分析

煤矿加强致灾因素分析，认真开展致灾因素预测预报及隐患排查工作。每年年初，根据年度采掘计划，结合煤矿各种致灾因素资料，全面分析各种致灾隐患，提出致灾分析相关资料。

要点 3：灾害治理检查分析

（1）煤矿总工程师每季度组织对灾害治理方案及措施落实情况、治理效果进行检查分析，动态补充完善治理措施。

（2）矿长每年底组织对灾害治理方案及措施执行情况进行总结，分析落实过程中存在问题和影响因素，提出改进措施，为下一年度灾害治理提供依据。

【资料清单】

（1）煤矿隐蔽致灾因素查明资料。

（2）冲击地压矿井年度防冲计划制定报批及实施资料。

（3）安全生产条件变化调整防冲计划的报批文件。

（4）矿井防治水年度计划制定报批及实施资料。

（5）突出矿井瓦斯年度计划制定报批及实施资料。

（6）高瓦斯矿井瓦斯年度计划制定报批及实施资料。

（7）开采容易自然发火煤层的煤矿，年度防灭火计划报批及实施资料。

（8）开采地热明显的煤矿，年度治理计划报批及实施资料。

（9）矿井重大灾害治理及采掘工作面灾害治理方案。

（10）矿井重大灾害治理及采掘工作面灾害治理方案落实资料。

（11）矿井灾害治理中长期规划和年度采掘计划的证据资料。

（12）煤矿总工程师每季度组织的灾害治理方案及措施落实情况、治理效果检查分析、动态补充完善治理措施痕迹资料。

（13）矿长每年底组织的灾害治理方案及措施执行情况的总结，分析落实过程中存在问题和影响因素，提出改进措施工作的实施资料。

三、灾害防治措施

（一）防治煤与瓦斯突出

【标准原文1】

制度保障：突出矿井建立通风瓦斯日分析制度，综合防突措施审批、实施、检查、验收制度，预抽钻孔核查分析制度。

【条文依据】

《防治煤与瓦斯突出细则》第四十四条、第四十七条、第四十九条。

【条文内涵】

为进一步加强突出煤层的采掘工作面瓦斯涌出异常等现象，以及钻孔施工中出现的顶钻、喷孔等明显的突出预兆进行全面分析日常管理工作，强化综合防突措施审批、实施、检查、验收全过程管控和预抽钻孔核查分析管理考核，要求实现质量可靠，过程可溯，数据可查。做到超前预判并且防突措施落实到位，及时排查、消除事故隐患，杜绝通风瓦斯事故，保证安全生产。

【实施要点】

要点1：通风瓦斯日分析的要求

（1）煤矿结合矿井实际建立健全通风瓦斯日分析制度。成立通风瓦斯日分析领导小组，由总工程师任组长，负责每天组织防突、通风、地质和监测监控等人员（技术员以上管理人员）对突出煤层的采掘工作面瓦斯涌出异常等现象，以及钻孔施工中出现的顶钻、喷孔等明显的突出预兆进行全面分析、查明原因，并采取措施。

（2）总工程师不在岗时由安全矿长或者通风副总工程师负责组织分析，矿地质副总工程师参加会议，参会部门按照责任分工汇报各自日分析内容，排查矿井可能存在的通风瓦斯隐患，分析原因，制定措施，安排责任单位对排查出的问题进行整改。

（3）日分析会议明确专人负责记录，建立台账。记录内容应当包括：时间、地点、参加人员、汇报内容、原因分析、采取措施及工作安排、前期通风瓦斯日分析意见落实及整改情况。记录及时报矿长和总工程师审阅、签字，并送达相关责任单位落实。资料保存时间不少于3个月。

要点2：通风瓦斯日分析的内容

（1）通风系统分析。重点分析通风系统是否独立、稳定、可靠；是否存在不符合规定、不合理的通风方式；采掘工作面等用风地点风量、风速、风向是否稳定，且符合规定；巷道贯通是否按措施执行、贯通后通风系统是否合理；是否有损坏通风设施情况；重点巷道整修进度等。

（2）瓦斯涌出量分析。重点分析采掘工作面瓦斯浓度是否符合要求（任一地点的甲烷浓度当班或上下两个班次浮动达到或超过0.2%时，必须进行分析，查明原因，采取措施；凡采掘工作面瓦斯浓度≥0.5%的，报上级公司通防、安全管理等部门并到现场核查原因，制定防范措施，并督促落实），涌出量是否出现异常；是否存在局部瓦斯积聚情况；是否存在瓦斯超限风险和隐患。

（3）采掘工作面地质分析。采掘工作面是否临近地质构造及应力集中区；是否制定过地质构造的专项措施并落实到位；钻孔施工过程中是否发现地质构造，与设计比对是否发生较大变化，是否出现喷孔等动力现象。发现突出煤层采掘工作面前方遇有断层、褶曲、火成岩侵入、煤层赋存条件急剧变化等情况时，应当按突出危险工作面采取防突措施。

（4）防突指标及措施落实情况分析。突出煤层采掘工作面及石门揭煤工作面防突指标是否正常；是否按规定采取相应的区域综合措施或局部综合防突措施。

（5）瓦斯抽采系统分析。重点分析抽采系统运行是否正常；抽采管路、设施检查维护是否到位；抽采负压、流量等数据是否准确、正常；重点抽采区域抽采量是否出现异常。

（6）防灭火系统分析。重点分析采掘工作面是否存在自然发火隐患及征兆；采空区气体是否取样化验，数据是否异常；工作面及回风隅角、回风和抽采系统一氧化碳浓度及变化是否异常，工作面结束回撤及密闭是否符合规定；防灭火注浆或注氮系统是否能够正常运行；是否按规定落实防灭火措施；放顶煤工作面推进度是否符合规定；采空区密闭墙是否按规定检查，是否存在漏风及其他异常现象；根据当日各地区采集的一氧化碳数据，结合采空区温度等情况，综合评判是否出现自然发火征兆。

（7）安全监控系统分析。重点分析安全监控系统是否运行正常，数据传输是否连续、准确；是否发生瓦斯超限报警断电；是否出现故障报警，是否有损坏监控设备情况；是否有造假现象；是否对传感器进行定期调校；是否对甲烷电、风电闭锁功能进行测试；馈电传感器显示是否准确。

（8）煤矿认为需要的其他通风瓦斯重点内容。

（9）前期日分析会议意见落实情况及责任单位整改情况。

要点3：综合防突措施相关制度要求

煤矿根据采取两个“四位一体”措施的具体实际建立健全综合防突措施审批、实施、检查、验收及预抽钻孔核查分析制度。其主要内容包括：

（1）按规定编制两个“四位一体”措施及施工设计，其内容符合相关要求，并按规定层级审批。

（2）严格按照两个“四位一体”措施孔设计施工，区域预测、区域预抽、区域效果检验钻孔施工采用视频监视手段核查确认钻孔深度，明确钻孔检查、验收人员。

（3）明确措施孔的施工、检查、验收人员的责任及考核办法。

【资料清单】

（1）通风瓦斯日分析制度。

（2）通风瓦斯日分析记录及台账。

（3）综合防突措施审批、实施、检查、验收制度。

（4）预抽钻孔核查分析制度。

（5）综合防突措施施工记录。

（6）预抽钻孔核查记录。

【标准原文 2】

基础管理：

1. 按规定测定煤层瓦斯压力及含量等基础参数；

2. 对保护层开采效果及有效保护范围、预抽钻孔有效抽采半径等进行实际考察确定；

3. 突出煤层采掘工作面及井巷揭煤编制防突预测图。

【条文依据】

《煤矿安全规程》第一百九十七条、第二百零五条；《防治煤与瓦斯突出细则》第二十六条、第四十九条、第五十五条、第六十七条。

【条文内涵】

按规定及时准确测定煤层瓦斯压力及含量等基础参数，据实考察确定保护层开采效果及有效保护范围、预抽钻孔有效抽采半径，全面清晰绘制工作面防突预测图。这些资料是用于指导现场日常防突工作的重要资料，全面反映了采掘工程范围内的煤层瓦斯压力、含量、煤层赋存、瓦斯地质等内容。预抽煤层有效抽采半径不单是瓦斯钻孔间距布置的依据，更是确定瓦斯抽采达标评判初始时间及防突抽采规划采掘接续布置时间的依据。为采取针对性的防突措施和防突技术管理工作打下良好基础。

【实施要点】

要点 1：测定煤层瓦斯压力及含量等基础参数的要求

（1）突出矿井开拓新水平的井巷第一次揭穿（开）厚度为 0.3 m 及以上煤层前在工作面距煤层法向距离 10 m（地质构造复杂、岩石破碎的区域 20 m）之外，至少施工 2 个前探钻孔，并测定煤层瓦斯压力及含量等基础参数，钻孔测点与另 1 个钻孔测点之间不小于 20 m。

（2）突出矿井开采的非突出煤层，在延深达到或者超过 50 m 或者开拓新采区时，在具备布置测点的附近巷道，至少向埋深达到 50 m 或开拓新采区最大埋深处施工两个测定钻孔，钻孔测点与另 1 个钻孔测点之间不小于 20 m，测定煤层瓦斯压力、瓦斯含量及其他与突出危险性相关的参数。

（3）测定煤层瓦斯压力及含量的测定地点的选择，钻孔施工及封孔、观测与测定结果确定等均依据《煤矿井下煤层瓦斯压力的直接测定方法》（KA/T 1047—2007）和《煤层瓦斯含量井下直接测定方法》（GB/T 23250—2009）规定。

要点 2：保护层开采效果及有效保护范围实际考察要求

（1）保护层开采效果及有效保护范围进行实际考察时机。矿井首次开采某个保护层或者保护层与被保护层的层间距、岩性及保护层开采厚度等发生了较大变化时，应当对被保护层的保护效果及其有效保护范围进行实际考察。

（2）保护层开采效果及有效保护范围确定。按实际考察被保护层的最大膨胀变形量大于 3‰，确定沿倾斜的保护范围、沿走向（始采线、终采线）的保护范围、保护层与被保护层之间的最大保护垂距、开采下保护层时不破坏上部被保护层的最小层间距等参数，圈定的被保护层保护效果有效的范围为无突出危险区。则检验和考察结果可适用于具有同一保护层和被保护层关系的其他区域。

（3）保护效果和保护范围考察结果形成报告由煤矿企业技术负责人批准。

要点 3：预抽钻孔有效抽采半径考察要求

预抽煤层预抽钻孔有效抽采半径应依据《煤矿井下煤层瓦斯抽采半径直接测定方法　抽采量法》(GB/T 42638—2023）规定并通过实际考察确定。

要点 4：编制防突预测图的要求

（1）突出煤层采掘工作面及井巷揭煤防突预测图由煤矿总工程师组织编制，以煤层瓦斯地质图为基图，每月 25 日前更新 1 次，分别挂设在地面调度室和井下现场，用于指导工作面防突工作。

（2）防突预测图绘制范围：①采煤及掘进工作面一般为采掘工作面设计范围；②井巷揭煤工作面一般为距所揭煤层顶（底）板法距 20 m，井巷两侧各 100 m。

要点 5：防突预测图标注的主要内容

（1）井巷揭煤工作面。①前探孔、测压孔、措施孔的钻孔平面图和剖面布置图（措施竣工图）及施工参数表；②原始瓦斯压力与含量、残余瓦斯压力与含量、预抽率等数据，瓦斯放散初速度、煤层坚固性系数、防突指标 D 和 K 值等；③每月最新的层位、煤层赋存及前方（周围）构造平、剖面图；④对本面有动压影响的采掘工作面（邻近层层间距≤80 m 的采煤工作面，邻近层层间距≤30 m 的掘进工作面，本煤层周边 100 m 范围的采掘工作面），必须标注采掘方向、预计月推进度。

（2）煤巷掘进工作面。①工作面前方 500 m、巷道两侧 50 m 范围内煤层赋存、地质构造及异常区的平、剖面图，注明褶曲轴线，断层名称、产状，圈定异常区范围，月度更新；②本月掘进范围内区域防突措施竣工图，区域防突措施效果检验指标（残余瓦斯压力、残余瓦斯含量、预抽率），邻近巷道及本巷道瓦斯异常涌出、钻孔喷孔数据；③本月掘进范围内局部防突措施钻孔设计平、剖面图；④上月施工过程的所见构造，瓦斯涌出异常点（钻孔喷孔、指标超标）、每 30 m 最大突出预报指标测定值；⑤上月末工作面最新测量点号、标高，本月计划施工长度；⑥图纸范围内原始瓦斯压力、含量测定值，防突预测指标超标值，数据标注在测定点；⑦能反映本煤层上方至少 50 m、下方至少 30 m 内的煤层综合柱状图；⑧工作面局部通风、抽采、监控系统，重要的安全防护设施（压风自救硐室、反向风门等）、放炮地点及局部通风机的安设位置；⑨被保护范围、应力集中区范围；⑩周围可能造成本掘进工作面集中应力的采掘工作面（邻近层层间距≤80 m 的采煤工作面，邻近层层间距≤30 m 的掘进工作面，本煤层周边 100 m 范围的采掘工作面），必须标注采掘方向、预计月推进度。

（3）采煤工作面。①工作面前方 500 m 范围内煤层赋存、地质构造及异常区的平、剖面图，注明褶曲轴线，断层名称、产状，圈定异常区范围，月度更新，剖面图能反映上下邻近层采掘情况；②区域防突措施竣工图，区域防突措施效果检验指标（残余瓦斯压力、残余瓦斯含量、预抽率），煤巷掘进期间瓦斯异常涌出、钻孔喷孔数据；③本月回采范围内局部防突措施钻孔设计平、剖面图；④原始瓦斯压力、含量测定值，煤巷掘进及回采期间防突预测指标超标值，数据标注在测定点；⑤被保护范围、应力集中区范围；⑥能反映本煤层上方至少 50 m、下方至少 30 m 内的煤层综合柱状图；⑦工作面通风、抽采、监控系统、重要的安全防护设施（压风自救硐室、反向风门等）、放炮地点等；⑧始采线、停采线及遗留煤柱位置和集中应力影响范围，周围对本采煤工作面有动压影响的采掘工作面（邻近层层间距≤80 m 的采煤工作面，邻近层层间距≤30 m 的掘进工作面，本煤层周边 100 m 范围的采掘工作面），必须标注采掘方向、预计月推进度。

（4）其他需标注内容。①突出煤层区划线，若区划线不在图纸范围内，采用文字注明；②根据瓦斯地质图及时进行瓦斯压力和瓦斯含量等值线延展；③通风、瓦斯、防突措施基本情况表，包括风量、回风瓦斯浓度、绝对瓦斯涌出量、抽采量等数据；④通风设施、风流路线、局部通风机及甲烷传感器位置等，其编制应符合矿井通风系统图编制标准。

【资料清单】

（1）煤层瓦斯压力及含量等基础参数测定报告。

（2）保护层开采效果及有效保护范围实际考察确定报告。

（3）预抽煤层预抽钻孔有效抽采半径实际考察确定报告。

（4）突出煤层采掘工作面及井巷揭煤防突预测图。

【标准原文3】

防突预测：

1. 按规定开展区域预测、工作面预测（区域验证），预测钻孔数量、控制范围符合规定；

2. 现场标记锁定防突预测实施点，确定允许最小超前距，悬挂防突预测牌板。

【条文依据】

《煤矿安全规程》第二百零三条；《防治煤与瓦斯突出细则》第五十一条、第五十九条、第七十三条、第七十五条、第七十六条、第七十九条、第八十八条、第八十九条、第九十三条。

【条文内涵】

区域、工作面预测位于两个防突“四位一体”之首，经预测后划分有、无突出危险性，以便针对性地防突管理及采取相应的防突措施；预测钻孔数量及控制范围满足预测要求，确保预测结果准确有效；现场标注并锁定防突预测牌板，揭示了检测钻孔、指标和允许推进距离等内容，对于指导防突工作及采掘生产作业具有重大意义。

【实施要点】

要点1：区域预测及钻孔数量要求

（1）煤矿确切掌握煤层突出危险区域的分布规律，并有可靠的煤层赋存条件、地质构造、瓦斯参数等预测资料的，区域预测工作由总工程师组织实施；否则，应当委托有煤与瓦斯突出鉴定资质的机构进行区域预测。

（2）区域预测主要依据实测煤层瓦斯压力、瓦斯含量，并结合地质勘查资料、上水平及邻近区域的实测和生产资料等对开采的突出煤层进行区域突出危险性预测。经预测突出煤层划分为有、无突出危险区。未进行区域预测的区域视为突出危险区。

（3）区域预测的范围根据开拓方式、巷道布置、地质构造分布、煤层埋深等值线及底板标高线、测试点布置等情况划定。最大不得超出1个采（盘）区，一般不小于1个区段。

（4）煤层瓦斯压力、瓦斯含量的测点布置：在预测范围（同一地质单元）内沿煤层走向测试地点不少于2处（4个钻孔测点），沿倾向不少于3处（6个钻孔测点），并确保在预测范围内埋深最大及标高最低的部位有测试点。

（5）依据区域预测结果划分有无突出危险区域，若1个区段预测有部分突出危险区的，该区段均划为有突出危险区；若预测全区域或1个及以上区段为无突出危险区的，其区域预测报告应当由煤矿企业技术负责人批准。

要点2：工作面预测（区域验证）及钻孔布置要求

（1）井巷揭煤工作面的突出危险性预测在距突出煤层最小法向距离5 m前进行，地质构造复杂、岩石破碎的区域应当适当加大法向距离，由工作面向煤层的适当位置至少施工3个钻孔。

（2）煤巷掘进工作面的突出危险性预测，按照下列要求进行：

① 预测钻孔的布置方式：在近水平、缓倾斜煤层工作面应当向前方煤体至少施工3个预测钻孔，在倾斜或急倾斜煤层至少施工2个直径42 mm、孔深8～10 m的预测钻孔。钻孔应当尽可能布置在软分层中，其中1个钻孔位于掘进巷道断面中部，并平行于掘进方向，其他钻孔的终孔点应当位于巷道断面两侧轮廓线外2～4 m处。对于厚度超过5 m的煤层应当向巷道上方或下方的煤体适当增加预测钻孔。

② 每次预测指标不超时立即施工至少1个超前允许掘进距不小于10 m的超前钻孔，探测地质构造和观察突出预兆。无地质构造、无突出预兆方可确定允许掘进距离及掘进。

（3）采煤工作面的突出危险性预测，应当沿采煤工作面每隔10～15 m布置1个预测钻孔，深度为5～10 m；在工作面首次进入该区域时，立即连续进行至少2次预测，即第1次预测无突出危险工作面推进到预测钻孔终孔点距2 m位置进行第2次预测；第2次预测指标不超，可推进30～50 m（在地质构造复杂区域或者采取非定向钻机施工的预抽煤层瓦斯区域防突措施的每推进30 m）进行再次预测；在构造破坏带连续进行预测。

要点3：现场标记与防突预测牌板内容的要求

（1）现场标记锁定防突预测实施点的位置：井巷揭煤、煤巷掘进工作面退后预测实施钻孔开点5 m处标记并挂牌锁定位置；采煤工作面在下一次预测实施钻孔预开点位于进、回风巷处标记并挂牌锁定位置。

（2）现场悬挂防突预测牌板的内容：预测位置，预测、超前钻孔参数，实施时间，打钻人，有无构造破碎带、突出预兆，各项实测指标，检测人及时间，预测结果，允许最小预测超前距，允许推进米数。

【标准原文4】

防突措施：

1. 突出煤层采掘工作面、井巷揭煤按规定编制防突专项设计措施，并严格执行；

2. 近突出煤层岩巷掘进按规定采取超前探煤措施，并绘制巷道剖面图；

3. 地质探查和防突措施超前距符合要求。

【条文依据】

《煤矿安全规程》第一百九十四条、第一百九十八条、第二百零九条、第二百一十四条、第二百一十九条；《防治煤与瓦斯突出细则》第二十六条、第二十九条、第六十四条、第七十六～七十八条、第八十三条、第九十七条、第一百零三条。

【条文内涵】

编制局部“四位一体”综合防突专项设计，详细具体提出防突各个环节、各项作业的要求，更有利于措施实施和落实；在突出煤层顶、底板掘进岩巷时，明确超前探测煤层及地质构造具体要求，防止岩巷误穿突出煤层而诱发突出事故；各项防突措施均预留有效防突距离，保证人员在防突措施有效区域内安全作业。

【实施要点】

要点1：煤巷掘进和采煤工作面防突专项设计的内容

编制突出煤层的每个煤巷掘进工作面和采煤工作面防突专项设计，报煤矿总工程师批准。设计包括下列内容：

（1）煤层、瓦斯、地质构造及邻近区域巷道布置的基本情况。

（2）建立安全可靠的独立通风系统及加强控制通风风流设施的措施。

（3）工作面突出危险性预测及防突措施效果检验的方法、指标以及预测、效果检验钻孔布置等。

（4）防突措施的选取及施工设计。

（5）安全防护措施。

（6）组织管理措施。

要点2：井巷揭煤防突专项设计的内容

编制井巷揭煤防突专项设计，并报煤矿企业技术负责人审批。设计包括下列内容：

（1）井巷揭煤区域煤层、瓦斯、地质构造及巷道布置的基本情况。

（2）建立安全可靠的独立通风系统及加强控制通风风流设施的措施。

（3）控制突出煤层层位、准确确定安全岩柱厚度的措施，测定煤层瓦斯参数的钻孔等工程布置、实施方案。

（4）揭煤工作面突出危险性预测及防突措施效果检验的方法、指标，预测及检验钻孔布置等。

（5）井巷揭煤工作面防突措施。

（6）安全防护措施及组织管理措施。

（7）加强过煤层段巷道的支护及其他措施。

（8）应当采取区域综合防突措施的，还要包括《防治煤与瓦斯突出细则》第六十四条（三）、第六十九条第三款、第七十条第三款、第七十二条（二）（七）规定等内容。

要点3：防突专项设计的补充与修改

采掘工作面、井巷揭煤防突专项设计，防突实施过程中当煤层赋存条件变化较大或巷道设计发生变化时，还应当作出补充或修改设计。

要点4：近突出煤层的岩巷掘进要求

在突出煤层顶、底板掘进岩石巷道距离突出煤层的最小法向距离小于 10 m 时（在地质构造破坏带小于 20 m 时），必须先探测煤层及地质构造情况，探测距突出煤层突出危险区法向距离不小于 5 m 且无地质构造方可掘进。将探测煤层距离及地质构造情况，绘制巷道剖面图，及时掌握施工动态和围岩变化情况，防止误穿突出煤层。

要点5：地质探查超前距的要求

突出矿井开拓新水平的井巷第 1 次揭穿（开）厚度为 0.3 m 及以上煤层和井巷揭开突出煤层的工作面掘进至距煤层最小法向距离 10 m（地质构造复杂、岩石破碎的区域 20 m）之前，应当至少施工 2 个穿透煤层全厚且进入顶（底）板不小于 0.5 m 的前探取芯钻孔，并详细记录岩芯资料，探明煤层厚度及地质构造等；在地质构造复杂、岩石破碎的区域，可利用物探等手段探测煤层的层位、赋存形态和底（顶）板岩石致密性等情况。

要点6：防突措施超前距的要求

（1）煤巷掘进和采煤工作面区域预抽煤层瓦斯防突效果有效措施，超前于采掘工作面推进前方（包括停采、停掘前方）至少 20 m。

（2）煤巷掘进和采煤工作面应当保留的最小防突措施超前距为：煤巷掘进工作面 5 m，采煤工作面 3 m；在地质构造破坏严重地带各加 2 m。每次工作面防突措施施工完成后，应当绘制工作面防突措施竣工图，并标注每次工作面预测、效果检验的数据。

（3）在煤巷掘进工作面第 1 次执行工作面防突措施或者措施超前距不足时，

必须采用直径为42～75 mm的超前排放钻孔排放瓦斯防突措施，只有在工作面前方形成5 m及以上的安全屏障后，方可进入正常防突措施循环。

（4）揭煤工作面施工的钻孔不能1次揭穿（透）煤层全厚时，可分段施工，但第1次实施的钻孔穿煤长度不得小于15 m，且进入煤层掘进时，必须至少留有5 m的超前距离（掘进到煤层顶或者底板时不在此限）。

【资料清单】

（1）煤巷掘进工作面和采煤工作面防突专项设计。

（2）井巷揭煤防突专项设计。

（3）近突出煤层岩巷掘进超前探煤措施和巷道剖面图。

（4）井巷揭煤前探测煤层厚度及地质构造的安全技术措施和记录岩芯资料。

（5）煤巷掘进和采煤工作面防突措施竣工图。

【标准原文5】

效果检验：

1. 区域防突措施效果检验首选实测最大残余瓦斯含量作为检验指标，检验钻孔设计施工符合要求；

2. 工作面防突措施效果检验钻孔数量、位置、间距、深度符合规定，在地质构造复杂地带适当增加检验钻孔。

【条文依据】

《煤矿安全规程》第二百一十一条、第二百一十八条；《防治煤与瓦斯突出细则》第五十六条、第七十二条、第一百一十二～一百一十五条。

【条文内涵】

防突措施效果检验是综合防突措施两个“四位一体”的第2个关键环节、主要关口，检验钻孔位置及数量等布置至关重要，严格按规定布置钻孔及测试点和测定指标，是措施效果检验基本保障，更有效推动区域验证顺利进行，不影响安全生产。

【实施要点】

要点1：被保护工作面的保护效果检验要求

（1）有下列情形之一的每个被保护工作面的保护效果检验：①未实际考察保护效果和保护范围的；②最大膨胀变形量未超过3‰的；③保护层的开采厚度小于或等于0.5 m的；④上保护层与被保护突出煤层间距大于50 m或者下保护层与被保护突出煤层间距大于80 m的。

（2）被保护工作面的保护效果检验孔布置：被保护工作面范围同一检验单

元内沿煤层走向布置测试点不少于 2 个，沿倾向不少于 3 个，检验孔深距巷道不小于 20 m，并确保在预测范围内埋深最大及标高最低的部位有测试点。

要点 2：预抽煤层瓦斯区域防突措施效果检验钻孔布设要求

（1）对预抽区段煤层瓦斯区域防突措施和预抽回采区煤层瓦斯区域防突措施进行检验时，若区段宽度（两侧回采巷道间距加回采巷道外侧控制范围）或者回采区域宽度未超过 120 m，则沿采煤工作面推进方向每间隔 30 ~ 50 m 至少布置 2 个检验测试点；否则，应当沿采煤工作面推进方向每间隔 30 ~ 50 m 至少布置 3 个检验测试点，且检验测试点距离回采巷道两帮大于 20 m。

（2）对穿层钻孔预抽井巷揭煤区域煤层瓦斯区域防突措施进行检验时，至少布置 4 个检验测试点，分别位于井巷中部和井巷轮廓线外的上部和两侧。当分段实施区域防突措施时，揭煤工作面与煤层最小法向距离小于 7 m 后的各段都必须进行区域防突措施效果检验，且每一段布置的检验测试点不得少于 4 个。自煤层顶板揭煤对实施的防突措施效果进行检验时，应当至少增加 1 个位于巷道轮廓线下部的检验测试点。

（3）对穿层钻孔预抽煤巷条带煤层瓦斯区域防突措施进行检验时，沿煤巷条带每间隔 30 ~ 50 m 至少布置 1 个检验测试点。

（4）对顺层钻孔预抽煤巷条带煤层瓦斯区域防突措施效果进行检验时，沿煤巷条带每间隔 20 ~ 30 m 至少布置 1 个检验测试点，且每个检验区域不得少于 5 个检验测试点。

（5）对定向长钻孔预抽煤巷条带煤层瓦斯区域防突措施进行检验时，沿煤巷条带每隔 20 ~ 30 m 至少布置 1 个检验测试点。也可以分段检验，但每段检验的煤巷条带长度不得小于 80 m，且每段不得少于 5 个检验测试点。

（6）对预抽区段和回采区煤层瓦斯区域防突措施效果及穿层钻孔预抽煤巷条带煤层瓦斯区域防突措施效果进行检验时，可以沿采煤工作面推进方向或者巷道掘进方向分段进行检验，但每段长度不得小于 200 m。

（7）各检验测试点应当布置于所在预抽钻孔密度较小、孔间距较大、预抽时间较短的位置，并尽可能远离各预抽瓦斯钻孔或者尽可能与周围预抽瓦斯钻孔保持等距离，避开采掘巷道的排放范围和工作面的预抽超前距。在地质构造复杂区域适当增加检验测试点。

要点 3：工作面防突措施效果检验钻孔布设要求

（1）井巷揭煤工作面进行防突措施效果检验孔数不得少于 5 个，分别位于井巷的上部、中部、下部和两侧。

(2) 煤巷掘进工作面执行防突措施后，效果检验孔数不少于 3 个，深度应当小于或者等于防突措施钻孔。

(3) 采煤工作面防突措施效果的检验钻孔布置应当沿采煤工作面每隔 10 ~ 15 m 布置 1 个检验钻孔，深度应当小于或等于防突措施钻孔。

要点 4：防突措施效果检验钻孔布设原则

(1) 在实施钻孔检验防突措施效果时，分布在工作面各部位的检验钻孔应当布置于所在部位防突措施钻孔密度相对较小、孔间距相对较大的位置，并远离周围的各防突措施钻孔或者尽可能与周围各防突措施钻孔保持等距离。

(2) 在地质构造复杂地带应当根据情况适当增加检验钻孔。

要点 5：防突措施效果检验结果填报要求

(1) 被保护工作面保护效果检验和预抽煤层瓦斯区域防突措施效果检验结果形成报告，经煤矿总工程师批准。

(2) 工作面防突措施效果检验指标值及观察突出预兆情况立即填写检验表单，由防突机构跟班人员审核签字；升井后检查所实施的工作面防突措施是否达到了设计要求和满足有关规章、标准等规定，了解、收集工作面及实施措施的相关情况、突出预兆等（包括喷孔、顶钻等），与各检验指标的测定情况及主要数据进行综合分析、判断，并形成措施效果检验报告。

【资料清单】

(1) 被保护工作面保护效果检验报告。

(2) 预抽煤层瓦斯区域防突措施效果检验报告。

(3) 工作面防突措施效果检验表单或记录。

(4) 工作面防突措施效果检验报告。

【标准原文 6】

安全防护：突出煤层中进行采掘作业时，避难硐室、反向风门、压风自救装置、隔离式自救器、远距离爆破符合规定。

【要点依据】

《煤矿安全规程》第二百二十条、第二百二十一条、第二百二十三条；《防治煤与瓦斯突出细则》第一百一十六 ~ 一百一十八条、第一百二十条、第一百二十一条。

【条文内涵】

全防护措施是局部综合防治突出措施中的最后一个关口，为防万一发生突出，必须有一套完整的安全防护措施，以保证工作人员安全。

【实施要点】

要点1：井巷揭煤、煤巷和半煤岩巷掘进防突反向风门布设的要求

（1）在突出煤层的井巷揭煤、煤巷和半煤岩巷掘进工作面，在井巷揭开突出煤层的工作面掘进至距煤层最小法向距离7 m之前和煤巷和半煤岩巷掘进工作面开掘之前，通向掘进回风口的所有进风侧必须设置至少2道反向风门，风门之间的距离不得小于4 m。反向风门正常应处于关闭状态，工作面爆破作业或者无人时，反向风门必须关闭。

（2）反向风门距工作面的距离和反向风门的组数及构建要求，应当根据掘进工作面的通风系统和预计的突出强度确定，但反向风门距工作面回风巷不得小于10 m，与工作面的最近距离小于70 m时应设置至少3道反向风门。

（3）反向风门墙垛可用砖、料石或者混凝土砌筑，嵌入巷道周边岩石的深度可根据岩石的性质确定，但不得小于0.2 m；墙垛厚度不得小于0.8 m。在煤巷构筑反向风门时，风门墙体四周必须掏槽，掏槽深度见硬帮硬底后再进入实体煤不小于0.5 m。通过反向风门墙垛的风筒、水沟、刮板输送机道等，必须设有逆向隔断装置。

要点2：突出煤层的采掘工作面临时避难硐室布置要求

突出煤层的掘进巷道长度及采煤工作面推进长度超过500 m时，应当在距离工作面500 m范围内建设临时避难硐室或者其他临时避险设施。临时避难硐室必须设置向外开启的密闭门或者隔离门（隔离门按反向风门设置标准安设），接入矿井压风管路，并安设压风自救装置，设置与矿调度室直通的电话，配备足量的饮用水及自救器。

要点3：采用远距离爆破距离位置的要求

（1）井巷揭煤采用远距离爆破时，井巷揭煤起爆及撤人地点必须位于反向风门外且距工作面500 m以上全风压通风的新鲜风流中，或者距工作面300 m以外的避难硐室内。

（2）煤巷掘进工作面采用远距离爆破时，起爆地点必须设在进风侧反向风门之外的全风压通风的新鲜风流中或者避难硐室内，起爆地点距工作面爆破地点的距离应当在措施中明确，由煤矿总工程师根据曾经发生的最大突出强度等具体情况确定，但不得小于300 m；采煤工作面起爆地点到工作面的距离由煤矿总工程师根据具体情况确定，但不得小于100 m，且位于工作面外的进风侧。

（3）远距离爆破时，回风系统必须停电撤人。爆破后，进入工作面检查的时间应当在措施中明确规定，但不得小于30 min。

要点 4：采掘工作面压风自救装置装设位置的要求

压风自救装置安装在掘进工作面巷道和采煤工作面巷道内的压缩空气管道上，距采掘工作面 25 ~ 40 m 的巷道内、起爆地点、撤离人员与警戒人员所在的位置以及回风巷有人作业处等每个地点都应当至少设置一组压风自救装置；在长距离的掘进巷道中，应当每隔 200 m 至少安设一组压风自救装置，并在实施预抽煤层瓦斯区域防突措施的区域，根据实际情况增加压风自救装置的设置组数；每组压风自救装置应当可供 5 ~ 8 人使用，平均每人的压缩空气供给量不得少于 0.1 m^3/min。

（二）瓦斯抽采

【标准原文 1】

制度保障：建立抽采瓦斯管理制度、抽采工程检查验收制度，并严格执行。

【条文依据】

《煤矿瓦斯抽采达标暂行规定》（安监总煤装〔2011〕163 号）第九条；《煤矿瓦斯抽放规范》(AQ 1027—2006）第 8.3 条。

【条文内涵】

建立并完善抽采瓦斯管理制度及抽采工程检查验收制度，并严格考核执行，保障抽采瓦斯各环节工作顺利开展，做到抽采瓦斯管理及抽采瓦斯工程实施到位，保证抽采瓦斯达标后进行采掘作业。

【实施要点】

要点 1：矿井抽采瓦斯管理的制度

（1）抽采瓦斯各岗位安全生产责任制。

（2）抽采瓦斯工作例会制度。

（3）井上下抽采瓦斯泵站管理制度。

（4）抽采瓦斯管路及装置巡检制度。

（5）抽采瓦斯管路及钻孔参数检测制度。

（6）技术资料档案管理制度。

要点 2：抽采瓦斯工程检查验收制度

包括钻孔、钻场、抽采巷道、抽采管路及装置实施过程检查及竣工质量验收制度。

【资料清单】

（1）抽采瓦斯管理制度。

（2）抽采工程检查验收制度。

【标准原文 2】

基础管理：

1. 高瓦斯、突出矿井按规定建立抽采瓦斯系统，抽采瓦斯安全设施及装置符合规定；

2. 高瓦斯矿井按规定测定煤层瓦斯含量、瓦斯压力和抽采半径等参数。

【条文依据】

《煤矿安全规程》第一百七十条、第一百八十一条、第一百八十二条、第一百八十四条；《防治煤与瓦斯突出细则》第十一条、第二十六条；《煤矿瓦斯抽采工程设计标准》(GB 50471—2018）第 5. 1. 1 条、第 7. 1. 4 条；《煤矿瓦斯抽放规范》(AQ 1027—2006）第 4. 1 条；《煤矿低浓度瓦斯管道输送安全保障系统设计规范》(GB 40881—2021）第 5. 1. 1 条、第 5. 2. 1 条、第 5. 3. 1 条。

【条文内涵】

建立矿井抽采瓦斯系统进行瓦斯抽采可以减少开采时的瓦斯涌出量，减轻风排瓦斯的负担；也可以大大降低瓦斯压力及其潜能、提高煤层透气性、改善煤体结构性能，减小甚至消除煤与瓦斯突出危险性。矿井抽采瓦斯系统是高瓦斯、突出矿井瓦斯灾害治理最有效的措施之一。煤层瓦斯同样是一种资源，抽采瓦斯可以起到保护环境和提高经济效益的作用，也是绿色开采的必然要求。

主要抽采管路的关键部位装用并完善抽采瓦斯安全设施及装置，是保障抽采瓦斯系统安全稳定运行的重要措施。

测定煤层瓦斯含量、压力等参数，便于及时分析判定煤层是否进入突出危险的范围，也是对瓦斯抽采为主的瓦斯治理工程进行科学评价，以便不断改进治理措施。

预抽煤层有效抽采半径，不单是瓦斯钻孔间距布置的依据，更是确定瓦斯抽采达标评判初始时间及瓦斯抽采规划采掘接续布置的依据。

【实施要点】

要点 1：抽采瓦斯系统建立条件

（1）按矿井绝对瓦斯涌出量或瓦斯喷出确定的高瓦斯矿井、突出矿井必须建立地面永久抽采瓦斯系统。

（2）依据采煤工作面的瓦斯涌出量大于 5 m^3/min 或掘进工作面瓦斯涌出量大于 3 m^3/min 确定的高瓦斯矿井，用通风方法解决瓦斯问题不合理的，必须建立地面永久或井下临时抽采瓦斯系统。

要点2：抽采瓦斯安全设施及装置的要求

（1）抽采瓦斯安全设施及装置主要是指防回火、防回流和防爆炸作用的安全装置（三防装置），包括阻火泄爆、抑爆、阻爆型阻火防爆装置。使用干式瓦斯抽采泵吸气侧管路系统必须装设有三防装置。

（2）利用瓦斯时，抽采泵出气侧管路系统进入瓦斯发电用低浓度瓦斯（甲烷体积浓度大于或等于3%且小于30%的煤矿瓦斯，以下同）管道系统应安设阻火泄爆、抑爆、阻爆三种不同原理的阻火防爆装置。阻火泄爆装置应优先选择水封阻火泄爆装置；抑爆装置应选择自动抑爆装置、细水雾输送抑爆装置和气水两相流输送抑爆装置中的一种；阻爆装置应选择自动阻爆装置。安全保障设施的安装顺序为：第一级阻火泄爆装置，第二级抑爆装置，第三级阻爆装置。具体安装位置按照《煤矿低浓度瓦斯管道输送安全保障系统设计规范》(GB 40881—2021）第5.1.3～5.1.9条实施。

（3）抽采低浓度瓦斯的抽采系统，其地面瓦斯排空管路应安设阻火泄爆、抑爆两种阻火防爆装置。阻火泄爆装置应优先采用水封式阻火泄爆装置，抑爆装置应优先采用自动抑爆装置。安设位置按照《煤矿低浓度瓦斯管道输送安全保障系统设计规范》(GB 40881—2021）第5.2.1～5.2.3条实施。

（4）安装泄爆器和水封式阻火泄爆装置的地点应安装泄爆引导管，泄爆引导管口应朝向无火源的安全方向，该地点应设置警示牌和必要的安全防护设施，禁止无关人员靠近。

（5）容易自燃、自燃煤层的井下采空区低浓度瓦斯抽采，应在靠近抽采地点的管道上安设抑爆装置，抑爆装置应优先采用自动抑爆装置。该装置应至少安设1组，每组抑爆装置需包含2台抑爆器。第1台抑爆器与火焰传感器之间的距离为50～60 m，第2台抑爆器与火焰传感器之间的距离不超过100 m。

要点3：高瓦斯矿井测定煤层瓦斯含量等参数要求

（1）测定所有已揭露的可采煤层的瓦斯含量、瓦斯压力和预抽煤层瓦斯的抽采半径等参数。

（2）在延深达到或者超过50 m或者开拓新采区时必须测定煤层瓦斯压力、瓦斯含量及其他与突出危险性相关的参数。

（3）煤层瓦斯抽采半径是指在一定的抽采条件（抽采孔孔径、抽采负压、封孔工艺等）和抽采时间内，以抽采钻孔为中心，可实现煤层瓦斯抽采效果达标的圆形区域半径。

（4）高瓦斯矿井的开采煤层，经突出煤层危险性鉴定划定为非突出煤层范围外进行采掘工程作业时，必须测定煤层瓦斯压力、瓦斯含量及其他与突出危险性相关的参数。

【标准原文 3】

抽采工程：

1. 高瓦斯、突出矿井按规定编制抽采瓦斯工程（瓦斯治理巷道、抽采钻场和钻孔工程、管网工程等）设计方案并实施；

2. 抽采钻场及钻孔设置管理牌板；预抽瓦斯穿层钻孔封孔段长度不小于 5 m，顺层钻孔封孔长度不小于 8 m；

3. 井上下敷设的瓦斯管路，不得与带电物体接触并有防止砸坏管路的措施。

【条文依据】

《煤矿瓦斯抽放规范》（AQ 1027—2006）第 4.3 条；《煤炭工业矿井设计规范》（GB 50215—2015）第 7.2.2 条；《煤矿瓦斯抽采达标暂行规定》（安监总煤装〔2011〕163 号）第十八条；《防治煤与瓦斯突出细则》第六十七条；《煤矿安全规程》第一百八十四条。

【条文内涵】

矿井及采掘工作面抽采工程设计是瓦斯治理工作的技术支撑，科学合理设计并实施能保证有足够的工程施工和抽采时间，保障采掘合理接续及达标生产。抽采钻孔封孔不到位，影响瓦斯抽采效率；管路与电缆一起敷设或接触或管路保护措施跟不上，造成管路瓦斯泄漏，会引起管内瓦斯燃爆事故。

【实施要点】

要点 1：瓦斯抽采工程设计内容

（1）煤矿瓦斯抽采工程设计内容应符合《煤矿瓦斯抽采工程设计标准》（GB 50471—2018）和《煤矿瓦斯抽放规范》（AQ 1027—2006）相关要求。设计由煤矿总工程师批准。

（2）采掘工作面瓦斯抽采工程施工设计，内容主要包括抽采钻孔布置图、钻孔参数表（钻孔直径、间距、开孔位置、钻孔方位、倾角、深度等）、施工要求、钻孔（钻场）工程量、施工设备与进度计划、有效抽瓦斯时间、预期效果以及组织管理、安全技术措施等，并参照《采煤工作面瓦斯综合治理设计规范》（NB/T 51003—2012）相关内容。施工设计由煤矿总工程师批准。

要点 2：钻场及钻孔挂牌和封孔要求

（1）每个抽采钻场及钻孔设置管理牌板，内容有编号、施（竣）工时间、钻孔参数、封孔深度、检测参数、检测人及时间等。

（2）预抽瓦斯钻孔封孔段处于实体煤（岩）中穿层钻孔封孔段长度不小于5 m，顺层钻孔封孔长度不小于8 m；若封孔段已有抽采或排放钻孔，顺层钻孔封孔长度应超出已有钻孔终孔2 m。

要点3：抽采瓦斯管路与电缆、运输道路距离的要求

（1）井上瓦斯抽采管路与动力电缆距离大于1 m，与信号线缆保持0.3 m以上距离；井下瓦斯抽采管路不应与电缆敷设在巷道的同一侧，且距离大于1.5 m，在巷道交叉处敷设管路与电缆无法避开其距离不小于0.2 m，该处管路采取绝缘处理。

（2）井上瓦斯抽采管路应避免布置在车辆通行频繁的主干道旁，否则距路边保持4 m以上距离，高不低于5 m；井下主干管若必须敷设在辅助运输巷道内时，应采取必要的安全防护措施。

【资料清单】

（1）矿井瓦斯抽采工程设计。

（2）采掘工作面瓦斯抽采工程施工设计。

（3）防止砸坏井上下抽采瓦斯管路的安全防护措施。

【标准原文4】

抽采达标：工作面采掘作业前按规定编制抽采瓦斯达标评判报告，抽采达标后方可进行采掘作业。

【条文依据】

《煤矿瓦斯抽采达标暂行规定》（安监总煤装〔2011〕163号）第二十一条。

【条文内涵】

抽采瓦斯采掘工作面的瓦斯抽采达标评判是检验抽采瓦斯效果是否达到安全可采的要求，评判工作至关重要，对标达标后方可安排采掘作业，促进采掘安全生产。

【实施要点】

要点1：评判工作面及时机选择

（1）对采取预抽本煤层瓦斯的采煤工作面，工作面形成全风压通风系统后按回采区域最后一组钻孔预抽时间达到瓦斯抽采半径所定抽采时间和按实际瓦斯抽采量计算煤的可解吸瓦斯量达标时间（取二者最长一个时间），预定抽采达标评判初始时间。

（2）对瓦斯涌出量主要来自邻近层或围岩的采煤工作面，工作面形成全风压通风系统且完成设计各类抽采措施之后即可评判采煤工作面瓦斯抽采率指标，

评判时取相邻同一煤层抽采方法、生产工艺一致的已采工作面在正常生产期间月均工作面瓦斯抽采率。

（3）对预抽煤层瓦斯的掘进工作面，评判单元措施完成后，预抽时间符合“掘进工作面瓦斯抽采工程施工设计”中有效预抽效果达标瓦斯含量抽采时间，且采用顺层钻孔预抽煤巷条突出煤层有效抽采时间不得少于20天（若钻孔施工过程中有喷孔、顶钻等动力现象的，有效抽采时间不得少于60天），方可评判。

要点2：抽采瓦斯采掘工作面达标评判基本要求

（1）每个抽采瓦斯采掘工作面抽采达标评判均应对瓦斯抽采的基础条件和抽采效果进行评判。在基础条件满足瓦斯先抽后采要求的基础上，再对抽采效果是否达标进行评判。依据《煤矿瓦斯抽采达标暂行规定》(安监总煤装〔2011〕163号）第二十二条要求进行评判。

（2）抽采瓦斯采掘工作面达标评判效果指标基本要求及计算方法和评判单元确定及测点布置等，按照《煤矿瓦斯抽采达标评价指标测定方法》(NB/T 10363—2019）和《煤矿瓦斯抽采基本指标》(GB 41022—2021）要求进行评判。

（3）工作面瓦斯抽采达标评判各项指标均达到要求，编制瓦斯抽采达标评判报告，经矿总工程师和矿长批准，方可进行采掘作业。

【资料清单】

（1）抽采瓦斯采掘工作面的瓦斯抽采达标评判报告。

（2）掘进工作面瓦斯抽采工程施工设计。

（三）防治煤尘爆炸

【标准原文1】

制度保障：建立防治煤尘爆炸制度，制定综合防尘措施、预防和隔绝煤尘爆炸措施，并组织实施

【条文依据】

《煤矿安全规程》第一百八十七条；《煤矿井下粉尘综合防治技术规范》(AQ 1020—2006）第6.2条。

【条文内涵】

制定矿井综合防尘措施及管理制度，并得到有效实施，减少矿井粉尘产尘量、降低粉尘浓度，有效预防煤尘燃爆及控制灾害扩大，以防止粉尘对人体健康和井下安全生产的危害，为井下作业创造良好的工作环境。

【实施要点】

要点1：制定矿井防尘措施及制度要求

（1）煤矿年末12月15日前制定下年度矿井综合防尘措施，开采有煤尘爆炸危险的矿井制定预防和隔绝煤尘爆炸措施及管理制度。

（2）开采有煤尘爆炸危险的矿井制定综合防尘措施、预防和隔绝煤尘爆炸措施，依据下一年度煤矿采掘作业、运输环节等实际，参照《煤矿安全规程》、《煤矿井下粉尘综合防治技术规范》（AQ 1020—2006）和《煤矿用被动式隔爆设施安全技术要求》（GB 43066—2023）要求进行编写。

要点2：建立防治煤尘爆炸制度的主要内容

（1）煤尘的爆炸性鉴定管理。

（2）预防和隔绝煤尘爆炸措施制定要求及实施质量管理。

（3）清扫或冲洗巷道及产尘源沉积煤尘的周期及方法确定。

（4）隔爆棚使用与检查维护的管理范围和职责。

【资料清单】

（1）年度矿井防治煤尘爆炸制度。

（2）年度矿井综合防尘措施、预防和隔绝煤尘爆炸措施。

【标准原文2】

基础管理：生产矿井每延深一个新水平，进行1次煤尘爆炸性鉴定工作；杜绝煤尘积聚（厚度超过2 mm，连续长度超过5 m）。

【条文依据】

《煤矿安全规程》第一百八十五条；《煤矿井下粉尘综合防治技术规范》（AQ 1020—2006）第6.1条。

【条文内涵】

开采的煤层是否有煤尘爆炸危险性，通过有资质单位鉴定来确定，煤矿应当根据鉴定结果采取相应的安全措施，及时清扫或冲洗巷道及产尘源沉积煤尘，防控煤尘爆炸事故发生。

【实施要点】

要点1：煤尘爆炸性鉴定要求

（1）生产矿井每延深一个新水平揭露所有开采煤层和掘进巷道位于非开采煤层施工时，应当进行1次煤尘爆炸性鉴定工作。

（2）煤尘的爆炸性鉴定由国家授权单位按《煤尘爆炸性鉴定规范》（AQ 1045—2007）规定进行，鉴定结果必须报省级煤矿安全监管部门和驻地矿山安全监察机构。

要点 2：杜绝煤尘积聚要求

杜绝井下巷道底板、支护、管线、架梁及设备上等有煤尘积聚厚度超过 2 mm、连续长度超过 5 m 的积尘。

【资料清单】

煤尘爆炸性鉴定报告。

【标准原文 3】

安全防护：按规定设置隔爆设施，安装质量、数量等符合相关规定，并每周至少检查 1 次。

【条文依据】

《煤矿安全规程》第一百八十六～一百八十八条；《煤矿井下粉尘综合防治技术规范》（AQ 1020—2006）第 6.2 条、第 6.3 条、第 6.6 条；《煤矿用被动式隔爆设施安全技术要求》（GB 43066—2023）第 9.8 条。

【条文内涵】

按规定布设隔爆水棚，能有效隔离煤尘、瓦斯爆炸的火焰等，使爆炸减弱直至终止，防止事故灾害扩大范围。为此，定期检查维护隔爆设施，保证隔爆设施处于完好有效状态，起到减灾避灾作用。

【实施要点】

要点 1：隔爆设施类型及安装方式的要求

按现行规定及标准要求，井下应当设置被动式隔爆水棚或岩粉棚，正常设置隔爆水棚（水槽棚和水袋棚）；其安装方式分集中式、分散式。

要点 2：隔爆水棚安装地点、位置、数量及方式的要求

（1）井筒相通的主要运输大巷和回风大巷，相邻开采煤层之间的运输石门和回风石门，相邻采区之间的集中运输巷和回风巷，每处安装一组集中式隔爆水槽棚。

（2）采煤工作面进风巷和回风巷，采区内的煤巷、半煤岩巷掘进巷道，与煤仓上口相连通的巷道，有煤尘爆炸危险的其他巷道，每处安装集中式或分散式水棚。

（3）集中式水槽棚首排水槽与工作面、煤仓等爆源点的轴向距离应为 60～200 m；集中式首排水袋与工作面、煤仓等爆源点的轴向距离应为 60～160 m。

（4）分散式隔爆水棚首个棚组与工作面、煤仓等爆源点及巷道交叉口、变坡处、转弯处的轴向为 30～35 m。

（5）采掘工作面采用集中式隔爆水棚每处布置 2 组，交替移动，实时保持 1

组隔爆水棚在有效隔爆范围，采用分散式隔爆水棚每处布置 1 组；煤仓等其他固定的爆源点每处布置 1 组。

要点 3：水槽、水袋质量及具体布置技术要求

（1）采用的水槽、水袋规格尺寸及阻燃性能等符合《煤矿用隔爆水槽和隔爆水袋通用技术条件》（MT 157—1996）要求。

（2）隔爆水棚具体布置、棚区长度、水量、安装方式及技术质量等符合《煤矿用被动式隔爆设施安全技术要求》（GB 43066—2023）要求。

要点 4：隔爆水棚检查要求

由通风部门安排人员每周至少检查 1 次隔爆水棚的安装位置、数量、水量及安装质量，检查情况填写在现场隔爆设施管理牌板上。

（四）防治火灾事故

【标准原文 1】

制度保障：建立防灭火管理制度，开采容易自燃和自燃煤层的矿井，编制矿井防灭火专项设计并严格执行。

【条文依据】

《煤矿防灭火细则》第三条、第七条；《煤矿安全规程》第二百六十条。

【条文内涵】

建立完善矿井防灭火管理制度是矿井防灭火设计及措施落实的基本保障，防灭火设计合理并得以有效实施，减少或防止火灾事故发生。

【实施要点】

要点 1：矿井防灭火管理制度

（1）防灭火组织管理机构及岗位人员配备管理制度。

（2）防灭火各级岗位安全生产责任制。

（3）煤矿的所有地面建（构）筑物、煤堆、矸石山、木料场等处的防火制度。

（4）井下动火管理制度。

（5）自然发火预测预报管理制度。

（6）实施惰性气体等专项措施防火管理制度。

（7）防灭火工程检查验收制度。

（8）火区封闭及启封管理制度。

要点 2：矿井防灭火专项设计主要内容

（1）矿井概况（重点说明地质构造、煤层赋存、煤质、瓦斯、煤尘、煤的自燃倾向性、自然发火期、地温、开拓开采情况、矿井通风、历史发火情况、火区、矿井周边煤矿等）。

（2）矿井火灾危险性分析（包括内因火灾危险性分析和外因火灾危险性分析）。

（3）煤层自然发火预测预报指标体系（包括煤层自燃倾向性、煤层自然发火期、煤层自然发火标志气体及临界值、煤层自然发火预兆预警值的确定）。

（4）矿井火灾监测系统（包括束管火灾监测系统、人工采样监测系统、安全监控系统和其他监测系统）。

（5）矿井防灭火系统及设施（包括自然发火注浆或注惰性气体系统、消防洒水系统、井上下消防材料库和防火构筑物）。

（6）内因火灾防治技术方案（包括采煤工作面安装期间、回采期间采空区及进回风巷道、工作面回撤期间防灭火技术方案，工作面推进缓慢期间防灭火技术方案和封闭采空区防治方案）。

（7）外因火灾防治技术方案（包括机电设备及电缆火灾、带式输送机火灾、油脂及其他可燃物品火灾、电气焊及爆炸物品火灾、井下爆破引发火灾、无轨胶轮车火灾等防治方案）。

（8）火区治理（包括火区治理技术方案、井下封闭火区日常管理和火区启封）。

（9）矿井防灭火管理制度（包括组织机构和规章制度）。

（10）火灾应急救援预案。

要点3：矿井防灭火专项设计编审要求

由矿总工程师组织编制并负责审批，专项设计内容可根据矿井实际情况予以增减。延深新水平、开采新采（盘）区、采煤方法或通风系统等发生重大变化时，及时修订。

【资料清单】

（1）矿井防灭火管理制度。

（2）矿井防灭火专项设计。

【标准原文2】

基础管理：

1. 按规定进行煤层自燃倾向性鉴定，确定煤层最短自然发火期、自然发火标志气体及临界值；

2. 开采容易自燃和自燃煤层，同一煤层至少测定1次采煤工作面采空区自然发火“三带”分布范围，当采煤工作面采煤方法、通风方式等发生重大变化时，应当重新测定；

3. 按规定配备消防器材，井上下设置消防材料库。

【条文依据】

《煤矿安全规程》第二百五十六条、第二百五十七条、第二百六十条、第二百六十一条；《煤矿防灭火细则》第十二~十四条、第四十三条、第四十四条、第五十二条。

【条文内涵】

煤层自燃倾向性鉴定和确定煤层最短自然发火期、自然发火标志气体及临界值以及采煤工作面采空区自然发火“三带”测定，可为正确评价煤层自然发火危险程度以及为采取针对性防治矿井煤层自然发火技术和管理措施提供技术基础支撑。

井上下设立消防材料库和井下主要硐室、使用带式输送机巷道以及采掘工作面附近的巷道中备有灭火器材，是为及时和有效灭火提供灭火装备及材料，以便及时控制消除火灾，防止火灾事故扩大。

【实施要点】

要点1：煤层自燃倾向性鉴定要求

（1）新建矿井或者改扩建矿井和生产矿井延深新水平时，必须对揭露的平均厚度为0.3 m以上煤层的自燃倾向性进行鉴定。

（2）鉴定工作应当由具备鉴定能力的机构承担。鉴定结果报省级煤炭行业管理部门、煤矿安全监管部门和驻地矿山安全监察机构。

要点2：确定煤层最短自然发火期的方法

所有开采煤层应当通过统计法、类比法或者实验测定等方法确定煤层最短自然发火期。当现场煤层出现自然发火时，其自然发火期如果小于实验、统计或类比确定的结果，应以现场实际发火期为准。

要点3：自然发火标志气体及临界值确定办法

（1）自然发火标志气体是指煤自然发火过程中产生的变化较为灵敏的用来表示煤发火危险程度的代表性气体。主要包括一氧化碳、烷烃气体、烯烃气体和炔烃气体等。

（2）自然发火标志气体临界值是指煤在不同氧化阶段（缓慢氧化阶段、加速氧化阶段和激烈氧化阶段）转变时，自然发火标志气体达到的指标。临界值可采用单一组分的标志气体浓度、气体浓度增率或者比值（链烷比、烯烷比）等指标。

（3）自然发火标志气体及临界值应当按照《煤层自然发火标志气体色谱分析及指标优选方法》（KA/T 1019—2006）的规定，通过实验研究、现场观测和统计分析进行优选确定。煤自燃过程中产生的气体主要有一氧化碳（CO）、二氧化碳（CO_2）、甲烷（CH_4）、乙烯（C_2H_4）、乙烷（C_2H_6）、丙烷（C_3H_8）、乙炔（C_2H_2）等，这些气体的生成与浓度变化对应不同的温度，因此可作为判断煤自燃发展程度的指标。建议与有实验测试能力的单位联合共同确定。

要点4：采煤工作面采空区自然发火“三带”测定及划分的要求

（1）采煤工作面采空区自然发火“三带”是指从采煤工作面切顶线向采空区方向形成的散热带、氧化带和窒息带。

（2）“三带”测定及划分工作由矿总工程师组织进行。正常情况下，按照煤自然发火临界氧浓度指标来划分，一般氧化带按氧气浓度不大于18%且不小于7%来划定范围。

（3）当采煤工作面采煤方法由壁式改为柱式开采或放顶煤改为一次性采全高开采或采煤工作面通风方式（U、Y、W形等）变化时重新测定。

要点5：消防材料库设置及储存消防器材的要求

（1）井上消防材料库应设在主要下料井口200 m范围内便于交通运输位置，但库房及器材不得设在或者储存在井口房内。

（2）井下消防材料库应设在每一个生产水平的井底车场、主要运输大巷或者主要联巷中，并装备消防车辆（1 t或1.5 t矿车8辆）。

（3）井上下消防材料库储存的消防材料及工具的品种和数量应参照《煤炭矿井设计防火规范》（GB 51078—2015）附录A有关要求并满足矿井消防需要进行装备。

（4）矿每季度至少组织检查1次，发现器材损坏或者失效应立即更换；消防材料和工具不得挪作他用，救灾使用消耗的器材3天内补充齐全。

要点6：井下主要地点配备消防器材的要求

井下爆炸物品库、机电设备硐室、检修硐室、材料库、井底车场、使用带式输送机或者液力偶合器的巷道以及采掘工作面附近的巷道中备有灭火器材。配备数量、规格和存放地点应参照《煤炭矿井设计防火规范》（GB 51078—2015）有关要求进行配备，并在矿井灾害预防和处理计划中确定。

【资料清单】

（1）煤层自燃倾向性鉴定报告。

（2）确定煤层最短自然发火期确定报告。

（3）煤层自然发火标志气体及临界值确定报告。

（4）采煤工作面采空区自然发火“三带”测定划分报告。

（5）矿井灾害预防和处理计划。

【标准原文3】

监测监控：开采容易自燃和自燃煤层的矿井，必须建立自然发火监测系统，采用连续自动或者人工采样方式，监测甲烷、一氧化碳、二氧化碳、氧气气体成分变化，按规定设置一氧化碳和温度传感器。

【条文依据】

《煤矿安全规程》第二百六十一条；《煤矿防灭火细则》第五十一条、第五十三条、第五十四条。

【条文内涵】

建立并完善束管监测系统，可实现在地面对井下易发火地点的气体进行连续监测，且采用人工现场检测及采样化验分析涉及所有观测站（点）。另外，安全监控系统也承担了一氧化碳、温度等指标监测的作用。三者相互配合使用，能更加有效地做好煤自然发火的监测及预测预报工作。发现有自然发火指标变化或预兆，及时采取相应防火措施，将火消灭在萌芽之中。

【实施要点】

要点1：自然发火监测系统建立及监测地点、项目要求

（1）开采容易自燃和自燃煤层的矿井，建立自然发火束管监测系统。

（2）防火束管监测点应设置在采煤工作面回风隅角、回风侧采空区内部、采空区密闭和所有防火墙外等。

（3）甲烷（CH_4）、二氧化碳（CO_2）、一氧化碳（CO）、氧气（O_2）、氮气（N_2）、乙烷（C_2H_6）、乙烯（C_2H_4）和乙炔（C_2H_2）等气体，每天至少监测1次，并打印防火束管监测报表，报总工程师审阅签字。

要点2：人工检测地点、项目及周期要求

（1）开采容易自燃和自燃煤层的矿井，采用人工采样或现场检测方式对采煤工作面及回风巷、采区回风巷、容易自燃煤层掘进回风巷、封闭采空区回风侧的密闭内外、煤巷高冒区、煤柱破裂处等进行检测。

（2）每周至少观测1次甲烷、二氧化碳、一氧化碳、氧气、温度和密闭内外风压差及漏风情况，检测结果填写现场防火检查牌板及记录。

要点3：连续监测一氧化碳、温度的要求

开采容易自燃和自燃煤层的矿井，一氧化碳、温度传感器安设地点、具体位置按照相关要求布设。

【标准原文4】

内因火灾防治：

1. 开采自燃、容易自燃的煤层，按规定编制防止自然发火的技术措施，并严格执行；

2. 开采容易自燃和自燃煤层矿井，封闭采空区构筑不少于2道永久密闭墙，墙体中间采用不燃性材料进行充填。编制密闭施工设计及专项技术措施，封闭采空区每周1次抽取气样进行分析，并监测温度及采空区内外压差。

【条文依据】

《煤矿安全规程》第二百四十六条、第二百六十五条、第二百七十四条；《煤矿防灭火细则》第七条、第二十一条、第二十二条、第五十九条、第六十六条、第七十三条、第七十六条、第七十九条。

【条文内涵】

开采自燃、容易自燃的煤层，编制矿井防止自然发火的技术措施和重点区域专项措施，尤其是强化采空区密闭及检测周期，加大采空区封闭力度及质量，防范采空区自然发火，定期检测防火参数，发现预兆及时采取措施处理，降低煤的自然发火危险，避免火灾产生烟雾和有毒有害气体危及作业人员的生命安全。

【实施要点】

要点1：矿井防止自然发火的技术措施主要内容

（1）通风、开采方式方法和巷道布置及支护方面。

（2）防治采煤工作面采空区自然发火正常专项措施及异常施加措施。

（3）构筑、维修采空区密闭的设计及专项安全措施。

（4）巷道高冒区、煤柱破坏区自然发火的技术措施。

（5）采空区疏放水防止采空区自然发火的专项措施。

（6）有自然发火征兆的地点或火区封闭及启封措施。

要点2：防止自然发火的技术方案及措施审批要求

（1）矿井防止自然发火的技术措施，经矿总工程师审批。

（2）采用均压防火技术时，应当编制专项方案，经论证报上级企业技术负责人批准后方可使用。

（3）采空区密闭施工设计及专项技术措施，经矿总工程师审批。

要点3：容易自燃和自燃煤层的采空区封闭及检测要求

（1）开采容易自燃和自燃煤层的采空区封闭通道每处构筑不少于2道永久密闭墙，每道墙体厚度不小于0.5 m，周边围岩掏槽符合《矿井密闭防灭火技术规范》(AQ 1044—2007）要求，两道墙距离不小于1 m且中间采用不燃性材料进行充填密实，墙外面距全风压巷道口距离保持4 ~5 m。

（2）封闭容易自燃和自燃煤层的采空区密闭，每周抽取1次密闭内气样进行检测分析，并在现场检测温度及采空区内外压差。检测分析结果填写密闭防火检测记录。

【资料清单】

（1）矿井防止自然发火的技术措施。

（2）防治采煤工作面采空区自然发火正常专项措施及异常施加措施。

（3）构筑、维修采空区密闭的设计及专项安全措施。

（4）采空区疏放水防止采空区自然发火的专项措施。

（5）有自然发火征兆的地点或火区封闭及启封措施。

（6）采空区密闭防火检测记录。

【标准原文5】

外因火灾防治：

1. 井下反应型高分子材料使用前对其安全性进行评估，并制定专项安全措施；

2. 井下和井口房内不得进行电焊、气焊和喷灯焊接等动火作业。如果必须在井下主要硐室、主要进风井巷和井口房内进行电焊、气焊和喷灯焊接等动火作业，每次要制定安全措施，经矿长批准。

【条文依据】

《煤矿安全规程》第二百五十四条、第二百五十九条；《煤矿防灭火细则》第二十九条、第三十九条。

【条文内涵】

井下使用高分子防灭火材料会产生高温及有毒有害气体，存在伤害人员及污染环境的风险，可能引发矿井火灾及瓦斯爆炸等事故；井下及井口房的焊接动火作业，也可能引发火灾事故。因此，必须严格控制使用高分子防灭火材料及动火作业，严格措施落实，防止伤害人员及污染环境等事故。

【实施要点】

要点1：井下反应型高分子材料安全性控制指标要求

井下反应型高分子材料安全性主要是指易燃性、产热性、阻燃性和抗静电性。

（1）易燃性指标，原材料的燃点或闪点通常不能低于100 ℃。

（2）产热性指标，充填用的承压或非承压高分子材料反应温度分别不能高于90 ℃和50 ℃，堵漏和加固用的高分子材料反应温度不能高于140 ℃。

（3）阻燃性指标，承压或非承压高分子材料氧指数分别不低于35和28。

（4）抗静电性指标，高分子材料的表面电阻不高于$3\times10^{8}\ \Omega$。

要点2：高分子材料评估及采取针对性安全措施要求

高分子材料评估工作应当由具备评估检测能力的机构承担并出具评估检测报告。应当根据评估结果，采取具备针对性、可操作性的安全措施。安全措施的主要内容应当包括：

（1）使用的各类材料应符合相关标准规范的规定。喷涂堵漏风用高分子材料应符合《煤矿喷涂堵漏风用高分子材料技术条件》（AQ 1088—2011）的规定，加固煤岩体用高分子材料应符合《煤矿加固煤岩体用高分子材料》（KA/T 1089—2020）的标定，充填密闭用高分子发泡材料应符合《煤矿充填密闭用高分子发泡材料》（KA/T 1090—2020）的规定。

（2）原材料属危险化学品的，应当严格执行《危险化学品安全管理条例》的规定进行储存和运输，严禁将不同组分材料混放、混运。应当采用密封包装，包装容器上必须有牢固、清晰的标识。井下存放应当选择围岩条件好、无淋水、通风良好、周围50 m范围内无其他杂物的地点，并配备消防设施。

（3）从事施工操作的人员，应当接受专业培训，操作时必须佩戴好与所使用的高分子材料相适应的劳动保护用品，包括手套、防护眼镜、口罩、工作服和胶鞋等。

（4）严格控制喷、注作业地点人数，喷、注过程中监测空气中的有毒有害气体浓度及温度，井巷空气中有毒有害气体浓度及温度符合《煤矿安全规程》规定。

高分子材料每次使用应当制定施工方案和专项安全措施，并经矿总工程师审核，报矿长批准。

要点3：井下和井口房内焊接等动火作业条件

（1）在井下主要硐室、主要进风井巷和井口房内装用装备等物件无法拆除而须动用焊割工艺处理或其他地点设备升井困难在上述地点须焊割作业的。

（2）焊接地点及前后两端各10 m的井巷范围内，应当采用不燃性材料支护，煤层中采用砌碹或喷浆封闭的主要硐室和主要进风大巷中。

（3）焊接等动火作业，每次必须制定安全措施，由矿长批准。

要点4：焊接等动火作业安全措施主要内容

（1）指定专人在场检查和监督。

（2）电焊、气焊和喷灯焊接等工作地点的前后两端各10 m的井巷范围内，应当采用不燃性材料支护，并有供水管路，有专人负责喷水，焊接前应当清理或者隔离焊渣飞溅区域内的可燃物。上述工作地点应当至少备有2个灭火器。

（3）在井口房、井筒和倾斜巷道内进行电焊、气焊和喷灯焊接等工作时，必须在工作地点的下方用不燃性材料设施接收火星。

（4）电焊、气焊和喷灯焊接等工作地点的风流中，甲烷浓度不得超过0.5%，且在检查证明作业地点附近20 m范围内巷道顶部和支护背板后无瓦斯积存时，方可进行作业。

（5）电焊、气焊和喷灯焊接等作业完毕后，作业地点应当再次用水喷洒，并有专人在作业地点检查1 h，发现异常，立即处理。

（6）煤与瓦斯突出矿井井下进行电焊、气焊和喷灯焊接时，必须停止突出煤层的掘进、回采、钻孔、支护以及其他所有扰动突出煤层的作业。

（7）严禁不具备资质条件的电焊（气割）工入井进行动火作业。在井口和井筒内进行动火作业时，必须撤出井下所有作业人员。在主要进风巷进行动火作业时，必须撤出回风侧所有人员。

【资料清单】

（1）高分子材料评估检测报告及专项安全措施。

（2）井下和井口房内焊接等动火作业的安全措施。

（五）防治水害事故

【标准原文1】

制度保障：建立水害防治技术管理、水害预测预报、水害隐患排查治理、探放水、重大水患停产撤人及应急处置等制度。

【条文依据】

《煤矿防治水细则》第六条。

【条文内涵】

煤矿防治水制度众多，考核时只对本条中列出的主要制度进行检查。

【实施要点】

要点：防治水制度建设要求

《煤矿防治水细则》第六条的“煤炭企业、煤矿应当结合本单位实际情况建立健全水害防治岗位责任制”，在制度保障考核中没有列出，并不是对该部分不考核，而是将该部分内容在“安全基础管理”专业的“安全制度”之“安全生产责任制”中集中统一考核。

【资料清单】

煤矿防治水制度汇编。

【标准原文 2】

基础管理：

1. 按规定编制水文地质类型报告、煤矿防治水“三区”管理报告，防治水“三区”转换符合规定；

2. 按规定开展水文地质补充勘探；

3. 矿井、采区、工作面防排水系统健全完善，能力满足相关规定要求；

4. 防治水工程实施前编制设计方案和施工安全技术措施，按程序审批，工程施工现场管理规范，并建立施工原始记录，工程结束后提交验收报告及总结报告；

5. 井下探放水严禁使用锚杆机、煤电钻等非专用钻机。

【条文依据】

《煤矿防治水细则》第十二～十四条、第二十～三十六条、第一百零六～一百一十三条；《国家矿山安全监察局关于印发煤矿防治水“三区”管理办法的通知》(矿安〔2022〕85 号)。

【条文内涵】

水文地质类型划分、煤矿防治水“三区”划分及防治水“三区”合理转换是煤矿防治水基础管理工作的重要环节，煤矿必须按规定开展。矿井水文地质补充勘探是煤矿生产期间防治水工作的重要环节，煤矿应根据实际情况按规定开展。矿井防治水工程是防治水工作的基础，煤矿应按照《煤矿防治水细则》的相关要求开展，并抓好现场管理，保证工程质量。严格按照《煤矿防治水细则》的要求采用专用钻机是探放水的基本要求，严禁使用煤电钻、锚杆钻机、风锤等非专用钻机探放水。

【实施要点】

要点 1：水文地质报告和“三区”管理及转换报告

（1）煤矿应按规定编制和修订水文地质类型报告，并按规定审批。

（2）煤矿应按《煤矿防治水“三区”管理办法》编制煤矿防治水“三区”

管理报告和“三区”转换报告，并按规定审批。

要点2：水文地质补充勘探

煤矿存在《煤矿防治水细则》第二十条中列出的七种情形之一时，应按照《煤矿防治水细则》第三章的要求开展水文地质补充勘探，提交相应的成果报告。

要点3：防排水系统

（1）矿井防排水系统的完善是开展矿井防治水工作的基础，矿井、采区、工作面均应按照有关规定健全并完善防排水系统。

（2）煤矿按照《煤矿防治水细则》第一百零六~一百一十三条的要求，完善矿井排水系统；按照采区地质说明书的要求完善采区排水系统；按照掘进工作面地质说明书和回采工作面地质说明书的要求完善工作面排水系统。

要点4：防治水工程要求

煤矿防治水工程类型众多，《煤矿防治水细则》对各种防治水工程的设计方案、施工安全技术措施的编制要求和审批程序、工程结束后验收报告及总结报告的编制内容等都给出了具体要求，矿井要按规定执行。

要点5：井下探放水要求

井下探放水应严格执行“三专”要求，由专业技术人员编制探放水设计，采用专用钻机进行探放水，由专业探放水队伍施工。严禁使用非专用钻机探放水。

【资料清单】

（1）矿井水文地质类型报告。

（2）煤矿防治水“三区”管理报告，煤矿防治水“三区”转换报告。

（3）水文地质补充勘探设计，水文地质补充勘探报告，水文地质补充勘探相关成果报告。

（4）防治水工程的设计方案、施工安全技术措施、施工原始记录、验收报告及总结报告等，其中施工原始记录包括纸质记录和视频记录；煤矿主要水仓泵房设计及施工措施；煤矿探放水设计。

（5）采区地质说明书，掘进工作面地质说明书和回采工作面地质说明书。

（6）煤矿防治水设备清单（或台账），探放水钻机使用说明书。

【标准原文3】

水害探查治理：

1. 地表水：开采范围内存在影响安全生产的地表水体，应当建立地面防排水系统；井口和工业场地内建筑物的地面标高低于当地历史最高洪水位的，应当采取可靠的防御措施；雨季前必须对防治水工作进行全面检查，制定雨季防治水措施，建立雨季巡视制度；

2. 顶板水：煤层顶板导水裂隙带范围内的含水层或者其他水体影响安全生产时，应当实测垮落带、导水裂隙带发育高度，进行专项设计，制定治理方案并实施；受离层水威胁的矿井，应当采取地面抽泄或井下反向疏放等措施消除威胁；

3. 底板水：底板承压含水层与开采煤层之间的隔水层能够承受的水头值大于实际水头值的区域，应当制定专项措施报企业技术负责人审批；隔水层能够承受的水头值小于实际水头值时，根据矿井实际情况选择性采取超前区域治理、注浆加固底板改造含水层、疏水降压、充填开采等措施进行治理；煤层底板存在高承压岩溶含水层采用区域治理方法的，应当制定区域治理设计方案，报企业技术负责人审批；

4. 老空水：矿井应查明采掘影响区域内老空分布范围及积水情况，情况不明的区域应当采取综合技术手段进行探查，探查后应当制定矿井老空水害评价报告和老空水防治方案。

【条文依据】

《煤矿防治水细则》第五十二～六十一条、第六十二～六十九条、第七十～七十五条、第七十六～八十三条；《煤矿安全规程》第三百零四条。

【条文内涵】

关于地表水防治，检查时只对《煤矿防治水细则》第五十二条、第五十三条、第五十八条规定的易造成重大灾害的内容进行考核。

关于顶板水防治，检查时只对煤层顶板存在富水性中等及以上含水层或者其他水体威胁、开采受离层水威胁的采煤工作面等易造成重大灾害的内容进行考核。

关于底板水防治，检查时只对带压开采安全技术措施、区域治理工程设计和治理措施等易造成重大灾害的内容进行考核。

关于老空水防治，检查时只对老空水的探查、评价和防治方案等涉及重大灾害的内容进行考核。

【实施要点】

要点1：地表水防治

（1）煤矿应当查清矿区、井田及其周边对矿井开采有影响的河流、湖泊、水库等地表水系和有关水利工程的汇水、疏水、渗漏情况，掌握当地历年降水量和历史最高洪水位资料，建立疏水、防水和排水系统。

(2) 矿井井口和工业场地内建筑物的地面标高，应当高于当地历史最高洪水位；否则，应当修筑堤坝、沟渠或者采取其他可靠防御洪水的措施。不具备采取可靠安全措施条件的，应当封闭填实该井口。

(3) 每年雨季前，必须对煤矿防治水工作进行全面检查，制定雨季防治水措施，建立雨季巡视制度，组织抢险队伍并进行演练，储备足够的防洪抢险物资。对检查出的事故隐患，应当制定措施，落实资金，责任到人，并限定在汛期前完成整改。需要施工防治水工程的应当有专门设计，工程竣工后由煤矿总工程师组织验收。

要点 2：顶板水防治

(1) 煤层顶板存在富水性中等及以上含水层或者其他水体威胁时，应当实测垮落带、导水裂隙带发育高度，进行专项设计，确定防隔水煤（岩）柱尺寸。当导水裂隙带范围内的含水层或者老空积水等水体影响采掘安全时，应当超前进行钻探疏放或者注浆改造含水层，待疏放水完毕或者注浆改造等工程结束、消除突水威胁后，方可进行采掘活动。

(2) 开采受离层水威胁的采煤工作面，应当分析探查工作面覆岩结构、离层发育层位、上覆含水层富水性等情况，预测离层水分布范围和积水量，评价本工作面与相邻工作面离层积水的危害性。在回采过程中，对煤层顶板聚集的离层水，采用高位离层地面抽泄、低位离层井下反向疏放等措施，保证安全回采。

(3) 各种施工设计、措施等按规定审批。

要点 3：底板水防治

(1) 当承压含水层与开采煤层之间的隔水层能够承受的水头值大于实际水头值时，可以进行带压开采，但应当制定专项安全技术措施，由煤炭企业技术负责人审批。

(2) 隔水层能够承受的水头值小于实际水头值时，根据矿井实际情况选择性采取超前区域治理、注浆加固底板改造含水层、疏水降压、充填开采等有效的一种或综合措施进行治理。

(3) 煤层底板存在高承压岩溶含水层采用区域治理方法的，应当制定区域治理设计方案，报企业技术负责人审批。

(4) 各种施工设计、措施等按规定审批。

要点 4：老空水防治

（1）煤矿应当开展老空分布范围及积水情况调查工作，查清矿井和周边老空及积水情况，调查内容包括老空位置、形成时间、范围、层位、积水情况、补给来源等。老空范围不清、积水情况不明的区域，必须采取井上下结合的钻探、物探、化探等综合技术手段进行探查，编制矿井老空水害评价报告，制定老空水防治方案。

（2）各种施工设计、措施等按规定审批。

【资料清单】

（1）矿井气象资料台账；地表水文观测成果台账；钻孔水位、井泉动态观测成果及河流渗漏台账；地面防排水系统工程设计、施工措施及验收报告；井口和工业场地防御洪水措施；雨季前地面防治水工作巡视记录；雨季防治水措施；雨季巡视制度。

（2）矿井煤层顶板垮落带、导水裂隙带发育高度实测报告；顶板水探放或者注浆改造含水层施工设计、措施及验收报告；离层水危害评价报告；离层水治理措施和验收报告。

（3）矿井带压开采专项安全技术措施；底板承压水治理工程施工设计、区域治理设计方案、治理工程验收报告。

（4）矿井老空探查报告；矿井老空水害评价报告和老空水防治方案。

【标准原文 4】

效果评价：

1. 底板承压水注浆加固底板、改造含水层或者区域治理工程结束后，对工程效果做出结论性评价，提交竣工报告，由企业技术负责人组织验收，采掘施工前采用物探、钻探等方法进行效果验证；

2. 老空水探放结束后，对比放水量与预计积水量，采用钻探、物探方法对放水效果进行验证，下达允许掘进通知书，严禁超掘超采。

【条文依据】

《煤矿防治水细则》第七十三条、第七十四条、第八十条。

【条文内涵】

底板承压水治理工程结束后，煤矿应在治理区域采掘施工前采用物探、钻探等方法进行效果验证，确保底板承压水治理工程质量。

老空水探放结束后，应对老空积水的放水效果进行验证，确保老空水位（压）不再升高。

【实施要点】

要点1：底板水治理工程效果评价

（1）煤矿注浆加固底板或者改造含水层工程结束后，由煤炭企业技术负责人组织效果评价。

（2）煤矿区域治理工程结束后，对工程效果做出结论性评价，提交竣工报告，由煤炭企业技术负责人组织验收。

（3）实施地面区域治理的区域，掘进前应当采用物探方法进行效果检验，没有异常的，可以正常掘进；发现异常的，应当采用钻探验证并治理达标。回采前应同时采用物探、钻探方法进行效果验证。

（4）各种评价报告、竣工验收报告和效果验收报告等按规定审批。

要点2：老空水防水效果验证

（1）疏放老空水时，应当由地测部门编制专门疏放水设计，经煤矿总工程师组织审批后，按设计实施。疏放过程中，应当详细记录放水量、水压动态变化。放水结束后，对比放水量与预计积水量，采用钻探、物探方法对放水效果进行验证，确保疏干放净；对于有补给水源的老空水，应当持续疏放，确保老空区水位（压）不再升高。

（2）疏放水设计及效果验证报告等按规定审批。

【资料清单】

（1）矿井底板承压水治理效果评价报告、底板承压水治理效果检验报告；区域治理效果评价报告、区域治理效果检验报告。

（2）矿井老空疏放水设计、安全技术措施；矿井老空疏放水原始记录；矿井老空疏放水效果验证报告。

【标准原文5】

监测预警：建立地下水动态监测系统，受底板承压水威胁的水文地质类型复杂、极复杂的矿井，还应建立突水监测预警系统。

【条文依据】

《煤矿防治水细则》第九条。

【条文内涵】

矿井应建立水害监测预警系统，监测水害动态变化趋势，预防水害事故发生。

受底板承压水威胁的水文地质类型复杂、极复杂的矿井，还应建立突水监测预警系统。

【实施要点】

要点：地下水动态监测预警系统

矿井应当建立地下水动态监测预警系统，对井田范围内主要充水含水层的水位、水温等进行长期动态观测，对矿井涌水量进行动态监测。受底板承压水威胁的水文地质类型复杂、极复杂矿井，应当采用微震、微震与电法耦合等科学有效的监测技术，建立突水监测预警系统，探测水体及导水通道，评估注浆等工程治理效果，监测导水通道受采动影响变化情况。

（六）防治冲击地压

【标准原文 1】

制度保障：

1. 建立并落实冲击地压防治安全技术管理、监测数据分析、预警处置、防冲培训、事故报告、危险区域人员准入等制度；

2. 建立专业例会、防冲工程验收等制度。

【条文依据】

《煤矿安全规程》第二百二十八条；《防治煤矿冲击地压细则》第六条、第四十六条、第五十一条、第七十六条。

【条文内涵】

（1）冲击地压防治安全技术管理制度是为了规范矿井冲击地压防治安全技术管理和防冲专项设计（方案）、防冲规划（计划）、安全措施等编制、审批的制度。

（2）建立各类防冲专业管理制度是矿井防冲工作开展的基础和防冲体系运行的关键。冲击地压矿井必须建立冲击地压防治安全技术管理制度、冲击地压防治岗位安全责任制度、防冲培训制度、冲击地压事故报告等制度。其中，冲击地压防治安全技术管理制度包括冲击危险性分析、监测预警、防范治理、安全防护、检查验收等制度，通过制度健全完善专业管控细节，健全冲击地压防治安全管控体系。

【实施要点】

要点 1：冲击地压防治安全技术管理制度

冲击地压矿井必须制定冲击地压防治安全技术管理制度，对管理机构及职责、冲击地压煤层开采设计、冲击地压事故隐患排查、防冲规划和计划编制、冲击危险性评价及防冲设计、规程措施编制、冲击地压危险预测、监测预警及综合治理、安全防护与现场管理、技术培训等提出具体要求，并严格遵照执行，使冲击地压防治管理工作制度化、规范化。

要点 2：冲击地压防治岗位安全责任制度

冲击地压防治岗位安全责任制度，要求煤矿企业（煤矿）必须明确各级、各部门管理人员和岗位人员防冲管理工作的职权与职责，并做到各负其责、各尽其职，保证冲击地压防治安全技术管理制度、安全技术措施等能够得到层层落实。

要点 3：冲击地压事故报告制度

建立冲击地压事故报告制度，目的在于使冲击地压事故能够得到及时救助，防止贻误时机或造成灾害事故进一步扩大。对伤亡事故必须向事故发生地县级以上人民政府安全生产监督管理部门和负有安全生产监督管理职责的有关部门汇报。事故报告应当包括下列内容：冲击地压事故发生单位概况：冲击地压事故发生的时间、地点以及事故现场情况；冲击地压事故的简要经过；冲击地压事故已经造成或者可能造成的伤亡人数（包括下落不明的人数）和初步估计的直接经济损失。

要点 4：防冲相关制度的管理要求

防冲相关制度应经审批，其中专业例会召开应有会议纪要，防冲工程验收工作开展应有验收记录等材料，确保落实情况可追溯。

要点 5：防冲工作的例会要求

“建立专业例会、防冲工程验收等制度”指矿井根据防冲实际工作需要建立相应专业制度，其中冲击地压矿井每周召开 1 次防冲分析会（总工程师或防冲副总主持召开），每月召开 1 次防冲月度会（矿长主持召开）。防冲技术人员每日对冲击地压危险区域的监测数据、生产条件等进行综合分析研判，预报冲击危险程度，编制防冲监测分析日报，报经矿防冲机构负责人、总工程师、矿长签字，并及时告知相关单位（部门）和人员，告知方式由矿井自行确定，并留痕、可追溯。

要点 6：防冲知识培训

冲击地压矿井必须每年对相关人员至少组织一次防冲知识培训，培训可采取外派学习、专家讲座、岗前培训、安全专题教育等形式灵活开展。应建立防冲培训档案，职工考试合格方可上岗作业。

【资料清单】

（1）冲击地压防治安全技术管理制度。

（2）防冲岗位安全责任和培训制度。

(3) 冲击地压危险性综合技术分析制度。

(4) 冲击地压事件分析报告制度。

(5) 冲击地压危险性监测装备安装管理维护制度。

(6) 冲击地压危险实时预警、处置及结果反馈制度。

(7) 防冲专业例会制度。

(8) 防冲工程验收制度。

【标准原文 2】

基础管理:

1. 开展煤层(岩层)冲击倾向性鉴定、冲击危险性评价,编制防冲设计,按规定审批,鉴定及评价结果报有关部门;冲击地压煤层开采应开展煤层(矿井)、水平、采(盘)区、采掘工作面(含动压影响区域煤巷)冲击危险性评价、论证,编制防冲设计,审批后执行;巷道扩修(指卧底、挑顶、扩帮等)制定专门防冲措施;

2. 根据矿井地质、开采技术条件因素,结合监测预警分析等进行冲击地压类型划分。

【条文依据】

《煤矿安全规程》第二百二十九条、第二百三十条;《防治煤矿冲击地压细则》第十三条、第十四条、第十九条、第二十五条、第二十八条、第三十一条、第三十二条、第三十七条。

【条文内涵】

(1) 鉴定结果报省级煤炭行业管理部门、煤矿安全监管部门和煤矿安全监察机构,备案工作证明材料矿井留存。冲击地压矿井应在完成评价报告后原则上尽量不要变更煤层(矿井)、采区、采掘工作面设计,确因特殊情况需要变更设计的,应根据煤层(矿井)、采区、采掘工作面设计变更及时调整评价报告及冲击地压危险区划分,并按要求报审或论证。

(2) 不同的矿井,诱发冲击地压的因素不同,其防冲治理方法及措施也不同,应根据矿井冲击地压诱发因素和现场开采技术条件进行分类,编制矿井冲击地压类型划分报告,更有针对性地实施分类防治。由于煤层赋存条件千变万化,地质构造复杂,开采条件变化多端,造成煤岩动力系统的结构形式和外部环境多种多样,应根据矿井主要致灾因素划分冲击地压类型,实现准确预测和有效防治,提升治理的针对性,确保治理效果。

【实施要点】

要点1：冲击危险评价开展顺序

当冲击地压矿井为多水平煤层开采时，其冲击危险性评价可按照水平→煤层→采区→采掘工作面的次序进行。

要点2：需开展防冲安全论证开展条件

“按规定开展论证”是指以下情况需开展论证：①冲击地压矿井提高矿井生产能力和新水平延深时，必须组织专家进行论证；②开拓巷道不得布置在严重冲击地压煤层中，永久硐室不得布置在冲击地压煤层中，达不到以上要求且不具备重新布置条件时，须进行安全性论证；③采空区内不得留有煤柱，如果特殊情况必须在采空区留有煤柱时，应当进行安全性论证，并将煤柱的位置、尺寸以及影响范围标在采掘工程平面图上；④开采孤岛煤柱前，煤矿企业应当组织专家进行防冲安全开采论证，论证结果为不能保障安全开采的，不得进行采掘作业；⑤在无冲击地压煤层中的三面或者四面被采空区所包围的区域开采或回收煤柱时，必须进行冲击危险性评价、制定防冲专项措施，并组织专家论证通过后方可开采；⑥发生冲击地压，恢复生产前，必须查清事故原因，制定恢复生产方案，通过专家论证，落实综合防冲措施，消除冲击地压危险后，方可恢复生产。

要点3：巷道扩修评价要求

巷道扩修冲击危险性评价（防冲专项措施）可由矿井编制，具体参照采掘工作面冲击危险性评价及防冲设计相关内容编制，由矿总工程师组织审批后实施。

要点4：冲击危险性评价及防冲设计修订流程要求

冲击危险性评价报告因现场生产条件发生变化、防冲规章条款变更或其他原因需要修订的，当评价报告主要结论没有发生变化时，可委托原编制单位对部分内容进行修订，编制修订说明，加编制盖单位公章，经原评审专家组长签字认可后实施。

要点5：冲击类型划分报告编制要求

冲击类型划分报告由矿总工程师组织编制（矿井可自行编制，也可委托技术服务单位编制），依据矿井主要冲击地压致灾因素分析确定冲击类型，形成报告并经上级公司审查。

要点6：冲击地压类型划分参考

根据释放能量的主体，冲击地压可分为煤体压缩型冲击地压、顶板断裂型冲击地压和断层错动型冲击地压3种基本类型。煤体压缩型冲击地压由煤体压缩失稳而产生，包括重力引起的和水平构造应力引起的两种，多发生在厚煤层开采的采煤工作面和回采巷道中。顶板断裂型冲击地压由顶板岩层拉伸失稳而产生，多发生在工作面顶板为坚硬、致密、完整且厚，煤层开采后形成采空区大面积空顶的条件下。断层错动型冲击地压由断层围岩体剪切失稳而产生，多发生在采掘活动接近断层时，受采矿活动影响而使断层突然破裂错动。

煤（岩）体弹性能释放的主体分为煤体、顶底板岩体、断层带介质及其上下盘岩体。载荷类型可分为静载荷、动载荷和静－动组合载荷。

【资料清单】

（1）煤层及顶底板冲击倾向性鉴定。

（2）矿井、水平、煤层、采区（盘区）、采掘工作面冲击危险性评价及防冲设计和相关批复文件。

（3）孤岛工作防冲安全开采论证及批复文件。

（4）三面或四面被采空区所包围的区域开采安全论证及批复文件。

（5）大巷（开拓、准备）及永久硐室安全论证及批复文件。

（6）矿井冲击地压类型划分报告。

【标准原文 3】

监测预警

1. 建立区域、局部监测系统，传感器布置合理、运行正常；

2. 冲击危险区应至少采用 2 种局部监测方法，强冲击区应至少再增加一种局部监测（具备条件的优先采用钻屑监测），监测有效落实；

3. 冲击危险性预警临界指标经煤矿企业审批后执行；指标与实际动力显现不一致时，应重新修订、审批；

4. 每天结合地质、开采技术条件对监测数据进行综合分析，判定危险程度，编制日报，经防冲负责人、总工程师、矿长审签后告知相关单位和人员；

5. 监测达到或超过预警临界指标时，应按规定实施解危，经效果检验无冲击危险后方可作业。

【条文依据】

《煤矿安全规程》第二百二十八条、第二百三十五条、第二百三十六条；《防治煤矿冲击地压细则》第四十六条、第五十条、第五十二条、第五十四条。

【条文内涵】

（1）本条是对《煤矿安全规程》与《防治煤矿冲击地压细则》要求条款的细化补充，冲击地压矿井建立区域、局部监测系统是防冲监测监控工作的基础。

（2）矿井区域监测系统监测范围应覆盖所开采的冲击危险区域，传感器布置间距应满足矿井实际监测需要。

（3）局部监测主要包括钻屑法、应力监测法、电磁辐射法、电荷法等，冲击危险区局部监测手段只采用2种，做到相互验证、监测对比分析。

（4）钻屑监测是局部监测手段中最能直观、真实监测煤体应力状态的方法，针对强冲击危险区域、煤体应力显现异常等重点监测区域应优先选用钻屑监测，以客观、直接地监测煤体应力状态。

（5）当确定监测方法后，需要合理设定预警临界指标，再根据现场实际考察资料和积累的数据，进一步修订初值，确定冲击危险性临界指标，经煤矿企业审批后方可执行。

（6）为了确保监测预警的准确性，当现场实际应力显现不一致或开采条件发生较大变化时，必须及时校核和修改预警指标，确保满足现场防冲监测需要。

（7）通过冲击地压日常监测实现冲击地压预警，可使冲击地压防治具有针对性，从而降低防治工作的盲目性，减少不必要的防治工作及投入，有效提高冲击地压防治效果，避免或降低冲击地压危害。

（8）为避免冲击地压事故造成伤害，在冲击地压危险区域实施卸压解危措施时，必须撤出所有与防冲施工无关的人员，并停止运转一切与防冲施工无关的设备，最大限度地减少危险区域作业人员。同时，解危施工人员应时刻注意围岩动态变化情况，发现有冲击征兆时，必须及时撤出危险区域。

（9）由于冲击地压的复杂性以及冲击危险区域的相对隐蔽性，冲击地压危险区域实施卸压解危措施后，冲击危险可能没有完全消除，或由于应力转移使得邻近区域冲击危险性升高。此时如果盲目恢复作业，极有可能发生冲击地压。因此，必须及时对解危效果进行检验。

【实施要点】

要点1：区域与局部监测的区别关系

（1）区域监测与局部监测采用的监测手段不同、监测对象不同、范围不同，二者相辅相成，缺一不可，不可相互替代。

（2）区域监测主要采用微震监测法。微震监测法是通过在井下不同空间位置安装微震传感器构成监测台网，监测记录井下一定时间、空间范围内微震信号并能确定其发生的时间、能量及三维空间坐标等参数，通过分析微震事件在能量、频度等方面的时空分布规律与特征指标，判别冲击地压危险性及其动态变化特征的一种区域监测方法。

要点2：区域监测范围要求

区域监测应当覆盖矿井采掘区域，指有效监测范围至少能够覆盖单个采煤工作面的采动影响范围，具体有效监测范围不小于工作面宽度加 500 m；同时还应覆盖受采空区、地质构造影响区域，最终能够进行冲击危险性的区域监测预警与预测。

要点 3：局部监测范围要求

局部监测应当覆盖冲击地压危险区，指有效监测范围不能完全覆盖单个采掘工作面的采动影响范围，具体有效监测范围小于 200 m，最终能够提高采掘区域冲击危险性预警与预测的准确性。

要点 4：强冲击危险区域局部监测要求及注意事项

（1）“优先采用钻屑监测”指除了受煤层潮湿、地质条件赋存异常等不能施工的情况外，其余应将钻屑监测作为常规监测手段。

（2）强冲击危险区域局部监测手段应不少于 3 种，具备条件的除了选用钻屑监测作为常规的局部监测手段外，还应再选择 2 种局部监测手段，提高重点采掘区域冲击危险性预警与预测的准确性。

要点 5：冲击危险性预警临界指标测定要求及修订流程

（1）当采区范围大，煤层厚度、倾角变化大时，应当根据煤层标高，分区域测算钻屑临界预警指标。当施工区域相比原指标测算区域的煤厚、倾角等赋存条件发生明显变化时，需重新测算临界预警指标。

（2）重新测算确定的预警指标应明确其适用工作面范围，并按流程报上级公司审批后执行。

要点 6：冲击危险性预警临界指标测定方法

（1）实验方法：对煤岩样进行力学测试，分析煤岩试样冲击破坏前监测量的变化规律，确定预警临界指标。

（2）工程类比方法：可采用条件类似的矿井监测预警临界指标作为监测预警临界指标，再根据现场实际考察资料和积累的数据进一步修订初值，确定冲击危险性预警临界指标。

要点 7：冲击危险性监测分析方法及要求

（1）冲击危险性日常监测方法主要包括微震监测法、应力监测法、钻屑法、电磁辐射法、地音监测法等。冲击地压矿井应确定冲击危险的监测方法及冲击危险判定指标，根据防冲设计规程措施等要求对冲击危险区域进行日常监测。

（2）矿井防冲管理机构的专业人员每天对冲击危险区域的多种监测数据（微震监测数据、应力监测数据、钻屑监测数据、电磁辐射监测数据以及常规矿压监测数据等）、生产条件（工作面来压情况、顶底板岩层变化情况、煤层变化情况及工作面距离采空区、断层等地质构造情况等）等每天进行综合分析，编制监测日报并判定冲击危险程度，经防冲负责人、总工程师、矿长签字后，及时告知相关部门、单位和人员。

要点8：冲击危险监测结果告知要求

研判结果告知相关单位、人员范围、形式由矿井确定，确保告知过程可追溯可查。

要点9：卸压解危流程及要求

（1）解危处理必须严格按照专项安全技术措施进行，应包含以下程序：①立即停止一切正在运转的采掘生产设备；②按照避灾路线立即撤出冲击影响区域所有人员；③防冲专职人员按照程序进行汇报，防冲技术人员进行冲地压危险性分析并制定解危措施；④必须由专职（专业）人员进行解危施工，解危期间现场不得有与解危施工无关的人员，优先采用远距离操作解危机具；⑤实行严格的限员管理制度，确保解危期间无关人员不能进入冲击地压危险区域。

（2）解危处置、效果检验过程应留痕、可追溯。

（3）解危措施的效果检验由防冲管理机构的专业人员负责，检验方法主要有钻屑法、应力监测法、微震法等。

要点10：解危后效果检验要求

（1）弱冲击危险区域解危效果可采用钻屑法检验，中等或强冲击危险区域解危效果检验方法一般不少于2种，其中包含钻屑法监测。

（2）采用综合检验时，如果所有检验方法均判定无冲击危险，则解危区域的冲击危险性得到消除；当其中一种检验方法显示仍具有冲击地压危险时，需继续采取解危措施，直至经检验冲击地压危险解除为止。

【资料清单】

（1）矿井冲击危险性监测制度。

（2）冲击地压监测系统安装维护管理制度。

（3）微震监测系统校验安装维护及校验台账。

（4）冲击地压预警临界指标批复文件。

（5）矿井钻屑监测预警临界指标计算依据报告。

（6）矿井防冲监测日报表。

（7）卸压解危专项安全技术措施。

（8）冲击危险预警通知书。

（9）卸压解危处置通知书。

（10）冲击危险预警解除通知书。

（11）效果校验数据资料。

【标准原文4】

防治措施：

1. 选择合理的开拓方式、采掘部署、巷道布置、开采顺序、煤柱留设、采煤方法、采煤工艺及开采保护层等区域措施；

2. 具备开采保护层条件的应优先开采保护层，强冲击煤层及冲击煤层强冲击采区、工作面具备开采保护层条件的必须先开采保护层；

3. 大巷（开拓、准备）、永久硐室（永久硐室指井底硐室、采区硐室等）布置符合规定，大巷在严重冲击地压煤层中，永久硐室在冲击地压煤层中应进行安全性论证；

4. 冲击地压煤层应当严格按顺序开采，不得留孤岛煤柱；采空区内不得留有煤柱，如果特殊情况必须在采空区留有煤柱时，应当进行安全性论证，报企业技术负责人审批并上图；

5. 工作面区段煤柱应优先选择无煤柱、小煤柱，采用大煤柱时应避开应力峰值区，煤柱大小应分析、明确；

6. 冲击地压采掘工作面（扩修作业）采动时空关系符合规定；

7. 工作面防冲设计应根据危险等级明确监测和治理（解危卸压）技术方法、推进速度、支护、停采线位置等要求，措施落实到位，解危处置符合规定；

8. 作业规程设防冲专章（篇），临近大型地质构造、采空区、应力集中区、掘进巷道贯通或错层交叉、解危卸压等应编制防冲专项措施，并落实到位；

9. 依据防冲要求及分析研判结果编制生产组织通知单，按程序审批后执行；

10. 建立防冲工程措施实施与验收等记录台账，保证防冲过程可追溯。

【条文依据】

《煤矿安全规程》第二百二十八条、第二百三十一条、第二百三十七条、第二百三十八条、第二百四十条、第二百四十一条；《防治煤矿冲击地压细则》第二十七条、第二十八条、第三十一条、第六十一条、第六十三条、第六十四条、第六十八条、第八十二条；《国家煤矿安监局关于加强煤矿冲击地压防治工作的通知》（煤安监技装〔2019〕21号）第10条。

【条文内涵】

（1）区域防冲措施是冲击地压矿井防治冲击地压灾害的前瞻性工作，是冲击地压源头防控的关键措施，是从根源上开展冲击地压的预防工作。通过采取区域防冲措施，可以极大降低矿井生产过程中的整体冲击危险水平，减少局部防冲措施的工作量，提高生产效率和安全水平。冲击地压区域防治措施主要包含合理的开拓方式、采掘部署、开采顺序、煤柱留设、采煤方法、采煤工艺及开采保护层等。

（2）开采保护层属于区域性防治冲击地压方法，具有时空的长期性和区域性。开采保护层能使临近煤层岩体应力得到一定时间的卸载。

（3）强冲击煤层及冲击煤层强冲击采区、工作面选取没有冲击地压危险或危险较小的煤层先开采，然后开采垂直下层或上层危险较大的煤层，先行开采的煤层称为保护层，后开采的煤层称为被保护层。

（4）开拓巷道、永久硐室使用服务周期长，若布置在冲击地压煤层中长期受围岩应力载荷影响会出现围岩变形等，采掘扰动影响时冲击风险较高，优化布置是源头防控的重点。

（5）近年来，由于综采液压支架的广泛使用，采煤工作面支护强度的提高，冲击地压造成的井下破坏大部分由工作面转向巷道。据统计，70% 以上的煤矿冲击地压发生在巷道中。开拓巷道、永久硐室服务年限长，且永久硐室一般布置有大型设备，若将这些巷道、硐室布置在严重冲击地压煤层中，一旦发生冲击地压将严重影响矿井安全生产，造成较大损失。

（6）煤柱中高度集中的应力不仅对本煤层开采有影响，还能向上下相邻的煤层群传递应力，使煤层附近的冲击危险性增大，易发生冲击地压。因此，冲击地压煤层开采时，采空区内不得留有煤柱。如果有特殊情况必须在采空区留有煤柱时，必须将煤柱的位置、尺寸及影响范围标注在采掘工程图上，为相邻煤层冲击地压防治提供资料。

（7）宽巷掘进可使巷道两侧的支承压力峰值向煤体深部转移，卸压带范围加大，冲击发生的阻力区增大，降低冲击危险性；同时，当发生冲击地压后，因断面较大，可有效减少巷道封闭堵塞等极端现象发生，减少人员伤害和设备损坏。无煤柱或留设窄煤柱可使巷道处于邻近工作面采空区侧向应力降低区以内，且煤柱中煤体几乎被“压酥”，内部不易积聚大量弹性能，从而降低冲击地压危险。

（8）开采冲击地压煤层时，在应力集中区内，若布置两个工作面同时进行采掘作业，容易使两个工作面的支承压力叠加，应力集中程度将显著提高，容易诱发冲击地压。考虑到冲击地压危险区域回采和掘进工作面的支承压力影响范围可分别达到200 m、100 m以上，两回采工作面之间、回采工作面与掘进工作面之间、两掘进工作面之间应留有足够的作业间距，以避免应力形成相互叠加影响。

(9) 一般需要扩修的巷道由于支护时间长，周边围岩应力基本处于极限平衡状态，巷道扩修会打破原有的极限平衡状态，使应力重新分布，在此过程中受扩修活动的扰动，极易诱发冲击地压。因此，为避免扩修扰动诱发的冲击地压，必须采取针对性防治冲击地压的措施。

(10) 防冲设计中应明确防冲监测治理主要参数及措施，经专家评审或煤矿上级公司审批时可对防治措施的合理性进行把关，为现场防治措施落实提供依据支撑；作业规程设防冲专章（篇）进一步规范防冲专业技术管理，可统筹协调各项措施落实实施。

(11) 根据对冲击地压危险区域的日常监测，综合各类防冲监测数据，研判冲击风险变化情况，为确定工作面推采速度提供依据，主要目的是确保工作面均衡生产、避免突击生产。

(12) 防冲工程实施与验收记录台账是追溯防冲工程施工的有力证据，是矿井防冲隐蔽工程落实监管的有效手段，也是各级部门检查矿井防冲工程落实的基础资料。

【实施要点】

要点1：合理确定开拓方式，降低开采应力水平

在选取开拓方式进行区域防冲时，主要从有利于降低开拓巷道自身和形成的准备区域（采区、盘区、带区）的应力水平和冲击危险水平来考虑。开拓巷道一般应选择布置在稳定的岩层中，并和煤层间留设合适的距离。开拓巷道的布置还需考虑地应力分布的影响，需要进行地应力测试，获得地应力场的分布特征。如无地应力场测试结果，也可以参考矿井所在区域地质构造的整体分布特征。具体而言，开拓巷道应该布置在不存在明显构造应力集中的区域，同时还要考虑其走向和构造应力主方向的夹角的影响。开拓巷道的布置还要考虑到后期准备巷道和回采巷道的布置在整体上少受构造应力的影响。

要点2：优化采掘部署，避免采掘扰动影响

工作面开采和巷道掘进都会在开挖空间产生应力扰动，不同回采工作面和掘进工作面引起的应力扰动如果发生叠加，将会明显增大冲击危险性。因此，工作面的采掘部署应该避免采掘相互扰动，两个采掘工作面应该在时间和空间上留出足够的间隔和距离。

要点3：合理确定开采顺序，避免孤岛开采

针对同一煤层，应优化采区间和采区内的开采顺序，尽可能避免形成孤岛采区和孤岛工作面，从而避免在孤岛高应力集中区域进行采掘作业。应合理确定煤层群的开采顺序。煤层群的开采顺序应该依据煤层冲击危险性评价结果，首先开采无冲击危险或弱冲击危险的煤层。

要点4：优先开采保护层

对于煤层群开采矿井，优先开采无冲击危险或冲击危险小的煤层作为卸压保护层，可有效减弱邻近冲击地压煤层的冲击危险性。

要点5：优先选择小煤柱护巷

邻空巷道是矿井冲击地压发生频率最高的区域，而区段煤柱的大小则控制着邻空巷道围岩应力场的分布特征。在留设区段煤柱时，应优先选择无煤柱护巷或小煤柱护巷，无煤柱护巷或小煤柱护巷可使邻空巷道处于应力降低区，有效避免和减弱邻空巷道的冲击危险性。在不能进行无煤柱护巷或小煤柱护巷的情况下，可选择留设大煤柱护巷，但大煤柱不得影响邻近层开采。对于有冲击危险的矿井，应避免留设中等尺寸煤柱护巷，煤柱形状应规则，不得留有锐角。

要点6：科学选择采煤方法及工艺，合理控制开采速度

（1）在合理进行开拓部署的基础上，从有利于降低应力集中程度的角度选择合理的采煤方法。对于冲击地压矿井，煤层开采应当采用长壁综合机械化采煤方法。冲击风险高、具备充填开采条件的工作面应优先采用充填方法开采。

（2）对于冲击地压矿井，应该采用综合机械化采煤工艺，避免采用普通机械化采煤工艺和爆破采煤工艺。缓倾斜、倾斜的厚及特厚煤层采用综采放顶煤工艺开采时，工作面顶板具有坚硬岩层的应当预先对顶板进行弱化处理。工作面回采时宜匀速推进，不宜忽快忽慢，应保持均衡推采。工作面推进速度影响微震能量释放，生产中需要根据微震能量释放情况确定合理的工作面推进速度。

要点7：必须优先开采保护层的条件

冲击地压矿井多煤层开采时，在评价具有强冲击危险的煤层内布置的采掘工作面、整体评价具有强冲击危险的采区及工作面，具备开采保护层条件的必须先开采保护层，进一步降低采场应力集中程度；如具备开采保护层条件未开采的，应提供专项论证报告，否则按规定扣分；多煤层开采过程中实行反程序开采的，应提供专项论证报告。

要点8：开采保护层要求

（1）保护层的有效保护范围要结合保护层和被保护层的顶底板岩性，煤层

倾角和采高以及保护层开采后上覆岩层的运动情况等综合划定。

（2）开采保护层引起被保护层应力降低具有空间效应，部署保护层和被保护层中的采掘工作时，要确定保护层的卸压范围和卸压程度。在卸压带范围内，卸载作用随着向上或向下远离保护层而衰减。

（3）开采保护层引起被保护层应力降低具有时间效应，初始时岩层破裂移动剧烈，随着与保护层距离的增大而减弱。采空区一侧垮落的矸石随着开采时间的延长逐渐被顶板压实，应力相应地逐渐增加，趋于原岩应力水平。所以保护层的作用具有时间性，卸压作用和效果会随时间的延长而减小，因此开采保护层的间隔时间不能太久。

要点9：大巷及永久硐室涵盖范围

大巷（开拓、准备）指矿井开采过程中，为全矿井或一个开采水平或采区（盘区）服务的巷道，这些巷道包括井底车场、主要石门、运输大巷、回风大巷、盘区（采区）大巷等；永久硐室包括井底硐室、采区硐室等，指在矿山开采过程中，用于安装设备、储存物料或作为安全避难所等用途的专用巷道。

要点10：大巷及永久硐室开展安全性论证的要求

若开拓、准备巷道不得不布置在严重冲击地压煤层中，永久硐室不得不布置在冲击地压煤层中时，不具备重新布置条件的，应开展安全性论证，论证无冲击危险后方可继续使用。对于这类开拓巷道和永久硐室，必须加强防冲综合措施，转移或释放其周边应力，对其进行卸压保护。只有确认冲击危险监测指标小于预警临界值后方可继续使用。

要点11：采空区遗留煤柱安全性论证要求

开采过程中形成的采空区遗留煤柱，按照《防治煤矿冲击地压细则》第三十一条规定开展安全性论证。对于历史形成的采空区遗留煤柱，未进行安全性论证的，如今后不在该采空区影响范围内布置采掘活动且无在用巷道，矿井可集中针对所有煤柱集中论证。受遗留煤柱影响范围如需进行采掘活动必须及时逐一进行论证。

要点12：工作面区段煤柱确定方式

工作面区段煤柱大小应经理论计算或工程实践验证确定，并在防冲设计内进行明确。

要点13：扩修作业工序要求

（1）扩修期间的防冲专门措施中应明确监测预警方法、卸压工程施工时间及范围和参数、效果检验方法、施工顺序、支护方式、人员管控和安全防护措施等。多头扩修时必须保证每个扩修头都有独立的安全出口，并要保持一定的距离，避免形成相互应力叠加。两个扩修头相距不得小于 100 m。采动影响区域内严禁扩修与回采平行作业。

（2）扩修前应对准备扩修的地段进行冲击地压危险评价，根据评价结果预先采取卸压措施，在扩修过程必须进行冲击地压危险性监测。

要点 14：扩修作业时空关系要求

回采工作面同一条巷道修护时，作业头不应超过 2 个。上、下巷同时修护时，每条巷道应保持单头扩修。掘进工作面只准单头作业，巷道修护必须自外向里施工，扩修期间扩修地点以里严禁有人。

要点 15：防冲设计修订要求

防冲设计批准后不得随意调整，执行期间发现不能满足现场防冲需要或上级规定时应及时修订，经煤矿上级公司批准后实施。

要点 16：防冲专章包括内容及编制要求

（1）采掘工作面作业规程中必须设置防冲专章。防冲专章中应包括采掘工作面冲击危险性评价结论及冲击危险区域划分、监测预警、卸压治理、效果检验、安全推进速度、限员管理措施、安全防护方法及避灾路线等内容。

（2）采煤工作面作业规程防冲专章还应确定回采工作面初次来压、周期来压、采空区“见方”等可能的影响范围，并制定防冲专项措施。掘进工作面存在巷道贯通的，应当选择低应力区，并在作业规程防冲专章中明确设计巷道贯通点具体位置。

（3）具有冲击危险的采掘工作面临近大型地质构造、采空区、煤柱等应力集中区，在采掘工作面进行卸压爆破作业，巷道贯通或者错层交叉施工，进行解危施工或者巷道扩修作业，巷道、硐室留有底煤的，应当编制防冲专项安全技术措施。

要点 17：生产组织通知单制度要求

矿井按要求建立生产组织通知单制度，明确采掘工作面推进速度应依据防冲设计、冲击地压风险研判情况编制，及时根据冲击风险变化情况调整推进速度。

要点 18：生产组织通知单编制要求

生产组织通知单需明确所有具有冲击危险的采掘工作面推进速度，须经矿总工程师、生产矿长签批后执行，并及时告知相关生产单位（应签字留痕、可追溯）。采掘作业规程中也应明确生产组织通知单确定的冲击地压危险采掘工作面推进度。

要点 19：防冲工程施工、验收台账内容

防冲工程施工台账主要指煤层大直径钻孔、顶板爆破、底煤卸压、煤层爆破等相关防冲工程施工的原始记录及台账，应记录施工具体位置、施工人员、施工主要参数、施工过程中动力显现等关键信息；验收记录是指矿井根据防冲工程验收制度及验收工作实际，建立的验收记录，并有验收负责人签字确认，证明其真实履行验收职责。

要点 20：防冲工程施工视频记录

防冲工程施工台账应与视频记录信息一致，现场施工地点、施工参数等关键信息应与视频记录一致，印证施工过程的真实性；验收责任人应为矿井防冲工程验收制度中明确的人员，验收人员井下现场验收行踪可在人员定位系统中查询。

【资料清单】

（1）标记遗留煤柱尺寸的矿井采掘平面图。

（2）矿井、采区开采设计。

（3）大巷及永久硐室防冲安全开采论证报告。

（4）采空区遗留煤柱安全开采论证批复文件。

（5）采区（盘区）、工作面冲击危险性评价报告及批复文件。

（6）采掘工作面平面图。

（7）巷道扩修防冲专项安全技术措施。

（8）采掘工作面作业规程。

（9）采掘工作面防冲设计及相关批复文件。

（10）生产组织通知单。

（11）防冲工程施工（煤层大直径钻孔、顶板爆破、底煤卸压、煤层爆破等相关防冲工程施工）原始记录。

（12）防冲工程验收记录。

【标准原文 5】

安全防护：

1. 冲击危险区支护范围、形式和强度符合规定；巷道断面缩小 1/3 或局部锚杆（索）崩断失效应及时扩修或补强支护；

2. 冲击危险区必须严格执行人员准入制度，明确规定人员进入的时间、区域和人数，井下现场设立管理站；

3. 设备布置（存放）、管线吊挂、个体防护、压风自救系统符合规定。

【条文依据】

《煤矿安全规程》第二百四十三条、第二百四十四条；《防治煤矿冲击地压细则》第七十七～七十九条、第八十一条、第八十四条；《国家煤矿安监局关于加强煤矿冲击地压防治工作的通知》(煤安监技装〔2019〕21 号）第 4 条、第 5 条、第 8 条。

【条文内涵】

（1）根据近年来国内冲击地压发生情况的统计分析，绝大多数冲击地压都发生在工作面回采巷道，特别是集中在工作面采动应力影响范围内的巷道区间。由于采场条件、地质环境以及采动影响范围不同，巷道发生冲击地压的破坏长度也不同，目前比较严重的冲击地压破坏巷道长度已达 300 m。因此，为保障工作面顺利回采，提高巷道安全性，必须对回采巷道超前一定范围采取加强支护措施，增强巷道（支护体系）的抗冲击能力，减少或降低冲击地压带来的危害。

（2）根据对冲击地压事件发生的时间和破坏程度进行预测预报，可以评价出可能发生冲击的具体危险区域，同时根据事故结果统计发生事故时采场周围同时伴有扰动诱发活动的特性，采取作业人员在可能有扰动诱发时段规避危险区域的措施，从制度上给予保障是科学的，也是必要的。

（3）冲击地压发生时能量突然释放，多数情况会造成煤岩体瞬间抛出，抛出时产生的现象是从单个煤岩体的弹射到煤岩体的整体瞬间移位。人体在巷道内及工作面空间是处于被动受伤害的地位。配备功能完善的劳动保护会有效减轻或避免人员受到伤害，是十分必要的。在这种情况下人体的主要部位应该得到有效防护，如头部、胸部、腹部。

（4）不同埋深、不同覆岩结构、不同煤厚、不同开采工艺和不同开采强度，采动应力影响范围不尽相同。中厚煤层的支承应力影响范围超过 120 m；受煤系地层岩层结构影响，当综采或综放开采厚煤层支承应力影响超过 200 m 甚至达到 300 m 以上，各矿应根据实测的采掘工作面支承应力影响数据，确定采动应力集中影响区范围。

（5）冲击地压发生时，波及区域内的材料设备会突发移位、倒伏或掀翻，处于冲击区域的人员，即使没有受到冲击波的直接伤害，也有可能受到材料设备的打击伤害。材料设备不在冲击危险区存放是规避二次伤害的最为有效的措施；必须在冲击危险区存放或冲击危险区在用的设备，必须采取可靠的固定措施。

【实施要点】

要点 1：巷道局部补强支护要求

矿井应制定冲击危险区域局部锚杆（索）崩断失效补强支护措施，排查发现支护破坏或支护薄弱地点，及时补强支护。

要点2：工作面超前支护范围要求

矿井应根据工作面超前支承压力影响范围合理确定超前支护范围，超前支护的长度不应低于采掘活动应力影响范围。加强支护的支架在纵横间尽可能连接牢固，增加支护的稳定性和整体结构性，根据矿井冲击地压显现强度合理确定支护形式。一次破坏使巷道断面收缩1/3以上的矿井不宜使用单体液压支柱加强支护，应尽可能采取支护阻力大的液压支架。

要点3：限员数量

本条规定的人员数量是指在规定地点范围内的人员最多数量。在其他人员（安全检查、质量检查验收、矿领导带班、其他参观人员等任何人员）需要进入规定地点范围时，必须采取人员置换方式，1人置换1人，保证该地点范围的人员不超过规定要求。

要点4：限员方式

采用限员管理站的，应明确其设置地点、管理人员、管理方式；采用自动限员管理的，应明确其管理方式、故障处理方式等。限员管理站应装配电话、压风自救装置。

要点5：安全防护措施要求

矿井应编制冲击危险区作业人员专项防护措施，明确岗位作业人员与设备的安全间距，规定人员不得倚靠设备或巷帮休息，不得直接坐在巷道底板上休息等。冲击危险区的作业人员必须穿防冲服、戴防冲安全帽；应尽可能减少冲击危险区的作业人员，有条件的矿井可以优选无人值守；人员过冲击危险区应快速通过。

要点6：冲击危险区内设备及材料安全防护要求

（1）有冲击地压危险的采掘工作面，供电、供液等设备应当放置在采动应力集中影响区外。不能满足上述条件时，应当放置在无冲击地压危险区域，存放的设备、材料应采取固定措施，码放高度不应超过0.8 m。特殊情况下的开采，如末采、采煤工作面走向范围小的工作面开采无法满足200 m安全半径时，可以将设备放置在岩巷、石门等无冲击危险的准备巷道内。

（2）评价为强冲击地压危险的区域不得存放备用材料和设备；巷道内杂物应当清理干净，保持行走路线畅通；对冲击地压危险区域内的在用设备、管线、物品等应当采取固定措施，管路应当吊挂在巷道腰线以下，高于1.2 m的必须采取固定措施。

（3）在冲击危险区不得存放备用设备，存放必需的材料和在用设备时必须制定专项防护措施，明确生根固定方式、固定连接材料、固定点选择等有关事项。

【资料清单】

（1）冲击危险性评价及防冲设计。

（2）采掘工作面作业规程。

（3）支护薄弱区域补强支护措施。

（4）冲击危险区域人员准入制度

（5）防冲专项安全技术措施。

（6）作业规程中防冲专章。

四、附加项——科技攻关

【标准原文】

考核周期内，重大灾害治理科技成果获得省部级以上奖励。

【条文内涵】

为了鼓励和引导煤矿积极开展科学技术研究工作，研究重大灾害因素规律，运用先进技术思想解决灾害因素威胁，实施科技保安，设置本条款。

【实施要点】

煤矿建立健全科技创新相关规章制度，鼓励各专业开展科学技术攻关活动，并积极与煤炭科研院校协作，对于重大灾害治理开展研究攻关，运用新技术、新工艺、新设备、新材料最大限度解决重大灾害因素，确保煤矿安全生产。

【资料清单】

煤矿获得省部级奖励证书或文件。

第3部分 专 业 管 理

3.1 通 风

一、通风

（一）系统管理

【标准原文1】

矿井通风方式符合规定，通风系统完善可靠，按规定绘制通风系统图；全矿井、一翼或者一个水平通风系统改变时，编制通风设计及安全措施，经企业技术负责人审批后落实；巷道贯通前应当制定贯通专项措施，经煤矿总工程师审批后落实。

【条文依据】

《煤矿安全规程》第十四条、第一百四十二条、第一百四十三条、第一百四十七条、第一百五十七条；《煤矿井工开采通风技术条件》(AQ 1028—2006) 第5.2.3条。

【条文内涵】

矿井通风方式是指矿井进风井和出风井在井田内不同位置的布置方式。选择合理的矿井通风方式，构建简单、完善、稳定、可靠的通风系统，提高矿井防灾和抗灾能力。高瓦斯、突出、煤层易自燃及有热害的矿井采用对角式或分区式通风方式，风流线路短，阻力小，采区采空区的漏风较小，风量易调节，矿井风压相对稳定，有利于通风瓦斯管理和煤炭自然发火的防治。同时要建立系统合理，设施完好，风量充足，风流稳定的通风系统，确保通风安全可靠，有效防控通风瓦斯事故隐患，营造良好的矿井通风安全工作环境。

【实施要点】

要点1：矿井通风方式及系统变更要求

(1) 有煤与瓦斯突出危险的矿井（以下简称突出矿井）、高瓦斯矿井、煤层易自燃的矿井及有热害的矿井，应采用对角式或分区式通风；当井田面积较大时，初期可采用中央式通风，逐步过渡为对角式或分区式通风。

（2）改变矿井通风方式及方法，更换主要通风机，增减矿井、一翼或者水平进、回风井巷数量或改变其风流方向时，需对井巷的通风阻力及风量进行测算，以及对通风设施、通风网络等进行改造或者调整，并要对比和选择最佳通风方案。由煤矿总工程师组织编制通风设计方案及安全技术措施，经企业技术负责人批准，方可实施。

要点 2：通风系统完善可靠的要求

通风系统完善可靠，生产矿井应当同时具备下列情形。

（1）矿井总风量、采掘工作面等主要用风地点实际风量满足所需风量。

（2）有备用主要通风机或故障时间不超过 1 个月，且 2 台主要通风机具有同等能力，运行风压、风量稳定并满足区域所需风量。

（3）不存在违反《煤矿安全规程》规定的采掘工作面串联通风。

（4）生产水平和生产采（盘）区实现分区通风。

（5）高瓦斯、突出矿井的任一采（盘）区，开采容易自燃煤层、低瓦斯矿井开采煤层群或分层开采采用联合布置的采（盘）区，设置专用回风巷。

（6）突出煤层工作面有独立的回风系统。

（7）进、回风井之间和主要进、回风巷之间联络巷中的风墙、风门符合《煤矿安全规程》规定，不造成风流短路。

（8）采区进、回风巷贯穿整个采（盘）区，且采（盘）区巷道不出现一段采掘工作面进风、一段其他采掘工作面回风。

（9）采用倾斜长壁布置的准备采（盘）区，大巷超前至少 2 个区段构成通风系统可以开掘其他巷道。

（10）煤巷、半煤岩巷和有瓦斯涌出的岩巷掘进装用有效的甲烷电、风电闭锁装置。

（11）高瓦斯、突出矿井的煤巷、半煤岩巷和有瓦斯涌出的岩巷掘进工作面采用局部通风时，实现双风机、双电源且自动切换。

（12）高瓦斯、突出建设矿井进入二期工程前，其他建设矿井进入三期工程前，形成地面主要通风机供风的全风压通风系统。

要点 3：矿井通风系统图绘制要求

（1）以矿井采掘工程平面图（比例 1∶2000 或者 1∶5000）为底图，图面需保留及填绘的项目：井下所有在（待）用通风行人井巷（含各类硐室、预启用的封闭巷道、风硐及安全出口通道等）采用双线绘制并填写井巷名称，上下重叠巷道可适当水平错开，并用颜色区分；标有煤仓及溜煤眼和外露密闭的采空区、废旧巷道及停废日期，标明井田及采区边界线、煤层露头线、正在开采的最下一层煤的底板等高线、大断层等主要地质构造、经纬线、指北箭头和采掘工作面位置及日期。

（2）如实及时准确标注风门、密闭、风桥、风窗、井口防爆门、主要通风机、局部通风机、风筒及测风站（点）图形符号和设置地点巷道名称，主要、局部通风机及型号、功率、额定风压及风量，每条通风巷道风流方向及各测风站（点）所需、实测风量等。

（3）按照《煤矿采矿技术文件用图形符号》（GB/T 38110—2019）要求标注系统图的图形符号。

（4）矿井通风系统图，每季度末重新绘制 1 次，每月末对采掘工作面推进位置进行补充修改 1 次，涉及通风系统及风量变化情况及时修改，如每旬系统测风完毕、巷道贯通后、通风设施构建完成后、新开的掘进巷道及局部通风机安装完成后 24 h 内补充修改。

（5）矿井同时开采 3 个及以上煤层时，必须绘制分层通风系统图，巷道线断开处要标清地点、风流方向及风量；分层通风系统图、矿井通风系统立体示意图和矿井通风网络图（立体图、网络图可绘制在 1 张图纸上）绘制周期及补充修改参照矿井通风系统图绘制要求。

要点 4：贯通调风专项措施的要求

（1）巷道贯通前由矿通风部门及时制定贯通调风的专项措施，经矿总工程师审批。

（2）巷道贯通前是指与突出煤层巷道距离 50 m 前和与非突出煤层巷道综合机械化掘进巷道在相距 50 m 前、其他工艺掘进巷道在相距 20 m 前，专项措施编审完成并贯彻实施。

要点 5：贯通调风专项措施的内容

（1）在贯通相距规定距离前：①停止预贯通地点作业，保持正常通风，并在通往预贯通点各通道口合适位置设置栅栏及警标，每班检查通风状况和甲烷、二氧化碳浓度；②通风部门按调整通风系统要求，构建调风设施等准备工作；③明确调风顺序及控制风量的范围；④绘制贯通前、后通风系统图，标明设置栅栏及警戒位置等。

（2）在贯通相距规定距离内施工：①每次爆破前，派专人和瓦斯检查工共同到预通地点检查甲烷、二氧化碳浓度，只有预通处两侧甲烷浓度都不超过1.0%，二氧化碳浓度都不超过1.5%，方可爆破；②每次爆破前，预通地点两侧入口有专人警戒。

（3）当班贯通时，由矿总工程师或通风副总工程师在现场统一指挥，停止采区内的采掘、打钻、巷修工作。

（4）贯通后，立即调整通风系统，风流稳定后甲烷浓度不超过1.0%，二氧化碳浓度不超过1.5%，方可恢复工作。

【资料清单】

（1）矿井通风系统图、分层通风系统图、矿井通风系统立体示意图和矿井通风网络图。

（2）通风系统改变的通风设计及安全措施。

（3）巷道贯通专项措施。

【标准原文2】

井下爆炸物品库、采区变电所、实现采区变电所功能的中央变电所有独立的通风系统；井下充电室通风管理符合规定；井下无采空区通风和利用局部通风机通风的采煤工作面。

【条文依据】

《煤矿安全规程》第一百六十六～一百六十八条。

【条文内涵】

井下爆炸物品库储存、发放具有爆炸风险的炸药和雷管；采区变电所内安装大量电气设备和电缆，存有电气火灾的风险；井下充电使用的蓄电池组箱内装有浓硫酸，充电时产生的酸气对人体呼吸系统有强烈刺激作用并释放有爆炸危险的氢气。为避免发生事故的灾情扩大，上述硐室回风直接引入回风系统。

采空区通风及采煤工作面采用局部通风机通风，存在通风系统及风量不稳定，采空区风流及瓦斯等有害气体涌出防控困难，会造成采空区遗煤自燃及大量有害气体涌出，带来窒息、瓦斯燃爆风险。因此，井下不准采空区通风及采煤工作面利用局部通风机通风。

【实施要点】

要点1：井下硐室采用独立的通风系统要求

（1）硐室的独立通风系统是指从主要进风巷或采（盘）区进风巷，进入硐室的风流直接引入主要回风巷或采（盘）区回风巷，硐室及回风通道不能有其他用风地点风流掺入。

(2) 井下爆炸物品库回风风流必须直接引入矿井的总回风巷或者主要回风巷中。若新建矿井采用对角式通风系统时，投产初期可利用采区岩石上山或者用不燃性材料支护和不燃性背板背严的煤层上山作爆炸物品库的回风巷。

(3) 实现采区变电所功能的中央变电所是指未设置采（盘）区变电所或从中央变电所直接向采掘工作面供电。

(4) 井下充电室内装备5 t以上的铅酸蓄电池车辆充电电池的数量超过1组或5 t及以下的铅酸蓄电池车辆充电电池的数量超过3组，应当独立通风，达不到装备数量的充电室，可不采用独立通风，但必须在新鲜风流中，且充电硐室风流中以及局部积聚处的氢气浓度不得超过0.5%。

(5) 锂电池动力装置充电硐室实行独立通风，且回风风流应直接引入总回风巷或采（盘）区回风巷。硐室采用不燃性材料支护及装饰；硐室内所有材料必须不燃或阻燃；硐室应当实现视频监视和甲烷、一氧化碳、氢气、温度等参数自动监测，具备超限自动切断充电电源功能。

要点2：采煤工作面避开采空区及局部通风要求

(1) 除水采和连续采煤机开采的采煤工作面由采空区回风外，其他任何采掘工作面的进风和回风不得经过采空区；无煤柱开采沿空送巷和沿空留巷时，应当采取防止从巷道的两帮和顶部向采空区漏风的措施；不得启开已采空区密闭排放瓦斯。否则，均理解为采空区通风。

(2) 正常生产的采煤工作面不准利用局部通风机通风。特殊情况下，采煤工作面的采空区内漏风较大或有自然发火征兆，需在工作面回风巷设置调节风门，在其进风巷构建风门并安装局部通风机增压，提高工作面绝对风压，形成“局部正压”的均压防控方法，该方法不属于“采煤工作面利用局部通风机通风”的范畴。

【资料清单】

(1) 矿井通风系统图。

(2) 井下配电系统图。

【标准原文3】

对于允许布置的串联通风，制定安全措施，按规定审批后落实

【条文依据】

《煤矿安全规程》第一百四十八条、第一百五十条。

【条文内涵】

串联通风是指井下用风地点的回风再次进入其他用风地点的通风方式。串联

通风危害：被串的工作地点受到上风侧作业地点的回风影响，空气质量有所下降，风流中粉尘及瓦斯等有毒有害气体有所增多，一旦上风侧作业地点发生火灾、煤尘/瓦斯燃爆、瓦斯喷出或煤与瓦斯突出事故直接波及被串的作业地点，使灾情扩大。因此，串联通风应严格限制，以避免灾害扩大。

【实施要点】

要点1：允许布置串联通风及审批要求

（1）矿井开拓新水平和准备新采区时，必须先在无瓦斯喷出或无突出危险的煤（岩）层中开掘巷道并构成通风系统，为构成通风系统而开掘巷道的回风，可以引入生产水平的进风中。开掘巷道回风流中的甲烷和二氧化碳浓度都不得超过0.5%，其他有害气体浓度必须符合《煤矿安全规程》第一百三十五条的规定，并制定安全措施，报企业技术负责人审批。

（2）采区内为构成新区段通风系统的掘进巷道（无瓦斯喷出、突出危险的煤层或者在距离突出煤层垂距不小于10 m的区域掘进巷道）或采煤工作面遇地质构造而重新掘进的巷道（无瓦斯喷出、突出危险的煤层的掘进巷道），布置独立通风有困难时，其回风可以串入采煤工作面，但必须制定安全措施，经矿总工程师审批。

要点2：采区内允许掘采串联通风串联次数规定

采区内允许掘进巷道回风可以串入采煤工作面的次数不得超过1次是指1个掘进工作面只允许串入1个采煤工作面且采区内只允许有1次（处）。

【资料清单】

（1）矿井通风系统图。

（2）串联通风安全措施。

（二）风量配备

【标准原文1】

主要通风机安设监测系统，能够实时准确监测风机运行状态、风量、风压等参数；生产矿井主要通风机装有反风设施，按规定进行反风演习，有总结报告。

【条文依据】

《煤矿井工开采通风技术条件》(AQ 1028—2006）第9.1.18条；《煤矿安全规程》第一百五十九条。

【条文内涵】

主要通风机是保障井下通风、有效稀释并排出矿井粉尘、瓦斯等有害气体，创造良好空气环境的主要设备。安设监测系统能实时监测风机运行状态和风量、风压等主要参数，监测风机是否稳定准确运行。装有防爆门（盖）的作用是一旦井下发生瓦斯、煤尘爆炸，冲击波将门（盖）冲开以实现卸压，保护主要通风机安全运行。进行全矿井反风演习，检验矿井总进、总回风井及主要进、回风巷风流是否在 10 min 内全部反向和每台主要通风机反风率是否达到 40%；反风系统有效可靠，防止未设防火门的进风井口附近、所有进风井至主要进风大巷发生火灾时，高温烟流和有害气体随风流进入井下及下风区域，从而保障井下人员安全撤离和缩小灾害范围。

【实施要点】

要点 1：监测主要通风机运行状态及主要参数准确的要求

（1）监测主要通风机风量波动范围在同期井下实测风机所承担区域总风量的 101% ~110%（有提升设备时为 102% ~120%）为监测风量准确。

（2）监测主要通风机风压范围不小于同时风硐水柱计（U 水柱计内装蒸馏水、无杂物）的读数 50 Pa 且不大于 200 Pa 为监测风压准确。

要点 2：主要通风机反风设施装设及使用要求

（1）主要通风机反风设施有安全出口通道反向风门及与风硐相连的通道反向风门，防爆门（盖），进、回风井之间和主要进、回风道之间的反向风门，回风立井有提升设备井口控制反风装置。轴流式风机还有风机反转启动电气设备及开关，风机检修通道反向风门。离心式风机还有地面所有控制风门（盖）及防冻设施，电控设备绞车和钢丝绳等。

（2）反风设施不但装设齐全，实时处于完好使用状态，且要求设施结构简单，坚固可靠，所有操作开关集中安设，动作灵活可靠，便于值班人员一人独立操作。

要点 3：全矿性反风演习效果检验参数算取界定

（1）按现行规定每年应当进行 1 次全矿性反风演习，矿井通风系统有较大变化时，应当进行 1 次反风演习，检验反风效果。

（2）反风演习日期及时长确定：一般在无煤层掘进或掘进距离最短时确定日期，每台（套）主要通风机反风演习持续时间不应少于从矿井最远地点人员徒步从就近回风井撤到地面所需的时间。

（3）主要通风机的供给风量不应小于正常供风量的 40% 是指每台主要通风机正常通风状态下即可进行反风，反风量不应小于该风机正常通风时该系统回风量的 40%。

（4）在 10 min 内改变巷道中的风流方向是指矿长或总工程师下达全矿井开始反风命令时刻，风流从所有进风井口、主要进风巷道末端的风流改向时刻的时间差，即时长均不超过 10 min。

要点 4：反风演习总结报告主要内容

（1）矿井通风相关情况：矿井通风方式、方法，几个进风井，多少台主要通风机联合运转，风机型号及额定风量，矿井瓦斯等级，煤层自燃倾向性，煤尘爆炸危险性，是否有火区，何时发生的，采取矿井反风方法。

（2）哪些具体地点发生火灾时进行全矿井反风。

（3）反风演习总时间及每套（台）风机反风时间。

（4）每套（台）风机矿长或总工程师下达反风命令开始时刻。

（5）所有进风井口及主要进风大巷最末端风流改向时刻及观察记录，统计反风时长。

（6）每台主要通风机正、反向运行时测风记录，统算风机反风率。

（7）反风结束后各掘进巷道内最大甲烷、二氧化碳浓度及排放情况。

（8）恢复正常通风后，采掘工作面风量及瓦斯情况。

【资料清单】

（1）测风报表。

（2）主要通风机运行记录。

（3）矿井反风演习总结报告。

【标准原文 2】

通风阻力测定符合要求；阻力分布及系统阻力与风量匹配符合规定；每年安排采掘作业计划时核定矿井生产和通风能力。

【条文依据】

《煤矿安全规程》第一百三十九条、第一百五十六条；《煤矿井工开采通风技术条件》（AQ 1028—2006）第 5. 1. 9 条、第 5. 6. 8 条。

【条文内涵】

矿井通风阻力是衡量矿井通风能力的主要指标，也是进行矿井通风设计和矿井通风管理的主要依据。井巷风阻是反映井巷通风特性的重要参数，只有通过比较全面且系统地进行通风阻力测定，才能准确掌握矿井各通风系统阻力分布情况，为风量调节、均压防灭火和瓦斯管理及通风系统优化提供科学依据。

由于矿井生产区域和生产强度始终处于一种动态变化过程，瓦斯等有害气体涌出量也随之变化，若这些矿井的通风系统没有及时进行调整或改造，可能出现风量不足，存在隐患，甚至酿成重大事故。为避免在制定采掘计划时未考虑通风能力变化而造成的安全与生产脱节、事故隐患增加的被动局面，必须按实际供风量核定矿井产量，真正实现“以风定产”。不能满足用风需要时，应当进行通风系统改造以提高风量，否则必须降低产量、核减生产能力。

【实施要点】

要点1：通风阻力测定、分布及与风量匹配的规定

（1）矿井通风阻力测定由煤矿企业或有测（核）定能力的单位承担。

（2）矿井通风阻力测定参照《矿井通风阻力测定方法》(MT/T 440—2008)。正常生产煤矿每3年至少测定1次，转入新水平生产、改变一翼或全矿井通风系统后，必须重新进行矿井通风阻力测定，掌握各通风系统的阻力分布情况，矿井通风阻力应符合《煤矿井工开采通风技术条件》(AQ 1028—2006）的规定以下两种情况，否则应采取降阻措施或系统改造。

① 矿井通风系统阻力应满足表3－1要求。

表3－1　矿井通风阻力要求

矿井通风系统风量/($m^3 \cdot min^{-1}$)	系统的通风阻力/Pa
＜3000	＜1500
3000～5000	＜2000
5000～10000	＜2500
10000～20000	＜2940
＞20000	＜3920

② 矿井多台主要通风机联合运转时，公共风路的阻力不大于能力较小主要通风机的30%；当能力较大主要通风机进行风量调节后，必须对其他主要通风机作出相应的调整。

要点2：煤矿生产及通风能力核定要求

（1）煤矿生产及通风能力核定由煤矿企业或有测（核）定能力的单位承担。

（2）每年年末安排下一年煤矿采掘作业计划时，由矿总工程师组织并依据《煤矿生产能力核定标准》(应急〔2021〕30号）进行生产能力核定，核定项目及能力确定原则如下。

① 井工煤矿主要核定提升系统、井下排水系统、供电系统、井下运输系统、采掘工作面、通风系统、瓦斯抽采系统和地面生产系统的能力。

② 生产能力核定结果不在标准档次的，按就近下靠的原则确定：

30万~60万t/a矿井，以5万t/a为一档次；

60万~300万t/a矿井，以10万t/a为一档次；

300万~600万t/a矿井，以20万t/a为一档次；

600万~1000万t/a矿井，以50万t/a为一档次；

1000万t/a以上矿井，以100万t/a为一档次。

③ 核定过程和结果必须真实可靠，形成煤矿生产能力核定报告，年度采掘作业计划按照低于核定的生产能力进行安排。

④ 核定生产能力包括通风能力核定内容，同期不用单独进行通风能力核定。

【资料清单】

（1）矿井通风阻力测定报告。

（2）矿井生产和通风能力核定报告。

【标准原文3】

建立矿井测风制度，每旬至少进行1次全面测风，实际风量、风速等参数符合规定。

【条文依据】

《煤矿安全规程》第一百三十六条、第一百四十条。

【条文内涵】

为确保通风系统的合理、稳定、可靠，各个用风地点风量满足计算所需风量要求和风速符合规定，根据采掘工作面分布和风网结构的不断变化，及时调整通风系统并进行风量调节，以满足各用风地点风量要求。必须建立矿井风量定期全面测定的管理制度，通过对矿井风量的全面测定，了解总进、回风量和各个用风地点的风量（风速）以及矿井的漏风、有效风量等现状及变化情况，为不断提高矿井通风管理水平提供科学依据。

【实施要点】

要点1：矿井测风制度的主要内容

（1）矿井测风工作经特有工种——测风工专门培训并考核合格人员承担。

（2）测风站（点）及测算项目确定符合相关规定。

（3）测风责任区域划定及确定数量。

（4）每年末编制年度矿井风量计算方案或细则。

（5）每月有测风地点风量分配计划。

（6）每旬将所有责任区域内测风点测完，增加或减少测风点应对影响区域及时全面测风。

（7）根据测风结果，采取措施进行风量调节；每次测风结果填入测风手册、记录牌、记录；旬、月末填写测风旬、月报，报矿总工程师审核签字。

（8）未按规定测风或假测、漏测风点以及测风不准确而造成影响等情形进行考核。

要点2：测风周期及风量要求

（1）每旬至少进行1次全面测风是指每旬内井下所有测风地点全部测完，同一测风地点时间间隔不少于7天。

（2）井下任何配风地点的实际风量均应满足准确选取所需风量。

井下用风地点的风速符合表3－2规定。

表3－2　井卷中风流的允许速度

井　卷　名　称	允许风速/($m \cdot s^{-1}$)	
	最低	最高
无提升设备的风井和风硐		15
专为升降物料的井筒		12
风桥		10
升降人员和物料的井筒		8
总进风巷和总回风巷		8
架线电机车巷道	1.0	8
箕斗提升井兼作风井		6
装有带式输送机兼作回风的井筒		6
输送机巷，采区进、回风巷	0.25	6
装有带式输送机兼作进风的井筒		4
采煤工作面、掘进中的煤巷和半煤岩巷	0.25	4
掘进中的岩巷	0.15	4
* 其他通风人行巷道	0.15	

注：1. 设有梯子间的井筒或者修理中的井筒，风速不得超过8 m/s；梯子间四周封闭后，井筒中的最高允许风速可以按表3－2规定执行。

2. 无瓦斯涌出的架线电机车巷道中的最低风速可低于表3－2的规定值，但不得低于0.5 m/s。

3. 综合机械化采煤工作面，在采取煤层注水和采煤机喷雾降尘等措施后，其最大风速可高于表3－2的规定值，但不得超过5 m/s。

＊安设风门的联络巷在符合《煤矿安全规程》第一百三十五条规定的前提下不受最低风速限制。

【资料清单】

（1）矿井测风制度。

（2）年度矿井风量计算方案或细则。

（3）月度测风地点风量分配计划。

（4）测风记录、旬、月报。

（三）局部通风

【标准原文】

局部通风机和风筒的安装、使用符合规定，无循环风；不出现无计划停风，有计划停风前制定专项安全技术措施；风筒吊挂平、直、稳，逢环必挂并拉紧，风筒接头严密，无反接头，压边到位。

【条文依据】

《煤矿安全规程》第一百六十四条；《煤矿井工开采通风技术条件》（AQ 1028—2006）第7.9条、第7.11条、第7.13条。

【条文内涵】

为保障局部通风机连续、稳定、足量地供给掘进工作面风量，并确保“三专两闭锁”装置功能正常运行，保证甲烷超限断电功能、停风断电功能和断电范围的准确可靠，必须加强对局部通风机及其风筒的安全管理，尤其要防止无计划停电停风、风量不足和循环风。改善安全装备，建立安全保障系统，防止瓦斯积聚和引爆火源。

【实施要点】

要点1：局部通风机和风筒的安装、使用的规定

（1）局部通风机由指定人员（能实时在掘进岗位的人员）负责管理。

（2）局部通风机和启动装置安装在进风巷道中，距掘进巷道回风口不得小于10 m，吊挂或垫起与巷道底（顶）板距离大于0.3 m；全风压供给该处的风量必须大于局部通风机的吸入风量，局部通风机安装地点到回风口间的巷道中的风速不小于0.15 m/s。

（3）高瓦斯、突出矿井的煤巷、半煤岩巷和有瓦斯涌出的岩巷掘进工作面正常工作的局部通风机必须配备安装同等能力的备用局部通风机，并能自动切换。正常工作的局部通风机必须采用“三专”（专用开关、专用电缆、专用变压器）供电，专用变压器最多可向4个不同掘进工作面的局部通风机供电；备用局部通风机电源必须取自同时带电的另一电源，当正常工作的局部通风机发生故

障时，备用局部通风机能自动启动，保持掘进工作面正常通风。

（4）其他掘进工作面和通风地点正常工作的局部通风机可采用由“三专”供电的局部通风机，或者配备1台能够自动切换的同等能力备用局部通风机。正常工作的局部通风机和备用局部通风机的电源必须取自同时带电的不同母线段的相互独立的电源，保证正常工作的局部通风机发生故障时，备用局部通风机能投入正常工作。

（5）采用抗静电、阻燃风筒。风筒口到掘进工作面的距离、正常工作的局部通风机和备用局部通风机自动切换的交叉风筒接头的规格和安设标准（自动切换的交叉风筒与使用的风筒筒径一致，交叉风筒不安设在巷道拐弯处且与2台局部通风机方位相一致），应当在作业规程中明确规定。

（6）正常工作的局部通风机和备用局部通风机均失电停止运转后，当电源恢复时，正常工作的局部通风机和备用局部通风机均不得自行启动，必须人工就地或远程人工开启局部通风机。

（7）使用局部通风机供风的地点必须实行风电闭锁和甲烷电闭锁，保证当正常工作的局部通风机停止运转或者停风后能切断停风区内全部非本质安全型电气设备的电源。正常工作的局部通风机发生故障，切换到备用的局部通风机工作时，该局部通风机通风范围内应当停止工作，排除故障；待故障被排除，恢复到正常工作的局部通风后方可恢复工作。使用2台局部通风机同时供风的，2台局部通风机都必须同时实现风电闭锁和甲烷电闭锁。

（8）每15天至少进行1次风电闭锁和甲烷电闭锁功能测试，每天应当进行1次正常工作的局部通风机与备用的局部通风机自动切换试验，测验期间不得影响局部通风，测验记录要存档备查。

（9）严禁使用3台及以上局部通风机同时向1个掘进工作面供风。不得使用1台局部通风机同时向2个及以上作业的掘进工作面供风。

（10）使用混合式通风时，短抽（包括除尘风机）或短压风筒与主导风筒的重叠段长度应大于10 m，风筒重叠段的掘进巷道中风速和瓦斯浓度符合规定。

要点2：局部通风机无循环风及不准停风的要求

（1）无循环风是指无掘进工作面回风或部分回风再进入同一局部通风机进风流中，运行的局部通风机严禁发生循环风。

（2）无计划停风是指工作、备用局部通风机因停电、故障等原因同时停止运行或风筒中间断开造成掘进工作面无风。无计划停风的应急措施：一是将人员全部撤至全风压进风流处，切断电源，设置栅栏、警示标志，禁止人员入内；二是现场应当有浓度达到3%时送风量值及全量送风的允许最大瓦斯浓度值和对应控制风量调节设施位置（或变频赫兹值）的说明牌板。

（3）有计划停风前制定专项安全技术措施的主要内容：一是有无计划停风的应急措施内容；二是有专项排放瓦斯措施内容。

要点3：风筒接设及吊挂质量衡量标准要求

（1）风筒吊挂平、直、稳，逢环必挂并拉紧的标准：安设风筒巷道，先沿巷道顶帮坚固拉线，风筒吊挂在拉线上，在巷道平直段20 m长度内起伏不超过200 mm，起伏巷道随巷道缓慢敷设，且风筒无摆动；风筒逢环必挂并吊紧（缺环按未挂处理）。

（2）风筒接头压边到位是指反压边全部包裹两个端圈上或拉链上，不漏轮毂或拉链。

（四）设施管理

【标准原文】

1. 密闭、风门、风桥及风窗墙（桥）体采用不燃性材料构筑，其厚度不小于0.5 m（防突风门、风窗墙体不小于0.8 m），墙体周边按规定掏槽，周边及围岩不漏风，墙（桥）面平整无破裂；

2. 通向采空区的巷道、不用或报废的巷道、盲巷等应及时设置永久性密闭；采空区密闭位置距全风压巷道口4～5 m，密闭墙前设有栅栏及警告标志牌；

3. 需控风巷道每处安装不少于2道联锁风门、按规定安装反向风门（具备正、反向控制功能的风门除外），风门能自动关闭，任意2道风门之间距离不小于4 m，通车风门能自动打开并有声光信号，且2道风门之间距离不得小于运输工具长度；

4. 风桥上、下变坡度小于30°，不设风门及风窗；

5. 设置调节风窗位置距全风压巷道口均不超过6 m，风窗有可靠调控装置。

【条文依据】

《矿井密闭防灭火技术规范》（AQ 1044—2007）第4.3.2条、第4.4.2条、第4.4.4条；《煤矿安全规程》第一百四十四条；《煤矿井工开采通风技术条件》（AQ 1028—2006）第9.4.2条。

【条文内涵】

通风设施在通风系统中有着至关重要的作用，通风设施质量牢固可靠、安设地点合理且及时，是构建稳定可靠通风系统的前提。同时，如果通风设施质量不可靠或安设位置不正确，一旦发生事故，通风系统容易遭受严重破坏或设施附近人员无法撤出，易造成灾情扩大。

【实施要点】

要点1：密闭位置、掏槽要求

（1）密闭包括采空区、盲巷等地点封闭的墙体及进、回巷道间联络巷挡风墙。调节风窗是指只调节风量不能通行人员的控风设施。

（2）密闭位置应选择在动压影响小、围岩稳定、规整的巷道内，采空区密闭外侧离全风压巷道口应留有4~5 m的距离，闭前设有栅栏及警告标志牌；其他密闭位置可参照执行。

（3）采空区密闭墙体周边掏槽深度：在煤体帮槽见实体煤后0.5 m，顶槽见实体煤后0.3 m，底槽见实体煤后0.2 m，槽宽大于墙厚0.3 m；岩体可以不掏槽（除防突风门、风窗掏槽深度0.2 m之外），将松动岩体刨除，见硬岩体。非采空区的密闭和其他风门、风窗掏槽深度不小于采空区密闭的50%，槽宽不变。

（4）及时密闭是指具备封闭条件3个班内完成每道密闭。

要点2：风门（窗）墙体界定和数量及位置要求

（1）风门（窗）墙体是指门（窗）框至巷道周边掏槽处之间的墙体，采用不燃性材料（含门、窗框上横梁用料）构筑及充填和墙壁喷浆或者装饰。

（2）需控风巷道正常情况下不应设置调节风窗，每处安装不少于2道正向控风风门并装用实时有效连锁装置。

（3）根据全矿井反风需要及《煤矿安全规程》规定：进、回风井之间和主要进、回风巷之间的每条联络巷（含回风井地面安全出口通道）中安设2道正向风门同时装设2道反向风门（风压平衡风门除外）。

（4）风门能自动关闭是指正、反向风门门扇人工打开90°时，不用人为控制能自行关闭。

（5）2道风门之间距离不小于4 m是指2道同向风门门框间的距离。

（6）调节风窗位置距所有全风压巷道口均不超过6 m，风窗有可靠调控固定调节板装置。

要点3：风桥下变坡度

风桥下变坡度是指桥体与下边的巷道交接处封堵斜面与巷道顶板成的角度。

要点4：墙体周边及围岩不漏风判定标准

墙体周边及围岩不漏风是指无漏风留下尘杂痕迹或手触无感觉、耳听无声音。

二、瓦斯

（一）鉴定管理

【标准原文】

低瓦斯矿井每2年进行1次瓦斯等级和二氧化碳涌出量鉴定工作；高瓦斯、突出矿井每年按规定测定和计算1次瓦斯和二氧化碳涌出量。

【条文依据】

《煤矿安全规程》第一百七十条。

【条文内涵】

定期进行矿井瓦斯等级鉴定以及测定和计算矿井、采区、工作面甲烷和二氧化碳涌出量，准确确定瓦斯等级和瓦斯涌出量大小，作为瓦斯治理、风量计算及核定生产能力的重要参数，利于矿井瓦斯管理。

【实施要点】

要点1：矿井等级鉴（测）定周期及月份确定

低瓦斯矿井每2年进行1次高瓦斯矿井瓦斯等级鉴定和二氧化碳涌出量测定工作，鉴定年的月份应按照上年度矿井绝对瓦斯涌出量最大的月份确定，且满足矿井正常生产条件时进行鉴定；高瓦斯、突出矿井每年测定瓦斯涌出量，其测定月份参照高瓦斯矿井等级鉴定月份确定。

要点2：鉴（测）定机构（单位）和主要程序方法内容要求

（1）高瓦斯矿井等级鉴定工作由具备鉴定能力的煤矿企业或委托具备相应资质的鉴定机构承担；高瓦斯、突出矿井瓦斯涌出量测定工作参照执行。

（2）具体鉴（测）定的程序和方法等内容，依据《煤矿瓦斯等级鉴定规范》（GB 40880—2021）和《煤矿瓦斯等级鉴定办法》（煤安监技装〔2018〕9号）施行，鉴（测）定完成后，形成鉴（测）定报告，并报省级煤炭行业管理部门和驻地矿山安全监察机构。

【资料清单】

（1）矿井瓦斯等级鉴定报告。

（2）矿井瓦斯涌出量测定报告。

（二）瓦斯检查

【标准原文1】

建立甲烷、二氧化碳和其他有害气体检查制度，内容符合规定要求，并认真执行。

【条文依据】

《煤矿安全规程》第一百八十条。

【条文内涵】

瓦斯检查是瓦斯管理工作的首要环节，煤矿建立瓦斯检查制度，明确检查人员责任、检查范围、项目、周期、记录报表及汇报处理要求等，检查人员认真查找并分析瓦斯变化情况，及时排除瓦斯隐患。

【实施要点】

要点1：矿井甲烷、二氧化碳和其他有害气体检查制度的主要内容

(1) 所有有人作业的采掘工作面（不包括进风）必须人工检查甲烷浓度和二氧化碳浓度，检查次数如下：①低瓦斯矿井，每班至少1次；②高瓦斯矿井，每班至少2次；③突出煤层、有瓦斯喷出危险或者瓦斯涌出较大、变化异常的采掘工作面，每班至少3次。

(2) 矿井总回风巷、采区回风巷、采掘工作面进风巷、机电及主要材料硐室、破煤岩作业点、安装有在用非本安型机电设备的回风巷道、采空区密闭墙外、停风地点栅栏外、超过1.5 m高冒点、井下煤仓及溜煤眼上方等瓦斯可能积聚或浓度可能超限的地点应纳入检查范围，检查内容、方式、频次由煤矿总工程师确定。

(3) 在安全监控系统运行正常情况下，无人作业的采掘工作面可不再进行人工瓦斯检查。

(4) 在有自然发火危险的矿井，必须定期检查一氧化碳浓度、气体温度等变化情况。

(5) 瓦斯检查工必须执行瓦斯巡回检查路线、地点、次数及时间和请示报告检查处理相关问题。每次检查结果必须记入瓦斯检查手册和检查地点的记录牌上，并通知现场工作人员，本班检查完后要认真填写瓦斯检查班报。甲烷、二氧化碳浓度超过规程规定时，瓦斯检查工有权责令现场人员停止工作，并撤到安全地点。

(6) 通风值班人员必须审阅瓦斯检查班报，掌握瓦斯变化情况，发现问题及时处理，并向矿调度室汇报。通风瓦斯日报必须送矿长、矿总工程师审阅，一矿多井的矿必须同时送井长、井技术负责人审阅。对重大的通风、瓦斯问题，应当制定措施进行处理。

（7）矿领导、科区队班长、工程技术人员、爆破工、流动电（钳）工、防突工、采煤机司机、掘进机司机、安全检查工、安全监测工等下井时，必须携带便携式甲烷检测报警仪。瓦斯检查工、测风工必须携带便携式数字甲烷、二氧化碳检测报警仪或便携式光学甲烷检测仪和便携式甲烷检测报警仪。

要点2：工作面之外检查地点的检查内容、方式、频次的要求

（1）结合矿井实际确定工作面之外检查地点的检查方案，明确具体检查地点、项目、频率及检查人员（规定携带瓦斯检测仪人员），检测频率最长时间不超过一旬，如矿井总回风巷、采区回风巷、机电及主要材料硐室等，并明确由测风工或其他人员负责检查。

（2）矿井瓦斯检查方案由矿总工程师审批确定，其内容融到甲烷、二氧化碳和其他有害气体检查制度之中。

【资料清单】

（1）矿井甲烷、二氧化碳和其他有害气体检查制度。

（2）矿井瓦斯检查方案。

（3）瓦斯检查手册及班报。

（4）通风瓦斯日报。

【标准原文2】

矿长、总工程师、爆破工、采掘区队长、通风区队长、工程技术人员、班长、流动电（钳）工、安全监测工等下井时，携带便携式甲烷检测报警仪；瓦斯检查工下井时必须携带便携式光干涉或激光甲烷、二氧化碳检测仪，采用光干涉检测仪时必须携带甲烷检测报警仪。

【条文依据】

《煤矿安全规程》第一百八十条。

【条文内涵】

明确矿长、总工程师及安全生产部门、班组负责人和相关岗位人员下井时携带甲烷检测报警仪，增加了检查人员，扩大检查范围，减少时空上的漏洞，便于及时发现瓦斯变化情况，立即进行相应处理，及时消除瓦斯隐患。

【实施要点】

要点1：仪器发放领用要求

（1）煤矿在入井口处有发放窗口，指定人员按牌发放或登记领取，有条件矿井在自救器存放箱内存放充电，自行领用。

（2）矿领导、科区队班长、工程技术人员、爆破工、流动电（钳）工、防

突工、采煤机司机、掘进机司机、安全检查工、安全监测工等下井时，领（自）取并携带便携式甲烷检测报警仪。瓦斯检查工、测风工领（自）取并携带便携式数字甲烷、二氧化碳检测报警仪或便携式光学甲烷检测仪和便携式甲烷检测报警仪。在井下随身携带，实时监测。

要点2：检测仪器要求

明确了瓦斯检查工、测风工下井时优先携带使用激光甲烷、二氧化碳检测报警仪，能准确快速检测甲烷、二氧化碳浓度，且均有超限报警功能。可逐渐替代光干涉检测仪。

【标准原文3】

瓦斯检查工填写的瓦斯检查班报（台账）、手册及井下牌板数据相一致；通风瓦斯日报需煤矿矿长、总工程师审阅。

【条文依据】

《煤矿安全规程》第一百八十条。

【条文内涵】

瓦斯检查工检查数据和瓦斯变化情况及问题处理信息准确填报瓦斯班报，通风值班人员审阅且及时通报矿调度室；准确填写通风瓦斯日报报矿长、总工程师及时审阅，并对重大通风瓦斯问题及时采取措施进行处理，消除瓦斯隐患。

【实施要点】

要点1：瓦斯检查班报、手册及牌板相一致的要求

瓦斯检查工填写的瓦斯检查班报或台账上数据与手册及井下牌板填写数据相同，瓦斯检查班报或台账与手册上填写通风、瓦斯问题及处理意见一致。

要点2：通风瓦斯日报填报审阅要求

通风瓦斯日报除填写瓦斯等检测数据外，还应填写巡回检查责任区内通风设施、局部通风机及风筒完好和风量变化情况，以及出现问题采取措施处理情况，矿长、总工程师审阅日报签署意见并签字。

【资料清单】

（1）瓦斯检查手册及班报。

（2）通风瓦斯日报。

（三）现场管理

【标准原文1】

总回风巷、一翼回风巷、采区回风巷、采掘工作面风流中甲烷或二氧化碳浓

度符合规定；超过规定值时，按规定进行撤人处理等。

【条文依据】

《煤矿安全规程》第一百七十一～一百七十四条。

【条文内涵】

采掘工作面是煤矿井下主要作业地点，也是瓦斯涌出的主要来源，涌出瓦斯随着风流进入采区回风巷、一翼回风巷、矿井总回风巷风流中，这些地点瓦斯浓度较高，明确规定上限，严格检查控制，防止瓦斯超限。

【实施要点】

要点：瓦斯浓度规定及超值处理要求

（1）矿井总回风巷或一翼回风巷风流中甲烷或二氧化碳浓度超过0.75%时，必须立即查明原因，进行处理。

（2）采区回风巷风流中甲烷浓度超过1.0%或二氧化碳浓度超过1.5%时，必须停止工作，撤出人员，采取措施，进行处理。

（3）采掘工作面风流中甲烷浓度达到1.0%时，必须停止用电钻打眼；爆破地点附近20 m以内风流中甲烷浓度达到1.0%时，严禁爆破。

（4）采掘工作面风流中的甲烷浓度达到1.5%时，必须停止工作，切断电源，撤出人员，进行处理。

（5）采掘工作面风流中二氧化碳浓度达到1.5%时，必须停止工作，撤出人员，查明原因，制定措施，进行处理。

【资料清单】

（1）采掘工作面爆破作业时瓦斯检查记录或班报。

（2）瓦斯超限分析处理报告和相对应监控日志及调度值班记录。

【标准原文2】

临时停风地点必须切断电源，设置栅栏、警标，禁止人员进入，并向矿调度室报告；停工区内甲烷或者二氧化碳浓度达到3.0%或其他有害气体浓度超过规程规定不能立即处理时，应在24 h内封闭完毕，启封密闭巷道，按规定编制瓦斯排放专项措施，经煤矿总工程师批准。

【条文依据】

《煤矿安全规程》第一百七十五条。

【条文内涵】

停风地点或启封密闭巷道，均存在无风缺氧窒息、中毒或瓦斯爆炸的风险，必须采取严格处理措施，认真施行，不出现通风瓦斯事故。

【实施要点】

要点1：临时停风地点处理措施要求

（1）临时停风地点一般是指局部通风机供风地点，供风巷道回风口处应备有栅栏及警告标志牌，一旦停风由班组长负责切断停风区内所有非本质安全型电气设备电源，立即在停风口处设置栅栏、挂好警标，并向矿调度室汇报。

（2）通过甲烷、一氧化碳传感器监测及人工在栅栏处检测，停工区内甲烷或二氧化碳浓度达到3.0%或其他有害气体浓度超过规程规定不能立即处理时，应在24 h内封闭完毕。

要点2：启封密闭排放瓦斯措施要求

启封已封闭的巷道，无论封闭时间长短、封闭内瓦斯浓度高低、封闭范围大小，启用或采掘工作面接近这些地点时，必须制定启封排放瓦斯的安全技术措施，经矿总工程师批准后执行。

【资料清单】

（1）停风区内甲烷等其他有害气体监测记录及密闭验收记录。

（2）启封密闭排放瓦斯的安全技术措施。

三、爆破

（一）爆炸物品管理

【标准原文】

井下爆炸物品库、爆炸物品运输、贮存符合《煤矿安全规程》规定。

【条文依据】

《煤矿安全规程》第三百三十一条、第三百三十二条、第三百三十四条、第三百三十九~三百四十二条、第三百五十四条。

【条文内涵】

井下爆炸物品库一般采用壁槽式布置，便于炸药、雷管分开存放，且限制贮存量；运送时应分开或隔开运输，并控制运输速度，避免雷管意外爆炸殉爆炸药。

【实施要点】

要点1：井下爆炸物品库布置要求

（1）井下爆炸物品库应当采用硐室式、壁槽式或含壁槽的硐室式。爆炸物品必须贮存在硐室或者壁槽内，硐室之间或者壁槽之间的距离，必须符合爆炸物品安全距离的规定。

（2）井下爆炸物品库应当包括库房、辅助硐室和通向库房的巷道。辅助硐室中，应当有检查电雷管全电阻、发放炸药以及保存爆破工空爆炸物品箱等的专用硐室。

（3）库房与外部巷道之间，必须用 3 条相互垂直的连通巷道相连。连通巷道的相交处必须延长 2 m，断面积不得小于 4 m^2，在连通巷道尽头还必须设置缓冲砂箱隔墙，不得将连通巷道的延长段兼作辅助硐室使用。库房两端的通道与库房连接处必须设置齿形阻波墙。

（4）每个爆炸物品库房必须有 2 个出口，一个出口供发放爆炸物品及行人，出口的一端必须装有能自动关闭的抗冲击波活门，外加 2 道连锁的风压平衡调节风门；另一出口布置在爆炸物品库回风侧，可以铺设轨道运送爆炸物品，该出口与库房连接处必须装有 1 道常闭的抗冲击波密闭门，外加 2 道连锁的风压平衡风门。

要点 2：井下爆炸物品贮存的要求

（1）井下爆炸物品库的最大贮存量，不得超过矿井 3 天的炸药需要量和 10 天的电雷管需要量，炸药和电雷管必须分开贮存，每个硐室贮存的炸药量不得超过 2 t，电雷管不得超过 10 天的需要量；每个壁槽贮存的炸药量不得超过 400 kg，电雷管不得 2 天的需要量。

（2）库房的发放爆炸物品硐室允许存放当班待发的炸药，最大存放量不得超过 3 箱。

（3）禁止将爆炸物品存放在井口房、井底车场或其他巷道内；爆破工现场临时存放爆炸物品，必须把炸药、电雷管分开存放在专用的爆炸物品箱内，并加锁。爆炸物品箱必须放在顶板完好、支护完整，避开有机械、电气设备的地点。爆破时必须把爆炸物品箱放置在警戒线以外的安全地点。

要点 3：爆炸物品向井下运输的要求

（1）爆炸物品从井口运到井下爆炸物品库运输工具要求：可用立井罐笼、井下用机车（含无轨胶轮车）、钢丝绳牵引的车辆，严禁用带式输送机、刮板输送机等运输爆炸物品。

（2）电雷管必须装在专用的、带盖的、有木质隔板的车厢内，车厢内部应当铺有胶皮或者麻袋等软质垫层，并只准放置 1 层爆炸物品箱。炸药箱可以装在矿车内，但堆放高度不得超过矿车上缘。运输炸药、电雷管的矿车或车厢必须有专门的警示标识。

(3) 使用罐笼或钢丝绳牵引的车辆运送爆炸物品，炸药和电雷管必须分开运送；用同一列机车运输炸药、电雷管时，装有炸药与装有电雷管的车辆之间，以及装有炸药或者电雷管的车辆与机车之间，必须用空车分别隔开，隔开长度不得小于 3 m，不得同时运送其他物品。

(4) 爆炸物品必须由井下爆炸物品库负责人或者经过专门培训的人员专人护送。必须事先通知绞车司机和井上、下把钩工，在交接班、人员上下井的时间内，严禁运送爆炸物品。

(5) 罐笼升降速度，运送电雷管时，不得超过 2 m/s；运送炸药时，不得超过 4 m/s。列车的行驶速度不得超过 2 m/s。用钢丝绳牵引的车辆运送爆炸物品，运输速度不得超过 1 m/s。

(6) 井下采用无轨胶轮车运送爆炸物品时，应当按照民用爆炸物品运输管理有关规定执行。

(7) 由爆炸物品库直接向工作地点用人力运送爆炸物品时，应当遵守下列规定。

① 电雷管必须由爆破工亲自运送，炸药应当由爆破工或在爆破工监护下运送。

② 爆炸物品必须装在耐压和抗撞冲、防震、防静电的非金属容器内，不得将电雷管和炸药混装。严禁将爆炸物品装在衣袋内。领到爆炸物品后，应当直接送到工作地点，严禁中途逗留。携带爆炸物品上、下井时，在每层罐笼内搭乘的携带爆炸物品的人员不得超过 4 人，其他人员不得同罐上下。

③ 在交接班、人员上下井的时间内，严禁携带爆炸物品人员沿井筒上下。

(二) 爆破管理

【标准原文 1】

井下选用爆炸物品类型与矿井瓦斯等级匹配；爆炸物品由专人领取、保管、使用，严禁交予他人使用。

【条文依据】

《煤矿安全规程》第三百五十条、第三百五十二条、第三百五十三条、第三百六十五条、第三百六十八条。

【条文内涵】

按照煤矿瓦斯等级选用匹配的煤矿许用等级炸药及煤矿许用电雷管和发爆器，明确爆破物品使用环境及专人管理使用。从源头上保障爆破安全，避免爆破事故。

【实施要点】

要点1：井下选用爆炸物品类型与矿井瓦斯等级匹配要求

煤矿许用炸药分为一、二、三、四、五级5个等级，与矿井瓦斯等级匹配要求：①低瓦斯矿井的岩石掘进工作面（或煤层采掘工作面、半煤岩掘进工作面），使用安全等级一（或二）级及以上的煤矿许用炸药；②高瓦斯、突出矿井分别使用安全等级三级及以上的煤矿许用、含水炸药；③在高瓦斯、突出矿井的采掘工作面实体煤中，为增加煤体裂隙、松动煤体而进行的10 m以上的深孔预裂控制爆破，可以使用二级煤矿许用炸药，并制定安全措施。

要点2：井下使用电子雷管及起爆控制器的要求

（1）在采掘工作面，使用煤矿许用瞬发数码电子雷管、毫秒延期数码电子雷管或数码电子雷管。在高瓦斯矿井采掘工作面采用毫秒爆破时，若采用反向起爆，必须制定安全技术措施。

（2）井下爆破必须使用煤矿许用数码电子雷管起爆控制器。

要点3：爆炸物品专人领用管理要求

爆炸物品保管由专职爆破工负责领取、存放保管、装药爆破，煤矿许用数码电子雷管起爆控制器入井后必须由爆破工随身携带，严禁转交他人。

【标准原文2】

编制爆破作业说明书，并严格执行；现场设置爆破图牌板。

【条文依据】

《煤矿安全规程》第三百四十八条。

【条文内涵】

井下爆破地点都应根据所在地点的围岩性质、构造情况及瓦斯涌出量等情况编制爆破说明书，并严格按说明书进行操作。这样有利于提高爆破效果，减少爆破物品的消耗，避免因爆破参数和工艺选择的不当而造成安全事故。

【实施要点】

要点1：编制爆破作业说明书的要求

（1）有爆破作业的采掘工作面或进、回风巷道，采掘作业规程中必须编制爆破作业说明书，并符合下列要求：①炮眼布置图必须标明采煤工作面的高度和打眼范围或者掘进工作面的巷道断面尺寸，炮眼的位置、个数、深度、角度及炮眼编号，并用正面图、平面图和剖面图表示；②炮眼说明表必须说明炮眼的名称、深度、角度，使用炸药、雷管的品种，装药量，封泥长度，连线方法和起爆顺序；③炮眼布置或装药量等有变化，及时修改补充爆破作业说明书。

（2）钻眼、爆破人员必须依照说明书进行作业。

要点 2：现场设置爆破图牌板的要求

爆破作业现场设置爆破图牌板，图板中标引内容与说明书内容相同。牌板挂在爆破地点 30 m 范围内。

【资料清单】

有爆破作业的采掘工作面作业规程。

【标准原文 3】

爆破作业执行“一炮三检”和“三人连锁爆破”制度，并在起爆前检查起爆地点的甲烷浓度；停送电、撤人、设岗警戒距离、起爆点至爆破点的距离、范围及程序应在作业规程中明确。

【条文依据】

《煤矿安全规程》第二百二十二条、第三百四十七条、第三百六十七条；《防治煤与瓦斯突出细则》第一百二十条。

【条文内涵】

“一炮三检”和在起爆前检查起爆地点的甲烷浓度，做到爆破全过程定点全面检查，严控超限不准作业；落实“三人连锁爆破”制度并明确规定起爆点至爆破点的距离及停电、撤人、设岗警戒范围是保证包括爆破工在内的作业人员安全健康，是防止爆破警戒不严或警戒不落实造成爆破伤人事故的有效措施。

【实施要点】

要点 1：爆破瓦斯检查及“三人连锁爆破”要求

（1）“一炮三检”是指装药前、爆破前、爆破后的甲烷浓度检查，加之在起爆前检查起爆地点的甲烷浓度，实际为“一炮四检”，由瓦斯检查工负责检查，装药前、爆破前装药地点 20 m 范围内及起爆前起爆地点 20 m 范围内甲烷浓度检查和爆破后按规定允许进入时间并检测甲烷浓度。

（2）“三人连锁爆破”是爆破工、瓦斯检查工、班组长执行换牌制。正常顺序：爆破工将持的瓦斯检查牌交到瓦斯检查工，瓦斯检查工将持的警戒牌交到班组长，班组长将持的爆破命令牌交到爆破工，爆破工接到牌后，方可起爆。爆破后 3 牌各归原主。

要点 2：爆破距离、断电、撤人、设岗警戒要求

（1）非突出矿井采掘工作面起爆地点到爆破地点的距离、断电、撤人、设岗警戒位置应当符合下列要求：①岩巷掘进直线巷道大于 130 m，拐弯巷道大于

100 m；煤、半煤岩巷掘进直线巷道大于 100 m，拐弯巷道大于 75 m，起爆地点也是设岗警戒位置；②采煤工作面大于 75 m，且位于工作面进风巷内，回风巷设岗警戒位置距爆破地点大于 75 m；③警戒范围内必须断电、撤人。

（2）突出矿井工作面采用远距离爆破时起爆地点到爆破地点的距离、断电、撤人、设岗警戒位置应符合下列要求：①井巷揭煤起爆地点必须位于反向风门外且距工作面 500 m 以上全风压通风的新鲜风流中或 300 m 以外避难硐室内；②煤巷掘进起爆及撤人地点必须设在进风侧反向风门外且距工作面 300 m 以上全风压通风的新鲜风流中或 300 m 以外的避难硐室内，有其他进风巷道等距处内撤人、设岗警戒；③采煤工作面大于 100 m，且位于工作面进风巷内；④远距离爆破时，回风系统必须停电撤人，通向回风系统所有巷道和起爆地点必须设岗警戒。

【资料清单】

（1）“一炮三检”和“三人连锁爆破”制度。

（2）有爆破作业的采掘作业规程。

（3）爆破瓦斯检查记录或班报。

【标准原文 4】

装配起爆药卷，装药，使用水炮泥、封泥，残爆、拒爆处理符合规定。

【条文依据】

《煤矿安全规程》第三百五十六～三百五十九条、第三百七十二条。

【条文内涵】

严格按照规定装配起爆药卷，装药，使用水炮泥、封泥，正确处理残爆、拒爆，防止药卷拒爆或爆燃，以防发生爆炸事故，保证爆破工等作业人员安全。

【实施要点】

要点 1：装配起爆药卷的要求

（1）必须在顶板完好、支护完整，避开电气设备和导电体的爆破工作地点附近进行。严禁坐在爆炸物品箱上装配起爆药卷。装配起爆药卷数量，以当时爆破作业需要的数量为限。

（2）装配起爆药卷必须防止电雷管受震动、冲击，折断电雷管脚线和损坏脚线绝缘层。

（3）电雷管必须由药卷的顶部全部直行插入药卷内，严禁用电雷管代替竹、木棍扎眼。

(4) 电雷管插入药卷后，必须用脚线将药卷缠住，并将电雷管脚线扭结成短路。

(5) 装药前，必须首先清除炮眼内的煤粉或者岩粉，再用木质或者竹质炮棍将药卷轻轻推入，不得冲撞或者捣实。炮眼内的各药卷必须彼此密接。装药后，必须把电雷管脚线悬空，严禁电雷管脚线、爆破母线与机械电气设备等导电体相接触。

要点 2：炮眼封泥要求

(1) 炮眼封泥必须使用水炮泥，水炮泥外剩余的炮眼部分应当用黏土炮泥或者用不燃性、可塑性松散材料制成的炮泥封实。无封泥、封泥不足或者不实的炮眼，严禁爆破。

(2) 炮眼深度和炮眼的封泥长度应当符合下列要求：①炮眼深度小于 0.6 m 时，不得装药、爆破；在特殊条件下，如挖底、刷帮、挑顶确需进行炮眼深度小于 0.6 m 的浅孔爆破时，必须制定安全措施并封满炮泥；②炮眼深度为 0.6 ~ 1 m 时，封泥长度不得小于炮眼深度的 1/2；③炮眼深度超过 1 m 时，封泥长度不得小于 0.5 m；④炮眼深度超过 2.5 m 时，封泥长度不得小于 1 m；⑤深孔爆破时，封泥长度不得小于孔深的 1/3；⑥光面爆破时，周边光爆炮眼应当用炮泥封实，且封泥长度不得小于 0.3 m；⑦工作面有 2 个及以上自由面时，在煤层中最小抵抗线不得小于 0.5 m，在岩层中最小抵抗线不得小于 0.3 m。浅孔装药爆破大块岩石时，最小抵抗线和封泥长度都不得小于 0.3 m。

要点 3：处理拒爆、残爆规定

处理拒爆、残爆时，应当在班组长指导下当班处理完毕。如果当班未能完成，当班爆破工必须在现场向下一班爆破工交接清楚。处理拒爆时，必须遵守下列规定：①由于连线不良造成的拒爆，可重新连线起爆；②在距拒爆炮眼 0.3 m 以外另打与拒爆炮眼平行的新炮眼，重新装药起爆；③严禁用镐刨或者从炮眼中取出原放置的起爆药卷，或者从起爆药卷中拉出电雷管；不论有无残余炸药，严禁将炮眼残底继续加深；严禁使用打孔的方法往外掏药；严禁使用压风吹拒爆、残爆炮眼；④处理拒爆的炮眼爆炸后，爆破工必须详细检查炸落的煤、矸，收集未爆的电雷管；⑤在拒爆处理完毕以前，严禁在该地点进行与处理拒爆无关的工作。

【资料清单】

(1) 有爆破作业的采掘作业规程。

(2) 处理拒爆、残爆记录。

四、安全监控

（一）装备设置

【标准原文 1】

安全监控系统具备“风电、甲烷电、故障”闭锁及手动控制断电闭锁功能和实时上传监控数据的功能。

【条文依据】

《煤矿安全规程》第四百九十条、第四百九十五条；《煤矿安全监控系统通用技术要求》（AQ 6201—2019）第 5. 5. 2. 5 条。

【条文内涵】

安全监控系统不具备故障、甲烷电及风电闭锁功能，将不能及时监测到甲烷浓度超限和掘进工作面停风等，或当瓦斯超限时不能及时断电，可能造成瓦斯爆炸等事故。甲烷超限应在地面中心站监控主机手动遥控切断瓦斯可能波及区域的电源，防止灾变扩大。

【实施要点】

要点 1：安全监控设备闭锁功能装用及解锁要求

（1）安全监控设备故障闭锁功能是指当与闭锁控制有关的设备（甲烷传感器）未投入正常运行或者故障时，必须切断该监控设备所监控区域的全部非本质安全型电气设备的电源并闭锁；当与闭锁控制有关的设备工作正常并稳定运行后，自动解锁；应每半年至少进行 1 次故障闭锁功能测试，并做好记录。

（2）安全监控系统的甲烷电闭锁功能是指甲烷浓度达到或超过断电浓度时，切断被控区域的全部非本质安全型电气设备电源并闭锁；甲烷浓度低于复电浓度时，自动解锁。

（3）安全监控系统的风电闭锁功能是指局部通风机停止运转或风筒风量低于规定值时，声光报警、切断供风区域的全部非本质安全型电气设备的电源并闭锁；当局部通风机且风筒恢复正常工作时，自动解锁。

（4）当系统显示井下某一区域甲烷超限并有可能波及其他区域时，应按瓦斯事故应急预案地面中心站监控主机手动遥控切断瓦斯可能波及区域的电源；应每年至少进行 1 次测试，并做好记录。

要点 2：实时上传监控数据要求

煤矿安全监控系统联网实行分级管理。煤矿应向上一级安全监控网络中心上传实时监控数据。网络中心对煤矿安全监控系统的运行进行监督和指导。

【标准原文 2】

瓦斯超限、断电等需紧急撤人时，安全监控系统有自动与应急广播、通信、人员位置监测等系统应急联动的功能。

【条文依据】

《煤矿安全监控系统及检测仪器使用管理规范》（AQ 1029—2019）第 4.10 条。

【条文内涵】

安全监控系统装有瓦斯超限、断电等需紧急撤人时自动与应急广播、通信、人员位置监测等系统应急联动的功能，井下作业人员一旦接收到甲烷浓度超限、断电撤人信息，能及时安全撤出超限区域，保障人员安全。

【实施要点】

要点：安全监控系统装有应急三联动的功能要求

（1）安全监控系统装有瓦斯超限达到撤人值时自动与应急语音广播和井下有线调度、无线通信系统及人员位置监测装备声光报警等系统应急联动的功能，并做到区域内全覆盖。

（2）安全监控系统应急三联动的功能应每半年至少进行 1 次测试，并做好记录。

【标准原文 3】

安全监控系统的主机双机热备，连续运行；中心站设双回路供电，并配备不小于 4 h 在线式不间断电源，井下分站有备用电源，能保证断电时监测设备可以连续运行 2 h；中心站设备设有可靠的接地装置和防雷电装置；安全监控系统显示和控制终端设置在矿调度室，严格按照安全监控人员值班制度要求 24 h 有监控人员值班，建立监控系统数据库，系统数据有备份并保存 2 年以上。

【条文依据】

《煤矿安全规程》第四百八十八条、第四百八十九条；《煤矿安全监控系统及检测仪器使用管理规范》（AQ 1029—2019）第 8.4.8 条、第 9.1.2 条、第 9.1.3 条。

【条文内涵】

为避免因工作主机故障，影响系统正常监控，安全监控系统装有备用主机，2 台主机应当双机热备份，当工作主机发生故障时，备份主机自动投入工作，保持连续运行。

主机及井下分站均装有备用电源，当电网停电后，备用电源应当能保持系统连续工作，不影响系统正常工作。

为防止雷电造成设备损坏，影响系统正常工作，系统必须具有防雷电保护措施。

为及时掌握安全监控信息，安全监控系统显示和控制终端必须设置在矿调度室，并 24 h 有监控人员值班。调度及监控值班人员监控信息共享，以便异常信息处理，有利于煤矿安全生产。

【实施要点】

要点 1：安全监控主机、分站装备及测试要求

（1）安全监控系统工作、备用主机双机热备份，当工作主机发生故障时，备份主机应当在 60s 内自动投入工作，保持连续运行。每半年至少进行 1 次切换试验，并做好记录。

（2）主机、井下分站均装有备用电源，当电网停电后，备用电源应当能分别保持系统连续工作时间不小于 4 h、2 h。每季度至少进行 1 次备用电源运行测试，并做好记录。

（3）中心站设备设有可靠的接地装置和防雷电装置，每年至少进行 1 次防雷电性能检测，形成检测报告。

要点 2：安全监控系统显控终端设置及人员值班要求

（1）安全监控系统显示和控制终端设置在矿调度室。

（2）监控系统显示和控制终端实时有监控人员值班，值班人员应认真监视监视器所显示的各种信息，详细记录系统各部分的运行状态，当系统发出报警、断电、馈电异常信息时，应立即通知矿调度值班员，查明原因，按规定程序及时报上一级管理部门，接收上一级管理部门下达的指令并及时进行处理，填写运行日志，有安全监控设备故障还应填写故障登记表。

要点 3：建立监控系统数据库的要求

建立安全监控系统数据库，系统数据有备份并保存 2 年以上。

【资料清单】

（1）主机双机切换试验记录。

（2）主机及井下分站备用电源运行测试记录。

（3）中心站设备防雷电性能检测报告。

（4）中心站运行日志。

（5）安全监控设备故障登记表。

【标准原文 4】

甲烷传感器的安装类型、数量、位置、报警浓度、断电浓度、复电浓度、断电范围等符合规定；一氧化碳、风速、风向、温度、风筒状态、烟雾、设备开停等传感器安装位置符合要求，运行正常。

【条文依据】

《煤矿安全监控系统及检测仪器使用管理规范》（AQ 1029—2019）第 6 章、第 7 章、第 8.3.3 条；《煤矿安全规程》第四百九十八条；《煤矿防灭火细则》第五十三条、第五十四条。

【条文内涵】

按规定安装甲烷、一氧化碳、风速传感器等，及时监测发现甲烷、一氧化碳浓度超限以及风速风向变化情况和风筒及设备开停状态等，传感器实现了报警功能，更有利于问题及时发现并采取措施进行处理，避免或减少通风、瓦斯乃至火灾事故发生。

【实施要点】

要点 1：甲烷传感器装用类型要求

甲烷传感器主要类型有催化燃烧式、红外式、半导体气敏式、电化学式、激光式等，按现行规定煤矿主要装用催化燃烧式和激光式。

要点 2：甲烷、一氧化碳等传感器具体安装位置要求

甲烷传感器的安装地点及报警、断电、复电浓度和断电范围要求应符合表 3－3 规定。

表 3－3　甲烷传感器的安装地点及报警、断电、复电浓度和断电范围

甲烷传感器设置地点	甲烷浓度/%			断开全部非本质安全型电气设备电源范围
	报警	断电	复电	
采煤工作面回风隅角	≥1.0	≥1.5	＜1.0	工作面及其回风巷内
低瓦斯和高瓦斯矿井的采煤工作面	≥1.0	≥1.5	＜1.0	工作面及其回风巷内
突出矿井的采煤工作面	≥1.0	≥1.5	＜1.0	工作面及其进、回风巷内
采煤工作面回风巷	≥1.0	≥1.0	＜1.0	工作面及其回风巷内
突出矿井、具有冲击地压危险的高瓦斯矿井采煤工作面进风巷	≥0.5	≥0.5	＜0.5	工作面及其进、回风巷内
采用串联通风的被串采煤工作面进风巷	≥0.5	≥0.5	＜0.5	被串采煤工作面及其进、回风巷内

表3-3（续）

甲烷传感器设置地点	甲烷浓度/%			断开全部非本质安全型电气设备电源范围
	报警	断电	复电	
采用两条以上巷道回风的采煤工作面第二条、第三条回风巷	≥1.0	≥1.5	<1.0	工作面及其回风巷内
	≥1.0	≥1.0	<1.0	
高瓦斯、煤与瓦斯突出矿井采煤工作面回风巷中部	≥1.0	≥1.0	<1.0	工作面及其回风巷内
采煤机	≥1.0	≥1.5	<1.0	采煤机及工作面刮板输送机
煤巷、半煤岩巷和有瓦斯涌出岩巷的掘进工作面	≥1.0	≥1.5	<1.0	掘进巷道内
煤巷、半煤岩巷和有瓦斯涌出岩巷的掘进工作面回风流中	≥1.0	≥1.0	<1.0	掘进巷道内
突出矿井的煤巷、半煤岩巷和有瓦斯涌出岩巷的掘进工作面的进风分风口处	≥0.5	≥0.5	<0.5	掘进巷道内
采用串联通风的被串掘进工作面局部通风机前	≥0.5	≥0.5	<0.5	被串掘进巷道内
	≥0.5	≥1.5	<0.5	包括局部通风机在内的被串掘进巷道内
高瓦斯矿井双巷掘进工作面混合回风流处	≥1.0	≥1.0	<1.0	除全风压供风的进风巷外，双巷掘进巷道内
高瓦斯、突出矿井掘进巷道中部	≥1.0	≥1.0	<1.0	掘进巷道内
掘进机、掘锚一体机、连续采煤机、锚杆钻车、梭车	≥1.0	≥1.5	<1.0	掘进机、掘锚一体机、连续采煤机、锚杆钻车、梭车
突出煤层施工钻孔	≥1.5	≥1.5	<1.0	钻机周围 20 m 范围及下风侧所有
机电设备硐室及永久避难硐室	≥0.5	—	—	
装有带式输送机的井筒兼做回风井	≥0.5	≥0.75	<0.5	井筒内
采（盘）区回风巷	≥1.0	≥1.0	<1.0	采（盘）区回风巷内
总回风巷	≥0.75	—	—	
使用架线电机车的主要运输巷道内装煤点处	≥0.5	≥0.5	<0.5	装煤点处上风流 100 m 内及其下风流的架空线电源
矿用防爆型蓄电池电机车、单轨吊车、无轨胶轮车、特种车辆等以防爆蓄电池为动力装置的设备	≥0.5	≥0.5	<0.5	蓄电池输出电源

表3-3（续）

甲烷传感器设置地点	甲烷浓度/%			断开全部非本质安全型电气设备电源范围
	报警	断电	复电	
矿用防爆型柴油机车、无轨胶轮车、单轨吊等柴油动力设备	≥0.5	≥0.5	<0.5	车辆动力电源
井下煤仓	≥1.5	≥1.5	<1.5	煤仓附近30 m内的各类运输设备
封闭的带式输送机地面走廊内，带式输送机滚筒上方	≥1.5	≥1.5	<1.5	带式输送机地面走廊内
地面瓦斯抽采泵房内	≥0.5	—	—	—
井下临时瓦斯抽采泵站下风侧	≥0.5	≥1.0	<0.5	瓦斯抽采泵站
井下临时瓦斯抽采泵站下风侧栅栏外	≥0.5	≥1.0	<0.5	抽采工作面、回风流及排放口下风侧

（1）甲烷、一氧化碳、温度传感器应垂直悬挂，进气口距顶板（顶梁、屋顶）200~300 mm，距巷道侧壁（墙壁）不得小于200 mm；二氧化碳传感器进气口距底板（轨面）200~500 mm，距巷道侧壁（墙壁）不得小于200 mm，并应安装、维护方便，不影响行人和行车。

（2）采煤工作面回风隅角甲烷传感器距切顶线外0.2~1 m、距巷道侧壁0.2~1 m处。

（3）采煤工作面甲烷传感器及开采容易自燃、自燃煤层的工作面一氧化碳、温度传感器（含热害矿井）和有二氧化碳突出的采煤工作面二氧化碳传感器，其位置U形通风方式距离煤壁、Z(Y、H)形通风方式距切顶线均不大于10 m。

（4）采煤工作面回风巷甲烷传感器，其位置距回风巷风流末端上风侧10~15 m处；当高瓦斯、突出矿井的工作面的回风巷长度大于1000 m时，在回风巷中部增设甲烷传感器。

（5）突出煤层采煤工作面回风巷的风速传感器位置在设置甲烷传感器附近设置，其设置点前后10 m巷道断面无变化较直处，且距巷道顶帮距离不小于0.5 m固定设置（其他风速传感器设置要求相同）；进风巷设置的甲烷、风向传感器距离煤壁不大于10 m。

（6）采用串联通风时，被串采煤工作面的进风巷设置甲烷传感器的位置距进风巷风流开端下风侧 10～15 m 处。

（7）煤巷、半煤岩巷和有瓦斯涌出的岩巷掘进工作面及回风流中甲烷传感器，分别设在工作面混合风流处（在风筒另一侧距面壁 0.2～5 m）、掘进回风巷风流末端上风侧 10～15 m 处。高瓦斯、突出矿井的掘进工作面长度大于 1000 m 时，在掘进巷道中部增设甲烷传感器。

（8）地温较高的矿井掘进工作面的温度传感器，有二氧化碳突出矿井的掘进工作面的二氧化碳传感器设在工作面混合风流处（在风筒另一侧距面壁 0.2～5 m）处。

（9）突出煤层掘进巷道回风流中设置风速传感器的位置在设置甲烷传感器附近设置，其设置点前后 10 m 巷道断面无变化较直处。

（10）掘进的进风分风口处设置甲烷、风向传感器距回风口 10～15 m 处。

（11）当高瓦斯、突出矿井采用双巷掘进时，在掘进工作面混合回风流处增设甲烷传感器。

（12）井下机电设备硐室设置温度传感器，位于运行设备下风侧。

（13）矿井主要运输巷道内使用架线电机车时，装煤点下风侧 3～5 m 处设置甲烷传感器；高瓦斯矿井进风的主要运输巷道使用架线电机车时，在巷道涌出瓦斯末端 3～5 m 的下风流中设置甲烷传感器。

（14）瓦斯抽采泵站室内、井下临时抽采瓦斯泵站内及管路排放口下风侧栅栏外设置甲烷传感器。

（15）采区回风巷、一翼回风巷和总回风巷测风站，设置甲烷、风速传感器；开采容易自燃、自燃煤层矿井的上述回风巷测风站，设置一氧化碳传感器。

（16）采区回风巷、一翼回风巷和总回风巷道内临时施工的电气设备上风侧 10～15 m 处设置甲烷传感器。

（17）井下煤仓、地面煤仓上方、地面输煤系统封闭的带式输送机走廊上方，设置甲烷传感器。

（18）矿井运输系统带式输送机滚筒下风侧 10～15 m 处设置烟雾、一氧化碳传感器。

（19）开采容易自燃、自燃煤层矿井的防火墙栅栏外设置一氧化碳传感器。

（20）主要通风机的风硐设置风压传感器；局部通风机安装地点到回风口间的巷道中设置风速传感器。

（21）主要通风机、局部通风机设置开停传感器；掘进工作面局部通风机的风筒末端（距风筒出风口30 m内）设置风筒传感器。

（22）矿井和采区主要进、回风巷道中的主要风门设置风门开关传感器。

（23）使用防爆柴油动力装置的矿井及开采容易自燃、自燃煤层的矿井，应当设置一氧化碳、温度传感器。

（24）兼作回风井的装有带式输送机的井筒内设置甲烷传感器。

（25）施工防突措施钻孔时，在钻机回风侧10 m范围内设置甲烷传感器；采用干式排渣工艺施工（包括在非突出煤层的容易自燃和自燃煤层中施工长度大于20 m的煤层钻孔）时，在该范围内设置一氧化碳传感器。

（26）在容易自燃和自燃煤层中掘进的半煤岩巷、煤巷，宜在回风流中装设一氧化碳传感器，沿空掘进时应当在回风流中装设一氧化碳传感器。

要点3：传感器运行正常的要求

各类传感器运行正常是指传感器数显稳定、准确，数字完整，达到报警值时声光齐全，日停止监测累计时间不超过8 h。

（二）调校测试

【标准原文1】

载体催化甲烷传感器和便携式载体催化甲烷检测报警仪每半个月至少调校1次；激光甲烷传感器和便携式激光甲烷检测报警仪每半年至少调校1次；其他传感器和便携式检测报警仪应按有关标准定期调校；甲烷电闭锁和风电闭锁功能每半个月至少测试1次；其他安全监控设备每月至少调校或测试1次。

【条文依据】

《煤矿安全规程》第四百九十二条；《煤矿安全监控系统及检测仪器使用管理规范》（AQ 1029—2019）第8.3.3条、第8.3.4条、第8.3.6条。

【条文内涵】

定期调校甲烷、一氧化碳等传感器及检测报警仪器和测试甲烷超限断电闭锁功能、停风断电闭锁功能，保障传感器、检测仪器监测检测准确可靠和两闭锁功能正常有效作用，做到实时准确有效监测监控，超前防控瓦斯等事故。

【实施要点】

要点1：传感器及检测报警仪调校要求

（1）需调校的装用现场传感器必须在设置地点在线进行调校，甲烷、一氧化碳气体传感器必须使用校（标）准气样和空气气样调校；风速传感器选用经过标定的风速表调校；温度传感器选用经过标定的温度计（或测温仪）调校。

（2）新安装传感器在稳定运行 10 min 后 30 min 内进行初次调校，载体催化甲烷传感器和便携式载体催化甲烷检测报警仪每半个月至少调校 1 次，每台仪器 2 次间隔最长时间不超过 15d；激光甲烷传感器和便携式激光甲烷检测报警仪每半年至少调校 1 次，每台仪器 2 次间隔最长时间不超过 6 个月；一氧化碳传感器及便携式检测报警仪和风速、温度传感器每月至少调校 1 次，每台仪器 2 次间隔最长时间不超过 31d。做好现场调校记录。

要点 2：甲烷电、风电闭锁功能测试要求

装有甲烷电闭锁功能的甲烷传感器和风电闭锁功能掘进局部通风机及风筒传感器，其闭锁功能每半个月至少测试 1 次，2 次测试间隔最长时间不超过 15d，并做好现场测试记录。

【资料清单】

（1）甲烷、一氧化碳、风速、温度传感器现场调校记录。

（2）甲烷电闭锁和风电闭锁功能测试记录。

【标准原文 2】

安全监控设备中断运行时，应查明原因、采取措施并及时处理，其间应采用人工监测补救安全措施，并做好记录。

【条文依据】

《煤矿安全规程》第四百九十二条；《煤矿安全监控系统及检测仪器使用管理规范》（AQ 1029—2019）第 8.4.6 条。

【条文内涵】

发现安全监控设备中断运行，应立即安排人员进行处理，在处理甲烷传感器故障期间必须采用人工监测甲烷浓度等安全措施，保持实时监测甲烷浓度和正常上传监测监控信息，保障安全监控系统连续监测监控作用。

【实施要点】

要点：安全监控设备故障处理期间采取措施要求

（1）地面监测值班人员收到安全监控设备中断运行信息时，及时查明原因并通知相关人员采取相应处理措施；处理甲烷传感器故障期间现场必须采用人工监测甲烷浓度（处理单台传感器由处理人员自己监测）等安全措施，故障排除后将故障期间人工监测甲烷浓度及处理措施，立即通知地面监测值班人员，值班员填写中心站运行日志及安全监控设备故障登记表。

（2）分站故障影响多个甲烷传感器中断运行，在故障处理期间影响到的每一甲烷传感器设置地点均应安排携带甲烷检测报警仪的人员监测甲烷浓度，并将处理期间监测到的最大甲烷浓度通知地面监测值班人员。

【资料清单】

（1）中心站运行日志。

（2）安全监控设备故障登记表。

3.2 地 质 测 量

一、基础管理

（一）制度建设

【标准原文】

建立地质测量管理制度，内容包括预测预报、地质测量管理、资料档案管理等。

【条文依据】

《煤矿地质工作细则》第七条、第十九条、第七十五条、第八十九条；《煤矿安全规程》第二十二条；《煤矿防治水细则》第六条、第十九条、第三十七条；《煤矿测量规程（2010版）》（能源煤总〔1989〕25号）第227条。

【条文内涵】

建立地质测量管理制度对煤矿做好地质测量工作，进一步厘清地质测量管理人员和专业技术人员在地质测量工作中的岗位职责，提高地质测量管理人员和专业技术人员的工作执行力，促使地质测量管理方法和工作程序规范，提高煤矿地质测量管理水平和效率具有重要意义。地质测量管理制度建设为地质测量管理提供了稳定和规范的运行框架。明确的规章制度能够确保地质测量各项事务有章可循，减少地质测量工作的随意性和不确定性，使地质测量管理运行更加有序和高效。

通过地质测量管理制度建设，可以确保地质测量管理工作制度化的开展，能够避免个人偏见和主观因素的影响，维护地质测量管理工作有计划地开展。

制度建设有助于提升管理效率。明确的职责分工、标准化的工作流程和有效的技术管理监督机制，能够减少管理过程中的冗余和重复，提高工作质量和效率。

地质测量管理制度建设能够为煤矿提供地质测量技术保障，管控地质风险和明确地质测量风险管控措施，可以有效地预防和应对各种潜在的地质测量风险。

推动专业技术创新。制度建设并非一成不变，而是需要随着地质测量专业技术的发展和工作的需要不断进行调整和完善。通过制度建设，可以鼓励创新思维和变革精神，为地质测量工作的长期发展注入活力。

【实施要点】

要点 1：地质测量制度要求

煤矿建立健全地质测量制度，各项地质测量保障制度必须符合煤矿实际且满足煤矿地质测量工作安全需要。各种测绘资料都应按档案化管理要求，分类编号登记，建立使用和保管制度，并建立审查、借阅、发放、归档、销毁、移交等一整套管理制度。

要点 2：地质预报

煤矿及时开展地质预测预报工作。工作面发现了断层，必须跟踪观测，研究其延展趋势，及时预测预报。

要点 3：水害预测预报要求

水害预测预报应至少包括：根据年度采掘计划，结合矿井水文地质资料，全面分析水害隐患，提出水害分析预测表及水害预测图；水文地质类型复杂、极复杂矿井应当每月至少开展 1 次水害隐患排查，其他矿井应当每季度至少开展 1 次；在采掘过程中，对预测图、表逐月进行检查，不断补充和修正，发现水患险情，及时发出水害通知单，并报告矿井调度室；采掘工作面年度和月度水害预测资料及时报送煤矿总工程师及生产安全部门。

要点 4：档案管理要求

煤矿地质工作应当建立健全煤矿地质工作规章制度，制定地质资料档案管理制度，建立地质资料档案室，矿图必须设专人保管，统一编号，分类登记，有目录索引，查找方便，达到档案化管理要求。

要点 5：水文地质信息管理系统要求

矿井建立水文地质信息管理系统，实现矿井水文地质文字资料收集、数据采集、台账编制、图件绘制、计算评价和水害预测预报一体化。

【资料清单】

（1）煤矿地质预测预报管理制度。

（2）煤矿地质测量技术管理制度。

（3）煤矿地质测量资料档案管理制度。

（4）煤矿技术资料审查、借阅、发放、归档、销毁、移交等一整套管理制度。

（二）地质报告

【标准原文】

按规定编制煤矿生产地质报告、煤矿地质类型划分报告，并按要求审批。

【条文依据】

《煤矿地质工作细则》第十三条、第十七条第一款、第八十三条；《煤矿防治水细则》第十三条、第十七条、第八十条第一款。

【条文内涵】

煤矿各类地质报告在煤矿安全生产和矿井设计中发挥着重要作用。

（1）煤矿地质报告是煤矿企业在煤矿投产前及生产中阶段性编制的，全面反映煤矿地质、水文地质、工程地质、开采技术条件、煤质、储量状况变化的阶段性地质资料总结。这些信息是指导煤矿下一步安全生产的重要地质依据，确保煤矿安全生产的顺利进行。

（2）煤矿地质测量在煤矿安全生产中具有重要作用。地质勘测技术能够在很大程度上保证生产人员及煤矿的生命财产安全。通过地质测量，可以预测矿井各项工程施工中可能出现的地质问题，并采取相应的措施加以解决，从而确保煤矿的安全生产。

（3）煤矿地质工作在煤炭开发的不同阶段都起着关键作用。从远景规划到矿井生产，每一个阶段都需要相应的地质资料作为依据。例如，矿区总体设计阶段需要确定开发规模和开发顺序，矿井设计阶段需要选定井筒和工业广场位置，矿井建设阶段需要编制基建工程施工组织设计等。

【实施要点】

要点1：地质类型划分

基建煤矿移交生产后，应在3年内进行煤矿地质类型划分，编写煤矿地质类型划分报告，可与煤矿生产地质报告合并编写，煤矿地质类型划分报告由煤矿企业总工程师组织审批，无上级公司的煤矿应聘请专家评审。

要点2：生产地质报告

基建煤矿移交生产后，应在3年内编写生产地质报告，之后每3年修编1次。生产地质报告由煤矿企业总工程师组织审批，无上级公司的煤矿应聘请专家评审。当出现地质构造、煤层、瓦斯地质、水文地质、冲击地压、工程地质、煤质等发生了较大变化；煤炭资源储量变化超过前期保有资源储量的25%；煤矿改扩建工程设计之前，煤矿应及时对生产地质报告进行修编。

要点3：隐蔽致灾因素普查

煤矿应编制符合《煤矿地质工作细则》要求的煤矿隐蔽致灾因素普查报告，煤矿生产地质报告中应当包含矿井防治水内容。煤矿应当保存地质勘查报告、补充地质勘探报告、建矿地质报告、生产地质报告等。

要点4：报告内容及审批要求

各类地质报告内容应符合规程、细则和规范要求且报告资料真实可靠，并能按规定程序审批，报告编制周期不超规定要求。

【资料清单】

（1）煤矿地质类型划分报告。

（2）煤矿生产地质报告。

（3）煤矿隐蔽致灾因素普查报告。

（4）煤矿水文地质报告。

（5）矿井水文地质类型报告。

（6）煤矿防治水“三区”管理报告。

（7）补充地质勘探报告。

（三）图纸台账管理

【标准原文】

1. 有地层综合柱状图，可采煤层底板等高线及资源储量估算图（急倾斜煤层加绘立面投影图和立面投影资源储量估算图），地形地质图、地质剖面图，勘探钻孔柱状图，瓦斯地质图，井上下对照图，采掘工程平面图（急倾斜煤层要绘采掘工程立面图），综合水文地质图，综合水文地质柱状图，水文地质剖面图，充水性图，涌水量与相关因素动态曲线图，防治水“三区”管理图；

2. 建立《煤矿防治水细则》《煤矿地质工作细则》《煤矿测量规程》规定的台账。

【条文依据】

《煤矿地质工作细则》第十七条、第十八条；《煤矿防治水细则》第十五条、第十七条；《煤矿安全规程》第十四条；《煤矿测量规程（2010版）》（能源煤总〔1989〕25号）第231条、第240条；《国家矿山安全监察局关于印发煤矿防治水“三区”管理办法的通知》(矿安〔2022〕85号)第五条。

【条文内涵】

(1)地质图是地质学家和其他地球科学家的重要工具，提供有关岩石、矿物和资源分布以及地震、山体滑坡和其他自然灾害可能性的重要信息。

(2)煤矿地质测量图对煤矿至关重要，是对煤矿地质、测量、水文、储量、地形等大量信息资料的真实记录，是煤矿地质、测量、储量等各项工作成果的集中反映，是专业技术人员快速了解煤矿地质测量成果的工具，是煤矿以往和现在生产活动的详细记录，是指挥和服务煤矿安全生产的重要技术支撑，是煤矿灾害分析治理和应急救援的基础。

(3)地质、测量、储量、水文等各种台账是地测防治水工作的中间技术成果，介于原始资料与专业技术成果的中间技术资料，专业技术人员能够通过台账快速查阅原始地测资料的关键数据和真实资料。

【实施要点】

要点1：图纸种类和内容

(1)地质、测量、储量、水文等技术图纸种类齐全，符合规程、细则、规定、规范要求。

(2)地质、测量、储量、水文等技术图纸内容翔实，图纸中各项内容的绘制、注记均可溯源，且资料源真实可靠。

(3)矿图绘制的内容、精度以及绘制方法，必须符合煤矿地质、测量的有关规程及《煤矿地质测量图例》的规定。规程上没有明确要求的，可按《煤矿地质测量图技术管理规定》和《〈煤矿地质测量图例〉实施补充规定》附录要求的绘制内容执行。

要点2：图纸绘制比例

采用规定比例绘制各种图纸，井田面积不超过30 km^2 的除区域性图纸外一般平面图绘制比例不得小于1∶2000。

【资料清单】

(1)煤矿地质图件、生产矿井水文地质图件、矿井测量图、矿井储量管理图。

(2)煤矿地质资料台账。

(3)防治水基础台账。

(4)矿井测量成果计算资料台账。

(5)储量计算台账。

（四）原始记录

【标准原文】

地质、测量的观测、描述应在现场进行，并记录在专门的记录簿上，记录簿统一编号保存。

【条文依据】

《煤矿防治水细则》第九条；《煤矿测量规程（2010版）》（能源煤总〔1989〕25号）第162条、第239条、第244条、第246条。

【条文内涵】

煤矿地质现场观测的主要工作和内容有岩层的特征、厚度及产状观测，煤层、顶底板及标志层观测，沉积岩观测，观测煤层厚度、煤分层厚度，宏观煤岩成分和类型观测，煤层顶底板观测，煤层变薄、分岔、合并观测，煤层尖灭观测，冲刷带观测，煤层风氧化带观测，断层观测，褶曲观测，陷落柱观测，边坡观测，井巷观测，膨胀性黏土、流砂、基岩风化带、软岩、不稳定岩体及岩浆岩体观测等。

煤矿测量现场观测的主要工作和内容有经纬仪视距测量、标定及检查测量的结果，边坡动态观测，地表、岩层和建（构）筑物变形观测，地面沉降观测，地表和岩层移动与变形观测等。

煤矿防治水现场观测的主要工作和内容有主要含水层进行长期水位、水质动态观测，松散含水层涌水含砂量综合观测，地下水动态监测系统观测、动态监测，微震、微震与电法耦合观测，突水监测预警观测，周边矿井以往发生水害观测资料、气象观测，地表水体长期动态观测，突水点观测、水质的监测，断裂破碎带、陷落柱涌水量观测，分水平、分煤层、分采区涌水量观测、出水点观测，疏水降压钻孔涌水量和水压观测，观测孔同步水位观测，暴雨时矿井涌水量变化观测，建立水文动态观测网、导水裂隙带发育高度、多煤层开采后导水裂隙带综合发育高度观测，报废的暗井和倾斜巷道下口密闭防水闸墙泄水孔定期观测，简易水文观测，水文观测孔地下水位、水压及涌水量的观测，定期对水位水情进行观测、矿井恢复涌水量和下降水面高程测定等。

以上地质、测量、水文的观测、描述均应在现场进行，并记录在专门的记录簿上，记录簿统一编号保存。

【实施要点】

要点1：地质原始记录

煤矿地质观测应做到及时、准确、完整、统一。

（1）各类原始记录必须采用正规的专业原始记录本。

（2）记录本要保持完整，不少页，每本每页都按顺序编号。

（3）观测、描述、记录应在现场进行，并记录在专门的地质记录簿上。记录时须使用铅笔或黑色水笔，严禁使用圆珠笔。记录簿统一编号，妥善保存。

（4）记录时要求字体工整、版面整洁，记录内容齐全，字迹、草图清楚。出现记录错误时，只允许划改，严禁涂改。

（5）每次观测与记录都要有观测时间、地点、位置和观测者、记录者姓名。

（6）观测与描述应做到内容完整、数据准确、表达确切、重点突出、图文结合、字迹清晰，客观地反映地质现象的真实情况。

（7）观测与描述应做到现场与室内、宏观与微观相结合。

（8）记录本要实行档案化管理，严禁丢失。

要点 2：测量原始记录

各种测量原始记录本均应有测量、记录、计算、检查者签字，并注明各项工作开始和完成的日期。各种测量原始记录本应符合下列规定。

（1）封面有名称、编号、单位、日期。

（2）目录有标题及其所在页面。

（3）记录必须清楚、工整，禁止涂改。

（4）绘出草图或工作过程中所需的略图。

要点 3：水文原始记录

（1）各类水文原始记录必须采用正规的专业原始记录本。水文原始记录要分井上、井下和不同观测内容的专用原始记录本。

（2）煤矿水文地质工作应由具备煤矿专业水文地质技术人员担任，具备煤矿安全生产理论知识和水文地质编录操作技能。

（3）水文地质技术人员必须掌握矿井地质、水文地质观测，熟练编录软件及工具的使用方法，熟悉编录工作程序及要领。

（4）水文地质编录工作必须坚持现场观测和综合分析并重的原则，资料必须准确完整。

（5）井下（现场）观测、记录、描述的水文地质现象，必须于升井后 2 天内整理完毕，并反映在相关图件、台账等文档中。对采掘（剥）工程布置有影响或可能导致安全问题的信息，应及时报告矿井总工程师。

（6）水文地质编录应经常收集、整理、填绘，不失时机地掌握井下水文动态变化情况。

（7）原始资料要客观真实，记录成果可靠，内容齐全完整。

（8）编录过程中应统一划分地层，统一煤（岩）层及岩石命名，统一图例、图表、比例尺，统一水平、采区、作业面名称及编号，统一图幅及坐标系统。

（9）煤矿水文地质编录与地质编录工作相辅相成，二者缺一不可，目的在于解决煤矿建设和生产中出现的各种地质及水害问题。

（10）矿井在雨季，构造发育地段，地层变化区域，开掘新水平、新巷道时应加密观测并及时记录水文地质现象。

（11）影响矿井生产的水文地质问题及异常区段应重点编录。

【资料清单】

（1）矿井地下水动态监测系统监测资料。

（2）受底板承压水威胁的水文地质类型复杂、极复杂矿井突水监测预警系统监测资料。

（3）矿井测量原始资料。

（4）各生产作业地点的地质专用原始记录本。

（5）井下各生产作业地点的水文专用原始记录本。

（6）地面各水体的水文专用原始记录本。

（7）地面水文观测孔专用原始记录本。

（8）井下各涌水点的水文专用原始记录本。

（9）历年地质、水文、测量专用原始记录本等。

（五）资料存档管理

【标准原文】

图纸、资料、文件等分类保管，建立纸质和电子目录索引、借阅记录台账，存档管理，电子文档至少每半年备份1次。

【条文依据】

《煤矿地质工作细则》第十九条；《煤矿测量规程（2010版）》（能源煤总〔1989〕25号）第8条、第227条。

【条文内涵】

地质测量资料种类、数量繁多，须对图纸、资料、文件等进行分类保管，为了快速查找地质测量资料要求煤矿建立纸质和电子目录索引。地质测量资料对煤矿属于机密资料，严格管理煤矿地质测量资料、建立地质测量资料借阅记录台账，实行档案化管理，电子文档至少每半年备份1次。

【实施要点】

要点1：图纸档案化管理

矿图必须设专人保管，统一编号，分类登记，有目录索引，查找方便，达到档案化管理要求。

要点2：测绘资料和储量动态数据库建设

所有煤矿都应积极创造条件，引进先进仪器和先进设备，推广电子计算技术，逐步建立煤矿测绘资料和储量动态数据库，实现数据采集、存储、处理和绘图的自动化。

【资料清单】

（1）地质测量资料档案室及管理负责人。

（2）地质测量资料统一编号规定或标准。

（3）地质测量资料分类登记的目录索引。

（4）审查、借阅、发放、归档、销毁、移交等一整套管理制度。

（5）煤矿测绘资料包括各种煤矿测量图、测量原始资料和测量成果计算资料。

（6）各种测绘资料按档案化管理，分类编号登记。

（7）煤矿测绘资料和储量动态数据库，实现数据采集、存储、处理和绘图的自动化。

（8）电子目录索引及各种地质测量的电子版资料。

（六）装备管理

【标准原文】

1. 配置必要装备，规格及数量满足规定和工作需要；

2. 建立健全地质信息数据库，每季度至少更新1次；

3. 地测防治水仪器定期校检并建立台账。

【条文依据】

《煤矿安全规程》第五条、第二百八十三条；《煤矿地质工作细则》第九条、第五十三条、第五十八条、第九十八条；《煤矿防治水细则》第九条、第十一条、第二十一条、第三十九条；《煤矿测量规程（2010版）》（能源煤总〔1989〕25号）第4条、第8条。

【条文内涵】

煤矿配备专用探放水钻机及物探装备、测绘仪器及工具、地质观测仪器和装备、水文动态观（监）测设备和测水仪器等是煤矿开展地质测量防治水工作的基本前提和基本保障。

煤矿地质信息数据库、煤矿测绘资料和储量动态数据库、矿井地下水动态监测系统、灾害监测预警系统等是地质测量防治水的基础保障系统。煤矿地质透明化新装备、地面测绘无人机、水文地质测绘遥感装备、先进物探装备是地质测量防治水工作装备的发展方向。

【实施要点】

要点1：钻探和物探装备要求

煤矿必须配备满足工作需要的装备。煤矿应积极采用新装备，采用先进技术和装备进行地质编录。积极推进煤矿地质透明化，不断提高煤矿地质工作的技术水平。

配齐专用探放水设备，储备必要的水害抢险救灾设备和物资。采用专用钻机进行探放水，满足井下探放水“两探”要求。

要点2：水文综合勘查要求

井田外区域以遥感水文地质测绘等为主，井田内以水文地质物探、钻探、试验、实验及长期动态观（监）测等为主，进行综合勘查。

要点3：测绘工量器具管理要求

测绘仪器、工具应加强管理，精心使用，定期检验、校正和维修。在重要测量工作前，对所使用的仪器、工具必须进行检验和校正。

要点4：地质信息数据库建设要求

煤矿应采用先进技术，将地质报告、钻孔资料、地质说明书以及各类地质台账等有关地质信息数字化，建立健全地质信息数据库。

要点5：水文动态监测要求

矿井建立地下水动态监测系统，对井田范围内主要充水含水层的水位、水温、水质等进行长期动态观测，对矿井涌水量进行动态监测。受底板承压水威胁的水文地质类型复杂、极复杂矿井，应当采用微震、微震与电法耦合等科学有效的监测技术，建立突水监测预警系统。

【资料清单】

（1）钻探、物探、化探设备台账。

（2）测量工量器具台账。

（3）观测、监测系统台账。

二、地质管理

（一）地质观测与分析

【标准原文】

1. 煤层、断层、褶曲、陷落柱、沉积岩、岩浆岩等地质观测及地质资料编录符合《煤矿地质工作细则》要求；

2. 跟踪地质变化，进行地质分析，及时提供分析成果及相关图件，满足生产需要。

【条文依据】

《煤矿安全规程》第二十八条、第四十四条、第一百二十二条、第一百二十四条、第二百八十六条、第二百九十三条、第三百一十条、第三百二十五条、第五百九十四条；《煤矿地质工作细则》第五条、第四十四～五十一条、第五十三条、第六十八条、第六十九条、第七十三条、第八十二条、第八十九条；《煤矿防治水细则》第二十五条、第二十六条、第六十一条、第一百条、第一百一十九条、第一百三十四条。

【条文内涵】

（1）煤矿建设、生产阶段，必须对揭露的煤层、断层、褶皱、岩浆岩体、陷落柱、含水岩层，矿井涌水量及主要出水点等进行观测及描述。

（2）立井井筒穿过冲积层、松软岩层或者煤层时，每班应当派专人观测地面沉降和井帮变化情况。

（3）建（构）筑物下、水体下、铁路下及主要井巷煤柱开采，必须设立观测站，观测地表和岩层移动与变形，查明垮落带和导水裂缝带的高度，以及水文地质条件变化等情况。

（4）矿井应当对主要含水层进行长期水位、水质动态观测，设置矿井和各出水点涌水量观测点，建立涌水量观测成果等防治水基础台账，并开展水位动态预测分析工作。

（5）降大到暴雨时和降雨后，应当有专业人员观测地面积水与洪水情况、井下涌水量等有关水文变化情况和井田范围及附近地面有无裂缝、采空塌陷、井上下连通的钻孔和岩溶塌陷等现象，及时向矿调度室及有关负责人报告，并将上述情况记录在案，存档备查。

（6）井巷揭露的主要出水点或者地段，必须进行水温、水量、水质和水压

（位）等地下水动态和松散含水层涌水含砂量综合观测和分析，防止滞后突水；排除井筒和下山的积水及恢复被淹井巷排水过程中，应当定时观测排水量、水位和观测孔水位。

（7）地下水影响较大和已进行疏干排水工程的边坡，应当进行地下水位、水压及涌水量的观测。

（8）煤矿地质工作的主要任务是进行地质补充调查与勘探、地质观测、资料编录和综合分析，提供煤矿建设和生产各个阶段所需要的地质资料，解决煤矿安全生产中的各种地质问题；井巷均应逐层观测其揭露岩层的特征、厚度及产状等，煤层、顶底板及标志层应重点观测，同时对井巷施工中的巷道变形、冒顶、片帮、底鼓和出水点等情况进行观测，煤层顶底板（包括夹矸）测绘点间距不应大于20 m，特殊情况应加密。

【实施要点】

要点1：地质观测要求

（1）沉积岩观测：①碎屑岩类（砾岩、砂岩）应描述其颜色，结构构造，碎屑成分、大小、形态、磨圆度，岩石分选性，结核与包裹体的情况等；②黏土岩应描述其颜色，结构构造及页理特征，固结程度，滑腻感，断口形状，可塑性，吸水软化或膨胀特点，黏结性，所含化石及其保存完整程度，结核与包裹体的情况等；③化学岩及生物化学岩类应描述其颜色，结构构造，主要成分及杂质成分，硬度，所含化石、结核或包裹体大小、形态、分布情况，裂隙发育特征、方向性和充填物，与稀盐酸的反应状况等；④沉积岩层还应描述层理类型和特征，层面构造和接触关系等。对于煤层对比困难的煤矿，应系统收集沉积相、沉积旋回等资料。

（2）煤层观测：①井筒、石门和穿层巷道揭露煤层的地点应进行观测；顺煤层巷道的观测点间距按表3－4执行，遇地质构造时，应适当加密；②观测煤层厚度、煤分层厚度、宏观煤岩成分和类型，夹矸（层）厚度、岩性和坚硬程度，煤体结构及其空间展布，裂隙发育特征；当巷道不能揭露煤层全厚时，按表3－4规定的间距探测煤层全厚；③层位难以判断、煤层对比困难时，还应观测煤的光泽、颜色、断口、软硬程度、脆韧性、结构构造和内生裂隙的发育情况，煤层中结核与包裹体的成分、形状、大小、坚硬程度及其分布特征等；④煤层含水性、产状要素；⑤煤层顶底板特征，包括伪顶、直接顶、基本顶、伪底和直接底的岩层名称、分层厚度、岩性特征、裂隙发育情况及其与煤层的接触关系；必要时，测试岩石物理力学参数；⑥煤层变薄、分岔、合并时，应观测煤层结构、煤厚、煤质、煤层的接触关系、围岩岩性等；⑦煤层尖灭时，应对尖灭层位进行全面观测，分析尖灭原因；⑧在煤层被冲刷区域，应观测冲刷带岩性、冲刷标志，系统收集供判明冲刷类型、推断冲刷变薄带方向和范围等基础资料；⑨煤层风氧化带等其他需要观测的内容。

表3-4 煤层观测点间距

煤层稳定性	稳定	较稳定	不稳定	极不稳定
观测点间距 L/m	$50<L\leqslant100$	$25<L\leqslant50$	$10<L\leqslant25$	$L\leqslant10$

（3）断层观测：①断层面的形态、擦痕和阶步特征，断层面的产状要素和擦痕的侧伏角；②断层带中构造岩的成分和分布特征，断层带的宽度和充填、胶结及导（含）水性等；③断层两盘煤（岩）层的层位、岩性、产状、错位和牵引特征，伴生和派生小构造、断层类型；④断层的切割关系，断层、褶曲的组合特征；⑤断层附近煤层厚度、煤体结构、围岩破碎程度、出水和瓦斯涌出情况等。

（4）褶曲观测：①褶曲形态、两翼产状；②褶曲位置、轴面、走向、倾伏向和倾伏角；③褶曲与煤层厚度变化、煤体结构变化、顶底板破碎等关系。

（5）岩浆岩体观测：①岩石名称、颜色、结构构造、矿物成分、结晶、分布排列特征；②岩体产状、形态、厚度、侵入层位，对煤层厚度和煤质的影响。

（6）陷落柱观测应包括下列内容：①形状、大小和陷落角；②柱面形态；③充填物的岩性、层位、密实程度、导（含）水性；④陷落柱附近煤（岩）层的产状要素等；⑤陷落柱的伴生构造。

要点2：测量观测要求

（1）煤矿建立矿区地面和井下（露天坑）测量控制系统，为煤矿各项测量工作提供起算数据；建立地表、岩层和建（构）筑物变形观测站，开展矿区地表与岩层移动规律、采矿或非采矿沉陷综合治理以及环境保护工作的研究。

（2）测量工作开始前，应根据任务要求，收集和分析有关测量资料，进行必要的现场踏勘，制定经济合理的技术方案，编写技术设计书。在施测过程中，外业观测工作本身须有校核，或者进行两次。对起算数据、外业记录和计算成果均须经过严格的检查或对算。

（3）观测工作结束后，应及时整理和检查外业观测手簿中所有计算是否正确，观测成果是否满足各项限差要求，确认观测成果全部满足要求后，方可进行计算。

(4) 地表与岩层移动及“三下”采煤观测的原始资料应包括：地表、岩层和建（构）筑物变形观测记录簿；各种地面、井下和建（构）筑物变形观测点的计算资料及有关图表；建（构）筑物、水体、铁路和主要井巷煤柱的设计资料。

要点3：水文观测要求

(1) 气象观测。应观测并记录矿区降水量、蒸发量、气温、相对湿度等；矿区降水量资料的收集可利用矿区附近30 km内气象资料；煤矿企业要主动与气象、水利、防汛等部门建立联系，及时掌握可能危及煤矿安全生产的暴雨洪水灾害信息，密切关注天气预警信息；观测结束后应及时绘制气象要素变化图、矿井涌水量与降雨量变化关系图等。

(2) 地表水观测。地表河流、水沟观测应记录其洪水水位及正常水位标高、水深、流速、水质、结冰厚度等；对矿区内与充水含水层有水力联系的河流、水渠应记录其漏失量、渗水系数以及通过构造破碎带发生的流失量；若地表河流发生洪水现象，应及时绘制洪水期淹没带图；湖泊、水库及塌陷区积水应记录其积水范围、水深、水量、水位标高、水质等。对于矿井开采可能存在水力联系的地表水体，应结合矿井涌水量同步观测，记录其漏失量、补给量，分析与矿井涌水量的关系。

(3) 泉水的观测。记录泉的坐标、标高、出水层位、补给条件、出露情况及成因等；观测泉水流量，检测水质，测量水温及观测沉淀物等；观测泉的动态特征及变化情况，记录其被利用情况，必要时设站长期监测，了解其水文特征和涌水规律；素描泉水出露的水文地质图件和剖面图等。

(4) 水文钻孔、水井的观测。观测水文井、孔的坐标、标高、含水层位、类型、结构及深度等；观测水文井、孔的出水层位、出水量，检测其水温、水质及动态变化等；简要分析水文井、孔的用途、维护、封闭情况及其对矿井生产的影响等。

(5) 井下水文地质观测。矿井应当分井、分水平设观测站进行涌水量的观测，每月观测次数不少于3次。对出水较大的断裂破碎带、陷落柱，应当单独设立观测站进行观测，每月观测1~3次。水质监测每年不少于2次，丰、枯水期各1次。涌水量出现异常、井下发生突水或者受降水影响矿井的雨季时段，观测频率应当适当增加。

(6) 含水层观测。井下揭露含水层时，首先确定其地层层位、名称，记录含水层产状、厚度、岩性、节理裂发育情况等，及时记录含水层揭露位置、坐标、标高、出水形式、涌水量、水温、水质等；对含水层裂隙应测定其数量、发育长度、形状、产状、裂隙带宽度、充填物及裂隙导水性等，绘制裂隙玫瑰图及素描图，分析裂隙率。

（7）井下涌（突）水点观测。记录井下涌（突）水点位置、发生时间、出水层位、出水形式、围岩破坏情况，及时测定涌水量大小、水温、水质、水压，同时记录观测点附近区域水文观测站（点）矿井涌水量大小及水位变化情况，分析矿井水力联系，记录在案。

（8）井下涌水量观测。矿井涌水量观测记录应包括涌水点位置、涌水量大小、水质、水温，含水层特征，水力性质、涌水量变化规律等，建档备案。

（9）井下放水量观测。井下疏放水时，应记录疏放水体位置、面积、水量、层位、水位标高、补给水源等，记录疏放水钻孔涌水量、水压、水温、颜色、气味等，及时采样化验，并建立水化学数据库。

要点4：观测要求

井下（现场）观测、记录、描述的地质现象，必须于升井后2天内整理完毕，并反映在相关图件、台账、素描等地质文档中。对采掘（剥）工程布置有影响或可能导致安全问题的地质信息，应及时报告煤矿总工程师。

【资料清单】

（1）煤巷掘进原始记录、探煤厚原始记录、煤巷地质素描图、工作面回采地质说明书附图、见煤点卡片及台账等。

（2）断层卡片、断层台账、巷道素描图、地质原始记录、煤矿采掘工程平面图、地质剖面图、矿井充水性图、地质说明书附图、断层探查成果、瓦斯地质图等。

（3）褶曲卡片、褶曲台账、巷道素描图、地质原始记录、煤矿采掘工程平面图、地质剖面图、矿井充水性图、地质说明书附图、瓦斯地质图等。

（4）陷落柱素描图、地质原始记录、陷落柱卡片、陷落柱台账、陷落柱探查成果、煤矿采掘工程平面图、地质剖面图、矿井充水性图、地质说明书附图、瓦斯地质图等。

（5）岩浆岩观测资料、地质原始记录、地质探查成果、地形地质图、地质卡片、地质素描等。

（6）跟踪观测、探查煤层厚度、断层、褶曲、煤层顶底板岩性、含水层充水性、隔水层厚度、基岩厚度等各种地质变化等资料。

（7）地质观测探查分析成果及相关图件。

（二）地质勘探及井下地质探测

【标准原文】

1. 井上下钻探、物探、化探工程有经过批准的设计、有成果和总结报告；

2. 有突出危险煤层的矿井，开拓新水平的井巷第一次揭穿（开）厚度为0.3 m及以上煤层时，必须超前探测煤层厚度及地质构造；

3. 石门、立井、斜井和平硐等井巷揭煤前，应采用物探、钻探等手段综合探测煤层厚度、地质构造、瓦斯、水文地质及顶底板等地质条件并编制揭煤地质说明书；

4. 在突出煤层顶、底板掘进岩巷时，必须超前探测煤层及地质构造。当巷道距离突出煤层的最小法向距离小于10 m时（在地质构造破坏带小于20 m时），执行先探后掘；

5. 回采工作面形成后，应开展补充地质探查工作；

6. 当巷道不能揭露煤层全厚时，按规定的间距探测煤层全厚。

【条文依据】

《煤矿安全规程》第二十三条、第二十七条、第二十九条、第三十二条、第九十三条、第一百七十七条、第一百九十八条、第二百一十四条第一款、第二百八十五条、第三百零三条、第三百零四条、第三百一十条、第三百一十七条、第三百一十八条、第五百七十四条；《煤矿地质工作细则》第二十二条、第三十八条、第四十三条、第七十一条、第七十二条、第七十七条、第八十五条、第八十八条、第八十九条第一款、第九十一条第五款；《煤矿防治水细则》第八条、第二十条、第二十一条、第二十八条、第三十三条、第三十四条、第三十八条、第四十二~四十四条、第四十八条、第六十二~六十四条、第六十六条、第六十七条、第七十三条、第七十六条、第八十条、第八十六条、第一百零三条、第一百零五条。

【条文内涵】

掘进巷道在揭露老空区前，制定探查老空区的安全措施，包括接近老空区时预留的煤（岩）柱厚度和探明水、火、瓦斯等内容。根据探明的情况采取措施进行处理。

井筒施工以及开拓新水平的井巷第一次接近各开采煤层时，必须按掘进工作面距煤层的准确位置，在距煤层垂距10 m以外开始打探煤钻孔，钻孔超前工作面的距离不得小于5 m，并有专职瓦斯检查工经常检查瓦斯。岩巷掘进遇到煤线或者接近地质破坏带时，必须有专职瓦斯检查工经常检查瓦斯，发现瓦斯大量增加或者其他异常时，必须停止掘进，撤出人员，进行处理。有瓦斯或者二氧化碳喷出的煤（岩）层，开采前打前探钻孔或者抽排钻孔。

有突出危险煤层的新建矿井或者突出矿井，开拓新水平的井巷第一次揭穿（开）厚度为0.3 m及以上煤层时，必须超前探测煤层厚度及地质构造、测定煤层瓦斯压力及瓦斯含量等与突出危险性相关的参数。在突出煤层顶、底板掘进岩巷时，超前探测煤层及地质构造情况，分析勘测验证地质资料，编制巷道剖面图，及时掌握施工动态和围岩变化情况，防止误穿突出煤层。井巷揭穿（开）突出煤层在工作面距煤层法向距离10 m（地质构造复杂、岩石破碎的区域20 m）之外，至少施工2个前探钻孔，掌握煤层赋存条件、地质构造、瓦斯情况等。

当矿井水文地质条件尚未查清时，进行水文地质补充勘探工作。顶、底板存在强富水含水层且有突水危险的采掘工作面，应当提前编制防治水设计，制定并落实水害防治措施。在火成岩、砂岩、灰岩等厚层坚硬岩层下开采受离层水威胁的采煤工作面，应当分析探查离层发育的层位和导含水情况，超前采取防治措施。

开采浅埋深煤层或者急倾斜煤层的矿井，编制防止季节性地表积水或者洪水溃入井下的专项措施，并由煤矿企业主要负责人审批。煤层顶板存在富水性中等及以上含水层或者其他水体威胁时，实测垮落带、导水裂隙带发育高度，进行专项设计，确定防隔水煤（岩）柱尺寸。当导水裂隙带范围内的含水层或者老空积水等水体影响采掘安全时，应当超前进行钻探疏放或者注浆改造含水层，待疏放水完毕或者注浆改造等工程结束、消除突水威胁后，方可进行采掘活动。

井巷揭穿含水层或者地质构造带等可能突水地段前，编制探放水设计，并制定相应的防治水措施。在地面无法查明水文地质条件时，在采掘前采用物探、钻探或者化探等方法查清采掘工作面及其周围的水文地质条件。

采掘工作面遇有下列情况之一，实施超前探放水：①接近水淹或者可能积水的井巷、老空区或者相邻煤矿时；②接近含水层、导水断层、溶洞和导水陷落柱时；③打开隔离煤柱放水时；④接近可能与河流、湖泊、水库、蓄水池、水井等相通的导水通道时；⑤接近有出水可能的钻孔时；⑥接近水文地质条件不清的区域时；⑦接近有积水的灌浆区时；⑧接近其他可能突（透）水的区域时。

采掘工作面超前探放水采用钻探方法，同时配合物探、化探等其他方法查清采掘工作面及周边老空水、含水层富水性以及地质构造等情况。井下探放水应当采用专用钻机，由专业人员和专职探放水队伍施工。探放水前应当编制探放水设计，采取防止有害气体危害的安全措施。探放水结束后，应当提交探放水总结报告，存档备查。

【实施要点】

要点1：采空区普查

采用调查访问、物探、化探和钻探等方法进行采空区普查，查明井（矿）田内及周边采空区分布、形成时间、范围、积水状况（积水边界、积水标高、积水量等）及补给来源、自然发火情况和有害气体，塌陷及大面积悬顶分布范围等。应将采空区相关信息标绘在采掘（剥）工程平面图和矿井充水性图等矿图上，建立井（矿）田内和周边采空区相关资料台账。

要点2：地质补充调查与勘探

煤矿遇到井（矿）田内及周边采空区、老窑等隐蔽致灾地质因素不清、原勘探程度不足，或遗留有瓦斯地质、水文地质、冲击地压或重大工程地质等问题；在建矿和生产过程中，构造、煤层、瓦斯、水文地质、冲击地压及工程地质等条件发生重大变化、资源整合、水平延深或煤矿范围扩大时，原地质勘探报告不能满足煤矿建设和安全生产要求，需要提高资源储量级别或新增资源储量，水文地质等条件未查清、其他专项安全工程要求等情况必须进行地质补充调查与勘探。

要点3：开挖、开拓、掘进、揭煤前的探查

新建煤矿开工前应开展编制井巷揭煤探测方案、井巷过地质构造及含水层技术方案；井巷掘进过程中，出现地质异常或与预测地质资料有较大出入时，应采用物探和钻探相结合的方式查明相关地质情况；石门、立井、斜井和平硐等井巷揭煤前，应采用物探和钻探等手段综合探测煤层厚度、地质构造、瓦斯、水文地质及顶底板等地质条件；有地热危害的矿井，应有计划地进行地温观测与探测，查明本矿井恒温带的深度和温度、不同深度和各构造部位的地温变化梯度；分析地温异常变化的地质因素；掌握煤矿地温变化规律，预测地热异常区。

要点4：现有地质资料不能满足安全生产时的补充地质调查与勘探

掘进、回采期间可采用随掘、随采及孔中物探等技术探测前方地质构造等情况。采用物探、钻探等手段查明：①落差5 m以上断层、直径大于20 m的陷落柱、褶曲的形态和岩浆岩侵入体及影响范围等；②煤层层数、厚度，煤层结构和煤体结构及其变化；③瓦斯赋存规律；④水文地质条件，查明采掘工程与采空区、老窑的空间关系，确定防隔水煤（岩）柱；⑤煤层顶板坚硬岩层分布特征，周边采空区大面积悬顶、上覆遗留煤柱等情况；⑥煤层顶底板特征及其他开采技术条件。回采工作面形成后，应开展相关物探、钻探等补充地质探查工作，查明工作面内部地质构造及其导（含）水性、顶底板富水异常区、瓦斯异常区、上覆坚硬岩层和遗留煤柱等情况。工作面回采过程中及时填绘、分析工作面的采高和煤层厚度资料，对分层开采的厚煤层，探明煤层厚度，绘制剩余煤层厚度等值线图。

要点 5：煤矿水平延深时针对存在的地质问题进行单项或系统的补充地质调查与勘探

水平延深补充地质勘探应由具备相应地质勘查能力的单位承担。施工前勘探单位应编制水平延深补充勘探设计，勘探工程结束后 6 个月内提交水平延深补充勘探地质报告，水平延深补充勘探设计和勘探地质报告由煤矿企业总工程师组织审批。

要点 6：矿井水文地质条件尚未查清时的水文地质补充勘探工作

有下列情形开展水文地质补充勘探工作：矿井主要勘探目的层未开展过水文地质勘探工作的；矿井原勘探工作量不足，水文地质条件尚未查清的；矿井经采掘揭露煤岩层后，水文地质条件比原勘探报告复杂的；矿井水文地质条件发生较大变化，原有勘探成果资料难以满足生产建设需要的；矿井开拓延深、开采新煤系（组）或者扩大井田范围设计需要的；矿井采掘工程处于特殊地质条件部位，强富水松散含水层下提高煤层开采上限或者强富水含水层上带压开采，专门防治水工程设计、施工需要的；矿井井巷工程穿过强含水层或者地质构造异常带，防治水工程设计、施工需要的。

要点 7：水文地质补充勘探方法选择

水文地质补充勘探针对具体问题合理选择勘查技术、方法，井田外区域以遥感水文地质测绘等为主，井田内以水文地质物探、钻探、试验、实验及长期动态观（监）测等为主，进行综合勘查。编制补充勘探设计，经煤炭企业总工程师组织审批后实施，完成后及时提交矿井水文地质补充勘探报告和相关成果，由煤炭企业总工程师组织评审。

要点 8：物探方法的选择

应当采用多种物探方法进行综合勘探，可以采用地震与电法相结合的勘探技术方法查明构造及其富水性。水文物探主要以电法勘探为主，宜采用直流电法、瞬变电磁法或者可控源音频大地电磁测深等技术方法。可以采用高精度三维地震勘探查明火成岩侵入范围和断层、陷落柱等构造。物探作业时，野外施工、资料处理和解释应当符合国家、行业标准。施工结束后应当提交成果报告，由煤炭企业总工程师组织审批。物探成果应当与其他勘探成果相结合，相互验证。

要点9：井下水文地质补充勘探

在地面无法查明水文地质条件时，在采掘前采用物探、钻探或者化探等方法查清采掘工作面及其周围的水文地质条件。采掘工作面探水前，应当编制探放水设计和施工安全技术措施，确定探水线和警戒线，并绘制在采掘工程平面图和矿井充水性图上。探放水钻孔的布置和超前距、帮距，应当根据水头值高低、煤（岩）层厚度、强度及安全技术措施等确定，明确测斜钻孔及要求。探放水设计由地测部门提出，探放水设计和施工安全技术措施经煤矿总工程师组织审批，按设计和措施进行探放水。

要点10：探放老空水和钻孔水要求

布置探放水钻孔遵循的规定：老空和钻孔位置清楚时，应当根据具体情况进行专门探放水设计，经煤矿总工程师组织审批后，方可施工；老空和钻孔位置不清楚时，探水钻孔成组布设，并在巷道前方的水平面和竖直面内呈扇形，钻孔终孔位置满足水平面间距不得大于3 m，厚煤层内各孔终孔的竖直面间距不得大于1.5 m；探放断裂构造水和岩溶水等时，探水钻孔沿掘进方向的正前方及含水体方向呈扇形布置，钻孔不得少于3个，其中含水体方向的钻孔不得少于2个；探查陷落柱等垂向构造时，应当同时采用物探、钻探两种方法，根据陷落柱的预测规模布孔，但底板方向钻孔不得少于3个，有异常时加密布孔，其探放水设计由煤矿总工程师组织审批；煤层内，原则上禁止探放水压高于1 MPa的充水断层水、含水层水及陷落柱水等，如确实需要的，可以先构筑防水闸墙，并在闸墙外向内探放水。上山探水时，应当采用双巷掘进，其中一条超前探水和汇水，另一条用来安全撤人；双巷间每隔30～50 m掘1个联络巷，并设挡水墙。

要点11：水害治理的主要探查和治理方法

煤层（组）顶板导水裂隙带范围内的含水层或者其他水体影响采掘安全时，采用超前疏放、注浆改造含水层、帷幕注浆、充填开采或者限制采高等方法，消除威胁后，方可进行采掘活动。

采取注浆改造顶板含水层的，必须制定方案，经煤炭企业总工程师审批后实施，确保开采后导水裂隙带波及范围内含水层改造成弱含水层或者隔水层。

采取充填开采、限制采高等措施控制导水裂隙带高度的，必须制定方案，经煤炭企业总工程师审批后实施，确保导水裂隙带不波及含水层。

疏干（降）开采半固结或者较松散的古近系、新近系、第四系含水层覆盖的煤层，开采前查明流砂层的埋藏分布条件，研究其相变及成因类型。

受离层水威胁（火成岩等坚硬覆岩下开采）的矿井，对煤层覆岩特征及其组合关系、力学性质、含水层富水性等进行分析，判断离层发育的层位，采取施工超前钻孔等手段，破坏离层空间的封闭性、预先疏放离层的补给水源或者超前疏放离层水等。

煤层底板存在高承压岩溶含水层，且富水性强或者极强，采用井下探查、注浆加固底板或者改造含水层，符合掘进前应当同时采用钻探和物探方法，确认无突水危险时方可施工。

要点12：富水性强或者极强高承压岩溶含水层地面区域探查与治理

煤层底板存在高承压岩溶含水层，且富水性强或者极强，采用地面区域治理方法符合煤矿总工程师组织编制的区域治理设计方案，由煤炭企业总工程师审批；地面区域治理可以采用定向钻探技术，根据矿井水文地质条件确定治理目标层和布孔方式，并根据注浆扩散距离确定合理孔间距，施工中应当逢漏必注，循环钻进直至设计终孔位置，注浆终压不得小于底板岩溶含水层静水压力的1.5倍，达到探测、治理、验证“三位一体”的治理效果；区域治理工程结束后，对工程效果做出结论性评价，提交竣工报告，由煤炭企业总工程师组织验收。采煤工作面突水系数不得大于0.1 MPa/m；实施地面区域治理的区域，掘进前应当采用物探方法进行效果检验，没有异常的，可以正常掘进；发现异常的，应当采用钻探验证并治理达标。回采前应同时采用物探、钻探方法进行效果验证。

要点13：煤矿老空分布及积水情况调查

煤矿开展老空分布范围及积水情况调查工作，查清矿井和周边老空及积水情况，调查内容包括老空位置、形成时间、范围、层位、积水情况、补给来源等。老空范围不清、积水情况不明的区域，采取井上下结合的钻探、物探、化探等综合技术手段进行探查，编制矿井老空水害评价报告，制定老空水防治方案的内容。地面物探可以采用地震勘探方法探查老空范围，采用直流电法、瞬变电磁法、可控源音频大地电磁测深法探查老空积水情况；井下物探可以采用槽波地震勘探、瑞利波勘探、无线电波透视法（坑透）探测老空边界，采用瞬变电磁法、直流电法、音频电穿透法探测老空积水情况；物探等探查圈定的异常区应当采用钻探方法验证；可以采用化探方法分析老空水来源及补给情况。疏放老空水时，由地测部门编制专门疏放水设计，经煤矿总工程师组织审批后，按设计实施。疏放过程中，详细记录放水量、水压动态变化。放水结束后，对比放水量与预计积水量，采用钻探、物探方法对放水效果进行验证，确保疏干放净。

要点14：水下采煤上覆岩层专门水文地质工程地质勘探

专门水文地质工程地质勘探包含的内容有查明与煤层开采有关的上覆岩层水文地质结构，包括含水层、隔水层的厚度和分布，含水层水位、水质、富水性，各含水层之间的水力联系及补给、径流、排泄条件，断层的导（含）水性；采用钻探、物探等方法探明工作面上方基岩面的起伏和基岩厚度。在松散含水层下开采时，应当查明松散层底部隔水层的厚度、变化与分布情况；通过岩芯工程地质编录和数字测井等，查明上覆岩土层的工程地质类型、覆岩组合及结构特征，采取岩土样进行物理力学性质测试。

要点15：闭坑前物探、化探和钻探工作

矿井闭坑前，应当采用物探、化探和钻探等方法，探测矿井边界防隔水煤（岩）柱破坏状况及其可能的透水地段，采取注浆堵水措施隔断废弃矿井与相邻生产矿井的水力联系，避免矿井发生水害事故。

要点16：井下探放水“三专”要求

严格执行井下探放水“三专”要求。由专业技术人员编制探放水设计，采用专用钻机进行探放水，由专职探放水队伍施工。严禁使用非专用钻机探放水，严格执行井下探放水“两探”要求。采掘工作面超前探放水应当同时采用钻探、物探两种方法，做到相互验证，查清采掘工作面及周边老空水、含水层富水性以及地质构造等情况。有条件的矿井，钻探可采用定向钻机，开展长距离、大规模探放水。

【资料清单】

（1）煤矿地面补充地质勘探（含物探、化探）设计、设计审批文件、地面补充地质勘探报告、评审意见、地面补充地质勘探报告审批文件等。

（2）煤矿井下补充地质勘探（含物探、化探）设计、设计审批文件、地面补充地质勘探报告、评审意见、地面补充地质勘探报告审批文件等。

（3）各种探查的设计、审批、成果报告及报告审批文件。

（三）地质说明书及采后总结

【标准原文】

1. 按规定提交、审批采区地质说明书、掘进工作面地质说明书、回采工作面地质说明书；

2. 揭煤工作面距待揭煤层最小法距10 m前或揭煤巷道开口前（在地质构造复杂、岩石破碎的区域法距20 m前），编写揭煤地质说明书，由煤矿总工程师审批；

3. 工作面回采结束后，30 日内提出采后地质总结报告，采区开采结束后 6 个月内，提出采区地质总结报告，报煤矿总工程师审批。

【条文依据】

《煤矿安全规程》第二十九条、第三十一条；《煤矿地质工作细则》第六十条、第七十二条、第八十四条、第八十六条、第八十八条、第九十八条、第九十条。

【条文内涵】

（1）掘进和回采前，应当编制地质说明书，掌握地质构造、岩浆岩体、陷落柱、煤层及其顶底板岩性、煤（岩）与瓦斯（二氧化碳）突出（以下简称突出）危险区、受水威胁区、技术边界、采空区、地质钻孔等情况。

（2）石门、立井、斜井和平硐等井巷揭煤前，应采用物探和钻探等手段综合探测煤层厚度、地质构造、瓦斯地质、水文地质及顶底板等地质条件，根据探查情况，编写揭煤地质说明书，提出防范措施及建议，揭煤地质说明书由煤矿总工程师审批。综合分析成果应及时反映在煤矿相关地质说明书、地质预报、地质报告及各类地质图件上。

（3）采区设计前 3 个月，由地测部门提出采区地质说明书，并由煤矿企业总工程师审批，生产过程中应根据实际揭露地质情况对采区地质说明书及时进行补充完善。

（4）掘进工作面设计前 1 个月，由地测部门提出掘进工作面地质说明书，并由煤矿总工程师审批。

（5）回采工作面形成后，应开展相关物探、钻探等补充地质探查工作，查明工作面内部地质构造及其导（含）水性、顶底板富水异常区、瓦斯异常区、上覆坚硬岩层和遗留煤柱等情况。探查治理工作结束后 10 日内，由地测部门提出回采工作面地质说明书，由煤矿总工程师审批。

（6）煤矿应采用先进技术，将地质报告、钻孔资料、地质说明书以及各类地质台账等有关地质信息数字化，建立健全地质信息数据库，每季度至少更新 1 次。

（7）工作面回采结束后，应在 30 日内提出采后地质总结报告；采区开采结束后 6 个月内，应提出采区地质总结报告，报煤矿总工程师审核。

【实施要点】

要点 1：采区地质说明书编制

（1）正文部分：①采区位置、范围、四邻关系，井上下对照关系，勘探工作等；②相邻采区实见地质构造、瓦斯地质、水文地质和冲击地压情况等；③区内煤（岩）层产状和煤层厚度变化，断层与褶曲的特征、分布范围和控制程度，对采区开拓、开采的影响等；④可采煤层厚度、结构及可采范围，可采煤层的可采性；⑤各煤层顶底板类型、岩性、厚度、富水性及物理力学性质，各煤层群（组）之间的间距和岩性变化；⑥陷落柱、岩浆岩体、冲刷带等情况；⑦煤层瓦斯赋存地质规律，瓦斯（煤层气）资源储量；⑧水文地质条件，采空区及周边老空区范围，预测正常涌水量、最大涌水量和突水危险性，防隔水煤（岩）柱和探放水等工程技术要求；⑨地温及地热危害，煤层及其顶底板岩层冲击倾向性鉴定情况，煤自燃危险程度，以及其他隐蔽致灾地质因素普查情况；⑩采区煤炭资源储量；⑪工作面回采对地表建（构）筑物的影响；⑫针对存在的地质问题应注意的事项和建议。

（2）附图：①采区井上下对照图；②巷道布置图；③采掘工程平面图；④采区地层综合柱状图；⑤采区煤层底板等高线及资源储量估算图；⑥采区回风水平和运输水平的地质切面图（煤层倾角大于25°）；⑦采区地质剖面图；⑧采区煤层厚度等值线图；⑨采区瓦斯地质图。

要点2：掘进工作面地质说明书编制

（1）正文：①工作面位置、范围及与四邻和地面的关系；②区内地层产状和地质构造特征及其对本工作面的影响，断层落差，掘进找煤方向及褶曲的位置和形态；③邻近工作面煤层厚度、煤层结构、煤体结构及其变化等；④煤层顶底板岩性、厚度、物理力学性质；⑤工作面瓦斯地质特征；⑥主要含水层和主要导水构造与工作面的关系，工作面周边老空区范围，主要水害评价及防治水设计，预测正常涌水量、最大涌水量和工作面突水危险性，防隔水煤（岩）柱、探放水措施建议等；⑦岩浆岩体、陷落柱等对工作面掘进造成的影响；⑧地热、地应力、冲击地压危险性普查情况和煤自燃危险程度，以及其他隐蔽致灾地质因素普查情况等；⑨针对存在的地质问题应注意的事项和建议。

（2）附图：①工作面井上下对照图；②工作面煤层底板等高线图；③工作面预想地质剖面图（包含巷道掘进方向的剖面图）或局部地质构造剖面图；④工作面地层综合柱状图。

要点3：回采工作面地质说明书编制

（1）正文：①工作面位置、范围、面积以及与四邻和地面的关系；②工作面实见地质构造的概况，实见或预测落差大于三分之二采高断层向工作面内部发展变化情况；③实见点煤层厚度、煤层结构和煤体结构情况，及其向工作面内部变化的规律；④实见点煤层顶底板岩性、厚度，裂隙发育情况；⑤预测岩浆岩体、冲刷带、陷落柱等的位置及其对正常回采的影响；⑥预测工作面瓦斯涌出量；⑦工作面主要水害及水害治理成果，预测工作面正常涌水量和最大涌水量；⑧工作面煤炭资源储量；⑨地热、冲击地压和煤自燃危险程度，以及其他隐蔽致灾地质因素普查情况等；⑩针对存在的地质问题应注意的事项和建议。

（2）附图：①工作面井上下对照图；②工作面煤层底板等高线及资源储量估算图；③工作面煤层厚度等值线图；④工作面地质实测剖面图；⑤工作面地层综合柱状图；⑥其他相关图件。

要点4：揭煤地质说明书编制

（1）正文：①井巷揭煤的水平、采区情况，井巷工程用途，井巷标高、方位、范围，断面形状、尺寸、支护方式等；井巷揭煤的周边开采关系（包括煤柱、采区、地面钻孔）及采掘工程活动等；勘探（包括钻探、物探）控制程度；邻近采掘工程控制程度；②含煤地层及标志层，煤层厚度、产状、结构及煤质等，煤尘爆炸危险性、自燃倾向性，待揭煤层顶底板 30 m 范围内煤（岩）层特征及厚度；③断层名称、产状、落差、控制程度以及对揭煤的影响，褶曲名称、要素以及对揭煤的影响，陷落柱范围、特征以及对揭煤的影响，岩浆岩岩性、范围以及对揭煤的影响；④揭煤区段所处瓦斯地质区域、构造单元，煤层硬度及软分层发育情况，邻近采掘工程瓦斯动力现象，邻近区段突出指标实测资料，瓦斯含量、压力预计和突出危险性；⑤含水层厚度、富水性以及对揭煤的影响，涌水量预计；⑥地质前探钻孔设计，包括钻孔编号，开孔位置，角度、方位、终孔深度，预计见煤、止煤深度、取心、测斜等要求，钻孔数量符合《防治煤与瓦斯突出细则》要求；物探设计，包括物探方法、实施位置、技术要求等；⑦针对存在的地质问题应注意的事项和建议。

（2）附图：①揭煤区域煤岩层综合柱状图；②待揭煤层的底板等高线图或立面投影图；③揭煤井巷地质剖面图；④辅助地质剖面图；⑤预计揭煤标高的水平切面图（煤岩层倾角小于15°的可不附）；⑥其他必要图件。

要点5：回采工作面采后总结编制

（1）正文：①工作面名称、位置、标高、范围、面积以及与四邻和地表的关系；②本工作面周围及工作面内各实见断层落差、性质、产状变化及规律，褶皱产状及幅度变化情况，岩浆岩特征等，对回采的影响程度、处理方法及效果；③实见煤层厚度和结构的变化情况及规律；④煤层顶板（伪顶、直接顶）的厚度、岩性的变化及其冒落情况，裂隙的发育规律以及对开采的影响；⑤实采储量和采出率以及损失情况；⑥水文地质特征；⑦有无重大事件，包括采用最新方法达到最好效果及水、火、瓦斯、顶板、煤尘等事故；⑧存在问题或建议。

（2）附图、附表：①工作面煤层底板等高线及储量实测计算图；②储量、采出量、损失量、注销及回收率统计表及其有关表格。

要点6：采区采后地质总结编制

（1）正文：①采区基本情况，包括采区名称、位置、范围，采区准备，开采、采毕时间，采区阶段个数、工作面个数，实际分年度产量，开拓方式以及相邻采区的关系等；②对采区地质构造实际资料进行分类统计，分析说明构造的特征及其规律性；③采区煤层赋存特征（煤层厚度、结构和变化规律）以及对开采的影响；④采区构造、水文、岩移等影响的处理，配合生产的措施、经验及教训；⑤采区地质资料的提供及储量，累计采出量、损失量、剩余工业量和可采量（包括各种呆滞煤量、尚能回收的煤柱），采区采出率，损失量构成及其分析，各种煤层的实际采出率，提高采出率的经验与存在问题；⑥其他开采技术条件的有关规律以及对开采的影响、处理方法及效果；⑦有无重大事件，包括创最高水平、提高效果及水、火、瓦斯、煤尘、顶板等事故；⑧存在问题或建议。

（2）附图、附表：①采区煤层底板等高线及储量计算实测图；②采区地质实测剖面图；③采区煤（岩）层综合柱状图；④采区巷道、工作面编录资料、构造卡片；⑤构造资料分析统计表；⑥储量、采出量、损失量、注销量、采出率统计表及其他有关表格。

【资料清单】

（1）采区地质说明书正文部分和附图。

（2）掘进地质说明书正文部分和附图。

（3）回采地质说明书正文部分和附图。

（4）揭煤地质说明书正文部分和附图。

（5）回采工作面采后总结正文部分和附图。

（6）采区采后总结正文部分和附图。

（四）地质预报、水害预报

【标准原文】

1. 地质预报应有年报、月报和临时性预报，预报与实际出入较大时，应分析原因，采取措施；

2. 突出矿井，采掘工作面距未保护区边缘50 m前，及时编制发放临近未保护区通知单；

3. 水害预报内容符合《煤矿防治水细则》要求，内容齐全，有年报、月报和临时性预报，应包含突水危险性评价和水害处理意见等内容。

【条文依据】

《煤矿地质工作细则》第六十条、第六十三条、第六十四条；《煤矿防治水细则》第三条、第十九条、第三十七条、第五十九条。

【条文内涵】

地质预报通过对可能发生的地质灾害进行预测和预报，能够提前预警、预防突发的灾害事故，为采取合理的工程处理措施、优化设计和施工方案提供依据，达到预防灾害事故的目的。

通过地质预报，可以提前采取措施应对可能发生的地质灾害，减少因灾害造成的经济损失和人员伤亡，达到减少损失的目的。

地质预报能够帮助工程技术人员更好地了解施工区域的地质情况，避免因未知地质问题导致的施工延误和成本增加，从而提高工程效率。

地质预报提供的数据和信息，有助于科学决策，合理安排施工计划和资源配置，减少盲目性，提高工程决策科学性。

在地质预报的基础上，可以采取适当的环保措施，减少对生态环境的影响，实现可持续发展，有利于保护生态环境。

地质预报技术的发展和应用，推动了相关领域的技术进步和创新，提高了地质预报的准确性和效率，有利于促进技术进步。

地质预报在保障施工安全、预防灾害、减少经济损失、提高工程效率、科学决策和促进技术进步等方面具有重要意义和作用。

煤矿地质工作应当坚持“综合勘查、科学分析、预测预报、保障安全”的原则，做好预测预报工作。

【实施要点】

要点1：地质预报必须反映地质综合分析成果

（1）地测部门应与采掘、通防、防冲等部门密切配合，及时研究被揭露的各种地质现象，分析地质规律。

（2）地质预报应按年报、月报、临时性预报等形式进行，且应根据采掘（剥）工程的进展及时发出。

（3）地质预报应做到期前预报、期末总结，预报与实际出入较大时，应分析原因，总结经验，提高地质预报质量。

（4）地质预报经煤矿总工程师审查签字后生效。

要点2：地质预报内容

（1）断层、褶曲、陷落柱、地层倾角和岩浆岩侵入体等特征，以及对煤（岩）层和采掘工程的影响等。

（2）煤层厚度、煤层结构、煤体结构、煤质、煤层顶底板及其岩性等。

（3）煤层瓦斯赋存规律、煤（岩）与瓦斯（二氧化碳）突出危险性等。

（4）含水层、隔水层、构造体的含水性和导水性，最大涌水量和正常涌水量，采空区、老窑位置、离层及其积水情况，封闭不良或封闭情况不明钻孔的位置及封孔情况等。

（5）煤层及其顶、底板岩层冲击危险性。

（6）勘探孔、煤层气井和油气井及油气等对煤矿生产的影响。

（7）地表水体、沟壑、开采塌陷等其他致灾地质因素及建议。

要点3：充水条件分析

矿井应当加强充水条件分析，认真开展水害预测预报工作，水害预测预报应当坚持有疑必探、先探后报、先治后报的原则，根据不同水文地质条件，提出探、防、堵、疏、排、截、监等综合防治措施建议，水害预测预报工作要做到：

（1）每年年初，根据年度采掘计划，结合矿井水文地质资料，全面分析水害隐患，提出水害分析预测表及水害预测图。

（2）水文地质类型复杂、极复杂矿井应当每月至少开展1次水害隐患排查，其他矿井应当每季度至少开展1次，并将排查结果及时应用于水害预测预报。

（3）在采掘过程中，对预测图、表逐月进行检查，不断补充和修正。发现水患险情，及时发出水害通知单，并报告矿井调度室。

（4）采掘工作面年度、月度和临时性水害预测资料及时报送煤矿总工程师及有关生产安全部门。

（5）煤矿应当与当地气象、水利、防汛等部门进行联系，建立灾害性天气预警和预防机制。应当密切关注灾害性天气的预报预警信息，及时掌握可能危及煤矿安全生产的暴雨洪水灾害信息，采取安全防范措施。

（6）煤矿应当加强与周边相邻矿井信息沟通，发现矿井水害可能影响相邻矿井时，立即向周边相邻矿井发出预警。

要点4：水文地质信息管理系统建立

矿井应当建立水文地质信息管理系统，实现矿井水文地质文字资料收集、数据采集、台账编制、图件绘制、计算评价和水害预测预报一体化。

【资料清单】

（1）煤矿年度、月度地质预报、水害预测预报。

（2）针对地质、水文地质异常现象编制的临时地质预报。

（3）可能危及煤矿安全生产的暴雨、洪水、泥石流、滑坡等灾害预报。

（4）向矿井水害可能影响的相邻矿井发出预警预报。

（5）与煤矿地质预报和水害预测有关的各种图纸、台账、报告等资料。

三、测量管理

（一）控制系统

【标准原文】

1. 测量控制系统健全，精度符合《煤矿测量规程》要求；

2. 及时延长井下基本控制导线和采区控制导线，基本控制导线应每隔 300 ~ 500 m 延长一次，采区控制导线应随巷道掘进 30 ~ 100 m 延长一次。

【条文依据】

《煤矿测量规程（2010 版）》（能源煤总〔1989〕25 号）第 2 条、第 6 条、第 10 条、第 76 ~ 78 条、第 90 条、第 93 条、第 98 ~ 100 条。

【条文内涵】

测量控制系统健全是煤矿测量的基本要求，精度符合《煤矿测量规程（2010 版）》（能源煤总〔1989〕25 号）要求是煤矿测量在煤矿采掘活动的基本保障。煤矿井下测量应做到及时延长井下基本控制导线和采区控制导线，基本控制导线应每隔 300 ~ 500 m 延长一次，采区控制导线应随巷道掘进 30 ~ 100 m 延长一次。

【实施要点】

要点 1：煤矿测量工作的主要任务

煤矿测量工作的主要任务是：建立矿区地面和井下测量控制系统，为煤矿各项测量工作提供起算数据。

要点 2：矿区地面控制网

矿区地面控制网可采用三角网、边角网、测边网和导线网等布网方法建立。矿区地面各级平面控制网的布设符合规定。

要点 3：井下平面控制种类

井下平面控制分为基本控制和采区控制两类。两类控制导线都应敷设成闭（附）合导线或复测支导线。基本控制导线按测角精度分为±7″、±15″两级，采区控制导线按测角精度分为±15″、±30″两级。各矿井可根据采掘工程的实际需要，依矿井和采区开采范围的大小选定。基本控制导线应沿矿井主要巷道［包括斜井、暗斜井、平硐，井底车场、水平（阶段）运输巷道，总回风道，集中上、下山，集中运输石门等］敷设。采区控制导线应沿采区上、下山，中间巷道或片盘运输巷道以及其他次要巷道敷设。在布设井下基本控制导线时，一般每隔1.5～2.0 km应加测陀螺定向边。7″、15″级基本控制导线的陀螺经纬仪定向精度分别不得低于±10″、±15″。应用加测陀螺定向边的方法改建井下平面控制网，以提高其精度。基本控制导线一般应每隔300～500 m延长一次，采区控制导线应随巷道掘进30～100 m延长一次。

要点4：光电测距边的计算

井下基本控制导线用光电测距仪测距时，光电测距边的计算，应包括以下内容：记录的整理计算和检查；气象改正计算；加、乘常数的改正计算；高程归化和投影改正计算等。

加入各项改正数后往返观测（或不同时间的单向观测）的水平边长的互差不超过限差时，取其平均值作为观测结果。井下导线的坐标方位角闭合差应不超过规定。角度闭合差不超过规定时，可进行简易平差。

要点5：井下高程点要求

井下高程点应设在巷道顶、底板或两帮的稳定岩石中、碹体上或井下永久固定设备的基础上，也可用永久导线作为高程点。所有高程点都应统一编号，并将编号明显地标记在点的附近。高程点一般应每隔300～500 m设置一组。每组至少由3个高程点组成，两高程点间距离以30～80 m为宜。

（二）贯通测量

【标准原文】

1. 贯通精度满足设计要求，两井贯通和一井内导线距离3000 m以上贯通测量工程应有设计，并按规定审批和总结；

2. 贯通设计、贯通总结及贯通后联测资料齐全，有精度评定资料。

【条文依据】

《煤矿安全规程》第一百四十三条；《煤矿测量规程（2010版）》（能源煤总〔1989〕25号）第208～215条。

【条文内涵】

贯通特别是重要贯通测量前，编制贯通测量设计书。井巷贯通测量允许偏差值一般采用中误差的两倍。预计误差原则上应采用本矿积累和分析的实际数值。施测工作应按照贯通测量设计提出的要求和规程的有关规定进行。在实测过程中应评定实际测量精度，若低于设计要求，应再次测量。贯通测量导线的最后几个（不少于 3 个）测站必须牢固。计算井巷的贯通方向和距离，可采用各次测量结果的算术平均值或加权平均值。最后一次标定贯通方向时，两个相向工作面间的距离不得小于 50 m。应有比例尺不小于 1 : 2000 的贯通工程进度图，并及时填绘工程进展情况。井巷贯通后，应在贯通点处测量贯通实际偏差值，并将两端导线、高程连接起来，计算各项闭合差。重要贯通测量完成后，还应进行精度分析，并做出总结。总结要连同设计书和全部内、外业资料一起保存。

【实施要点】

要点 1：井巷贯通测量设计书要求

进行重要贯通测量前，须编制贯通测量设计书，其内容应包括根据井巷贯通测量精度和施工工程的要求，进行井巷贯通点的误差预计；按设计要求制定测设方案，选择测量仪器和工具，确定观测方法及限差要求；绘制贯通测量导线设计图，比例尺应不小于 1 : 2000。

要点 2：井巷贯通测量允许偏差值要求

（1）井巷贯通测量允许偏差值，由矿（井）技术负责人和测量负责人根据井巷的用途、类型及运输方式等研究确定。当预计误差值超过允许偏差值时，应充分利用陀螺定向和光电测距技术提高测量精度，不得已时，可请示改变施工方案。重要贯通测量设计书应报审批。

（2）贯通测量的预计误差一般采用中误差的两倍。误差预计中的各项测量中误差，原则上应采用本矿积累和分析的实际数值。施测工作应按照贯通测量设计提出的要求和规程的有关规定进行。在实测过程中应评定实际测量精度，若低于设计要求，应再次测量。在重要贯通测量工作中应考虑的问题有导线通过倾斜巷道时，经纬仪竖轴的倾斜改正问题；导线边长归化到投影水准面的改正和投影到高斯－克吕格平面的改正问题。

要点 3：贯通测量导线要求

贯通测量导线的最后几个（不少于 3 个）测站必须牢固。计算井巷的贯通方向和距离，可采用各次测量结果的算术平均值或加权平均值。最后一次标定贯通方向时，两个相向工作面间的距离不得小于 50 m。

在重要贯通工程施工过程中，应有比例尺不小于 1∶2000 的贯通工程进度图，并及时填绘工程进展情况。贯通工程两工作面间剩下距离符合规定时，测量负责人应以书面报告矿（井）技术负责人，并通知安全检查和施工区、队等有关部门。

要点 4：井巷贯通精度分析总结要求

井巷贯通后，应在贯通点处测量贯通实际偏差值，并将两端导线、高程连接起来，计算各项闭合差。重要贯通测量完成后，还应进行精度分析，并做出总结。总结要连同设计书和全部内、外业资料一起保存。

要点 5：平面控制网的计算要求

三、四等平面控制网的计算应采用严密平差方法，四等以下平面控制网计算可采用简化方法平差，平差后应进行精度评定。

要点 6：井下导线要求

井下导线的相对闭合差不超过规定时，应进行平差计算和精度评定。井下导线如敷设成相互联系的多个导线环，可根据实际需要进行整体平差和精度评定。

【资料清单】

重要贯通的贯通设计、贯通设计批复文件、原始测量资料、台账资料、平差计算和精度评定、贯通精度分析、贯通总结、相关图纸资料等。

（三）测量通知单

【标准原文】

贯通、开掘、放线变更、停掘、停采、过空间距离小于巷高或巷宽 4 倍的相邻巷道等重点测量工作，及时发送通知单。

【条文依据】

《煤矿测量规程（2010 版）》（能源煤总〔1989〕25 号）第 90 条、第 214 条。

【条文内涵】

测量通知单制度是保障执行工程设计实施的测量工作基本制度，也是保障煤矿安全的基本手段。煤矿应建立满足矿井测量工作需要的测量通知单制度并落实到位。

【实施要点】

要点 1：控制导线的延长要求

《煤矿测量规程（2010 版）》（能源煤总〔1989〕25 号）要求基本控制导线一般应每隔 300 ~ 500 m 延长一次。采区控制导线应随巷道掘进 30 ~ 100 m 延长一次。

当掘进工作面接近各种采矿安全边界（水、火、瓦斯、老空区及重要采矿技术边界）时，除应及时延长导线外，还必须以书面通知单报告矿（井）技术负责人，并通知安全检查和施工区、队等有关部门。

要点2：贯通通知书要求

贯通工程两工作面间的距离在岩巷中剩下15~20 m、煤巷中剩下20~30 m（快速掘进应于贯通前两天）时，测量负责人应以书面通知单报告矿（井）技术负责人，并通知安全检查和施工区、队等有关部门。

【资料清单】

（1）巷道贯通通知单。

（2）巷道开掘（口）通知单。

（3）巷道放线变更通知单。

（4）巷道停掘通知单。

（5）采煤工作面停采通知单。

（6）过空间距离小于巷高或巷宽4倍的相邻巷道等重点测量通知单等。

（四）地面沉陷观测

【标准原文】

进行地面沉陷观测和分析，提供符合矿井情况的有关岩移参数；及时填绘采煤沉陷综合治理图；绘制矿井范围内受采动影响土地塌陷图表。

【条文依据】

《煤矿测量规程（2010版）》（能源煤总〔1989〕25号）第2条、第239条、第243条、第251条。

【条文内涵】

（1）煤矿测量工作的主要任务之一是建立地表、岩层和建（构）筑物变形观测站，开展矿区地表与岩层移动规律、采矿或非采矿沉陷综合治理以及环境保护工作的研究。根据矿区地表与岩层移动变形参数，设计和修改各类保护煤柱。

（2）地表与岩层移动及“三下”采煤观测的原始资料应包括地表、岩层和建（构）筑物变形观测记录簿，各种地面、井下和建（构）筑物变形观测点的计算资料及有关图表。

（3）为了解决在铁路下、建筑物下和水体下（简称“三下”）的安全、合理开采问题，并为留设保护煤柱提供技术资料，各矿井应积极开展地表与岩层移动及“三下”采煤观测工作。

【实施要点】

要点1：煤矿地面沉降测量工作任务内容

煤矿测量工作的主要任务包括建立地表、岩层和建（构）筑物变形观测站，开展矿区地表与岩层移动规律、采矿或非采矿沉陷综合治理以及环境保护工作的研究；根据矿区地表与岩层移动变形参数，设计和修改各类保护煤柱；参与“三下”采煤和塌陷区综合治理以及土地征用和村庄搬迁的方案设计和实施。

要点2：地表与岩层移动及“三下”采煤观测要求

地表与岩层移动及“三下”采煤观测的原始资料包括地表、岩层和建（构）筑物变形观测记录簿；各种地面、井下和建（构）筑物变形观测点的计算资料及有关图表；建（构）筑物、水体、铁路和主要井巷煤柱的设计资料。为了掌握由于开采引起的地表与岩层移动的基本规律，应通过设站观测确定以下内容：采矿、地质条件与地表移动和变形的关系；地表移动和变形的分布及其主要参数；移动角、裂缝角、边缘角和最大下沉角等；地表空间移动和移动时间过程；岩体内部移动、变形和破坏的规律。

要点3：观测站管理要求

观测站通常分为地表观测站、岩层内部观测站和专门观测站（如铁路、建筑物、边坡滑动观测站等），所有观测站都必须进行定期观测。设置各种观测站前必须编写观测站设计，并报请矿总工程师和煤炭企业单位审批。

观测站设计由文字说明和图纸两部分组成。文字部分包括观测站设计书；图纸包括井上、下对照图（包括观测线和观测点的位置）、观测线剖面图（包括观测线长度的确定）、岩层柱状图、观测点的构造图等。

观测计算完成后，应按设计要求绘制移动与变形曲线及其他图标，各种移动与变形曲线的垂直比例尺应根据具体情况确定，以在地质断面图上能清楚地表示为宜。网状观测站应绘制下沉和水平移动等值线图。

要点4：地表移动和变形的计算要求

地表移动和变形的主要参数和各种移动值的求得，应根据最后一次全面观测的结果进行。

【资料清单】

（1）地面沉陷观测设计和批复文件。

（2）地面沉陷观测原始记录。

（3）地面沉陷观测总结报告和成果。

（4）符合矿井情况的有关岩移参数成果。

（5）采煤沉陷综合治理图。

（6）采动影响土地塌陷图表。

四、资源储量管理——“三量管理”

【标准原文】

1. 每季度分析形成期末“三量”动态报表；根据采掘接续变化，每年不少于1次对“三量”动态变化进行统计和分析，形成分析报告；

2. 根据采掘工作面接续计划，计算最短“三量”可采期；

3. “三量”可采期未达到规定要求的，应当报告煤矿企业，并主动采取限产或停产措施，制定相应的灾害治理和采掘调整计划方案，上报煤矿企业；采取限产措施后，开拓、准备、回采煤量可采期符合规定。

【条文依据】

《煤矿地质工作细则》第五条、第十七条、第六十一条、第八十条、第八十七条、第八十九条、第九十一条、第九十二条；《防范煤矿采掘接续紧张暂行办法》(煤安监技装〔2018〕23号）第三条、第四条。

【条文内涵】

煤矿地质工作的主要任务之一是估算和核实煤矿煤炭资源储量以及煤矿瓦斯（煤层气）资源储量，掌握资源储量动态，为合理安排生产提供可靠依据。绘制煤矿可采煤层底板等高线及资源储量估算图，急倾斜煤层加绘立面投影图和立面投影资源储量估算图。煤矿每年应根据有关资料，依据相关规定和标准，进行煤炭资源储量估算，编制煤炭资源储量年报，掌握煤炭资源储量动态。矿井应当建立完善“三量”管理制度，明确责任分工和管理要求，编制矿井生产和灾害治理规划、年度计划，统筹采掘工程、灾害治理工程安排。

【实施要点】

要点1：煤炭资源储量管理要求

工作面掘进期间开展核实工作面的煤炭资源储量地质工作；工作面回采过程中整理煤炭采出量和损失量等资料，分析损失量的构成比例及原因，提出提高回采率的建议。

煤矿水平延深时开展核实原有煤炭资源储量的可靠程度，评价瓦斯（煤层气）资源储量和有工业价值的其他有益矿产地质工作。

要点2：矿井开拓煤量可采期要求

（1）煤与瓦斯突出矿井、水文地质类型极复杂矿井、冲击地压矿井不得少于 5 年。

（2）高瓦斯矿井、水文地质类型复杂矿井不得少于 4 年。

（3）其他矿井不得少于 3 年。

要点 3：矿井准备煤量可采期要求

（1）水文地质条件复杂和极复杂矿井、煤与瓦斯突出矿井、冲击地压矿井、煤巷掘进机械化程度与综合机械化采煤程度的比值小于 0.7 的矿井不得少于 14 个月。

（2）其他矿井不得少于 12 个月。

要点 4：矿井回采煤量可采期要求

（1）2 个及以上采煤工作面同时生产的矿井不得少于 5 个月。

（2）其他矿井不得少于 4 个月。

要点 5：矿井“三量”可采期计算

开拓煤量可采期（年）= 期末开拓煤量/当年计划产量或设计（核定）能力；

准备煤量可采期（月）= 期末准备煤量/当年平均月计划产量；

回采煤量可采期（月）= 期末回采煤量/当年平均月计划回采产量。

当矿井实际月产量连续二个月超过计划月产量的 10% 时，应当按实际产量重新计算矿井“三量”可采期。

要点 6：矿井“三量”定期计算与分析

矿井定期计算分析矿井“三量”，确保矿井灾害治理和采掘平衡。通过绘制和填报相应的图、表、台账及文字说明，及时掌握和分析生产准备程度与采掘关系；至少每季度形成期末“三量”动态报表，并根据采掘接续变化，定期（每年不得少于 1 次）对“三量”的动态变化进行统计和分析，形成分析报告，编制或修订不少于 24 个月的采掘工作面接续图表，算出最短的“三量”可采期。

要点 7：矿井“三量”及“三量”可采期计算方法

（1）开拓煤量是在矿井可采储量范围内已完成设计规定的主井、副井、风井、井底车场、主要石门、采（盘）区大巷、回风石门、回风大巷、主要硐室和煤仓等开拓掘进工程后，形成矿井通风、排水等系统所圈定的煤炭储量，减去开拓区内地质及水文地质损失、设计损失量和开拓煤量可采期内不能回采的临时煤柱及其他开采量。

（2）准备煤量是在开拓煤量范围内已完成了设计规定的采（盘）区主要巷道掘进工程，形成完整的采（盘）区通风、排水、运输、供电、通信等生产系统后，且煤与瓦斯突出煤层煤巷条带区域无突出危险的煤层中，各区段（或倾斜条带）可采储量与回采煤量之和。

（3）回采煤量是准备煤量范围内，已按设计完成工作面进风巷、回风巷等回采巷道及开切眼掘进工程所圈定的，且瓦斯抽采、防突和防治水的效果已达到工作面安全回采要求的可采储量，即正在回采或只要安装设备后，便可进行正式回采的工作面可采煤量之和。瓦斯抽采、防突和水害防治效果达到安全回采要求的可采储量，可以按工作面推进方向分段计算，分段长度不得小于300 m。

【资料清单】

（1）季度期末“三量”动态报表。

（2）“三量”动态变化统计和分析报告。

（3）最短“三量”可采期。

（4）主动限产或停产措施（“三量”可采期未达到规定要求的），报上级煤矿企业主动限产或停产报告；上报煤矿企业的灾害治理和采掘调整计划方案；采取限产措施后，开拓、准备、回采煤量可采期符合规定的“三量”可采期计算报告。

五、附加项——科技创新

【标准原文】

积极推进透明地质新理论、新技术、新方法、新装备等建设应用。

【条文依据】

《煤矿安全规程》第十条；《煤矿地质工作细则》第九条、第五十八条；《煤矿防治水细则》第十条、第十一条。

【条文内涵】

煤炭企业、煤矿和相关单位加强煤矿地质、防治水技术研究和科技攻关，推广使用地质、防治水的新技术、新装备和新工艺，提高煤矿地质、测量防治水工作的科技水平。

【实施要点】

要点1：煤矿地质研究工作要求

煤矿企业、煤矿应积极采用新理论、新技术、新方法和新装备，认真开展煤矿地质研究，积极推进煤矿地质透明化，不断提高煤矿地质工作的技术水平。

煤矿地质综合分析必须以完整、准确的第一手资料为基础。围绕煤矿存在的主要地质问题，着眼当前，兼顾长远，立足煤矿，结合区域，广泛采用新理论、新技术、新方法和新装备。

要点2：煤矿防治水新技术、新方法的推广应用

煤炭企业、煤矿应当对井下职工进行防治水知识的教育和培训，对防治水专业人员进行新技术、新方法的再教育，提高防治水工作技能和有效处置水灾的应急能力。

煤炭企业、煤矿和相关单位加强防治水技术研究和科技攻关，推广使用防治水的新技术、新装备和新工艺，提高防治水工作的科技水平。

3.3 采　　煤

一、基础管理

（一）生产布局

【标准原文】

按批准的设计布置采煤工作面，个数符合《煤矿安全规程》要求。

【条文依据】

《煤矿安全规程》第九十五条、第一百一十四条。

【条文内涵】

（1）采（盘）区开采前必须按照生产布局和资源回收合理的要求编制采（盘）区设计，并严格按照采（盘）区设计组织施工，情况发生变化时及时修改设计。采区地质条件、巷道布置、通风、排水、供电系统、安全设施设计等内容符合规定。

（2）新建非突出大中型矿井开采深度（第一水平）不应超过1000 m，改扩建大中型矿井开采深度不应超过1200 m，新建、改扩建小型矿井开采深度不应超过600 m。新建突出矿井第一生产水平开采深度不得超过800 m；生产矿井延深水平开采深度不得超过1200 m。

（3）采区巷道净断面必须满足行人、运输、通风和安全设施及设备安装、检修、施工的需要。采用轨道机车运输的巷道净高，自轨面起不得低于2 m。架线电机车运输巷道的净高，在井底车场内从井底到乘车场，不小于2.4 m；其他地点，行人的不小于2.2 m，不行人的不小于2.1 m。采（盘）区内的上山、下山和平巷的净高不得低于2 m，薄煤层内的不得低于1.8 m。运输巷（包括管、线、电缆）与运输设备最突出部分之间的最小间距，应当符合规程要求。

（4）采区设计要有设计批复，工作面设计要有审批，工作面的布置要符合设计要求。

（5）巷道净断面的设计，必须按支护最大允许变形后的断面计算。

【实施要点】

要点：采煤工作面生产布局要求

（1）在采动影响范围内不得布置2个采煤工作面同时回采。

（2）严禁任意开采非垮落法管理顶板留设的支承采空区顶板和上覆岩层的煤柱，以及采空区安全隔离煤柱。

（3）同一煤层、同翼、同一采区相邻正在开采的采煤工作面沿空送巷时，采掘工作面严禁同时作业。

（4）回采工作面设计由矿设计单位编制，矿总工程师审批。

【资料清单】

（1）采区设计（变更设计）说明书，采区地质说明书，采区设计（变更设计）批准资料，工作面设计。

（2）采掘工程平面图，通风系统图，供电系统图，排水系统图，巷道布置图，主要巷道剖面图，采区巷道断面图册等采区设计（变更设计）图纸。

（3）工作面作业规程。

（4）产量报表，调度记录，巷道开工报告，生产计划及完成情况，通风瓦斯报表，井巷测量台账。

（二）规程措施

【标准原文】

1. 作业规程编制和内容符合《煤矿安全规程》等相关要求；支护方式的选择、支护强度的计算有依据；工作面条件发生变化时，及时修改作业规程或补充安全技术措施；

2. 工作面安装拆除、初次放顶、强制放顶、收尾、遇顶底板松软或者破碎、过断层、过老空区、过空巷、过煤柱、过冒顶区、过钻孔、过陷落柱、巷道维修、托伪顶开采等，编制安全技术措施并组织实施；

3. 规程措施在施工前审批完成并贯彻；

4. 煤矿总工程师至少每2个月组织对作业规程进行复审，并有复审意见。

【条文依据】

《煤矿安全规程》第九十六条、第九十九条、第一百零一条、第一百一十二～

一百一十四条、第二百二十八条、第二百三十一条、第三百四十八条、第三百六十七条、第四百八十八条。

【条文内涵】

（1）依据《煤矿安全规程》第九十六条的规定，采煤工作面回采前必须编制作业规程，情况发生变化时，必须及时修改作业规程或者补充安全措施。

（2）台阶采煤工作面、采用柔性掩护支架的采煤工作面、水力采煤工作面作业规程内容应分别符合《煤矿安全规程》第九十九条、第一百一十二条、第一百一十三条的规定。

（3）《煤矿安全规程》第一百零一条，采煤工作面遇顶底板松软或者破碎、过断层、过老空区、过煤柱或者冒顶区，以及托伪顶开采时，必须制定安全措施。

（4）作业规程编制符合《煤矿安全规程》第一百一十四条规定的移架滞后采煤机的距离、第二百二十八条和第二百三十一条规定的防冲专项措施、第三百四十八条规定的爆破作业说明书、第三百六十七条规定的起爆地点到爆破地点的距离，以及第四百八十八条规定的监控与通信的具体规定。

（5）每个回采工作面作业规程在采煤前完成审批、贯彻，由作业单位技术负责人负责组织学习贯彻，经考试合格后方可上岗。学习、考试及补考人员登记在规程考试学习记录表上，并签名。

（6）当工作面地质条件、生产环境、设备等发生变化时，及时对作业规程进行复审，根据复审意见进行修改作业规程或补充专项安全技术措施，条件没有变化时要定期组织作业规程复审，至少每两个月进行一次。作业规程复审事项应包括作业规程内容、贯彻及实施3个方面。

【实施要点】

要点：编制内容齐全、规范

（1）作业规程中对支护方式选择、支护强度的计算、支柱迎山角、液压支架（顶梁）端面距、采空区悬顶距离、破碎顶板假顶铺设、进回风巷控顶距、架棚巷道超前替棚距离、锚杆锚索支护巷道退锚距离、乳化液（浓缩液）浓度、进回风巷超前支护形式等应作出具体规定。

（2）按照《关于进一步加强煤矿企业安全技术管理工作的指导意见》（安监总煤装〔2011〕51号）等的要求，工作面在安装、初次放顶、强制放顶、收尾、回撤、过地质构造带、过老巷、过煤柱、过冒顶区、过钻孔、过陷落柱，以及托伪顶开采等情况下编制安全技术措施，经矿总工程师审查批准后贯彻执行。

（3）按照《煤炭工业矿井采掘设备配备标准》（GB/T 51169—2016）第4.2.1条第5款的规定，工作面支护强度应与工作面矿压相适应，支架的初撑力和工作阻力应满足直接顶和基本岩层移动产生的压力。

（4）作业规程附图应符合《煤炭矿井制图标准》（GB/T 50593—2010）、《煤矿采矿技术文件用图形符号》（GB/T 38110—2019）标准，内容和标注齐全，比例恰当。

（5）采煤作业规程按采区设计和采煤工作面设计的要求编写，参考《煤矿作业规程编制指南》进行编写。

【资料清单】

（1）采煤工作面设计。

（2）工作面地质预报。

（3）采煤工作面作业规程。

（4）安全技术措施。

（5）规程、措施学习贯彻记录。

（三）矿压监测

【标准原文】

1. 工作面进行支护质量检查和顶板动态监测；进、回风巷开展围岩表面位移观测，锚杆支护巷道有顶板离层监测；

2. 观测、监测有记录，记录数据符合实际；每月至少分析1次观测数据的变化规律，形成报告指导安全生产；

3. 顶板离层临界值在作业规程中规定，超过临界值时顶板有加固措施。

【条文依据】

《煤矿安全规程》第一百零二条、第一百一十四条；《煤矿巷道锚杆支护技术规范》（GB/T 35056—2018）第6.2条；《国家矿山安全监察局关于印发〈强化煤矿炮采（高档普采）工作面顶板管理规定〉等3项煤矿顶板管理规定的通知》（矿安〔2022〕135号）。

【条文内涵】

（1）支护质量：监测支护参数是否符合顶板控制的质量要求。

（2）顶板动态：监测顶板状态，通过支架（支柱）初撑力或工作阻力、安全阀开启数、顶板的完好情况等，发现工作面顶板的变化规律。

（3）围岩变形：重点观测两顺槽围岩表面位移，按照《煤矿巷道矿山压力显现观测方法》(KA/T 11—2023) 的规定，围岩表面位移项目应包含巷道的顶底板移近量和两帮移近量；顶板下沉、底鼓位移。

(4) 锚杆支护巷道：除围岩变形观测外，还应进行顶板离层监测。

(5) 巷道围岩表面位移临界值在作业规程中要明确规定，围岩变形超过规定值时，采取加固措施或修复巷道原有支护，达到巷道设计要求。评分方法参照顶板离层相关规定。

【实施要点】

要点：测点布置、观测频率和监测方法的要求

1. 测点布置

(1) 顶板动态观测有在线观测和人工观测两种，设点位置和观测频次在作业规程中规定，对观测数据进行收集汇总，定期分析顶板变化规律。

(2) 两顺槽围岩每个测站布置不少于 2 个围岩表面位移观测断面，且 2 个断面间距应不大于两排锚杆间距，每个测站间距不大于 200 m。巷道断面测点布置按图 3 -1 所示方式进行，通常采用“十”字布点布置，水平测线 $a-b$ 需与巷道腰线重合，垂直测线 $c-d$ 需与巷道中垂线重合。

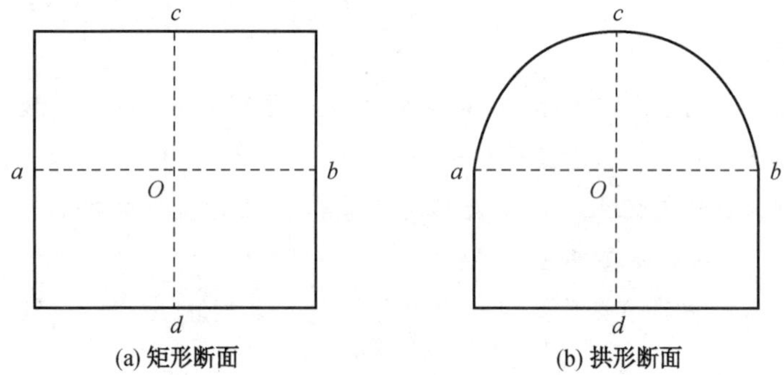

图 3 -1　围岩表面位移测点布置示例图

(3) 锚杆支护巷道中，顶板离层测点布置巷道两排锚杆中间，每个测站间距不大于 50 m；顶板离层指示仪深部锚头不小于巷道跨度的 1.5 倍，浅部锚头比顶板锚杆长度短 0.1 m，确保锚固牢固。

(4) 顶板离层临界值在作业规程中规定，包括巷道围岩表面位移变化临界值，围岩变形超过规定值，未采取措施加固巷道，也在考核评分范围之内。

2. 观测频次

两顺槽距回采工作面 200 m 范围内，每天观测 1 次，其他范围每周不少于

1 次。

3. 监测方法

（1）顶板动态监测方法要在作业规程中规定，巷道围岩变形观测及顶板离层监测应符合《煤矿巷道矿山压力显现观测方法》(KA/T 11—2023）及《煤矿巷道锚杆支护技术规范》(GB/T 35056—2018）第 6 条的要求。

（2）监测人员应如实记录测点监测数据，离层监测应按照《煤矿安全规程》第一百零二条的规定，煤巷、半煤岩巷支护必须进行顶板离层监测，并将监测结果记录在牌板上。

（3）监测人员应按照《煤矿巷道锚杆支护技术规范》(GB/T 35056—2018）第 6. 9 条等的要求，立即向矿主管部门汇报，并分析出现异常的原因及其危害，提出处理办法并及时组织落实。

顶板离层监测采用在线监测的，现场可以不设置牌板。

【资料清单】

（1）工作面支护质量监测台账。

（2）工作面顶板动态观测台账。

（3）离层监测台账。

（4）巷道围岩表面位移观测台账。

（5）工作面矿压变化规律分析报告。

注：各类台账也可合并记录。

（四）支护材料

【标准原文】

1. 单体液压支柱完好，有固定编号，单体液压支柱入井前逐根进行压力试验，在工作面回采结束或使用 8 个月后应进行检修和压力试验，记录齐全；

2. 现场备用材料和备件，规格、型号、数量及存放地点符合作业规程要求。

【条文依据】

《煤矿安全规程》第一百条。

【条文内涵】

采煤工作面支护材料有金属顶梁、单位液压支柱、液压支架立柱、坑木、金属网等，采煤工作面要建立支护材料管理台账，记录材料的型号、数量、使用地点、备用材料存放地点、入井时间、升井时间、检修日期、检修内容、报废情况等，确保在用和备用支护材料始终保持完好状态。备用支护材料、配件数量、型号、存放地点等要在作业规程中明确说明，备用支护材料使用后需及时补充，始终保持数量符合作业规程规定。单体液压支柱使用 8 个月应进行检修和压力试验，并记录齐全。

【实施要点】

要点 1：支护材料管理规范的要求

（1）采煤工作面在用和备用的液压支架、超前支架、端头支架、单体液压支柱、金属顶梁、柔性掩护支架等主要支护材料均应记入管理台账，检修和压力试验应有记录。

（2）单体液压支柱应符合《矿用单体液压支柱　第 1 部分：通用要求》（MT/T 112.1—2006）的要求。

（3）现场按照作业规程要求的型号、规格、数量配足备用支护材料和备件。

要点 2：单体液压支柱应符合《煤矿矿井机电设备完好标准》的要求

（1）柱体：零件齐全完整，手把体无开裂；缸体划痕深度不大于 1 mm，且不影响活柱升降；所有焊缝无裂纹；无严重变形，顶盖不缺爪。

（2）活柱：伸缩灵活，无漏液现象；表面锈蚀斑点总面积不超过 5 cm^2；每 50 cm^2 内镀层脱落点不超过 5 个，总面积不超过 1 cm^2，最大的点不超过 0.5 cm^2；伤痕面积不超过 20 mm^2，深度不超过 0.5 mm。

（3）支柱密封性能：低压密封，密封压力为 2 MPa；2 min 不允许压降；4 h 不允许渗漏。

（4）操作性能：升柱，无卡阻，限位装置可靠；降柱，降柱速度（ϕ100）≥ 40 mm/s。

【资料清单】

（1）金属顶梁和单体液压支柱检修记录。

（2）压力试验记录。

（3）支护材料合格证。

（五）采煤机械化

【标准原文】

采用综合机械化开采。

【条文依据】

《煤炭工业矿井设计规范》（GB 50215—2015）第 5.2.1.2 条。

【条文内涵】

“采煤机械化”是指破煤装煤方式机械化，分为普通机械化开采和综合机械化开采。

【实施要点】

要点：采用综合机械化

根据地质条件、煤层赋存条件、开采技术条件、设备状况及发展趋势等因素，以安全、高效、低成本、高回收率为目的，优先选用综合机械化采煤工艺。

二、质量与安全

（一）顶板管理

【标准原文1】

工作面液压支架初撑力不低于额定值的80%，现场每台支架有检测仪表；单体液压支柱初撑力符合《煤矿安全规程》要求。

【条文依据】

《煤矿安全规程》第一百零一条。

【条文内涵】

依据《液压支架设计规范》(MT/T 556—1996)，液压支架额定压力需满足工作阻力要求，需要与乳化液泵站压力相匹配，还需考虑泵站压力损耗，故液压支架初撑力不低于额定值的80%，且现场每台支架有检测仪表便于观测，检测仪表必须完好且在校验有效期内。

【实施要点】

要点：支架的工作状态要达到标准要求

（1）支架初撑力符合要求。

（2）工作面移架或支设单体液压支柱后要及时补液，并确保液压支架和单体液压支柱初撑力达到作业规程规定。每台液压支架都必须安设检测仪表便于检测初撑力。

【标准原文2】

工作面支架中心距（支柱间排距）偏差不大于100 mm；侧护板正常使用，架间间隙不大于100 mm；工作面煤壁、刮板输送机、支架（支柱）保持直线，支架（支柱）直线偏差不超过50 mm。

【条文依据】

《煤矿安全规程》第一百一十四条。

【条文内涵】

液压支架在采煤工作面的支护形态决定工作面的顶板支护质量，支架中心距过大易造成架间窜矸，达不到设计支护强度，且易造成支架歪斜；过小易挤死支架、咬架，导致没有调整支架空间和拉架阻力增大等。

工作面支架（支柱）保持直线，检查时在支架前立柱前拉一条直线，通过现场测量偏差。

【实施要点】

随时巡查支架，保持支架支护状态。根据顶板情况，及时调整支架管理顶板，保证支架支护强度，维护“三直”的整体支护效果。

【标准原文3】

液压支架接顶严实，支架不挤不咬，架间高差不超过侧护板高2/3；采高大于3.0 m或片帮严重时，液压支架设护帮板；采高大于4.5 m时，有防片帮伤人措施；支架前梁（伸缩梁）梁端至煤壁顶板垮落高度符合作业规程要求。高档普采（炮采）工作面机道梁端至煤壁顶板垮落高度不大于200 mm，超过200 mm时采取有效措施，采空区侧挡矸有效。

【条文依据】

《煤矿安全规程》第一百一十四条。

【条文内涵】

采煤工作面支架接顶不严实、冒高超过规定，可导致支护质量较差，极易引起支架初撑力不足、顶板松动、垮落、片帮现象。

【实施要点】

要点：巡查工作面，保持支架标准的支护状态

（1）顶板、煤壁要平整。

（2）破煤时应保持顶板平整，及时移架，补足支架（单体支柱）初撑力，采高大于3 m或片帮严重时，打开侧护板或采取其他防片帮措施，支架前梁（伸缩梁）梁端至煤壁顶板垮落高度符合作业规程要求。

【标准原文4】

液压支架顶梁与顶板平行，最大仰俯角不大于7°（遇断层、构造带、空巷、应力集中区等，在保证支护强度条件下，满足作业规程或专项安全措施要求）；支架垂直顶底板，歪斜角不大于5°；支柱迎山角符合要求。

【条文内涵】

根据液压支架的结构，当支架（单体支柱）处于垂直顶底板形态时，支护

效果最佳。

【实施要点】

要点：巡查工作面支架，维持支架标准的支护状态

（1）单体液压支柱要迎山有力。

（2）单体液压支柱的迎山角是在有一定倾角的工作面安设支柱时，支柱与底板法线形成的向上偏角。其作用是使支柱稳固地支撑顶板，以免顶板来压时支柱被推倒，迎山角根据工作面倾角大小而定，一般为3°~5°。

【标准原文5】

工作面液压支架（支柱顶梁）端面距符合作业规程要求。工作面伞檐长度大于1 m时，其最大突出部分，薄煤层不超过150 mm，中厚以上煤层不超过200 mm；伞檐长度在1 m及以下时，最突出部分薄煤层不超过200 mm，中厚以上煤层不超过250 mm。

【条文依据】

《煤矿安全规程》第九十八条。

【条文内涵】

（1）留设合理端面距对工作面的回采起着重要作用，端面距过大极易造成工作面煤壁的片帮事故，也可能发生冒顶事故；端面距过小会使采煤机滚筒在割煤时割到支架前梁，造成采煤机摇臂离合轴的损坏。作业规程中要对端面距的大小作出规定。

（2）由于煤层与顶板之间黏结力小，伞檐在重力的作用下会逐渐与顶板脱离而垮落，容易引起伤人事故，加大了煤壁区安全管理难度。

【实施要点】

要点：断面距不能超过规定

（1）根据煤层的完整性、软硬程度以及煤层的地质赋存条件，机采工作面端面距一般为150~300 mm，不超过340 mm。

（2）采用大型采煤机时，根据采煤机特性确定端面距。液压支架端面距应保证采煤机仰采达5°时，大采高工作面滚筒与液压支架顶梁前端有不小于50 mm的间隙，特大采高工作面有不小于80 mm的间隙，端面距D按下式计算：

$$D = H \times \tan 5^\circ + (B_1 - B_2) + K$$

式中 D——端面距，mm；

H——支架最大高度，mm；

B_1——采煤机滚筒最大宽度，mm；

B_2——支架推溜步距，mm；

K——滚筒和顶梁前端间隙，大采高工作面 50 mm，特大采高工作面 80 mm。

【标准原文 6】

工作面内特殊支护措施完备且满足要求；顶板不垮落、悬顶范围超过作业规程规定时停止采煤，采取人工强制放顶或其他措施进行处理。

【条文依据】

《煤矿安全规程》第一百零五条。

【条文内涵】

特殊支护包括端头支护、两巷超前支护、密集支护、戗棚（柱）支护、木垛及煤壁区临时支护等，特殊支护要符合作业规程相关要求，并保证牢固、可靠。采空区处理是采煤工作面顶板管理的一项主要工作，采空区悬顶面积过大，加大了工作面控顶区上覆岩层对支架（支柱）的承载压力，当支架（支柱）无法承受时，就会引起顶板事故。另外，采空区悬顶面积过大，在突然垮落的同时，会造成采空区内有毒有害气体瞬间涌出，引发其他事故。

【实施要点】

要点：根据作业规程规定管理顶板

工作面内特殊支护应符合作业规程规定，进回风巷工作面两端头处退锚距离和方式应在作业规程中明确，现场与作业规程相符。超过规定要采取强制放顶措施。

【标准原文 7】

不随意留顶煤、底煤开采，留顶煤、底煤、托夹矸开采时，应制定专项安全措施。

【条文依据】

《煤矿安全规程》第九十八条、第一百零一条。

【条文内涵】

采煤工作面留顶煤和底煤、托夹矸开采弊端较多，不仅造成煤炭资源回采率降低，还会引起支柱钻底或液压支架底座下陷等不利顶板管理的局面，甚至会使有自然发火倾向的煤层发生采空区煤炭自然发火，引起矿井火灾。

【实施要点】

要点：不能随意留顶底煤开采

根据煤层赋存条件合理选用采煤工作面设备。因地质条件变化或其他原因需要留顶底煤或托夹矸开采时，必须制定专项安全技术措施。

【资料清单】

采煤工作面作业规程。

【标准原文8】

工作面因顶板破碎或分层开采，需要铺设假顶时，按照作业规程的规定执行。

【条文依据】

《煤矿安全规程》第一百零七条。

【条文内涵】

采煤工作面处理顶板破碎或分层开采时，为了加固原顶板而采取人工假顶的方法，人工假顶铺设质量将直接影响顶板完整性或下分层开采时的支护安全，施工时必须保证质量。作业规程需明确人工假顶施工工艺以及铺设网的规格型号、铺设方法、搭接、连网尺寸等，明确施工过程中相关安全措施，现场严格按作业规程施工。

【实施要点】

要点：分层工作面布置要避开动压区域

采用分层垮落法回采时，下一分层的采煤工作面必须在上一分层顶板垮落的稳定区域内进行回采。

【标准原文9】

工作面控顶范围内顶底板移近量按采高不大于100 mm/m；底板松软时，支柱应穿柱鞋，钻底小于100 mm；工作面顶板不应出现台阶式下沉；支架（支柱）不超高使用，支架（支柱）高度与采高相匹配，控制在作业规程规定的范围内，支架的活柱行程余量不小于200 mm（企业特殊定制支架、支柱以其技术指标为准）。

【条文依据】

《煤矿安全规程》第一百一十四条。

【条文内涵】

（1）顶底板移近量大反映了工作面支护强度不足，可能引起支架（支柱）钻底或死架现象。有效控制好控顶区域内顶底板移近量，是顶板管理的关键，工作面顶板出现台阶式下沉是因为顶板断裂下沉、顶底板移近量大造成的，也是支护强度不足的表现，可能使工作面支护整体失稳，易造成推垮型或压垮型冒顶事故。

（2）根据采煤工作面采高合理选用支架（支柱）最大和最小支撑高度，采高超过支架最大支撑高度易造成初撑力、支护强度不足，甚至还有发生歪斜、倒架的可能。支架活柱行程余量不得小于 200 mm（企业特殊定制支架、支柱以其技术指标为准）是为了防止压死支架，特别是工作面遇见地质变化时，易发生此类现象。

【实施要点】

要点：控制好顶板移近量

（1）工作面底板松软时，因支柱与底板接触面积较小，支柱可采取穿鞋方法增加与底板接触面积，确保顶板不出现台阶式下沉。

（2）支护高度与采高应匹配，支护最大高度应高于最大采高，最小高度应低于最小采高 0.2 m 以下，支架不超高使用，且控制在作业规程规定范围内。

【标准原文 10】

工作面支架（支柱）及超前支护编号管理，牌号清晰。

【条文内涵】

编号管理是为了便于液压支架（支柱）的日常管理和维护，明确工作面位置。

【实施要点】

要点：持续保持编号清晰

工作面内液压支架（支柱）编号应清晰、完整，安装位置显著，不易损坏。

（二）安全出口与巷道支护

【标准原文 1】

工作面安全出口畅通，人行道宽度不小于 0.8 m，综采（放）工作面安全出口高度不低于 1.8 m，其他工作面不低于 1.6 m；安全出口以外巷道高度不低于 2 m，支护完好；工作面两端第一组支架与上下顺槽巷道顶板支护之间的净距离不大于 0.5 m；超前支护设备初撑力符合作业规程要求；单体液压支柱初撑力符合《煤矿安全规程》要求。

【条文依据】

《煤矿安全规程》第九十七条、第一百零一条。

【条文内涵】

工作面安全出口区域控顶面积大、矿压显现强烈，同时此处也存在机电设备、特殊支护及巷道围岩变形量大等情况，易造成安全出口堵塞或安全出口不畅通现象，所以安全出口要设专人维护。人行道宽度不小于0.8 m是根据人行道与设备安全距离制定的。依据工作面面长和设备特点等设计、安装液压支架（支柱），需保证工作面两端头第一组支架与巷道顶板支护之间的间距不大于0.5 m，控制支架上移下滑，避免造成工作面两端头与巷道支护间空顶现象。

【实施要点】

要点：保持端头有效支护

安全出口范围包括工作面安全出口和巷道连接处超前压力影响区域。高度测量时，测量底板至垂直上方管路设施、支护装备最低点，而不仅仅是巷道顶板。工作面两端第一组支架与巷道顶板支护间距不大于0.5 m，大于0.5 m时，要加强支护。

【标准原文2】

进、回风巷超前加强支护距离、支护形式以及架棚巷道超前替棚距离符合作业规程规定，支柱柱距、排距允许偏差不大于100 mm；采用密集支柱切顶时，支柱数量符合作业规程要求；挡矸有效。

【条文依据】

《煤矿安全规程》第九十七条。

【条文内涵】

（1）超前支护是保障安全出口畅通的手段，超前支护的密度、替棚距离要保证超前支护强度，超前方式、支柱柱距、排距要在作业规程中明确规定。超前支护支柱要支设整齐，允许偏差在标准范围，便于行人或运输的畅通运行。

（2）进、回风巷放顶采用密集支柱切顶时，此处控顶距、密集支柱柱距、排距要在作业规程中明确规定，进、回风巷切顶线处需增设挡矸设施，并保证挡矸有效，不能出现窜矸现象。

【实施要点】

要点：超前支护要符合作业规程要求

超前支护距离要与作业规程相符，超前支护的强度须达到作业规程的要求。

（三）安全设施

【标准原文1】

工作面每50架或75 m、安全出口、转载机头、带式输送机头和机尾安装视频摄像头，视频有效监控作业区域。

【条文依据】

《公共安全视频监控联网系统信息传输、交换、控制技术要求》(GB/T 28181—2022)；《煤炭工业矿井监测监控系统装备配置标准》(GB 50581—2020) 第 3.4.5 条；《煤矿安全监控、井下作业人员、工业视频感知数据接入细则（试行)》(煤安监办〔2019〕42 号附件 2)；《国家矿山安全监察局综合司关于印发〈煤矿工业视频安装及联网接入规范（试行)〉的通知》（矿安综〔2024〕58 号)。

【条文内涵】

回采工作面区域、安全出口、转载机头、带式输送机头和机尾作为重点监控对象，不能出现违规作业或失控的局面。

【实施要点】

要点：视频监控管理要求

煤矿根据相关规定，制定视频监控管理制度，在作业规程中提出明确要求，严格执行。

【标准原文 2】

设备转动外露部位，溜煤（矸）眼及煤仓上口等人员通过地点应有可靠的安全防护设施。

【条文依据】

《煤矿安全规程》第三百七十四条、第四百四十四条。

【条文内涵】

设备在运转时，为防止设备转动外露部位对作业人员造成伤害，要在设备转动外露部位设置防护罩或围栏，溜煤眼及煤仓上口等人员通过的地点设置防护栏。

【实施要点】

要点：设备转动外露部位做好防护

防护罩或围栏必须能够覆盖外露的转动部位，且安装牢固。溜煤眼及煤仓上口防护栏生根牢固，高度不低于 1.2 m。

【标准原文 3】

单体液压支柱、超前支护设备防倒措施符合作业规程要求；工作面倾角大于 15°时，液压支架有防倒、防滑措施，其他设备有防滑措施；倾角大于 25°时，有防止煤（矸）窜出伤人的措施。

【条文依据】

《煤矿安全规程》第一百零一条、第一百一十四条。

【条文内涵】

采煤工作面支设的单体液压支柱常因卸载或顶板冒落等原因造成支柱倾倒，

对作业人员安全作业构成威胁，因此要求单体液压支柱有防倒措施。工作面倾角大于15°时，液压支架降架时易出现下滑、失稳现象，故要求液压支架安设防倒、防滑措施；当工作面倾角在大于25°拉移支架时，煤壁区易出现片帮、掉顶或滚煤（矸）现象，威胁下方作业人员安全，所以必须有防止煤（矸）窜出刮板输机伤人的措施。

【实施要点】

要点：单体液压支柱要设防倒设施

采煤工作面内所有单体支柱均有防倒设施，使用硬连接、软连接均符合要求。防止煤（矸）窜出伤人措施，多数矿井采用悬挂柔性挡矸帘的方式。

【标准原文4】

行人通过的刮板输送机机尾设盖板；带式输送机、转载机行人跨越处有过桥。

【条文依据】

《煤矿安全规程》第三百七十四条。

【条文内涵】

刮板输送机机尾盖板要将机尾全覆盖。在人员需要跨越带式输送机处设置行人过桥，行人过桥固定牢靠，并设置扶手，行人过桥距带式输送机上输送带高度保持0.5 m以上安全距离，且能够保证人员顺利通行。

【实施要点】

带式输送机行人过桥设置数量要充足，只要需要作业人员进入带式输送机里侧作业的都要设置过桥。

【标准原文5】

各种液压设备操纵阀手把能实现自动闭锁或有限位装置；液压支架电液控制装置控制器有防护，架间主进回液管有护套。

【条文内涵】

（1）液压设备操纵阀手把能实现自动闭锁或有限位装置，能有效避免误操作。

（2）液压支架电液控制装置精巧，经不起外力重击，需要做好防护。架间主进回液管受支架移动的影响，会有架间漏矸碰撞，长期经受磨损，有可能受伤，设有护套，延长使用寿命。

【实施要点】

要点：对液压系统设施做好保护

各种液压设备及辅件，要配备齐全、质量合格、使用完好，控制阀有效，耐压等级符合要求。

【标准原文 6】

破碎机入口前安装急停闭锁装置，入口处安装 3 根以上防护链；转载机未封闭段有安全防护。

【条文依据】

《煤矿安全规程》第一百一十四条。

【条文内涵】

破碎机常用的安全防护装置有入口处安装柔性可调防护链、红外线温度探测仪、生物探测仪、电子围挡等，能实现预警和闭锁转载机、破碎机的功能；破碎机前后封闭式溜槽能有效防止人员误入。

【实施要点】

要点：要设置破碎机防护装置

破碎机安全防护装置是为了防止破碎机在工作时煤矸崩出伤人和人员误入造成人身伤害。

【标准原文 7】

带式输送机机头、乳化液泵站、配电点、防爆型柴油动力装置、油脂存放地点消防设施齐全。

【条文依据】

《煤矿安全规程》第二百五十七条、第五百七十二条。

【条文内涵】

带式输送机机头、乳化液泵站、配电点等场所是容易发生火灾的地点，因此需要配齐消防设施。

【实施要点】

要点：消防设施要齐全有效

带式输送机机头、乳化液泵站、配电点等场所配备的消防设施要符合《煤矿井下采掘工作面消防设施设置标准》的要求。

三、机电设备

（一）液压系统

【标准原文】

1. 乳化液泵站完好，乳化液泵站压力综采（放）工作面不小于 30 MPa，炮采、高档普采工作面不小于 18 MPa，乳化液（浓缩液）浓度符合产品技术标准要求，并在作业规程中明确规定；

2. 液压系统无漏、窜液，部件无缺损，管路无挤压，连接销使用规范；注液枪完好；

3. 采用电液阀控制时，净化水装置运行正常，水质、水量满足要求；

4. 各种液压设备及辅件合格、齐全、完好，控制阀有效，耐压等级符合要求。

【条文依据】

《煤矿安全规程》第一百一十四条；《煤矿用乳化液泵站　第 1 部分：泵站》（MT/T 188.1—2006）；《液压支架立柱、千斤顶内径及活塞杆外径系列》（MT/T 94—1996）；《液压支架用软管及软管总成检验规范》（MT/T 98—2006）；《液压支架用乳化油、浓缩物及其高含水液压液》（MT 76—2011）。

【条文内涵】

完好的液压系统是保证高压乳化液供给支护设备的有力保障，乳化液泵站各部件连接螺栓齐全、牢固；减速器油位和密封符合规定；曲轴箱油位在警戒线以上；泵站至工作面的管路连接牢靠；泵体密封性能好，不漏油，运转时无异常震动；安全保护装置齐全，动作灵敏可靠。

【实施要点】

要点：液压系统按规定检查维护

工作中要有专人负责液压系统巡查，发现问题及时处理。

【资料清单】

乳化液泵站日常检修记录。

（二）采（刨）煤机

【标准原文】

1. 采（刨）煤机完好；电气保护齐全可靠；

2. 采煤机有停止工作面刮板输送机的闭锁装置；

3. 采（刨）煤机设置甲烷断电仪且灵敏可靠；

4. 采（刨）煤机截齿、喷雾装置、冷却系统符合规定，喷雾有效；

5. 刨煤机工作面至少每隔 30 m 装设能随时停止刨头和刮板输送机的装置或向刨煤机司机发送信号的装置；有刨头位置指示器；

6. 采煤机具备遥控功能。

【条文依据】

《煤矿安全规程》第一百一十七条、第一百一十八条、第四百五十一条、第五百零一条、第六百四十七条。

【条文内涵】

1. 采（刨）煤机完好标准

（1）机体：机壳、盖板无裂纹，固定可靠，接合面严密，不漏油；操作手把、按钮、旋钮完整，动作灵敏可靠，位置正确；仪表齐全，灵敏准确；水管接头牢固，截止阀灵活，过滤器不堵塞，水路畅通，不漏水。

（2）牵引部：牵引部运转无异响，调速均匀准确；牵引链伸长量不大于设计长度3%，无链牵引链轮与齿条或链滚的啮合灵敏可靠；牵引链张紧装置齐全可靠，弹簧完整；紧链液压缸完整，不漏油；导链装置齐全，磨损量不大于10 mm；液压油质量符合《综采设备油脂管理办法补充规定（草案)》。

（3）截割部：齿轮传动无异响，油位适当，在倾斜工作位置，齿轮能带油，轴头不漏油，离合器动作灵活可靠，摇臂升降灵活，不自动下降，摇臂千斤顶无损伤，不漏油。

（4）截割滚筒：滚筒无裂纹或开焊，喷雾装置齐全，水路畅通，喷嘴不堵塞，水成雾状喷出；螺旋叶磨损量不超过内喷雾的螺纹，无内喷雾的螺旋叶，磨损量不超过原厚度的1/3，截齿缺少或截齿无合金的数量不超过10%，齿轮损坏或短缺的数量不超过2个；挡煤板无严重变形，翻转装置动作灵活。

（5）电气部分：电动机冷却水路畅通，不漏水；电动机外壳温度不超过80 ℃，电缆无破皮、漏电，电缆夹齐全牢固，不出槽，电缆不受拉力。

（6）安全保护装置：采煤机原有安全保护装置（如与刮板输送机的闭锁装置、制动装置、机械摩擦过载保护装置、电动机恒功率装置及各种电气保护装置）齐全可靠，整定合格。有链牵引采煤机在倾角15°以上工作面使用时，应有可靠的防滑装置。

（7）底托架、破碎机：底托架无严重变形，螺栓齐全紧固，与牵引部及截割部接触平稳，挡煤严密；滑靴磨损均匀，磨损量不大于10 mm；支撑架固定可靠，滚轮转动灵活；破碎机动作灵活可靠，无严重变形及磨损，不缺破碎齿。

2. 采（刨）煤机电气保护

主要有过流、短路、漏电、电动机恒功率自动调速、急停、闭锁工作面输送机保护等，各保护灵敏、可靠。

【实施要点】

要点：按规定进行采煤机运行、检修维护

（1）采煤机停止工作或检修时，必须切断采煤机前级供电开关电源并断开其隔离开关，断开采煤机隔离开关，打开截割部离合器，并对工作面输送机施行闭锁。工作面倾角在15°以上时，必须有可靠的防滑装置。更换截齿和滚筒时，采煤机上下3 m范围内，必须护帮护顶，禁止操作液压支架。

（2）使用刨煤机采煤时，必须在刮板输送机两端设置明显标志，防止刨头与刮板输送机机头撞击。工作面倾角在12°以上时，配套的刮板输送机必须装设防滑、锚固装置。

（3）采煤机有内、外喷雾装置，内喷雾装置的工作压力不得小于2 MPa，外喷雾装置的工作压力不得小于4 MPa。喷雾流量应与机型相匹配，无水或者喷雾装置不能正常使用时必须停机。

（三）刮板输送机、转载机、破碎机

【标准原文】

1. 刮板输送机、转载机、破碎机完好；

2. 使用刨煤机采煤、工作面倾角大于12°时，配套的刮板输送机装设防滑、锚固装置；

3. 刮板输送机机头、机尾固定可靠；

4. 刮板输送机、转载机、破碎机的减速器与电动机采用软连接或软启动控制，液力偶合器不使用可燃性传动介质（调速型液力偶合器不受此限），使用合格的易熔塞或防爆片；

5. 刮板输送机安设能发出停止、启动信号和通信的装置，间距不超过15 m；

6. 刮板输送机、转载机、破碎机电气保护齐全可靠，电机采用水冷方式时，水量、水压符合要求。

【条文依据】

《煤矿安全规程》第一百二十一条。

【条文内涵】

1. 刮板输送机完好标准

（1）机头、机尾：架体无严重变形、无开焊，运转平稳；链轮无损伤，链轮承托水平圆环链的平面最大磨损，节距≤64 mm时不大于6 mm，节距≥86 mm时不大于8 mm；分链器、压链器、护板完整紧固，无变形，运转时无卡碰现象；抱轴板磨损不大于原厚度的20%，压链器厚度磨损不大于10 mm；紧链机构部件

齐全完整，操作灵活，安全可靠。

（2）溜槽：溜槽及连接件无开焊断裂，对角变形不大于 6 mm；中板和底板无漏洞。

（3）链条：链条组装合格，运转中刮板不跑斜（跑斜不超过一个链环长度为合格），松紧合适，链条正反方向运行无卡阻现象；刮板弯曲变形数不超过总数的 3%，缺少数不超过总数的 2%，并不得连续出现；刮板弯曲变形不大于 15 mm，中双链和中单链刮板平面磨损不大于 5 mm，长度磨损不大于 15 mm；圆环链伸长变形不得超过设计长度的 3%。

（4）机身附件：铲煤板、挡煤板、齿条、电缆槽无严重变形，无开焊，不缺连接螺栓，固定可靠；铲煤板滑道磨损，有链牵引不大于 15 mm，无链牵引不大于 10 mm；导向管接口不得磨透、不缺销子。

（5）信号装置：工作面和顺槽刮板输送机，应沿机安设有发出停止或开动的信号装置，信号点设置间距不超过 12 m。

（6）安装铺设：两台输送机搭接运输时，搭接长度不小于 500 mm；机头最低点与机尾最高点的间距不小于 300 mm，刮板输送机与带式输送机搭接运输时，搭接长度和机头、机尾高度差均不小于 500 mm。

2. 转载机完好标准

（1）机头：机头架无开焊或变形，中心轴花螺母开口销齐全，松紧适度；导料槽完整，无严重变形；行走小车车轮小轴固定牢固，转动灵活、无卡阻现象；机头护板、分链器完整齐全，安设牢固；链轮磨损符合规定。

（2）中间部：刮板链松紧适度，刮板、圆环链符合刮板输送机相关规定，桥段的凸凹槽无磨损漏洞。

（3）机尾：机尾滚筒转动灵活，轴承润滑良好。

（4）推动装置：推拉立柱、千斤顶符合有关规定，液压管路不漏液，操纵阀动作可靠，不窜液。

（5）破碎机：安全保护装置齐全，动作可靠。

【实施要点】

要点：设备检修、使用时严格按规定执行

（1）设备停机、检修或处理故障时，必须停电闭锁。

（2）刮板输送机使用的液力偶合器，必须按所传递的功率大小，注入规定量的难燃液，并经常检查有无漏失。

（3）移动刮板输送机、转载机时，必须有防止冒顶、顶伤人员和损坏设备的安全措施。

（四）带式输送机

【标准原文】

1. 机架编号管理，滚筒、托辊齐全且转动灵活；

2. 电气保护齐全可靠；

3. 使用阻燃、抗静电胶带；装设防打滑、防堆煤、防跑偏、防撕裂保护装置，以及温度、烟雾监测和自动洒水装置，定期进行保护试验；

4. 上运式带式输送机装设防逆转装置和制动装置，下运式带式输送机装设软制动装置和防超速保护装置；

5. 减速器与电动机采用软连接或软启动控制，液力偶合器不使用可燃性传动介质（调速型液力偶合器不受此限），使用合格的易熔塞和防爆片；

6. 连续运输系统有连锁、闭锁控制装置；机头、机尾及全线安设通信和信号装置，间距不超过 200 m，沿线安设有效的急停装置；

7. 机头、机尾固定牢固，机头有防护栏，机尾使用挡煤板且有防护罩；在大于 16°的斜巷中带式输送机设置防护网，并采取防止物料下滑、滚落等安全措施。

【条文依据】

《煤矿安全规程》第三百七十四条、第三百七十五条。

【条文内涵】

（1）滚筒、托辊：滚筒无破裂，键不松动；胶面滚筒的胶层与滚筒表面紧密贴合，不得有脱层或裂口；托辊齐全，转动灵活，无异响，无卡阻现象，定期注油；缓冲托辊表面胶层磨损量不得超过原厚度的 1/2。

（2）机体：机头架、机尾架和拉紧装置架无开焊和变形，机尾架滑靴应平整，连接紧固；中间架平直无开焊，吊绳（上部吊宽应大于下部宽度）、机架完整，固定可靠，无严重锈蚀。

（3）胶带：拉紧装置和伸缩装置，胶带无破裂，横向裂口不得超过带宽的 5%，保护层脱皮不超过 0.3 m^2，中间纤维层破损面宽度不超过带宽 5%；接头卡子牢固平整，硫化接头无裂口、鼓泡或碎边；运行胶带不打滑、不跑偏，上部胶带不超出滚筒和托辊边缘，下部胶带不磨机架；牵引小车架无损伤、无变形，车轮在轨道上运行无异响；拉紧装置的调节余量不小于调节全行程的 1/5，伸缩牵引小车行程不小于 17 m。

（4）制动装置、清扫器：制动装置各传动杆件灵活可靠，各销轴不松旷、不缺油；闸轮表面无油迹，液压系统不漏油；松闸状态下，闸瓦间隙不大于2 mm，制动时闸瓦与闸轮紧密接触，有效接触面积不得小于60%，制动可靠。

（5）安全保护装置：速度保护、防打滑、防跑偏、断带、满仓等保护装置齐全，灵敏可靠。两台以上带式输送机串接运行时，应设联锁装置。

【实施要点】

要点：带式输送机的保护装置要齐全。

（1）采用非金属聚合物制造的输送带、托辊和滚筒包胶材料等，其阻燃性能和抗静电性能必须符合有关标准的规定。

（2）装设防打滑、跑偏、堆煤、撕裂等保护装置。

（3）装设温度、烟雾监测装置和自动洒水装置。

（4）具备沿线急停闭锁功能。

（5）液力偶合器严禁使用可燃性传动介质（调速型液力偶合器不受此限）。

（6）机头、机尾及搭接处，应当有照明。机头、机尾、驱动滚筒和改向滚筒处，设防护栏及警示牌。行人跨越带式输送机处，应当设过桥。

（7）倾斜井巷中使用的带式输送机，上运时，必须装设防逆转装置和制动装置；下运时，应当装设软制动装置且必须装设防超速保护装置。

（8）在大于16°的倾斜井巷中使用带式输送机，应当设置防护网，并采取防止物料下滑、滚落等的安全措施。

【资料清单】

输送带阻燃、抗静电试验报告。

（五）辅助运输

【标准原文】

设备完好，制动可靠，安全设施有效，声光信号齐全；倾斜巷道阻（挡）车装置有效；运输巷与运输设备最突出部分的最小间距、钢丝绳及其使用符合《煤矿安全规程》要求。

【条文依据】

《煤矿安全规程》第九十条、第四百零八～四百二十条。

【条文内涵】

辅助运输设备有多种，如轨道机车、架空乘人装置、单轨吊、卡轨车、齿轨车、无极绳绞车、无轨胶轮车等，其安设符合规程、设计要求，声光信号灵敏可靠，轨道铺设符合设计要求，钢丝绳及其使用符合《煤矿安全规程》要求。

【实施要点】

要点：钢丝绳质量要符合规定

断丝、直径减小量和锈蚀不得超过第四百一十二条的规定，接头钢丝绳使用范围及接头插接长度应符合第四百一十四条的规定，受损应按照四百一十三条的规定处理，钢丝绳头固定在卷筒上应按照第四百二十条的规定固定。

（六）通信系统

【标准原文】

通信系统畅通，工作面每隔 15 m、变电站、乳化液泵站、各转载点安设语音通信装置。

【条文依据】

《煤矿安全规程》第五百零七条。

【条文内涵】

语音通信系统在综采工作面中主要用于人员之间的通信，确保信息传递的及时性和准确性。通过语音通信系统，可以有效地进行工作指令的下达、安全提示以及紧急情况下的快速响应。

【实施要点】

要点：语音通信装置

采煤工作面通信系统畅通，工作面安装有直通地面调度室的电话，有条件的煤矿应将 4G 或 5G 信号覆盖工作面有人员作业的区域。工作面及两顺槽安装有语音通信装置，间距符合规定，确保各作业区域人员能够清晰听到语音通信装置发出的指令和提示。煤矿应当定期对通信系统进行检查维护，确保通信系统能够正常运转，稳定可靠。

（七）电气设备

【标准原文】

小型电器排列整齐，干净整洁，性能完好；移动变电站完好；接地保护规范有效；开关上架，电气设备不被淋水；移动电缆有吊挂、拖曳装置。

【条文依据】

《煤矿安全规程》第四百七十八条、第四百八十条。

【条文内涵】

要搞好电气设备文明生产，设备接地保护安设符合《煤矿安全规程》的规定。

【实施要点】

要点：接地线安设要符合规定

“接地线安设规范”是指采煤工作面机电设备保护接地线安设应符合《煤矿安全规程》第四百七十八条、第四百八十条及《煤矿井下保护接地装置的安装、检查、测定工作细则》等的规定。主要要求如下。

（1）局部接地极可以设置于巷道水沟内或其他就近的潮湿处。

（2）每台设备均必须用独立的连接导线与辅助接地母线直接相连；禁止将几台设备串联接地，也禁止将几个接地部分串联。

（3）移动变电站高、低压侧开关箱和干式变压器上的外接地螺钉分别用独立的连接导线连接到辅助接地母线上。

（4）电缆与移动设备相连时，其接地芯线应比主芯线长一些，以免使接地芯线承受机械拉力。

（5）橡套电缆的接地芯线，除用作监测接地回路外，不得兼作他用。

四、文明生产

（一）照明管理

【标准原文】

泵站、休息地点、转载点、硐室、车场、带式输送机机头和机尾、挖掘机作业处等场所有照明；综合机械化采煤工作面照明灯间距不大于 15 m，上下顺槽照明灯间距不大于 30 m。

【条文依据】

《煤矿安全规程》第四百六十九条。

【条文内涵】

作业场所的亮化，是采煤工作面现场安全生产标准化建设的直观体现，是现场安全管理精细化水平的直接反映。

【实施要点】

要点：采煤工作面及两顺槽照明

煤矿应当在采煤工作面、两巷超前支护段、移变列车、机电硐室、转载点、车场等人员作业及休息场所设置照明，采煤工作面照明灯安设位置能够使光照到工作面煤壁和刮板输送机，在这个范围不产生阴影，照明灯间距不得大于 15 m，两顺槽照明间距不大于 30 m。

（二）牌板管理

【标准原文】

1. 材料、设备有标志牌；

2. 工作面通风系统图、工作面设备布置图、避灾路线图、正规作业循环图表图牌板齐全、清晰；

3. 巷道至少每 100 m 设置醒目的里程标志。

【条文依据】

《中华人民共和国安全生产法》第三十五条。

【条文内涵】

材料牌板要标注材料名称、规格、数量、管理单位、责任人等内容。图牌板悬挂在人员所经路线上，悬挂地点有照明，巷道宽敞，方便查看。

【实施要点】

要点：标牌制作标准要统一

（1）图板统一标准尺寸、统一标准悬挂，图牌板保持清晰、干净。图牌板要经得住巷道冲洗。

（2）工作面两巷由外向里至少每隔 100 m 悬挂醒目的巷道里程标志牌，标志牌内容包含里程数字，悬挂在巷道显著位置，并保持清晰。

（三）作业环境

【标准原文】

1. 物料分类码放整齐；电缆、管路吊挂规范；管路、设备无积尘；各转载点有喷雾降尘装置；

2. 巷道及硐室底板平整，无浮碴及杂物，无淤泥，无积水；工作面内无杂物，无浮煤，无积矸。

【条文依据】

《煤矿安全规程》第六百五十二条。

【条文内涵】

（1）材料需上架管理，不同型号材料分类码放，并明确材料码放高度、安全间距、固定方式。

（2）管路、电费无积尘，积尘厚度不得超 2 mm。

（3）浮碴，碴颗粒直径超过 3cm 煤矸；杂物，废旧材料；积水，水面长度超过 5 m，深度超过 0.1 m。

【实施要点】

要点：持续保持文明环境

巷道及硐室底板保持平整，出现底鼓现象及时修整。材料分类码放，实行定置管理，码放符合安全需要，不影响作业和通行，实行挂牌管理。工作面及两巷路面整洁，无杂物和淤泥积水。

五、附加项——技术进步

【标准原文】

建成智能化采煤工作面并正常运行。

【条文依据】

《关于印发〈关于加快煤矿智能化发展的指导意见〉的通知》（发改能源〔2020〕283 号）、《矿山智能化标准体系框架》、《煤矿智能化标准体系建设指南》、《智能化示范煤矿验收管理办法（试行）》。

【条文内涵】

智能化采煤工作面是时代发展需求，其自动化系统主要由液压支架电液控系统、智能集成供液系统、综采自动化控制系统等组成，可提高煤矿综采自动化水平，改善煤矿开采安全条件，降低工人劳动强度，提高生产效率。

【实施要点】

大力发展人工智能、工业物联网、云计算、大数据、机器人、智能装备等与现代煤炭开发利用深度融合，提升智能化水平、安全生产水平，促进煤炭工业高质量发展。

3.4 掘　　进

一、基础管理

（一）生产布局

【标准原文】

按批准的设计布置掘进工作面；个数符合《煤矿安全规程》规定。

【条文依据】

《煤矿安全规程》第九十五条；《国家矿山安全监察局关于印发〈强化煤矿炮采（高档普采）工作面顶板管理规定〉等3项煤矿顶板管理规定的通知》（矿安〔2022〕135号）中“强化煤矿锚杆支护巷道顶板管理规定”第三条。

【条文内涵】

（1）掘进工作面支护形式符合设计要求。

（2）一个矿井同时作业的煤（半煤岩）巷掘进工作面个数不得超过9个，严禁以掘代采；一个采（盘）区内同一煤层的一翼最多只能2个煤（半煤岩）巷掘进工作面同时作业；一个采（盘）区内同一煤层双翼开采或者多煤层开采的，该采（盘）区最多只能布置4个煤（半煤岩）巷掘进工作面同时作业。

（3）低瓦斯矿井交替作业的双巷掘进工作面计为一个掘进工作面；“作业”是指采掘作业，不包含抽采瓦斯等灾害治理工程。

【实施要点】

要点1：从设计源头把关

（1）采（盘）区开采前必须按照生产布局和资源回收合理的要求编制采（盘）区设计，并严格按照采（盘）区设计组织施工，情况发生变化时及时修改设计。

（2）依据采区设计完成“一巷一设计”；设计必须在掘进工作面施工前完成。

要点2：从实施环节把关

（1）布置的掘进工作面个数符合《煤矿安全规程》要求。

（2）掘进工作面严格按照设计施工。

【资料清单】

（1）采（盘）区设计。

（2）工作面设计。

（3）采掘工程平面图。

（4）年度采掘接替计划、月度生产作业计划表。

（5）月度掘进进尺完成情况验收表。

（二）规程措施

【标准原文】

1. 掘进工作面开工前编制作业规程，内容符合相关要求：明确巷道施工工艺、循环进尺、空顶距、临时支护及永久支护的形式和支护参数，有防止冒顶、片帮的安全措施；现场条件发生变化时，及时修改作业规程或补充安全技术措施；

2. 大型设备安装拆除、大硐室开凿、巷道维修、贯通以及过断层、采空区、破碎带等应编制安全技术措施并组织实施；

3. 规程措施在施工前完成审批并贯彻；

4. 煤矿总工程师至少每2个月组织对作业规程进行复审，并有复审意见。

【条文依据】

《煤矿安全生产条例》第十八条、第十九条；《煤矿安全规程》第三十八条、第五十八条；《关于进一步加强煤矿企业安全技术管理工作的指导意见》(安监总煤装〔2011〕51号）第一条第2款、第二条第11款；《国家矿山安全监察局关于印发〈强化煤矿炮采（高档普采）工作面顶板管理规定〉等3项煤矿顶板管理规定的通知》(矿安〔2022〕135号）中“强化煤矿锚杆支护巷道顶板管理规定”第七条。

【条文内涵】

（1）《煤矿安全规程》及执行说明要求作业规程中明确的内容，必须在作业规程中明确；掘进标准化要求符合作业规程规定的检查项目，作业规程中必须对应明确；必须明确巷道施工工艺、循环进尺、空顶距、空顶时间、临时支护及永久支护的形式和支护参数，制定防止冒顶、片帮的安全措施。

（2）在条件发生变化时，及时对作业规程进行修改或补充安全技术措施，并按照程序审批。

（3）作业规程是对正常情况下巷道施工和安全作出的规范性要求，针对大型设备安装拆除、大硐室开凿、巷道维修、贯通及过断层、采空区、破碎带等特殊工程施工，应当针对现场实际情况编制操作性和效果更强的安全技术措施，明确技术和安全要求，并按照程序审批，现场严格兑现。

（4）组织学习贯彻安全技术措施，现场严格按措施施工。

（5）工作面施工前，必须编制施工作业规程；特殊地段施工前，必须编制专项安全技术措施，按照技术管理规定审批并组织相关人员学习。

（6）掘进工作面开工前必须有批准的包含安全措施的作业规程。

（7）从内容、贯彻、实施3个方面对作业规程进行复审。

（8）复审组织人必须为总工程师；复审周期为2个月至少组织1次。

（9）要形成复审意见，若需要修订作业规程时，应及时修订完善，并重新贯彻。

【实施要点】

要点1：清楚编制标准

(1) 掌握《煤矿安全规程》及执行说明、《强化煤矿锚杆支护巷道顶板管理规定》对作业规程编制要求的各项条款。

(2) 梳理掘进标准化涉及的“符合作业规程规定”的检查项。

(3) 分析工作面地质说明书。

(4) 作业规程内容符合设计要求，能够有效指导安全施工。

要点2：动态掌握变化

(1) 及时掌握水文和地质预报。

(2) 根据水文和地质的变化情况，分析规程措施现场执行情况，有变化及时修改、完善作业规程或补充安全技术措施，并按程序审批。

要点3：突出技术管理

(1) 非常规作业、掘进工程特殊地段施工必须编制专项安全技术措施，严禁无措施施工。

(2) 安全技术措施要求结合实际，有针对性地管控非常规作业、特殊地段施工过程中的安全风险，保证施工安全。

要点4：现场落实措施

(1) 施工前，要组织施工作业和相关管理人员学习贯彻安全技术措施。

(2) 现场严格按专项安全技术措施施工。

要点5：禁止无措施施工

(1) 按照《关于进一步加强煤矿企业安全技术管理工作的指导意见》(安监总煤装〔2011〕51号) 等的要求，掘进工作面开工前、特殊地段施工前必须完成作业规程或专项安全技术措施的编制，并经矿总工程师批准后贯彻执行。

(2) 规程措施贯彻到所有作业人员，作业规程未贯彻严禁施工，未参加学习人员严禁进行特殊地段的施工作业。

要点6：按规定复审规程

(1) 作业规程复审必须由总工程师组织。

(2) 按照煤矿技术管理制度规定定期开展复审，时间不得超过2个月，及时贯彻、落实复审意见，对存在的问题进行整改。

(3) 要形成复审记录，记录内容至少包含主持人 (总工程师)、参加人员、时间、地点和复审意见。

【资料清单】

（1）作业规程及专项安全技术措施。

（2）作业规程及专项安全技术措施的贯彻签到表。

（3）地质说明书及月度水文和地质预报。

（4）月度采、掘、修计划。

（5）职工考勤表。

（6）作业规程复审记录。

（三）矿压监测

【标准原文】

1. 开展巷道围岩表面位移观测，煤巷、半煤岩巷锚杆（索）支护巷道有顶板离层监测；

2. 观测、监测有记录，记录数据符合实际；每月至少对观测数据进行 1 次规律分析，形成报告指导安全生产；

3. 顶板离层临界值在作业规程中规定，超过临界值时顶板有加固措施。

【条文依据】

《煤矿安全规程》第一百零二条第（三）款、第一百零四条；《煤矿巷道锚杆支护技术规范》（GB/T 35056—2018）第 6 条；《国家矿山安全监察局关于印发〈强化煤矿炮采（高档普采）工作面顶板管理规定〉等 3 项煤矿顶板管理规定的通知》（矿安〔2022〕135 号）中“强化煤矿锚杆支护巷道顶板管理规定”第六条；《煤矿巷道矿山压力显现观测方法》（KA/T 11—2023）第 5 条。

【条文内涵】

（1）所有巷道均要开展表面位移观测；煤巷、半煤岩巷锚杆（索）支护巷道除了表面位移观测外，还必须进行顶板离层监测。

（2）围岩表面位移观测内容包括顶底板移近量、两帮移近量、顶板下沉量、底鼓量、右帮移近量、左帮移近量，每个测站间距不大于 200 m，每个测站布置不少于 2 个观测断面；顶板离层监测每个测站间距不大于 50 m。

（3）作业规程必须明确顶板离层临界值；测站观测频度、顶板离层临界值设定符合《煤矿巷道锚杆支护技术规范》（GB/T 35056—2018）第 6 条和《煤矿巷道矿山压力显现观测方法》（KA/T 11—2023）第 5 条规定。

（4）煤矿应当建立监测记录台账，每班记录监测结果，并在现场牌板上予以注明；观测数据与实际相符，防止数据失真。

（5）顶板离层监测采用在线监测的，现场可以不设置牌板。

（6）每个月必须对当月的表面位移观测和离层监测数据进行分析，找出规律，形成分析报告，指导修订初始支护设计，及时发布安全预警。

（7）日常监测顶板离层值超过顶板离层临界值时，应及时分析原因，并采取补强加固措施。

【实施要点】

要点1：精准开展监测

（1）围岩表面位移观测、顶板离层监测测点应紧跟掘进工作面及时设置。

（2）测点布置。

① 围岩表面位移观测：每个测站布置不少于2个围岩表面位移观测断面，且2个断面间距应不大于两排锚杆排距，每个测站间距不大于200 m；巷道断面测点布置通常采用“十”字布点布置，如图3－2所示。

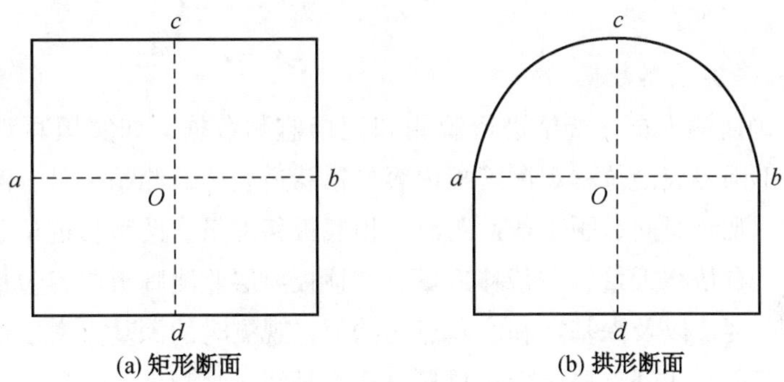

图3－2　巷道断面测点布置图

② 顶板离层监测：锚杆支护巷道中，顶板离层测点布置在巷道两排锚杆中间，并位于巷道顶板中线位置，每个测站间距不大于50 m；顶板离层指示仪深部锚头不小于巷道跨度的1.5倍，浅部锚头比顶板锚杆长度短0.1 m；确保锚固牢固。

（3）观测频率。

① 顶板离层观测频次：煤巷、半煤岩巷50 m内、岩巷100 m内每天不少于1次，其他范围每周不少于1次。

② 围岩表面位移观测频率见表3－5。

表3-5　围岩表面位移观测频率

围岩表面位移速度/(mm·d^{-1})	观测频率
>5	1次/d
1~5	1次/2 d
<1	(1~2)次/14 d

要点2：把握监测特殊情况

(1) 巷道表面位移观测：同一条巷道中，当地质条件差异明显地段长度大于20 m时，该段巷道内应增设不少于1个测站。

(2) 采用在线或者连续矿压监测系统进行巷道矿压显现观测的，监测系统采集频率宜不低于1次/30 min。

(3) 因现场条件，测点不能与顶板中线重合时，需标明测点和中线的相对位置。

要点3：真实采集数据

(1) 明确监测人员，严格进行观测和记录监测数据，如实填写观测牌板和监测台账。①围岩表面位移观测牌板内容包括巷道名称、测站编号、测站断面编号、观测人、观测时间、距工作面距离；顶底板移近量、两帮移近量、顶板下沉量、底鼓量、右帮移近量、左帮移近量。②顶板离层监测牌板内容包括深基点和浅基点锚头深度，以及深基点和浅基点初始值；观测时的深基点离层值、浅基点离层值、深基点和浅基点离层变化总量，观测时间、观测人。

(2) 在线监测的应与实测数据比对，误差大的应联系厂家调校。

要点4：定期分析数据

(1) 每月至少开展1次矿压分析，分析监测数据与时间或距离关系，找出规律或趋势；具有能力的可参照图3-3和图3-4形成曲线图（非强制要求）；根据规律分析提出修改支护设计或预警的意见。

(2) 编写观测分析报告，内容主要包括观测目的、观测项目、观测地点、观测时间、测站与测点布置、使用仪器、观测分析与结果、结论与建议等。

要点5：成果指导现场施工

(1) 顶板离层临界值是通过支护理论计算和工程实践，结合掘进工作面地质条件和监测规律分析，确定巷道顶板允许的最大离层值，具体数值及响应标准必须由煤矿上级公司技术负责人确定，煤矿无上级公司的由矿长组织研究后确

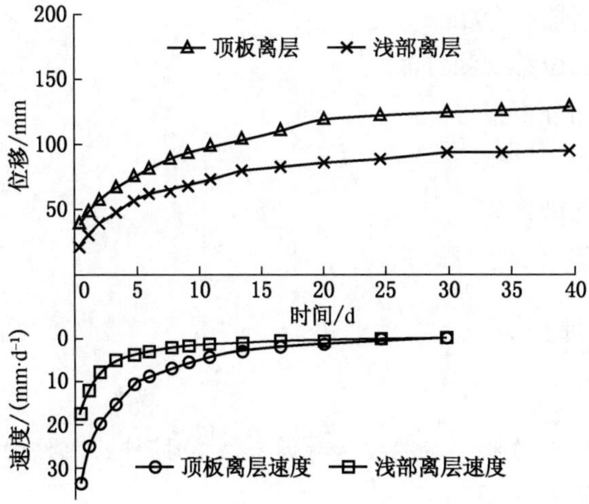

图 3－3　掘进期间顶板离层曲线示意图

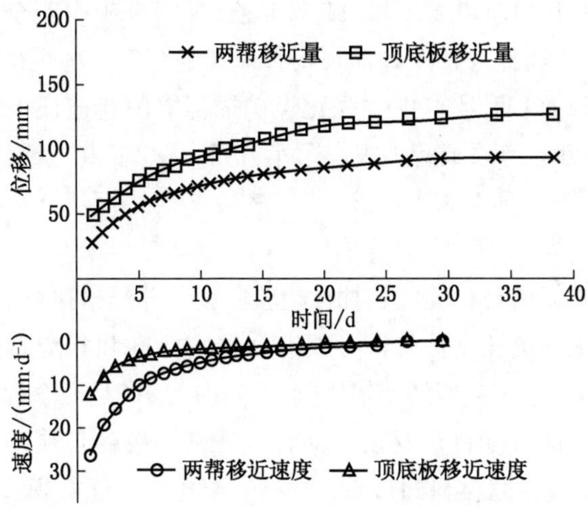

图 3－4　掘进期间位移曲线示意图

定，并在作业规程中明确。

（2）作业规程明确离层数据超过临界值采取的具体加固措施；监测到离层超过临界值的巷道处应根据作业规程规定采取加强支护措施。

【资料清单】

（1）顶板离层监测台账。

（2）围岩表面位移观测台账。

（3）月度监测分析报告。

（4）作业规程。

（5）巷道加固措施。

注：（1）、（2）两类台账可合并记录。

（四）支护材料

【标准原文】

1. 建立支护材料验收、抽样检验制度；支护材料及配件的材质、品种、规格、强度等符合设计要求；

2. 备用材料和备件规格、型号、数量及存放地点符合作业规程要求。

【条文依据】

《煤矿井巷工程质量验收规范》（GB 50213—2010）第 9.1.1 条、第 9.1.2 条、第 9.3.1 条、第 11.1.1 条、第 11.2.1 条；《国家矿山安全监察局关于印发〈强化煤矿炮采（高档普采）工作面顶板管理规定〉等 3 项煤矿顶板管理规定的通知》（矿安〔2022〕135 号）中“强化煤矿锚杆支护巷道顶板管理规定”第九条、“强化煤矿架棚巷道顶板管理规定”第九条；《煤矿巷道锚杆支护技术规范》（GB/T 35056—2018）第 4.4.4.4 条。

【条文内涵】

（1）制定本矿支护材料验收、抽样检验制度，并严格执行。

（2）煤矿选用的锚杆支护材料必须符合国家标准和相应行业标准，并有产品合格证，锚杆（索）（含杆体、锚固剂）取得矿用产品安全标志。

（3）锚杆的杆体及配件的材质、品种、规格、强度必须符合设计要求；水泥卷、树脂卷和砂浆锚固材料的材质、规格、配比、性能必须符合设计要求。

（4）喷射混凝土所用的水泥、水、骨料、外加剂的质量应符合施工组织设计的要求。

（5）各种支架及其构件、配件的材质、规格必须符合设计要求；可缩性支架及其附近的材质和加工应符合设计和现行有关标准的规定。

（6）提供第三方资质单位出具的检测报告，抽检率符合相关规定。

（7）施工现场应备有一定数量的支护材料及备件。

（8）备用材料和备件规格、型号、数量及存放地点按照作业规程中的规定执行。

【实施要点】

要点1：执行验收、抽样检验制度

（1）应依据《煤矿井巷工程质量验收规范》（GB 50213—2010）和《国家矿山安全监察局关于印发〈强化煤矿炮采（高档普采）工作面顶板管理规定〉等3项煤矿顶板管理规定的通知》（矿安〔2022〕135号）规定，结合矿井掘进支护材料选用情况，建立矿井支护材料验收、抽样检验制度。

（2）选择的支护材料及配件必须留存厂家提供的合格证明、矿用产品安全标志。

（3）按照《煤矿井巷工程质量验收规范》（GB 50213—2010）要求，委托有资质第三方检测机构对支护材料抽样检测，出具检测报告。①不同规格的锚杆、锚索进场后，同一规格的锚杆、锚索每1500根或不足1500根抽样检验不应少于1次。②水泥卷、树脂卷和砂浆锚固材料按3000卷或不足3000卷的，每种锚杆材料进矿后抽样检验不应少于1次。③每一批次材料均必须报送进行检验。

要点2：材料质量符合设计要求

（1）锚杆的杆体及配件的材质、品种、规格、强度必须符合设计要求；水泥卷、树脂卷和砂浆锚固材料的材质、规格、配比、性能必须符合设计要求。

（2）喷射混凝土所用的水泥、水、骨料、外加剂的质量应符合施工组织设计的要求。

（3）各种支架及其构件、配件的材质、规格必须符合设计要求；可缩性支架及其附近的材质和加工应符合设计和现行有关标准的规定。

要点3：明确材料备用要求

作业规程中明确备用材料和备件名称、规格、型号、数量及存放地点。

【资料清单】

（1）支护材料验收、抽样检验制度。

（2）支护材料出厂合格证（出厂质量证明）。

（3）支护材料抽样检验报告。

（4）支护材料安全产品标志证书［符合《国家矿山安全监察局关于印发执行安全标志管理的矿用产品目录的通知》（矿安〔2022〕123号）］。

（5）掘进工作面设计。

（6）作业规程。

（五）掘进机械化

【标准原文】

1. 煤巷、半煤岩巷和条件适宜的岩巷宜采用综合机械化掘进，掘进机械化程度不低于75%；

2. 采用机械化装、运煤（矸）；

3. 材料、设备采用机械运输，人工运料距离不超过300 m。

【条文依据】

《煤矿安全规程》第十条；《中共中央办公厅　国务院办公厅关于进一步加强矿山安全生产工作的意见》第（七）条。

【条文内涵】

（1）综合机械化掘进采用综掘工艺，巷道掘进截割作业采用综掘机或连续采煤机，或掘锚一体机。

（2）煤巷、半煤岩巷要求采用综合机械化掘进。

（3）条件适宜的岩巷宜应采用综合机械化掘进。“条件适宜的岩巷”是指适合机械化破岩的巷道，一般为岩石单轴饱和抗压强度小于60 MPa的岩巷或者巷道岩石硬度系数f值小于5以下，巷道长度大于500 m、坡度小于12°的岩石巷道。

（4）掘进机械化程度不低于75%。

$$掘进机械化程度=(机械化掘进进尺\div总进尺)\times100\%$$

（5）采用机械化装、运煤（矸）。机械装煤（矸）有耙装机、抓岩机、挖掘机、矿用胶轮铲车等；机械运煤（矸）有带式输送机、刮板输送机及胶轮车、电瓶车牵引的矿车。

（6）运料距离超过300 m，材料、设备要采用机械运输，不应采用人工运料。材料、设备机械化运输的方式有：轨道运输、单轨吊、无极绳梭车和胶轮车等。

【实施要点】

要点1：提高工艺装备水平

（1）煤矿根据掘进巷道地质条件和巷道设计，选用适用的机械掘进装备。

（2）条件适宜的岩石巷道推广应用综合机械化掘进。

（3）积极推广自动化、智能化掘进，减少井下作业人数，提高效率。

要点2：应用综掘机械化

（1）积极推广应用掘进机械化，淘汰落后装、运煤（矸）和人工运料方式。

（2）中小型矿山推动掘进机械化升级改造。

二、质量与安全

（一）规格质量

【标准原文1】

巷道净宽偏差符合以下要求：锚网（索）、锚喷巷道有中线的0～100 mm，无中线的 -50～200 mm；刚性支架、砌块、混凝土与钢筋混凝土巷道有中线的0～50 mm，无中线的 -30～50 mm；钢架喷射混凝土、可缩性支架巷道有中线的0～100 mm，无中线的 -50～100 mm。

【条文依据】

《煤矿井巷工程质量验收规范》(GB 50213—2010）第8.4.4条、第9.1.5条、第10.2.3条、第11.1.3条、第11.2.4条。

【条文内涵】

对巷道施工规格质量的要求，严把施工毫米关，巷道净宽与设计偏差控制在允许范围内。

【实施要点】

要点：精准执行标准要求

（1）巷道宽度尺寸误差符合或小于《煤矿井巷工程质量验收规范》(GB 50213—2010）标准要求。

（2）提高操作技能，保证巷道按设计成型；推广应用掘锚一体机，提高成型效果。

【标准原文2】

巷道净高偏差符合以下要求：锚网（索）、锚喷巷道有腰线的0～100 mm，无腰线的 -50～200 mm；刚性支架、砌块、混凝土与钢筋混凝土巷道有腰线的 -30～50 mm，无腰线的 -30～50 mm；钢架喷射混凝土、可缩性支架巷道有腰线的 -30～100 mm，无腰线的 -30～100 mm。

【条文依据】

《煤矿井巷工程质量验收规范》(GB 50213—2010）第8.4.4条、第9.1.5条、第10.2.3条、第11.1.3条、第11.2.4条。

【条文内涵】

对巷道施工规格质量的要求，严把施工毫米关，巷道净高与设计偏差控制在允许范围内。

【实施要点】

要点：精准执行标准要求

（1）巷道高度误差符合或小于《煤矿井巷工程质量验收规范》（GB 50213—2010）标准要求。

（2）提高操作技能，保证巷道按设计成型；推广应用掘锚一体机，提高成型效果。

【标准原文3】

有坡度要求的巷道，坡度偏差不得超过±1‰。

【条文依据】

《煤矿井巷工程质量验收规范》（GB 50213—2010）第7.2.5条。

【条文内涵】

对巷道施工规格质量的要求，严把施工毫米关，巷道坡度与设计偏差控制在允许范围内。

【实施要点】

要点：精准执行标准要求

巷道坡度误差符合或小于《煤矿井巷工程质量验收规范》（GB 50213—2010）标准要求。

【标准原文4】

巷道水沟偏差应符合以下要求：中线至内沿距离 -50~50 mm，腰线至上沿距离 -20~20 mm，深度、宽度 -30~30 mm，壁厚 -10 mm。

【条文依据】

《煤矿井巷工程质量验收规范》（GB 50213—2010）第8.5.4条。

【条文内涵】

巷道水沟与设计偏差控制在允许范围内。

【实施要点】

要点：精准执行标准要求

巷道水沟尺寸误差符合或小于《煤矿井巷工程质量验收规范》（GB 50213—2010）标准要求。

（二）内在质量

【标准原文1】

锚喷巷道喷层厚度不低于设计值90%（现场每25 m打1组观测孔，1组观测孔至少3个且均匀布置），喷射混凝土的强度符合设计要求，基础深度不小于设计值的90%。

【条文依据】

《煤矿井巷工程质量验收规范》（GB 50213—2010）第9.3.5条、第9.3.3条、第9.3.7条。

【条文内涵】

（1）规定锚喷巷道喷层厚度不低于设计值90%。

（2）要求现场每25 m打1组观测孔，1组观测孔至少3个且均匀布置，检测喷层厚度。

（3）基础进入底板深度符合设计，控制不低于设计值的90%。

（4）对喷体强度进行把控，检测喷射混凝土的强度符合设计要求。

【实施要点】

要点：按设计要求施工

（1）现场每25 m打1组观测孔，顶板及两帮均匀选3个测点，喷层厚度检测时观测孔应垂直巷道顶板及两帮。

（2）喷射混凝土的强度检测：每30～50 m取不少于1组混凝土试件，每组试件3块。

（3）从腰线量至巷道底板、基础底面，两者之差即为基础深度。

【标准原文2】

锚网索巷道锚杆（索）安装、扭矩、拉拔力、网的铺设连接符合设计要求，锚杆（索）的间、排距偏差－100～100 mm，锚杆露出螺母长度10～50 mm（全螺纹锚杆10～100 mm），锚索露出锁具长度150～300 mm，锚杆角度与设计偏差不大于5°，预应力不小于设计值的90%，拉拔力值不小于设计锚固力值。

【条文依据】

《煤矿井巷工程质量验收规范》（GB 50213—2010）第9.1.3条、第9.1.4条、第9.1.6条、第9.1.8条、第9.2.3～9.2.6条；《煤矿巷道锚杆支护技术规范》（GB/T 35056—2018）第4.4.3.2.1条、第5.4.2.1条、第5.4.2.3条；《国家矿山安全监察局关于印发〈强化煤矿炮采（高档普采）工作面顶板管理规定〉等3项煤矿顶板管理规定的通知》（矿安〔2022〕135号）中“强化煤矿锚杆支护巷道顶板管理规定”第四条。

【条文内涵】

对锚网索巷道施工内在质量的要求，控制锚杆的间排距、锚索预应力、锚杆孔实际钻孔角度、锚杆预紧力矩、锚杆锚固力符合锚杆支护设计和作业规程要求，偏差在允许范围内。

【实施要点】

要点：把控施工精度

（1）强化责任，按照施工规范进行锚网索支护作业。

（2）现场必须配备锚杆拉力计、锚索张拉计、扭矩扳手、钢卷尺、角度测量工具，并确保完好，对施工质量随时检测验收，及时矫正偏差。

【标准原文3】

钢架喷射混凝土、刚性支架、可缩性支架巷道偏差符合以下要求：支架间距不大于50 mm、梁水平度不大于40 mm、支架梁扭矩不大于50 mm、立柱斜度不大于1°，水平巷道支架前倾后仰不大于1°，柱窝深度不小于设计值；撑（或拉）杆、垫板、背板的位置、数量、安设形式符合要求；倾斜巷道每增加5°～8°，支架迎山角增加1°；可缩性支架卡缆安设及螺栓扭矩符合作业规程规定。

【条文依据】

《煤矿井巷工程质量验收规范》(GB 50213—2010）第11.1.4条、第11.1.5条、第11.1.7条、第11.1.9条、第11.2.7条、第11.2.9条、第11.2.10条。

【条文内涵】

（1）对钢架喷射混凝土、刚性支架、可缩性支架巷道施工质量的要求，支架间距、梁水平度、支架梁扭矩、立柱斜度、水平巷道支架前倾后仰、柱窝深度符合设计值要求，偏差在允许范围内。

（2）支架的撑（或拉）杆、垫板、背板的位置、数量、安设形式符合作业规程要求；可缩性支架卡缆安设及螺栓扭矩符合作业规程规定。

（3）检测指标的含义。①支架间距：相邻二架棚腿中与中之间的距离。②梁水平度：支架腰线至梁两端下内口的距离差。③棚梁、棚腿搭设必须严实合缝。④支架梁扭矩：在检查点前两架支架拱基线水平面上，尺量最后一架支架的中心点至前一架支架梁两端与立柱交点的距离差。⑤柱窝深度：从底板向下挖开到棚腿端头，从腰线检测底板和棚腿端头之间的高度差。

【实施要点】

要点1：从设计源头把关

煤矿采用架棚支护巷道时，应当科学设计巷道断面，合理选择工字钢型号，确定支架间距，确保梯形棚支护能有效控制巷道围岩变形，并采用理论计算方法验证支架的支护强度是否满足对巷道围岩压力控制的要求。

要点 2：从操作环节把关

（1）提高操作技能，提高架设质量。

（2）强化过程验收，设计不合格及时调整。

（三）安全管控

【标准原文 1】

掘进迎头 15 m 范围、耙装机处、带式输送机头和机尾安装视频摄像头，视频有效监控作业区域。

【条文依据】

《打击和防范矿山瞒报事故的若干措施》（矿安〔2024〕7 号）第一条。

【条文内涵】

实现“无视频监控不作业”，要求掘进工作面掘进迎头 15 m 范围、耙装机处、带式输送机头和机尾要安装视频摄像头，有效监控作业区域的作业情况。

【实施要点】

要点：保证监控效果

（1）视频摄像头安设位置和方向要正对作业区域或者运行范围。

（2）每班作业前，必须将摄像头擦拭干净。

【标准原文 2】

建立工程质量考核验收制度；执行敲帮问顶制度，无空顶作业；永久支护距掘进工作面距离、临时支护、空顶距、空帮距符合作业规程要求；在松软的煤（岩）层、流砂性地层或者破碎带中掘进有超前支护或者其他措施。

【条文依据】

《煤矿安全规程》第五十八条第（一）款、第一百零四条；《国家矿山安全监察局关于印发〈强化煤矿炮采（高档普采）工作面顶板管理规定〉等 3 项煤矿顶板管理规定的通知》（矿安〔2022〕135 号）中“强化煤矿锚杆支护巷道顶板管理规定”第四条；《煤矿井巷工程施工规范》（GB 50511—2010）第 8.1.2 条。

【条文内涵】

（1）对掘进施工质量的检查考核，应结合矿井实际，建立工程质量考核验收制度。

（2）严格执行敲帮问顶制度。敲帮问顶是指井下掘进作业开始前，用撬棍、钢钎或镐等敲击井巷、工作面顶板及侧帮，根据发出的声响发现浮石、剥层的方法。

（3）无空顶作业。支护巷道应按作业规程（或措施）要求在机载支护、前探梁、临时棚或点柱掩护下作业；在最大控顶距内按措施规定完成顶部永久支护。

（4）巷道掘进支护要及时，永久支护距掘进工作面距离、空顶距、空帮距不能超过作业规程要求，并按照作业规程要求进行临时支护。

（5）松软的煤（岩）层、流砂性地层或者破碎带中掘进巷道时顶板容易冒落，必须先行进入煤体支护顶板或者采取其他措施，然后在采取超前支护或者其他措施情况下再掘进。

【实施要点】

要点1：建立考核验收制度

（1）矿井必须制定工程质量检查、考核、验收制度，对巷道全部质量进行检查、验收和考核；对存在质量问题制定措施整改，整改后再次验收，实现闭合管理；可按照《国家矿山安全监察局关于印发〈强化煤矿炮采（高档普采）工作面顶板管理规定〉等3项煤矿顶板管理规定的通知》（矿安〔2022〕135号）中“强化煤矿锚杆支护巷道顶板管理规定”第四条要求建立“班组自检”“区队日检”和“矿井抽检”三级质检制度；锚杆逐排编号、锚索逐根编号，质量可追溯。

（2）敲帮问顶人员应站在支护完整且安全的地方使用长把工具由外向里、自顶及帮找掉。

要点2：落实及时支护措施

（1）使用好临时支护；永久支护距掘进工作面距离、临时支护、空顶距、空帮距必须根据地质条件、施工工艺、围岩或煤层的稳定性在作业规程中明确规定，现场施工严格执行。

（2）遇顶板破碎、淋水，过断层、老空区、高应力区等情况时，应加强支护。

（3）松软的煤（岩）层、流砂性地层或者破碎带中掘进，尽量减小空顶距、缩短空顶时间，永久支护应紧跟掘进工作面迎头，实行“短掘短支”。

【资料清单】

（1）作业规程、措施。

（2）工程质量考核验收制度。

（3）敲帮问顶制度。

【标准原文3】

架棚支护棚间装设有牢固的撑杆或拉杆，可缩性金属支架应用金属拉杆，距掘进工作面10 m内架棚支护爆破前进行加固。

【条文依据】

《煤矿安全规程》第一百零三条；《煤矿井巷工程质量验收规范》（GB 50213—2010）第11.1.6条、第11.2.7条；《关于印发〈强化煤矿架棚巷道顶板管理规定〉等3项煤矿顶板管理规定的通知》（矿安〔2022〕135号）中“强化煤矿架棚巷道顶板管理规定”第六条。

【条文内涵】

（1）通过在支架间设牢固的撑杆或者拉杆防止支架倾倒，可缩性金属支架间的拉杆应当采用金属材质。

（2）为防止爆破崩倒支架，距掘进工作面10 m内架棚支护，应在爆破前进行加固。

【实施要点】

要点：增强支架稳定效果

（1）撑杆或拉杆搭设要成一条直线，搭设有劲，缺少的撑杆或拉杆要及时补齐。

（2）作业规程中明确距掘进工作面10 m范围内架棚支护爆破前有具体的加固措施。

【标准原文4】

锚杆支护遇顶板破碎、淋水区，过断层、老空区、高应力区以及大倾角、大断面、交岔点等特殊地段有加强支护措施，并至少向正常地段延伸5 m。

【条文依据】

《煤矿安全规程》第一百零二条第（四）款；《国家矿山安全监察局关于印发〈强化煤矿炮采（高档普采）工作面顶板管理规定〉等3项煤矿顶板管理规定的通知》（矿安〔2022〕135号）中“强化煤矿锚杆支护巷道顶板管理规定”第七条。

【条文内涵】

（1）遇顶板破碎、淋水，过断层、老空区、高应力区等情况时，巷道采用锚杆、锚索、锚喷、锚网喷等支护的锚固力受到影响，或者出现支护强度不足，应加强支护，防止支护强度不足发生冒顶。

（2）考虑顶板破碎、淋水区，过断层、老空区、高应力区以及大倾角、大断面、交岔点围岩塑性变形范围大，要求加强支护范围至少向正常地段延伸 5 m，保证塑性范围区围岩有效控制。

【实施要点】

要点：加强特殊地段顶板管理

煤矿应当强化特殊地段掘进支护，遇顶板破碎、淋水区，过断层、老空区、高应力区以及大倾角、大断面、交岔点等特殊地段，应当编制专项支护设计与安全技术措施。在采动应力影响范围内掘进时，受影响区域内的巷道可采用加长加密锚索、架棚、单体液压支柱补强或者注浆加固等加强支护措施，加强支护范围应当至少向正常地段延伸 5 m。

【标准原文 5】

设备转动外露部位，溜煤（矸）眼及煤（矸）仓上口等人员通过的地点有可靠的安全防护设施。

【条文依据】

《煤矿安全规程》第一百三十三条、第四百四十四条。

【条文内涵】

（1）倾角在25°以上的小眼、煤仓、溜煤（矸）眼、人行道、上山和下山的上口，必须设防止人员、物料坠落的设施。

（2）设备有转动部位裸露（如联轴器、电动机冷却风扇、传动滚筒及储带仓和张紧部位等）时，需要加装护罩或遮栏等防护设施。

【实施要点】

要点：确保防护可靠

设备转动部位、溜煤（矸）眼及煤（矸）仓上口等人员通过的地点设置的安全防护设施封闭要严实、牢靠，还要有警示标志牌。

【标准原文 6】

各种液压设备操纵阀手把能实现自动闭锁或有限位装置。

【条文内涵】

液压设备操纵阀手把实现闭锁或有限位装置，主要是防止人员误操作造成设备损坏和人身伤害事故。

【实施要点】

要点：确保防护可靠

自动闭锁或限位装置必须可靠和有效；损坏失效及时更换。

【标准原文 7】

带式输送机机头、配电点、防爆型柴油动力装置、油脂存放地点消防设施齐全。

【条文依据】

《煤矿安全规程》第二百五十七条；《煤矿在用滚筒驱动带式输送机安全运行规范》(NB/T 10048—2018）第5.5条；《煤矿防灭火细则》第四十四条。

【条文内涵】

（1）掘进巷道带式输送机在机头处、配电点、防爆型柴油动力装置油脂存放处风流上风侧必须设置消防设施，且沙箱、灭火器、消防管路等消防设施齐全。

（2）带式输送机巷道中应设有消防管路系统，每隔50 m安设支管阀门和自动洒水装置。机头处至少配有2具灭火器和0.2 m^3 的灭火沙及撒沙工具，并配有不少于25 m的消防软管。

【实施要点】

要点：消防设施齐全可靠

（1）消防设施按规定配备齐全，且存放在上风口方向。

（2）灭火器必须在有效期内，不得过期。

（3）沙子必须干燥且体积符合要求。

（4）油脂桶存放处要配备手推式灭火器。

三、机电设备

（一）掘进机械

【标准原文1】

1. 掘进设备和施工机（工）具完好；电气保护齐全可靠；

2. 掘进机、掘锚一体机、连续采煤机非操作侧设有急停按钮（连续采煤机除外）；有前照明和尾灯；除降尘装置有效；停止工作时将切割头落地，并切断电源；

3. 掘进机、掘锚一体机、连续采煤机、梭车、锚杆钻车装设甲烷断电仪或者便携式甲烷检测报警仪；

4. 综掘工作面（锚杆支护）有机载临时支护装置；

5. 移动电缆有吊挂、拖曳装置。

【条文依据】

《煤矿安全规程》第一百一十九条第（四）（五）款、第一百二十条第（二）款、第四百五十一条、第五百零一条、第六百五十条；《国家矿山安全监察局关于印发2024年矿山安全先进适用技术及装备推广目录与落后工艺及设备淘汰目录的通知》：矿山安全先进适用技术及装备推广目录（2024年）29掘进机/掘锚机机载临时支护装置。

【条文内涵】

（1）"掘进施工机（工）具完好"是指锚杆钻机、煤电钻、风煤钻、凿岩台车、风镐等的部件齐全无破损。

（2）"掘进设备完好"指综掘机、连续采煤机、掘锚一体机、锚杆机组、装煤机、耙装机等机械设备完好。

（3）"完好"是指符合《煤矿矿井机电设备完好标准》规定。掘进机机体操纵手把动作灵活，蜂鸣器、紧急开关工作可靠，千斤顶活塞杆镀层无脱落，局部轻微锈斑面积不大于50 mm^2，划痕深度不大于0.5 mm。注油嘴齐全、油路畅通，照明灯齐全明亮，喷雾装置保持良好。截割部无裂纹、开焊，截齿完整，截割臂伸缩、上下摆动均匀灵活。行走部前进、后退、左右拐弯灵活可靠。装运部耙爪转动灵活，刮板齐全，弯曲不超过15 mm，链轮磨损不超过原齿厚度的25%，运转时不跳链。液压系统胶管及接头不漏油，油泵、马达无异响，压力表齐全，指示正确。停止掘进机运转的急停按钮可靠。

（4）"电气保护齐全"是指高压电动机、动力变压器的高压控制设备，应当具有短路、过负荷、接地和欠压释放保护；低压电动机的控制设备，必须具有短路、过负荷、单相断线、漏电闭锁保护及远程控制功能。

（5）掘进机、掘锚一体机非操作侧能够紧急停机，设有急停按钮。

（6）掘进机、掘锚一体机、连续采煤机必须有前照明和尾灯。

（7）作业时，应当使用内、外喷雾装置，内喷雾装置的工作压力不得小于2 MPa，外喷雾装置的工作压力不得小于4 MPa。在内、外喷雾装置工作稳定性得不到保证的情况下，应当使用与掘进机、掘锚一体机或者连续采煤机联控的除降尘装置。

（8）司机离开操作台时，必须切断电源；停止工作和交班时，必须将切割头落地，并切断电源。

（9）掘进工作面掘进机、掘锚一体机、连续采煤机、梭车、锚杆钻车应当能够检测机身附近的甲烷浓度，甲烷浓度超标时能够实现断电闭锁功能。

（10）掘进机、掘锚一体机等机械化掘进截割效率高，顶板容易大面积暴露，具备安装机载临时支护条件；使用机载临时支护及时对暴露的顶板进行支护，并保证支撑强度，建立安全的人员操作空间，降低空顶作业风险。

（11）解决空顶时间长、操作流程烦琐、工人劳动强度大、支护时间长和作业不安全等难题。

（12）带电移动的设备电缆应当有防拔脱装置。

（13）移动电缆有吊挂、拖曳装置。

【实施要点】

要点1：建立制度保障

建立掘进设备和施工机（工）具定期维修保养制度，并严格执行。

要点2：确保保护有效

（1）定期进行电气设备试验，保护不全或失效及时处理。

（2）掘进机运行中各项保护正常，严禁甩保护进行作业，防止失爆。

要点3：保持装置效果

（1）设备要有急停按钮，现场人员应熟悉急停按钮安设位置。

（2）前照明和尾灯能够正常使用，前照明安设位置必须正对作业方向，无遮挡；作业前，前照明和尾灯均必须擦拭干净。

（3）掘进迎头供水管路上安设压力表，确保内外喷雾水压分别不低于2 MPa、4 MPa。

要点4：停止作业防止掘进机出现误动作

停止作业将掘进机等设备退后，将切割头落地，切断电源，防止人员进入迎头作业时误操作伤人及检修期间迎头片帮伤人。

要点5：合理设计和使用

（1）掘进机、掘锚一体机、连续采煤机、梭车、锚杆钻车装设的甲烷断电仪或者便携式甲烷检测报警仪需开启正常使用。

（2）严禁人为堵塞、包裹甲烷传感器进气口。

（3）根据岩层压力显现规律、来压大小和巷道几何形状，设计掘进机机载临时支护装置。

（4）机载临时支护装置可折叠和翻转。

（5）机载临时支护装置不能正常使用时应有处置措施。

（6）电缆必须连接可靠，电缆收放装置必须完好；拖曳装置（或者钢丝绳）的固定要牢靠。

（7）电缆吊挂稳固，高度和间距适中。

【标准原文 2】

耙装机刹车装置完好、可靠；挡绳栏和防耙斗出槽的护栏，距工作面的距离，钢丝绳滑轮以及机身、尾轮的固定符合作业规程要求；斜巷中使用有防止机身下滑的措施；上山施工倾角大于20°时，司机前方设有护身柱或挡板，并在耙装机前增设固定装置。

【条文依据】

《煤矿安全规程》第六十一条。

【条文内涵】

（1）使用耙装机时，应当遵守下列规定：①耙装机作业时必须有照明。②耙装机的刹车装置必须完好、可靠。③耙装机必须装有封闭式金属挡绳栏和防耙斗出槽的护栏。

（2）耙装机距工作面迎头的距离、固定钢丝绳滑轮的锚桩及其孔深和牢固程度，必须根据岩性条件在作业规程中明确。

（3）耙装机在装岩（煤）前，必须将机身和尾轮固定牢靠；上山施工倾角大于20°时，在司机前方必须设护身柱或者挡板，并在耙装机前方增设固定装置；倾斜井巷使用耙装机时，必须有防止机身下滑的措施。

【实施要点】

要点1：注意使用范围

高瓦斯、煤与瓦斯突出和有粉尘爆炸危险矿井的煤巷、半煤巷和石门揭煤掘进工作面严禁使用钢丝绳牵引耙装机。

要点2：落实安全技术措施

（1）耙装机4个卡轨器齐全紧固，机身二次固定、尾轮固定牢靠。

（2）耙装机照明覆盖整个运行区域。

（3）耙装机耙斗运行和钢丝绳影响范围内严禁有人。

（4）耙装机完好，连接件齐全紧固。

（5）耙装机刹车装置完好、可靠。

（6）安设有挡绳栏和防耙斗出槽的护栏。

（7）耙装机距工作面的最小距离、最大距离，钢丝绳滑轮固定的锚桩安设符合作业规程要求。

（8）上山施工倾角大于20°时，司机前方设有护身柱或挡板。

（9）钢丝绳严禁打结、断股使用，与耙斗连接处严禁“烫发头”。

（二）刮板输送机

【标准原文】

刮板输送机完好；液力偶合器不使用可燃性传动介质（调速型液力偶合器不受此限），使用合格的易熔塞或防爆片；机头、机尾固定可靠；行人通过处设置过桥。

【条文依据】

《煤矿安全规程》第一百二十一条。

【条文内涵】

(1)“刮板输送机完好”指架体无严重变形、无开焊，链轮无损伤，分链器、压链器、护板完整紧固、无变形，运转无卡碰，紧链机构部件齐全完整，动作灵活，安全可靠。

(2) 使用刮板输送机运输时，必须遵守下列规定：①刮板输送机使用的液力偶合器，必须按所传递的功率大小注入规定量的难燃液，并经常检查有无漏失；易熔合金塞必须符合标准，并设专人检查、清除塞内污物；严禁使用不符合标准的物品代替。②刮板输送机严禁乘人；行人通过处设置过桥。

【实施要点】

要点1：安设质量可靠

(1) 机头、机尾按作业规程规定固定牢靠。

(2) 驱动装置连接牢靠，转动灵活，无卡阻和杂音。

(3) 液力偶合器必须添加适当的传动液，使用合格的易熔塞和防爆片。

(4) 中间部分安设平、稳、直，刮板链条松紧适度，无刮卡、飘链现象。

要点2：配套设施齐全

(1) 安设有挡煤（矸）板。

(2) 安设有信号装置。

(3) 行人过桥设置牢靠。

（三）带式输送机

【标准原文】

1. 机架编号管理，滚筒、托辊齐全、转动灵活；

2. 电气保护齐全可靠；

3. 使用阻燃、抗静电胶带；装设防打滑、防堆煤、防跑偏、防撕裂保护装置，以及温度、烟雾监测和自动洒水装置，定期进行保护试验；

4. 上运式带式输送机装设防逆转装置和制动装置，下运式带式输送机装设软制动装置和防超速保护装置；

5. 减速器与电动机采用软连接或软启动控制，液力偶合器不使用可燃性传动介质（调速型液力偶合器不受此限），使用合格的易熔塞或防爆片；

6. 连续运输系统有联锁、闭锁控制装置，机头、机尾及全线安设通信和信号装置间距不超过200 m，沿线安设有效的急停装置；

7. 机头、机尾固定牢固，机头有防护栏，机尾使用挡煤板，有防护罩；在大于16°的斜巷中带式输送机设置防护网，并采取防止物料下滑、滚落等安全措施。

【条文依据】

《煤矿安全规程》第三百七十四条、第三百七十五条；《煤矿井下煤炭运输设计规范》（GB 51179—2016）第9.6.1条；《煤矿电气设备安装工程施工与验收规范》（GB 51145—2015）；《煤矿用带式输送机安全规范》（GB 22340—2008）；《煤矿在用滚筒驱动带式输送机安全运行规范》（NB/T 10048—2018）。

【条文内涵】

（1）带式输送机机架逐架编号，号码应清晰，便于定位对带式输送机进行规范管理。

（2）带式输送机滚筒转动灵活，无异响、无卡阻现象。

（3）带式输送机托辊齐全，转动灵活，无异响、无卡阻现象。

（4）“带式输送机电气保护齐全”是指带式输送机的控制设备应符合《煤矿井下煤炭运输设计规范》（GB 51179—2016）第9.6.1条等要求，主回路有断路、短路、漏电、欠压、过流（过载）、缺相、接地等保护。

（5）经过相应资质单位监测，胶带阻燃、抗静电性能合格。

（6）带式输送机装设有防打滑、防堆煤、防跑偏、防撕裂保护装置，以及温度、烟雾监测和自动洒水装置，且保护有效；保护装置符合《煤矿电气设备安装工程施工与验收规范》（GB 51145—2015）、《煤矿用带式输送机安全规范》（GB 22340—2008）、《煤矿在用滚筒驱动带式输送机安全运行规范》（NB/T 10048—2018）规定；采用红外线温度监测装置的符合说明书要求。

（7）定期对防打滑、防堆煤、防跑偏、防撕裂保护装置，以及温度、烟雾监测和自动洒水装置进行保护试验，不存在保护失效情况。

（8）倾斜井巷中使用的带式输送机，上运时，必须装设防逆转装置和制动装置；下运时，应当装设软制动装置且必须装设防超速保护装置。

（9）采用滚筒驱动带式输送机运输时，液力偶合器严禁使用可燃性传动介质（调速型液力偶合器不受此限）。

（10）带式输送机减速器与电动机应采用软连接或软启动控制；带式输送机配套的液力偶合器不得使用可燃性传动介质（调速型液力偶合器不受此限）；液力偶合器易熔合金塞应符合标准，不得使用其他物品代替。

（11）连续运输系统安设有电气连锁、闭锁控制装置，沿线安设有通信和信号装置；机头、机尾及全线安设通信和信号装置间距不超过200 m。

（12）输送机电控系统应具有启动预告（声响或灯光信号）、启动、停止、紧急停机、系统连锁及沿线通信等功能，其他功能宜按输送机的设计要求执行。

（13）采用滚筒驱动带式输送机运输时，应当遵守下列规定：①在大于16°的倾斜井巷中使用带式输送机，应当设置防护网，并采取防止物料下滑、滚落等的安全措施。②机头、机尾、驱动滚筒和改向滚筒处，应当设防护栏及警示牌。

（14）明确机头、机尾固定的具体要求，且必须打牢靠。

【实施要点】

要点1：定期维护保养

（1）定期注油，缓冲托辊表面胶层磨损量不得超过原厚度的1/2。

（2）及时处理故障：①带式输送机机架、托辊齐全，滚筒、托辊无破裂，键不松动；②滚筒边缘无毛刺、滚筒胶层与滚筒表面紧密贴合，没有脱层或裂口；③托辊不缺失、转动灵活、无异常响声、无卡阻现象；缓冲托辊表面胶层磨损量不得超过原厚度的1/2；机头架、机尾架和拉紧装置架无开焊和变形，机尾架连接紧固；中间架平直无开焊，吊绳（上部吊宽应大于下部宽度）、机架完整，固定可靠，无严重锈蚀；输送带接口处无毛边、接口（卡口）完好，无坏针；机尾清扫器完好有效。

要点2：确保保护有效

（1）定期进行电气设备试验，保护不全或失效及时处理。

（2）掘进机运行中各项保护正常，严禁甩保护进行作业，防止失爆。

要点3：确保保护齐全

（1）电气设备的主回路要求有电压、电流仪表指示器，并有欠压、短路、过流（过载）、缺相、漏电、接地等项保护及报警指示。

（2）多电机驱动的带式输送机应采用功率自动平衡技术。

（3）主要带式输送机应采用集中远程监控技术，监控系统具有在线监测、信息上传、数据处理、远程控制等功能。

要点4：入井检查把控

输送带入井前必须出示经过第三方阻燃和抗静电性能试验合格报告。

要点5：掌握安装规范

井下电工和带式输送机维修工掌握《煤矿电气设备安装工程施工与验收规范》(GB 51145—2015)、《煤矿用带式输送机安全规范》(GB 22340—2008)、《煤矿在用滚筒驱动带式输送机安全运行规范》(NB/T 10048—2018）等规定，按照规范要求安装防打滑、跑偏、堆煤、撕裂等保护装置，装设温度、烟雾监测装置和自动洒水装置。

要点6：明确检查要求

（1）专人查看现场是否按规定安设各种保护装置。

（2）专人查看各种保护装置安设位置是否规范。

（3）定期检查减速器与电动机是否采用软连接（液力偶合器）或软启动控制。

（4）定期检查液力偶合器内传动介质是否为不可燃性介质（调速型液力偶合器除外)。

（5）定期对安设通信和信号装置安装和使用进行检查，发现问题及时处理。

（6）开机前检查机头、机尾稳固情况，机头处护栏、机尾处煤板和防护罩情况，以及斜巷带式输送机防护网情况。

【资料清单】

（1）第三方阻燃和抗静电性能的试验报告。

（2）带式输送机检修台账。

（3）作业规程。

（四）辅助运输

【标准原文】

设备完好，制动可靠，安全设施有效，声光信号齐全；倾斜巷道阻车装置有效；运输巷与运输设备突出部分的最小间距、钢丝绳及其使用符合《煤矿安全规程》要求。

【条文依据】

《煤矿安全规程》第九十条、第四百零八条、第四百一十条、第四百一十二条、第四百一十三条、第四百二十条。

【条文内涵】

（1）“设备完好，制动可靠、安全设施有效”是指掘进巷道辅助运输系统调度绞车、内齿轮绞车、电瓶车以及胶轮车等符合《煤矿矿井机电设备完好标准》。

（2）绞车闸把及杠杆系统动作灵活可靠，拉杆螺栓、闸把、销轴无损伤变形，拉杆螺栓应有背冒紧固，闸带无断裂，磨损余厚不小于3 mm，铆接可靠不松动，闸轮磨损深度不大于2 mm，闸轮表面无油迹；电瓶车、胶轮车等牵引车辆制动性能合格可靠。

（3）掘进巷道采用轨道运输辅助系统，必须达到下列要求：①绞车：安装基座螺丝紧固、平稳牢固，运转无异响，护板完整齐全、无变形。②轨道：接头平整度、轨面高低和内侧错差不大于2 mm；直线段轨距允许偏差为 -2 ~6 mm，曲线段加宽符合规定要求；直线段两股钢轨水平偏差不大于8 mm，曲线段外轨加高符合规定要求；轨缝不大于5 mm；扣件齐全、牢固，与轨型相符。③轨枕：规格及数量符合设计要求，间距偏差不超过50 mm。④道碴：粒度及铺设厚度符合要求，轨枕下应捣实。

（4）掘进巷道辅助运输系统信号装置声光兼备，清晰可靠。

（5）倾斜掘进巷道内使用串车提升，必须遵守下列规定：①在倾斜井巷内安装能够将运行中断绳、脱钩的车辆阻止住的跑车防护装置。②在各车场安设能够防止带绳车辆误入非运行车场或者区段的阻车器。③在上部平车场入口安设能够控制车辆进入摘挂钩地点的阻车器；在上部平车场接近边坡点处，安设能够阻止未连接的车辆滑入斜巷的阻车器。④在边坡点的下方略大于1列车长度的地点，设置能够防止未连挂的车辆继续往下跑的挡车拦。⑤上述挡车装置必须经常关闭，放车时方准打开。

（6）运输巷（包括管、线、电缆）与运输设备最突出部分之间的最小间距，应当符合表3－6的要求。

表3－6　运输巷与运输设备最突出部分之间的最小间距

巷道类型	顶部/m	两侧/m	备　注
轨道机车运输巷道		0.30	综合机械化采煤矿井为0.5 m
输送机运输巷道		0.50	输送机机头和机尾处与巷帮支护的距离应当满足设备检查和维修的需要，并不得小于0.7 m

表 3-6（续）

巷道类型	顶部/m	两侧/m	备　注
卡轨车、齿轨车运输巷道	0.3	0.30	单轨运输巷道宽度应当大于 2.8 m，双轨运输巷道宽度应当大于 4.0 m
单轨吊车运输巷道	0.5	0.85	曲线巷道段应当在直线巷道允许安全间隙的基础上内侧加宽不小于 0.1 m，外侧加宽不小于 0.2 m。巷道内外侧加宽要从曲线巷道段两侧直线段开始，加宽段的长度不小于 5.0 m
无轨胶轮车运输巷道	0.5	0.50	曲线巷道段应当在直线巷道允许安全间隙的基础上按无轨胶轮车内、外轮曲率半径计算需加大的巷道宽度。巷道内外侧加宽要从曲线巷道两侧直线段开始，加宽段的长度应当满足安全运输的要求
设置移动变电站或者平板车的巷道		0.30	移动变电站或者平板车上设备最突出部分与巷道侧的间距

（7）钢丝绳安全系数应符合《煤矿安全规程》第四百零八条的规定，断丝、直径减小量和锈蚀不得超过《煤矿安全规程》第四百一十二条的规定；接头钢丝绳使用范围及接头插接长度应符合《煤矿安全规程》第四百一十四条的规定，受损应按照《煤矿安全规程》第四百一十三条的规定处理；钢丝绳头固定在卷筒上的应按照《煤矿安全规程》第四百二十条的规定固定。

【实施要点】

要点 1：巷道设计满足辅助运输的相关要求

（1）运输巷与运输设备突出部分的最小间距符合规定。

（2）轨道铺设符合标准。

要点 2：辅助运输设备完好、安全设施齐全可靠

（1）电瓶车闸、灯、铃、连接装置和撒沙装置齐全完好。

（2）倾斜巷道安全设施安设符合规定，声光信号齐全有效且正常使用。

（3）绞车固定牢靠，有挡绳板，刹车不过位。

（4）钢丝绳不打结，安全系数符合规定；断丝不超过规定。

（五）通信系统

【标准原文】

通信系统畅通，各转载点有语音通信装置。

【条文依据】

《煤矿安全规程》四百八十八条、第六百二十八条、第五百零七条。

【条文内涵】

(1) 掘进工作面按规定装备有线调度电话（含直通电话）和无线通信设施，通信设施能够随时拨出和接听。

(2) 掘进工作面内煤流运输系统各转载点有语音通信装置，能进行语音对讲。

【实施要点】

要点：落实相关责任

明确相关人员负责，出现故障及时维修或更换。

（六）电气设备

【标准原文】

小型电器排列整齐，性能完好；移动变电站完好；接地保护规范有效；开关上架，电气设备不被淋水。

【条文依据】

《煤矿井下保护接地装置的安装、检查、测定工作细则》。

【条文内涵】

“小型电器排列整齐，性能完好”是指电铃、按钮、接线盒、防爆灯、小型设备等上板（架）排列整齐，使用正常不失爆。“移动变电站完好”是指符合《煤矿矿井机电设备完好标准》规定。

【实施要点】

要点1：放置环境良好

电气设备码放位置顶板完好、底板平整，没有淋水或者加防淋水棚；电器开关上架管理。

要点2：保护接地可靠

掘进工作面内使用的电气设备接地保护规范有效：①局部接地极可以设置于巷道水沟内或其他就近的潮湿处。②每台设备均必须用独立的连接导线与辅助接地母线直接相连；禁止将几台设备串联接地，也禁止将几个接地部分串联。③移动变电站高、低压侧开关箱和干式变压器上的外接地螺钉分别用独立的连接导线连接到辅助接地母线上。④电缆与移动设备相连时，其接地芯线应比主芯线长一些，以免使接地芯线承受机械拉力。⑤橡套电缆的接地芯线，除用作监测接地回路外，不得兼作他用。

要点3：明确具体责任人

区队机电班组，每天进行检查整理。

四、文明生产

（一）照明管理

【标准原文】

车场、配电硐室、转载点、休息地点、施工图牌板、带式输送机机头和机尾以及耙装机、挖掘机作业区域等场所有照明；掘进工作面距迎头100 m范围照明间距不大于30 m。

【条文依据】

《煤矿安全规程》第六十一条、第三百七十四条第（八）款。

【条文内涵】

车场、配电硐室、转载点、休息地点、施工图牌板、带式输送机机头和机尾以及耙装机、挖掘机作业区域和掘进工作面，是人员活动比较频繁的地点和场所，安装照明可提高作业场所安全条件，减少因视线不清造成作业人员对作业环境、设施运行方面的误判。

【实施要点】

要点：确保照明效果

安设的照明必须保证其照明亮度和照明范围，安设距离不得超过标准规定。

（二）牌板管理

【标准原文】

1. 材料、设备有标志牌；

2. 作业场所巷道平面布置图、施工断面图、断面截割轨迹图（炮眼布置图）、正规循环作业图表、避灾路线图等图牌板齐全、清晰；

3. 巷道至少每100 m设置醒目的里程标志。

【条文内涵】

（1）材料有标志牌可以反映材料的种类、规格、存放位置等信息，能够帮助作业人员快速找到所需材料，提高工作效率。

（2）设备有标志牌可以指导作业人员和管理人员进行安全管理，从而提高安全意识，避免事故。

(3) 在作业场所、在作业人员能够观看的显著位置吊挂巷道平面布置图、施工断面图、断面截割轨迹图（炮眼布置图）、正规循环作业图表、避灾路线图。

(4) 牌板图表内容与作业规程一致，指导现场施工，指引避灾；图牌板齐全、清晰，便于观看。

(5) 里程牌按照百米距离吊挂，牌板醒目。

【实施要点】

要点 1：标志牌标准统一

(1) 吊挂高度统一。

(2) 牌板规格统一。

(3) 标志牌上有名称、规格、管理单位、管理责任人。

要点 2：设备标志牌清晰规范

(1) 安装在显眼易于观察的位置，固定可靠。

(2) 损坏或者模糊的标志牌及时更换。

(3) 填写信息内容完整。

要点 3：施工图牌板布置规范醒目

(1) 施工图牌板及时擦拭干净，字迹清晰。

(2) 吊挂位置、吊挂高度便于作业人员观看。

(3) 施工图牌板处有照明。

要点 4：内容符合实际

(1) 施工图牌板内容齐全且必须与现场实际吻合。

(2) 施工图牌板必须根据现场条件变化及时进行更新。

要点 5：里程牌布置规范醒目

(1) 里程牌尺寸大小统一，设置位置统一，便于现场人员观看。

(2) 牌板字迹清晰，卫生干净。

（三）作业环境

【标准原文】

1. 物料分类码放整齐；电缆、管路吊挂规范；管路、设备无积尘；各转载点有喷雾降尘装置；

2. 巷道及硐室底板平整，无浮碴及杂物，无淤泥，无积水。

【条文依据】

《煤矿安全规程》第四百六十五条、第六百五十二条。

【条文内涵】

(1) 托盘、锚固剂等其他材料分类码放，机电配件分类集中码放，且摆放整齐平稳，不得超出指定摆放区域。

(2) 检测、通信、信号电缆与动力电缆分挂在巷道两侧，间距符合要求。

(3) 各装载点有喷雾装置，且喷雾降尘装置完好。

(4) 掘进巷道内及巷道内的硐室平整，无明显的起伏或凸凹。

(5) 掘进巷道内及巷道内的硐室应实现“三无一整齐”(三无：无浮渣、无淤泥积水、无杂物；一整齐：物料码放整齐)。

【实施要点】

要点 1：持续保证物料码放规范

(1) 明确责任，定期检查整改；从卸料、码放、使用到用后整理都不得破坏；材料上架有序摆放，且保证行人安全距离。

(2) 材料分类集中码放整齐，高度原则上不超过 1.2 m，材料码放稳固。

要点 2：持续保持降尘设施完好

各转载点喷雾降尘装置必须齐全完好且能够正常使用；堵塞、损坏及时处理或更换。

要点 3：动态实现环境达标

明确责任，划分区域，并检查考核，实现动态达标。

五、附加项——技术进步

【标准原文】

建成智能化掘进工作面并正常运行。

【条文依据】

《智能化煤矿（井工）分类、分级技术条件与评价》(T/CCS 01—2020) 第 4.4 条。

【条文内涵】

(1) 装备智能化掘进设备和智能掘进系统。

(2) 实现巷道施工作业的掘、支、锚、运等全部工序智能化施工作业。

(3) 实行远程监控和控制，人机分离。

【实施要点】

要点：有效运行智能化

（1）根据地质条件、工程技术条件等要求，以安全、高效、少人、快掘为目标，确定合理的智能化掘进技术与装备。

（2）配备并培训智能化操作和维修人员，保证掘进装备现场能够正常运行。

3.5 机　　电

一、基础管理

（一）管理制度

【标准原文1】

建立机电管理制度（规程），包括停送电管理、设备定期检修、电气试验测试、干部上岗检查、机电设备管理、机电事故统计分析追查、井下防爆电气设备管理、电缆管理、小型电器管理、油脂管理、配件管理、阻燃胶带管理、杂散电流管理以及钢丝绳管理等制度。

【条文依据】

《煤矿安全规程》第四条。

【条文内涵】

该部分制度是从煤矿层面对全矿机电专业管理提出的，是做好全矿机电专业管理工作的基础管理制度。由于我国煤矿的企业性质、产能规模等方面的因素，煤矿机电专业管理可能不仅限于这14种制度，但这14种制度是煤矿机电专业管理的基本、必要的制度。煤矿专业管理制度必须要素清晰、内容全面准确，符合煤矿机电管理实际，具有较高的可操作性。

该项规程是指煤矿所有机电设备和机电检修作业的操作规程。

【实施要点】

要点1：机电管理制度总体要求

煤矿层面机电专业管理制度应依据国家相关要求，结合煤矿具体实际，按照制度的主要要素、约束对象和内容，言简意赅地制定；不应有过于原则、笼统、模糊、费解的条款。

要点2：停送电管理制度

其重点要素应为计划停送电和无计划停送电管理两个部分。计划停送电管理应明确停送电的申请、影响单位确认、把关部门审批，主管领导审批，以及送达指挥部门、执行操作部门、影响单位和停送电申请、指挥、执行流程等具体内容；无计划停送电应明确停电原因的检查确认、汇报、被影响现场安全状态确认、送电申请、送电指挥、复述与送电操作和记录等流程及内容。

要点3：设备定期检修制度

设备定期检修制度是指煤矿所有与机电相关的系统设备的日常维护检修之外，需要定期进行的，需要的时间更长、内容更全面的检修要求。重点要素包括：按照所服务的系统与设备的分类，每一类系统或设备的检修周期和检修时间，每一类设备的重点检修内容。

要点4：电气试验测试制度

应有4个重点要素：一是试验测试项目，包括煤矿自身试验测试和外部资质性检测检验的项目；二是项目的试验测试周期；三是试验测试项目的责任单位；四是项目试验测试的方法。

要点5：干部上岗检查制度

应有2个重点要素：一是各级干部对于不同岗位的上岗周期；二是各级干部上岗检查的内容，各级干部检查的内容不应完全相同。

要点6：机电设备管理制度

（1）应按照《煤炭工业企业设备管理规程》（能源煤〔1989〕104号）的要求，结合煤矿的管理实际，重点分为六大方面要素。一是基本要求，包含机电设备管理责任单位、建账与对账管理程序、所包含的设备类别等内容；二是对设备计划、采购与到货验收的要求；三是对设备的发放、租赁、调拨等管理程序的要求；四是对设备的安装、调试、验收等环节的具体要求；五是设备使用运行、维护管理的要求；六是对设备大修、更新改造、报废等各环节的具体管理要求。

（2）煤矿机电设备管理台账应规范，符合机电专业管理实际。机电设备台账不是资产管理台账，台账中所涵盖的设备应是煤矿安全生产过程中正在使用、备用、闲置、待修的机电设备。台账内容应包括：序号（每台设备一个序号，最后一台设备序号是全矿机电设备的总数）、设备编号、设备类别、设备名称、型号规格、生产厂家、出厂日期、到货日期、设备状态（在用、备用、闲置、待修）、安标证号、防爆合格证号、设备用途、使用地点、使用单位、设备主要履历（此项为记录设备履历情况，打印台账时可隐藏）、备注等。

要点7：机电事故统计分析追查制度

有3个重点要素。一是应结合煤矿的管理实际，根据事故的影响时间、损失程度、危险性因素等情况，明确机电事故的等级类别；二是确定不同等级类别事故的追查权限和追查方式；三是明确事故上报、统计、分析责任单位和具体要求。

要点 8：井下防爆电气设备管理制度

有 5 个重点要素。一是基本要求，应包含防爆电气设备管理责任单位、管理程序、所包含的设备类别（电气设备和小型电器）等内容；二是采购与验收，对设备采购和到货验收做出要求；三是入井检查，对电气设备入井把关检查的具体要求；四是安装验收，对防爆电气设备安装和验收环节的具体要求；五是使用运行管理，对防爆电气设备使用运行管理的要求。

要点 9：电缆管理制度

(1) 有 5 个重点要素。一是基本要求，包含电缆管理责任单位、建账与对账管理程序等内容；二是对电缆的计划、采购和到货验收做出要求；三是电缆发放与回收管理的要求；四是敷设、安装和验收管理的要求；五是使用运行与维护管理的要求。

(2) 煤矿用电缆必须建账管理，电缆管理台账涵盖的应是煤矿安全生产过程中正在使用（可包含现场备用）的各种电缆。台账内容应包括：序号、电缆类别、电缆名称、型号规格、生产厂家、出厂日期、投用日期、电缆状态（在用、备用）、电缆用途、使用地点、电缆长度、起始地点、使用单位、安标证号、阻燃抗静电检验报告号等。动力电缆台账应与供电设计和供电系统图中的电缆相对应。

要点 10：小型电器管理制度

(1) 有 5 个重点要素。一是基本要求，应包含小型电器设备管理责任单位、小型电器设备涵盖的种类、建账与对账管理程序等内容；二是对小型电器的计划、采购和到货验收的要求；三是对发放与回收管理的要求；四是对入井、安装和验收环节的要求；五是使用运行与维护管理的要求。

(2) 煤矿小型电器设备必须建账管理，小型电器管理台账涵盖的应是煤矿安全生产过程中正在使用（可包含现场备用）的各种小型电器设备。台账内容应包括：序号（每台电器一个序号，最后一台设备序号是全矿小型电器设备的总数）、小型电器设备类别、名称、型号规格、生产厂家、出厂日期、投用日期、状态（在用、备用）、用途、使用地点、使用单位、安标证号、防爆合格证号、备注等。

要点 11：油脂管理制度

有 4 个重点要素。一是基本要求，应包含油脂管理责任单位、井下使用油脂的种类、管理程序等内容；二是对油脂的计划、采购和到货验收做出要求；三是对领用、发放与回收管理的要求；四是对井上下运送、存放、使用管理的要求。

要点 12：配件管理制度

有 4 个重点要素。一是基本要求，应包含配件管理责任单位、涵盖的种类、管理程序等内容；二是对配件的计划、采购和到货验收做出要求；三是领用、发放与回收管理的要求；四是对存放和使用管理的要求。

要点 13：阻燃胶带管理制度

（1）有 5 个重点要素。一是基本要求，包含阻燃胶带管理责任单位、管理的内容、建账与对账管理程序等内容；二是对胶带的计划、采购和到货验收的要求；三是发放与回收管理的要求；四是安装和验收环节的要求；五是使用运行与维护管理的要求。

（2）煤矿必须建立阻燃胶带、包胶滚筒和缓冲（胶套、胶板）材料管理台账。台账均应以胶带主机为基础，台账中涵盖的内容应是煤矿煤炭生产（不含煤炭产品洗选加工）过程中正在使用（可包含现场备用）的各种阻燃胶带、包胶滚筒和缓冲（胶套、胶板）材料。

（3）阻燃胶带台账应分两部分。固定部分应包括：大序号（以带式输送机为序）、带式输送机名称、型号规格、输送机长度、胶带型号规格、胶带总长度、使用地点、使用单位等。变动部分应包括：小序号（每更换一次胶带增加一行、一个小序号）、投用（或更换）胶带长度（各次更换或投用的长度之和应与胶带总长度吻合）、投用日期、到货日期、生产厂家、安标证号、阻燃抗静电检验报告号、备注等。

（4）带式输送机包胶滚筒管理和缓冲材料台账也分两部分。固定部分与胶带台账相同。包胶滚筒变动部分应包括：小序号（每一个包胶滚筒一行）、包胶滚筒规格、投用日期、生产厂家、安标证号、阻燃抗静电检验报告号、备注等。缓冲材料变动部分应包括：小序号（每一处下料点一行）、缓冲材料规格、投用日期、生产厂家、安标证号、阻燃抗静电检验报告号等。

要点 14：杂散电流管理制度

有 4 个重点要素。一是煤矿可能产生杂散电流的因素和原因；二是针对每一个因素制定治理或降低、避免杂散电流的具体措施；三是明确每一个产生杂散电流因素治理的责任单位；四是明确杂散电流检测的周期。

要点 15：钢丝绳管理制度

有 4 个重点要素。一是基本要求，包含钢丝绳管理责任单位、管理的类别和程序等；二是对钢丝绳的计划、采购和到货验收的要求；三是对发放与回收管理的要求；四是对使用运行与维护管理的要求。

要点16：机电操作规程

（1）煤矿操作规程应分为两大类，一类是煤矿采掘生产和辅助系统各种机电设备的操作规程，另一类是机电各种检修作业的操作规程。

（2）机电设备的操作规程，主要应依据设备说明书对设备启动前准备、启动操作步骤、运行过程中监视、停机操作以及停止运行后的操作要求，结合煤矿对设备与所服务系统衔接的要求及国家相关法规要求而制定。操作规程内容应符合当前系统设备控制方式的具体要求，应言简意赅，一看就懂，能够有效指导操作人员正确操作设备。内容一般应包括：基本要求、启动前准备、启动、运行、停机等具体操作要求。主通风机应分正常启停、倒机操作和反风操作3个状态的操作要求。

（3）机电各种检修作业的操作规程，主要应按照国家相关法规要求，结合煤矿管理实际，针对每一个工种的作业特点和流程而制定。内容一般应包括：基本要求、检修前准备、检修场所（环境）和设备状态的安全确认、检修作业的安全保障、检修过程要求、检修结束现场检查、检修工具撤离等，对于运转设备应包括检修后的运转试验等。

【资料清单】

（1）煤矿机电专业管理制度汇编材料。

（2）煤矿机电设备和机电检修作业操作规程汇编材料。

（3）制度和操作规程贯彻记录。

【标准原文2】

机房硐室：

1. 有操作规程、岗位责任制，有设备包机、交接班、巡回检查、保护试验、设备检修以及要害场所管理等制度，变电所有停送电管理制度；

2. 有设备技术特征牌板、设备电气图、液压系统图、润滑系统图；

3. 有设备运转、检修、保护试验、干部上岗、交接班、事故、要害场所人员、钢丝绳检查等记录，变电所有停送电记录。

【条文依据】

《煤矿安全规程》第一百六十条、第四百三十条、第四百六十条。

【条文内涵】

参照《煤矿安全规程》第一百六十条、第四百三十条、第四百六十条要求，结合其他机房硐室管理实际对主通风机、提升机、空气压缩机、主排水泵、带式输送机等主要机房硐室的管理制度、基础数据与图纸以及记录提出的要求，也是我国煤矿多年来对主要设备机房硐室管理经验的总结和提炼。

井上主要机房和井下主要设备硐室应至少设置以下制度、图纸和记录：

（1）现场应张挂符合现场设备性能的操作规程，符合现场司机、维修工或巡检工岗位的岗位安全生产责任制，符合现场设备管理实际的包机制、交接班制、巡回检查制、保护试验制度、设备日常检修（或设备维护保养）制度，要害场所管理制度，变电所有停送电管理制度。

（2）现场应张挂设备技术特征牌板，供配电系统图、设备电气原理图、制动（液压）系统图、润滑系统图。主排水泵有排水系统图，主通风机有反风操作系统图。

（3）现场应设置设备运转记录、日常检修记录、保护试验记录、干部上岗记录、交接班记录、事故记录、外来人记录；提升机房有钢丝绳检查记录，变电所有停送电记录。

【实施要点】

要点 1：张挂的规程与制度

（1）现场张挂的操作规程应与操作规程汇编材料内容一致，且符合现场设备说明书对设备运行的要求。

（2）岗位责任是指本机台司机（值班员）、维修工或巡检工的岗位安全生产责任制，内容应符合对应岗位具体责任，且与全矿岗位安全生产责任制汇编材料内容一致。

（3）设备包机制应明确包机组负责人及成员组成、各类成员包机责任和包机内容 3 个重点要素及具体内容。

（4）交接班制应明确基本要求、交接内容和不交接事项 3 个重点要素及具体内容。

（5）巡回检查制应明确基本要求和司机、维修工的具体检查要求 3 个重点要素的具体内容。

（6）保护试验制度应明确本机台系统与设备的保护种类名称、每一种保护的试验周期、试验方式和试验责任人 4 个重点要素的具体内容。

（7）设备检修制度是指设备的日常检修，应明确基本要求、电工和钳工检查检修以及系统异常运行与报警数据的浏览、查询、处理 4 个重点要素的具体内容。

（8）要害场所管理应明确该机台应配置的警示设施、机台内安全管理和外来人管理 3 个重点要素的具体内容。

(9) 变电所停送电管理制度应是煤矿停送电管理制度中与变电所相关部分的具体内容。

(10) 具备集中远程智能无人值守控制功能的设备应融入无人值守运行操作、检修维护等相关内容。

要点 2：技术特征与图纸

设备技术特征是指该机台系统和设备的主要的、常识性的技术数据。设备电气图是指该机台的供配电系统图和电气原理图。液压系统图是指提升设备的制动（液压）系统图，其他设备的液压系统图；采用稀油润滑设备的润滑系统图。主排水泵应有排水系统图，主通风机应有反风操作系统图。

要点 3：记录及要求

(1) 记录是制度执行情况的检验，因此各种记录应与对应管理制度所要求的内容相对应。设备运转记录应包含设备的主要运行数据，应与巡回检查制度相对应，并应有异常运行情况的记载内容。设备检修记录应与检修制度内容相对应。保护试验记录应与保护试验制度的内容相对应。干部上岗记录应与干部上岗制度相对应。交接班记录应与交接班制度相对应。事故记录应设置为故障及事故记录，应记载该机台发生的、不一定是构成事故的所有异常运行情况，便于对系统或设备异常情况进行统计分析，为精准检修提供参考。要害场所人员记录即是外来人记录，应与要害场所管理制度相对应。钢丝绳检查记录应与钢丝绳检查制度和检修制度相对应。变电所停送电记录应与停送电管理制度相对应。

(2) 各种记录簿应根据记录量确定更换周期，现场记录簿均不应出现空白现象，需要每日填写的运行、试验、检修等记录现场应留存至少一个运行周期（月）的记录；事故、要害场所人员、停送电等记录可以按季度或年更换一次，但停送电记录现场应留存至少一个月的记录内容；更换下来的记录簿应由设备使用运行管理单位技术室保管并存档。

【资料清单】

(1) 煤矿机电专业管理制度汇编材料。

(2) 煤矿主要机房硐室管理制度汇编材料。

(3) 煤矿机电设备和机电检修作业操作规程汇编材料。

(4) 煤矿岗位安全生产责任制汇编材料。

(5) 煤矿大型固定设备档案。

(6) 各种记录簿。

（二）技术管理

【标准原文 1】

大型机电设备选型论证、安装、验收等管理符合规定。

【条文依据】

《煤炭工业企业设备管理规程》（能源煤〔1989〕104 号）第十二条。

【条文内涵】

煤矿大型机电设备的选型应进行充分的论证；大型设备的安装应有设计。大型机电设备投入运行前应经过联合验收和相关的技术性能检验测试。

【实施要点】

要点：设备选型、论证、安装与验收

大型机电设备的选型论证应按照《煤炭工业企业设备管理规程》（能源煤〔1989〕104 号）要求并根据煤矿生产规模、灾害程度、使用现场环境条件等因素，选择符合煤矿生产能力和使用环境的设备；设备的安装应严格按照设计进行，投入运行前应经过联合验收和相关的技术性能检验测试。煤矿进行系统改造、增能改造需要更新或淘汰大型固定设备时，应对选定的设备与方案进行可行性论证，施工前应编制制定大型机电设备安装施工方案、安全技术措施及开工报告。

【资料清单】

（1）煤矿初步设计或增能改造、系统改造设计。

（2）煤矿大型机电设备选型可行性论证报告。

（3）煤矿大型机电设备安装施工方案、安全技术措施及开工报告。

（4）新投入或改造设备的验收报告和技术性能检验报告。

【标准原文 2】

设备技术信息档案齐全；主变压器、主通风机、提升机、压风机、主排水泵等大型固定设备做到一台一档。

【条文依据】

《煤炭工业企业设备管理规程》（能源煤〔1989〕104 号）第六十二条。

【条文内涵】

煤矿安全生产过程中使用的各种设备均应建立技术信息档案。随着信息技术的发展与应用，煤矿设备技术信息一般可融入或涵盖在设备台账的电子表格中，但大型固定设备由于其重要程度且服务于煤矿全生命周期，服务年限较长，要求单独建立技术信息档案，其目的是翔实记载从建矿设备安装到取消该系统设备的全过程中系统及设备的重要变化情况，为设备的安全运转、大型检修和更新改造提供依据。应包括：矿井的主变压器、主通风机、矿井及采区的主要提升机、压风机、矿井及采区的主排水泵以及主提升和主运输带式输送机、供热锅炉、地面瓦斯抽放站等大型固定设备，并做到一台一档。

【实施要点】

要点1：档案内容

应建立纸质和电子的技术档案，内容应详细，有参考、保存价值。应包含两大方面内容：一方面是设备主机和所有辅机的原始资料，包括产品说明书、电气原理图和配件图等各种图纸、检测报告等；另一方面是设备安装、改造、换绳、换油、更换胶带、硫化接头或更换主要部件等大型检修以及事故等变化履历资料，资料应翔实记载设备改造、大修、事故的原因以及改造、大修时间（事故影响时间）、新旧设施型号规格、过程中存在的问题等细节内容。注意：是一台一档，不是一类一档。

要点2：时间范围

档案应自安设该机台（或硐室）起建立，从最初第一台设备安装、试验、大修等内容到因其什么原因进行的更新或改造，直至该机台停止运行。

【资料清单】

大型固定设备技术信息档案。

【标准原文3】

矿井提升、排水、压风、供水、通信、供电系统和井下电气设备布置图、供电线路平面敷设示意图、井上下配电系统图等图纸齐全，内容、图例、标注规范，及时更新。

【条文依据】

《煤矿安全规程》第十四条、第四百四十七条；《煤炭工业企业设备管理规程》(能源煤〔1989〕104号）第六十二条。

【条文内涵】

煤矿应绘制主提升和副提升系统图、全矿井排水和各主排水系统图、压风及管路系统图、井下供水系统图、矿井通信（含有线、无线和应急广播）系统图、井上下供配电系统图、供电线路平面敷设示意图和井下电气设备布置图。

【实施要点】

要点1：图纸总体要求

（1）各系统图中应涵盖各系统主要设施的类别、型号规格、数量、设置位置以及系统主要数据等内容，且图例全面、标注规范、主题突出、线条清晰，主要数据全面准确，并做到及时更新与实际相符。

（2）全矿排水系统图、压风及管路系统图、井下供水系统图、矿井通信系统图、供电线路平面敷设示意图以及井下电气设备布置图等可在矿务工程平面图基础上填绘，并应突出主题线条，淡化或删除与对应主题不相干内容。

要点2：提升系统图内容

主副提升系统图应涵盖提升系统自上而下的所有设施的安设位置、规格型号、数量以及系统能力等相关数据。

要点3：排水系统图内容

全矿井排水系统图应包含全矿井下所有排水点的位置、数量、涌水量、排水能力、水泵型号规格和数量、管路型号规格和数量、排向以及全矿涌水量、排水能力等数据。各水平（或区域、片盘）主排水系统图，应包含水仓和水仓闸门、吸水井和配水闸门、水泵和排水阀门、管路和管网以及各种设备设施型号规格和技术数据，系统涌水量和排水能力、排向等数据。

要点4：压风及管路系统图内容

压风及管路系统图应包含压风机站各种设备设施、各种规格的管路和阀门等设置位置、数量等数据。压风施救系统图应由主管责任部门负责在压风及管路系统图基础上填绘。

要点5：供水系统图内容

井下供水系统图应包含水源储量、各种规格的管路和阀门等设置位置、数量等数据。

要点6：矿井通信系统图内容

矿井通信系统图应涵盖有线通信、无线通信和应急广播系统，应包含各种有线通信电缆、光缆、分线箱、交换机、电源箱、通信电话、直通电话、应急广播等通信设施的设置位置、型号规格、数量等数据。

要点7：供配电系统图内容

井上下供配电系统图可根据煤矿井型规模或供配电系统的复杂性等情况分井上配电系统、井上用电系统、井下配电系统、井下用电系统等部分进行绘制，系统简单的可用一张系统图概括，系统复杂的可按部分分别绘制，以框图形式表达各部分之间的线路连接关系；系统图中应标注配电设备型号、容量、电压、电流等主要技术参数及其他技术性能指标，标注馈出的短路、过负荷保护的整定值以及被保护干线和支线最远点两相短路电流值，标注线路电缆的用途、型号规格、电压和长度等。

要点8：供电线路敷设示意图内容

供电线路平面敷设示意图应标示供电线路的敷设路径、用途、型号规格、长度以及接线盒等数据。

要点9：电气设备布置图内容

井下电气设备布置图应包含电动机、变压器、配电设备以及保护接地装置的安设地点、型号规格、数量等数据。

【资料清单】

（1）矿井主提升系统图。

（2）矿井副提升系统图。

（3）矿井排水系统图。

（4）矿井主排水系统图。

（5）矿井压风及管路系统图。

（6）矿井供水系统图。

（7）矿井通信系统图。

（8）矿井配电系统图。

（9）矿井供电线路平面敷设示意图。

（10）井下电气设备布置图。

【标准原文4】

岗位操作规程、安全技术措施（方案）及保护试验要求等与实际运行的设备相符。

【条文内涵】

（1）煤矿各岗位的操作规程不是一成不变的，机电检修的各工种操作的具体要求会随着工艺技术的发展而改变，各种设备的操作规程也会随着系统或设备的更新与改造而发生变化，应随着工艺和设备的更新改造及时修改、完善对应的操作规程，使其与现行工艺技术和运行的设备相符。

（2）安全技术措施（方案）的制定首先应根据检修、安装或改造项目的具体内容和要求制定施工方案和工序流程，按照施工方案的每一道工序流程逐步制定安全技术措施，以保证安全技术措施与施工现场及工序相符。

（3）各种系统及设备的保护试验制度及方法应与现场设备实际安装的保护传感器的原理及要求相符，以确保保护试验的有效性。

【实施要点】

要点：技术管理相关要求

（1）现场各工种或现场设备与岗位操作规程应相符。

（2）各种大型检修、安装或改造项目应按照施工方案的工序流程制定安全技术措施，安全技术措施内容应全面。

（3）保护试验制度及方法与现场实际安装的保护传感器的原理及要求相符。

【资料清单】

（1）煤矿操作规程汇编材料。

（2）大型检修、安装或改造项目施工方案及安全技术措施。

（3）煤矿管理制度（含保护试验制度）汇编材料。

【标准原文 5】

矿井机电业务保安管理体系完善：有专业培训、专项检查计划并实施；开展机电事故统计分析追查等工作。

【条文内涵】

煤矿应明确采煤、掘进、机电、运输、通风等专业对本专业及系统所使用的安全生产装备的“使用运行管理职责”，突出并明确机电专业对全矿各专业、系统使用的机电设备应行使的“机电业务保安管理职责”。

【实施要点】

要点 1：业务保安主要内容

机电业务保安管理职责主要内容包括：一是建立并完善矿井机电专业业务保安管理体系；二是指导各专业使用好、管理好机电设备，配合各专业做好机电设备的选型，负责供电设计及机电专业相关安全措施的审批与把关；三是组织开展机电专业专项检查，有效推进机电管理效果的提升；四是做好机电事故的统计、分析和追查，采取措施降低或杜绝机电事故。

要点 2：业务保安管理体系主要内容

矿井机电专业业务保安管理体系主要内容应包括：设立机电专业管理职能机构；建立专业业务保安管理工作机制，落实业务保安工作职责；制定专业培训、比武等专业指导规划以及专项检查规划；制定机电事故统计分析追查制度并实施；制定专业管理考核办法并认真落实；制定专业业务保安管理例会制度，认真总结分析月份专业管理工作情况提出改进要求等。

【资料清单】

（1）矿井机电业务保安管理体系材料。

（2）年度矿井机电专业专项培训、技术练兵比武规划及实施情况相关材料。

（3）年度机电专业专项检查规划及实施情况相关材料。

（4）月份、年度全矿机电事故统计、分析和追查材料。

（5）月份、年度机电专业会议纪要。

（三）设备技术性能测试

【标准原文1】

主要提升系统、主排水系统、主要通风机系统、空气压缩机等按要求检测检验；检验周期符合《煤矿在用产品安全检测检验规范》等规定要求。

【条文依据】

《煤矿安全规程》第二十条、第一百五十八条、第四百二十九条；《煤矿在用安全设备检测检验目录（第一批）的通知》（安监总规划〔2012〕99号）；《煤矿在用产品安全检测检验规范》。

【条文内涵】

为确保煤矿在用主要安全设备技术性能的可靠性，确保设备安全运行，按照《煤矿安全规程》要求，必须定期对设备的技术性能进行检测检验。其标准分别依据：《煤矿在用产品安全检测检验规范　空气压缩机》（MT/T 1203—2023）、《煤矿在用产品安全检测检验规范　主排水系统》（MT/T 1204—2023）、《煤矿在用产品安全检测检验规范　主要通风机系统》（MT/T 1205—2023）、《煤矿在用产品安全检测检验规范　提升绞车系统》（MT/T 1206—2023）、《煤矿在用产品安全检测检验规范　缠绕式提升机系统》（MT/T 1207—2023）、《煤矿在用产品安全检测检验规范　摩擦式提升机系统》（MT/T 1208—2023）。

【实施要点】

要点：检测检验要求

该项检测检验应由资质性机构来完成，但需要煤矿做好配合。一是由煤矿制定检测检验安全措施，并明确双方在检测检验过程中的安全责任；二是要跟踪、监督检测检验过程，掌握设备技术性能相关数据；三是根据设备运行状况提出检测检验具体要求，如主通风机系统需要绘制的特性曲线的准确性等。

【资料清单】

（1）空气压缩机安全检测检验报告。

（2）主排水系统安全检测检验报告。

（3）主要通风机系统安全检测检验报告。

（4）各种提升机系统安全检测检验报告。

【标准原文 2】

主要提升绞车的主轴、天轮轴、连接装置以及主要通风机的主轴、叶片等主要设备的关键零部件探伤符合规定。

【条文依据】

《矿用提升容器重要承载件无损探伤方法与验收规范》(MT/T 684—1997)、《钢锻件超声检测方法》(GB/T 6402—2008)。

【条文内涵】

煤矿应按照要求对提升绞车主轴、天轮轴、连接装置和主要通风机的主轴、叶片等主要部件进行探伤检验，以确保运行的主要设备的关键零部件无缺陷。

【实施要点】

要点：探伤要求

煤矿应按照规范要求对主要提升绞车和主要通风机的关键部件进行探伤，及时更换存在缺陷的部件，保证设备运转安全。

【资料清单】

(1) 主要提升绞车的主要部件探伤报告。

(2) 主要通风机的主要部件探伤报告。

【标准原文 3】

按规定进行防坠器试验、电气试验、防雷设施及接地电阻等测试和试验。

【条文依据】

《煤矿安全规程》第四百一十五条、第四百五十五条、四百七十六条、四百七十七条、四百八十三条。

【条文内涵】

(1) 立井单绳提升罐笼的防坠器应依据《矿用防坠器技术条件》(MT/T 355—2005)，每6个月进行1次不脱钩试验，每年进行1次脱钩试验。

(2) 应按照《煤矿安全规程》和相关规范要求，制定电气试验测试制度，对高低压供电系统的设备设施进行试验测试。低压供电系统除每天进行漏电跳闸试验外，还应该定期进行远方漏电试验；每6个月对配电系统断电保护装置整定进行检查；每年对高压电缆的泄漏和耐压进行1次试验；每6个月对主要电气设备绝缘电阻进行1次检查；每3个月对固定敷设电缆的绝缘进行1次检查；每月对移动式电气设备的橡套电缆绝缘进行1次检查；每3个月对接地电网的接地电阻值进行1次测定。

(3) 每年雷雨季节前依据《建筑物雷电防护装置检测技术规范》(GB/T

21431—2023）对供电系统、地面建筑物和入井导电体的防雷设施及接地电阻进行1次测试。

【实施要点】

要点1：试验周期

试验测试周期和内容应符合要求，并做到真实、有效。

要点2：防雷接地

由地面直接入井的轨道、金属架构及露天架空引入（出）井的管路，必须在井口附近对金属体设置不少于2处良好的集中接地，检测时2处接地的电阻值均应进行检测。

【资料清单】

（1）防坠器试验报告。

（2）远方漏电试验记录。

（3）断电保护整定核算报告和记录。

（4）高压电缆泄漏和耐压试验记录。

（5）主要电气设备绝缘电阻检查记录。

（6）固定电缆绝缘检查记录。

（7）移动电缆绝缘检查记录。

（8）接地电阻检测记录。

（9）防雷接地检测检验报告。

二、设备与指标

（一）设备证标

【标准原文】

1. 纳入安全标志管理的产品有煤矿矿用产品安全标志；

2. 防爆设备有防爆合格证；

3. 有防爆电气设备和小型电器入井防爆检查记录。

【条文依据】

《煤矿安全规程》第十条、第四百四十八条。

【条文内涵】

（1）纳入安标管理产品的种类遵循《关于公布执行安全标志管理的煤矿矿用产品目录（第一批）》（煤安监技装字〔2001〕109号）产品目录中的要求。

（2）纳入安标管理产品的煤矿矿用产品安全标志和防爆设备的防爆合格证的收集要全面，应与机电设备、小型电器、电缆、阻燃输送带等台账对应管理，以确保井下使用的所有产品和防爆设备都符合要求。

（3）防爆电气设备和小型电器的入井防爆检查的目的是把住防爆设备入井准入关。入井防爆检查包括：新购置和维修后防爆电气设备、小型电器设备和各种电缆。

（4）现场在用的各种电气设备和小型电器设备的防护等应符合现场环境对电气设备的选型要求。

【实施要点】

要点1：安标证和防爆合格证

纳入安标管理产品的煤矿矿用产品安全标志和防爆设备的防爆合格证可单独建立管理台账，但必须与机电设备、小型电器、电缆、阻燃输送带等台账相对应。最好的管理方式是直接涵盖在机电设备、小型电器、电缆、阻燃输送带等台账中统一管理。

要点2：现场安全标志

现场在用的各种电气设备和小型电器设备的MA和防爆标志应与台账相对应。

要点3：防爆设备入井检查记录

防爆电气设备、小型电器和电缆的入井防爆检查记录应采取流水记录的方式，按照入井检查时间的顺序进行检查并记录，确保入井的每一台（新购置或维修后）防爆电气设备、小型电器和每一米（新购置或维修后）电缆的入井防爆检查无遗漏。

（二）设备完好

【标准原文】

机电设备综合完好率不低于90%。

【条文依据】

《煤炭工业企业设备管理规程》（能源煤〔1989〕104号）附件5中第4条。

【条文内涵】

由于《煤炭工业企业设备管理规程》是1989年发布的，距今已有35年之久，部分管理内容已不能够适应当今煤矿装备技术发展与现代设备管理的要求，但在目前国家没有修订或出台新规范之前，煤矿应继续参考此规程并结合煤矿管理实际对机电设备实施有效管理。首先，必须理解、明确机电设备概念，建立准确的、符合煤矿实际的机电设备管理台账，此台账仅是出于机电设备管理的需要而建立，应区别于煤矿资产台账，台账中应仅涵盖正在参与和可能参与煤矿安全生产的机电设备，不应把被淘汰、待报废以及不属于机电设备的设备或物资列入其中，以保证机电设备总数（基数）的准确性。机电设备的基数准确了，综合完好率计算与考核才能正确，才能对全矿机电设备状态实施有效管理。机电设备基数不准确，机电设备综合完好率必然不准确或不真实。

【实施要点】

要点1：煤矿日常管理机电设备综合完好率

煤矿机电专业日常月份考核管理应对全矿机电设备进行全覆盖检查，设备完好率应根据检查情况全面统计设备状态数据，按照下式计算完好率：

$$设备综合完好率=\frac{完好设备台数}{在籍台数+租(借)入台数-租(借)出台数}\times 100\%$$

不应采用抽查性检查的计算公式计算完好率。

要点2：上级检查机电设备综合完好率计算

上级各种检查的机电设备综合完好率，应汇总各专业对设备状态的检查数据，按照下式计算完好率：

$$设备综合完好率=\frac{抽查的完好设备台数}{抽查的机电设备总数}\times 100\%$$

要点3：支撑材料

应收集、汇总煤矿各种自查材料作为完好率数据的支撑材料，体现日常专业管理的真实性。

【资料清单】

（1）机电设备管理台账。

（2）月份机电专业考核基础表。

（3）煤矿机电专业月份机电设备完好率考核管理的支撑材料。

（三）固定设备

【标准原文】

大型在用固定设备完好。

【条文内涵】

（1）煤矿大型固定设备应包含：主变压器、矿井和采区主要提升绞车、主提升和主运输带式输送机、空气压缩机、主通风机、矿井和采区主排水泵、地面瓦斯抽放泵和锅炉等。

（2）大型在用固定设备均服务于煤矿安全生产关键环节，必须达到真正意义上的台台完好。

【实施要点】

要点1：全覆盖检查

煤矿月份检查考核对大型固定设备应该全覆盖检查。

要点2：对标严格检查

月份检查考核应按照完好标准严格进行检查，必须真实，不应弄虚作假，考核基础表应符合现场设备状态。

（四）小型电器

【标准原文】

小型电器设备完好。

【条文内涵】

煤矿现场管理不应忽视小型电器设备完好管理的每个细节，应准确理解小型电器概念，明确所包含的设备种类，按照小型电器管理制度建立小型电器设备管理台账。小型电器设备台账内容规范，设备种类全面、数量准确，全矿小型电器设备总数（基数）才能准确，小型电器的完好率计算才能正确，才能对全矿小型电器状态实施有效管理。小型电器基数不准确，完好率必然不准确或不真实。

煤矿小型电器设备应包括以下六大类：

（1）电缆接线盒：各种电压等级动力电缆的二通接线盒、三通接线盒、四通接线盒，高压接线盒、高压橡套电缆连接器以及36 V以上的各种通信、信号接线盒等。

（2）控制装置：各种防爆或本安型的控制箱、主机箱、遥控器、按钮（单联按钮、双联按钮、三联按钮）、控制开关等。

（3）信号装置：各种防爆或本安型的电铃或组合电铃、打点器、拉点器、信号灯、声光信号、遥控信号、各种报警装置等。

（4）通信装置：各种防爆或本安型的网络交换机、电源箱、分站、基站、电话、电话分线箱、分线盒、应急广播以及各种无线通信装置等。

（5）照明装置：各种防爆或本安型的LED照明灯、荧光灯、巷道灯等。

（6）信息装置：视频摄像机、各种传感器、检测开关、显示屏等。

【实施要点】

要点1：小型电器类别

小型电器设备台账包含的设备种类应全面，符合要求。

要点2：检查有数据支撑

完好设备数据应有支撑材料并保证其真实性。

（五）矿灯

【标准原文】

使用双光源矿灯，在用矿灯完好率100%；矿井完好的矿灯总数至少应当比常用矿灯总人数多10%。

【条文依据】

《煤矿安全规程》第四百七十一条。

【条文内涵】

煤矿入井人员使用的矿灯必须是双光源矿灯，一旦主光源发生异常备用光源能够保证用灯人员安全升井；在用矿灯的完好率必须达到100%；矿井完好的矿灯总数应比常用灯人数多出10%。

【实施要点】

每一台矿灯的双光源均应有效；现场人员使用的、矿灯充电架上的矿灯均属于在用的矿灯；矿井完好的矿灯总数是指随时可以使用的矿灯。

（六）机电事故率

【标准原文】

机电事故率不高于1%。

【条文依据】

《煤炭工业企业设备管理规程》（能源煤〔1989〕104号）附件5中第6条。

【条文内涵】

煤矿应结合自身的管理实际制定机电事故统计分析追查制度，按照制度的要求对各种影响生产的故障和事故进行统计和分析，对影响时间较长、损失较大的事故进行追查。通过统计、分析和追查，制定切实可行的防范和治理措施，降低或杜绝类似事故的发生。

【实施要点】

要点1：事故统计

故障和事故的统计应与生产调度生产影响记录相一致，不应为了事故率低于1%而不统计或少统计事故，事故率统计计算应真实。

要点2：分析追查

煤矿应按照机电事故统计分析追查制度认真地追查分析每一起机电事故，必须认真查找分析事故真正的直接原因和间接原因，认真落实事故的真正的责任，采取有效措施避免同类事故的发生。

【资料清单】

（1）机电专业月份机电事故统计表及分析材料。

（2）机电事故追查、分析、通报材料。

（3）调度室月份生产影响记录。

（4）机电专业月份检查考核基础表。

三、煤矿机械

（一）主要提升（立斜井绞车）系统

【标准原文】

1. 系统能力满足生产需要；

2. 安全保护装置符合规定，按规定试验；

3. 立井提升装置的过卷过放、提升容器和载荷等符合规定；

4. 提升装置、连接装置及提升钢丝绳符合规定；

5. 立井井口及各水平阻车器、安全门、摇台等与提升信号闭锁；操车系统电缆、管路、难燃液符合《煤矿安全规程》规定；

6. 提升速度＞3 m/s的立井提升系统安设有防撞梁和托罐装置；

7. 通信、信号装置完善；

8. 上、下井口及各水平安设有摄像头，机房有视频监视，主副井绞车房与矿调度室有直通电话；

9. 机房安设有应急照明装置；

10. 有电动机及主要轴承温度和振动监测，具备故障诊断功能；

11. 主井提升采用集中远程监控，实现无人值守；

12. 机械提升的进风立井或倾斜井巷中敷设电力电缆时，应当有可靠的保护措施，并经矿总工程师批准。

【条文依据】

《关于印发煤矿生产能力管理办法和核定标准的通知》(应急〔2021〕30号)；《煤矿安全规程》第二百五十条、第三百九十三～三百九十七条、第四百零三～四百零八条、第四百一十一～四百一十三条、第四百一十六～四百二十一条、第四百二十三条、第四百二十四条、第四百六十二条、第四百六十九条、第五百零七条；《关于印发〈关于加快煤矿智能化发展的指导意见〉的通知》(发改能源〔2020〕283号)。

【条文内涵】

(1) 提升系统能力是安全提升的保证，矿井和采区的提升系统能力应与矿井生产能力匹配，且能够满足安全生产的需要。

(2) 应准确理解《煤矿安全规程》规定的提升机安全保护装置的种类、设置位置和保护功能，并正确安设、合理设定动作（范围）值、严格试验，才能确保保护的有效、可靠。注意容易出现理解不准确的几点问题：①过负荷保护定值应按照允许的最大载荷计算；②超速、限速保护的试验应采取降低最大速度设定的方式，不应采取另接试验按钮的方式试验；③对于提升速度超过 3 m/s 的提升机的提升容器或者平衡锤到达终端位置时的速度不超过 2 m/s 的限速保护，应在提升机进入爬行段时提升容器对应位置设置检测传感器（或开关），当提升容器到达该位置的速度超过 2 m/s 时保护动作；④松绳保护应根据提升系统最大载荷、坡度及钢丝绳破断拉力和安全系数，计算最大允许松绳长度，根据允许松绳长度设定保护位置和动作值；⑤错向运行保护应注意两种错向情况的保护试验，一种是司机没有听清信号或误操作出现的主令给定与提升信号相反而导致的错向，另一种是司机主令给定力矩小于载荷提升实际需要的力矩而出现的“倒车”错向情况。

(3) 立井提升容器和载荷应符合《煤矿安全规程》第三百九十三条的要求，专为升降人员和升降人员与物料的罐笼应符合《煤矿安全规程》第三百九十四条的要求；提升容器的罐耳和罐道之间的间隙应符合《煤矿安全规程》第三百九十六条的要求；立井提升容器间及提升容器与井壁、罐道梁、井梁之间的最小间隙应符合《煤矿安全规程》第三百九十七条的要求；立井提升装置的过卷和过放应符合《煤矿安全规程》第四百零七条的规定。

(4) 提升钢丝绳的安全系数应符合《煤矿安全规程》第四百零八条的要求；在用钢丝绳的检验、检查与维护应符合《煤矿安全规程》第四百一十一条的要求；钢丝绳的报废和更换应符合《煤矿安全规程》第四百一十二条的要求；钢丝绳在运行中遭受到卡罐、突然停车等猛烈拉力时，应按照《煤矿安全规程》第四百一十三条要求处理；立井和斜井使用的连接装置的性能指标和投用前的试验应符合《煤矿安全规程》第四百一十六条的要求；提升装置的天轮、卷筒、摩擦轮、导向轮、导向滚筒的最小直径与钢丝绳直径比值应符合《煤矿安全规程》第四百一十七条的要求；各种提升装置的卷筒上缠绕的钢丝绳层数应符合《煤矿安全规程》第四百一十八条的要求；缠绕2层或者2层以上钢丝绳的卷筒应符合《煤矿安全规程》第四百一十九条的要求；钢丝绳固定在卷筒上时应符合《煤矿安全规程》第四百二十条的要求；天轮与钢丝绳的倍数应符合《煤矿安全规程》第四百二十一条的要求；提升容器的位置指示、减速声光警示以及机械和电气制动应符合《煤矿安全规程》第四百二十四条的要求。

（5）立井井口及各水平阻车器、安全门、摇台等与提升信号闭锁应符合《煤矿安全规程》第三百九十五条的要求；各水平的操车系统电缆、管路、难燃液应符合《煤矿安全规程》第二百五十六条的要求。

（6）提升速度＞3 m/s 的立井提升系统的防撞梁和托罐装置应符合《煤矿安全规程》第四百零六条的要求。

（7）提升系统的通信、信号装置应符合《煤矿安全规程》第四百零三条、第四百零四条、第四百零五条的要求。

【实施要点】

要点1：系统能力

无论是矿井还是采区的主要提升（绞车）系统，其能力应能够满足提升系统所服务区域的生产需要，煤矿均应对每一个提升系统当期能力现状进行核算，对于生产能力核增的煤矿，应注意能力核算的关键环节取值的合理性。

要点2：提升绞车系统安全保护装置

应注意5个方面：①保护种类、数量符合规定；②检测传感器设置位置合理；③保护的动作值设定必须合理，其有效检测行程不应包括传感器的空动行程，才能够保证有效、准确地检测故障数据；④保护试验制度应符合现场实际；⑤严格按照制度进行保护试验，要从检测传感器源头进行试验，模拟量试验可通过调整动作值的方式，但各种保护均不应采用主机模拟试验程序或模拟开关进行试验，以确保各种保护有效、可靠。企业日常管理检查和上级各种现场检查均应调取主机报警记录，以验证其试验的真实性。

要点3：提升装置过卷过放

对于通过提高提升速度实现增能改造的矿井，注意立井提升装置的过卷过放距离是否能够满足要求。注意提升容器与井壁和管路、电缆等设施之间的最小距离必须符合要求。

要点 4：提升人数

双层罐笼升降人员或升降人员和物料的立井提升系统，每一层和两层提升总人数的确定，除应按照罐笼内人均占有的有效面积计算外，还应核算钢丝绳安全系数是否满足双层最大乘人载荷时升降人员的要求；混合提升时，提人层的人数应按照提物层最大载荷和升降人员的安全系数计算确定。

要点 5：提升钢丝绳

在用提升钢丝绳的使用期限和状态应符合《煤矿安全规程》第四百一十二条的要求。提升钢丝绳的日常检查应全程目测并选点测量直径变化情况，立井多绳提升钢丝绳应至少每周检测钢丝绳张力及各绳张力平衡情况，建议使用钢丝绳在线监测装置。

要点 6：井口设施及闭锁

立井井口及各水平阻车器、安全门、摇台等与提升信号闭锁应与提升机其他保护装置一样制订试验制度，并严格进行试验。混合提升时上下信号操作台的转换开关应转换到升降人员的位置。

要点 7：防撞梁和托罐装置

提升速度＞3 m/s 的立井提升系统的防撞梁和托罐装置应在档案图纸中体现，也需要通过现场检查确认。

要点 8：视频监控

提升系统的上、下井口及各水平均应安设有摄像头，以监视提升容器中人员进出、装卸物料以及罐帘开与闭等情况，提升机房应有清晰的视频监视器。

要点 9：直通电话

主副井绞车房应设置与矿调度室的直通电话，不应与正常通信电话共用一部话机，直通电话应作为紧急情况下的应急通信，正常情况下的通信联络不应使用。使用直通电话呼叫调度室时应不需要拨号（包括人工和系统自动拨号），无论任何情况均不会出现占线，调度交换机应能够显示直通电话地点和直通字样。（其他地点直通电话同此条）

要点 10：应急照明

机房应急照明装置的照度应时刻能够满足提升机应急处置时的操作要求，应定期进行放电维护，以保证其有效性。

要点 11：温度、振动监测与故障诊断

提升绞车应装设有电动机及主要轴承温度和振动监测传感器，有效利用运行和检测数据，探索开发应用故障诊断功能，特别是具备远程智能控制无人值守的

提升机。(其他系统温度、振动以及故障诊断和无人值守要求同此条)

要点12：无人值守

主井提升绞车应具备远程集中控制功能，实现无人值守。

要点13：井筒电缆

机械提升的进风立井或倾斜井巷中敷设电力电缆时，应当有可靠的保护措施，防止意外情况导致对电缆的破坏，措施应经矿总工程师批准。措施应包括：①应敷设在发生断绳跑车事故时不易砸坏的场所或增设电缆沟槽、隔墙，以防砸坏电缆；②不应设接头，需设接头时必须用金属的接线盒保护壳，并可靠接地；③保证敷设质量，并指定专人对其接头、绝缘电阻、局部温升和电力电缆的吊挂等进行定期检查；④巷道支护必须完好；⑤定期清扫井巷及电力电缆上的煤尘。

(二) 主要提升(带式输送机)系统

【标准原文1】

1. 钢丝绳牵引带式输送机：

(1) 能力满足矿井、采区安全生产需要，不混乘，不超速运人；

(2) 保护装置及钢丝绳检查使用符合《煤矿安全规程》规定，按规定试验；

(3) 全线装设便于搭乘人员或其他人员操作的紧急停车装置；

(4) 上、下人地点设声光信号、语音提示和自动停车装置，卸煤口及终点下人处设有防止人员坠入及进入机尾的安全设施和保护；

(5) 采用非金属聚合物制造的胶带、绳衬、托辊的阻燃性能和抗静电性能符合有关标准的规定；各种绳轮、滚筒和托辊转动灵活；

(6) 上、下人和装、卸载处装设有摄像头，机房有视频监控；

(7) 机房有与矿调度室直通电话；

(8) 电机及主要轴承有温度振动监测，具备故障诊断功能；

(9) 采用集中远程监控，实现无人值守。

【条文依据】

《关于印发煤矿生产能力管理办法和核定标准的通知》(应急〔2021〕30号)；《煤矿安全规程》第三百七十四条、第三百七十五条、第四百一十一条、第五百零七条。

【条文内涵】

(1) 矿井和采区主提升和主运输带式输送机的能力应能够满足矿井、采区安全生产需要。

（2）应装设过速保护、过电流和欠电压保护、钢丝绳和输送带脱槽保护、输送带局部过载保护、钢丝绳张紧车到达终点和张紧重锤落地保护，还应包含电动机及减速器的温度和振动监测等。

（3）紧急停车装置的装设位置应能够满足在带式输送机全长任何地点便于搭乘人员或其他人员操作的要求。

（4）上、下人地点的前方应设置声光信号、语音提示；自动停车装置应设置在下人区段末端前方 2 m 处；卸煤口及终点下人处的前方设有防止人员坠入及进入机尾的安全设施和保护。

【实施要点】

要点 1：系统能力与超速运人

钢丝绳牵引的带式输送机大多应用于主提升，有少数用于井下主运输系统；一要注意生产能力核增的煤矿输送机能力核算的合理性，二要注意因生产布局不合理、采区过于集中生产而导致的系统能力不足等情况。不混乘和不超速运人，主要出现在非正常升/入井时间，部分闲散人员会在输送机载货情况下乘坐皮带，且此时输送机是以载货速度运行。

要点 2：保护装置

保护装置应注意 5 个方面：①保护种类、数量符合规定；②检测传感器设置位置合理；③保护的动作值设置必须合理，其有效监测行程不应包括传感器的空动行程，才能够保证有效、准确地检测故障数据；④保护试验制度符合现场实际；⑤严格按照制度进行保护试验，要从检测传感器源头进行试验，模拟量试验可通过调整动作值的方式，各种保护均不应采用主机模拟试验程序或模拟开关进行试验，以确保各种保护有效、可靠。企业日常管理检查和上级各种现场检查均应调取主机报警记录，以验证其试验的真实性。

要点 3：钢丝绳检查

钢丝绳的检查应至少每周进行 1 次，钢丝绳接头处应每天检查。

要点 4：急停车装置

全线紧急停车装置的动作方向应与皮带运行方向一致，便于搭乘人员或其他人员顺向操作，若相反属失效；停车装置的密度应以保证有效动作、可靠为准。

要点 5：越位保护

卸煤口及终点下人处设有防止人员坠入及进入机尾的安全设施是指在机头机尾下人处的防止人员越位的防护设施（机械式倾斜挡板），“保护”指电气越位保护。

要点6：输送带管理与检验

阻燃输送带、绳衬、托辊应建立台账管理，其安标证、阻燃和抗静电性能报告与台账对应，确保其阻燃和抗静电性能符合规定。

要点7：视频监控

上、下人和装、卸载处均应安设摄像头监视人员上下和装卸载情况，机房应有清晰的视频监视器。

【资料清单】

（1）地方主管部门批复确认的煤矿提升运输系统能力核准资料。

（2）矿井、采区提升运输系统核算资料。

（3）钢丝绳牵引带式输送机操作规程。

（4）钢丝绳牵引带式输送机保护试验制度。

（5）钢丝绳牵引带式输送机保护试验记录。

（6）带式输送机主提升或主运输系统图。

（7）阻燃胶带、绳衬、包胶托辊使用管理台账。

（8）阻燃胶带的安标证、阻燃性能和抗静电性能检测报告。

（9）钢丝绳安全系数核算资料。

（10）带式输送机制动闸压力确定的计算依据。

【标准原文2】

2. 滚筒驱动带式输送机：

（1）能力满足矿井、采区生产需要；

（2）电动机保护齐全可靠；

（3）设有防滑、防跑偏、防堆煤、防撕裂保护装置，以及温度、烟雾监测和自动洒水装置；主要运输巷中带式输送机设有输送带张紧力下降保护装置；主斜井必须装设自动报警灭火装置、敷设消防管路；

（4）采用非金属聚合物制造的输送带、托辊和滚筒包胶材料的阻燃性能和抗静电性能符合有关标准的规定；滚筒、托辊转动灵活；

（5）倾斜井巷中使用的带式输送机，上运时，应当装设防逆转装置和制动装置；下运时，应当装设软制动装置且必须装设防超速保护装置；

（6）减速器与电动机采用软连接或软启动控制，液力偶合器严禁使用可燃性传动介质；

（7）连续运输系统安设有联锁、闭锁控制装置，沿线安设有通信和信号装置，设有沿线紧急停车闭锁装置；

(8) 大于16°的倾斜井巷中设置防护网，并采取防止物料下滑、滚落等安全措施；

(9) 机头、机尾、搭接及卸载点处设有视频监控和照明，转动部位有防护栏和警示牌，行人跨越处设有过桥；

(10) 集中控制机房（硐室）安设有与矿调度室直通电话；

(11) 倾斜井巷使用的钢丝绳芯输送机有钢丝绳芯及接头状态检测装置；

(12) 有电动机及主要轴承温度和振动监测，具备故障诊断功能；

(13) 宜采用集中远程监控，实现无人值守。

【条文依据】

《关于印发煤矿生产能力管理办法和核定标准的通知》(应急〔2021〕30号)；《煤矿安全规程》第三百七十四条、第四百五十一条。

【条文内涵】

(1) 煤矿滚筒驱动的带式输送机应用非常广，从矿井主提升、井下主运输一直到采掘工作面运输系统，机电专业仅从固定设备管理的角度在“煤矿机械”项中考核到矿井和采区的主运输带式输送机，采掘工作面顺槽和掘进工作面连续化带式输送机分别在采煤和掘进专业标准中考核。无论是矿井提升还是井下主运输或采区主运输带式输送机的能力应能够满足矿井、采区安全生产需要。

(2) 带式输送机使用的高压电动机应当具有短路、过负荷、接地和欠压释放保护；低压电动机的控制设备必须具备短路、过负荷、单相断线、漏电闭锁保护及远程控制功能。

(3) 带式输送机要求的防滑、防跑偏、防堆煤、防撕裂和输送带张紧力下降保护装置，以及温度、烟雾监测和自动洒水等装置的设置应根据保护装置配置的传感器原理和具体要求来安装，其安装位置确定的原则是能够确保最有效地检测到故障状态和数据，切忌在不懂原理及保护目的的情况下按字面含义片面地遵循规范。

(4) 安装主提升带式输送机的主斜井必须装设全域温度监测与自动报警灭火装置，敷设消防管路。

(5) 倾斜井巷中使用的带式输送机，为防止其在带载状态下停止运行时产生飞车危险，上运的带式输送机，应当装设防逆转装置和制动装置；下运的带式输送机，应当装设软制动装置且必须装设防超速保护装置。

(6) 倾斜井巷使用的钢丝绳芯输送机的钢丝绳芯及接头状态检测装置应有效；采用放射性检测技术的应制定现场人员的个体防护措施。

（7）减速器与电动机采用软连接或软启动控制方式，采用软连接的液力偶合器不使用可燃性传动介质，不应使用离心式连接方式。

（8）多台带式输送机连续运输系统安设有连锁、闭锁控制装置，智能化控制系统可采取顺煤流启动控制方式，不具备智能控制的系统应采用逆煤流启动控制方式。沿线转载、下货以及较长沿线中部应安设有语音通信和信号装置。全线设有沿线任一点紧急停车闭锁装置。

（9）机头、机尾、搭接（下货）及卸载点处设有视频监视和照明，转动部位有防护栏和警示牌，行人跨越处设有方便人员通过的过桥。

【实施要点】

要点1：系统能力

一要注意生产能力核增的煤矿输送机能力核算的合理性，二要注意生产布局不合理、采区过于集中生产而导致的系统能力不足情况。

要点2：电气保护

电动机和辅机各种保护的定值设置应合理。

要点3：带式输送机保护

保护装置应注意5个方面：①保护种类、数量符合规定；②检测传感器设置位置合理；③保护的动作值设置必须有效，其有效监测行程不包括传感器的空动行程，才能够保证有效、准确地检测故障数据；④保护试验制度符合现场实际；⑤严格按照制度进行保护试验，要从检测传感器源头进行试验，模拟量试验可通过调整动作值的方式，各种保护均不应采用主机模拟试验程序或模拟开关进行试验，以确保各种保护有效、可靠。企业日常管理检查和上级各种现场检查均应调取主机报警记录，以验证其试验的真实性。

要点4：输送带管理与检验

建立井下使用的阻燃输送带、包胶滚筒和缓冲胶套（胶板）管理台账；输送带、包胶滚筒和缓冲胶套（胶板）均应与检验报告相对应，确保所有输送带、包胶滚筒和缓冲材料符合要求。

要点5：下运超速保护

下运时装设的防超速保护装置可与防打滑保护采用同一个检测传感器，但其必须具备双向检测和保护功能，且动作值设定合理。

【资料清单】

（1）地方主管部门批复确认的煤矿提升运输系统能力资料。

（2）矿井、采区提升运输系统核算资料。

（3）带式输送机操作规程。

（4）带式输送机保护试验制度。

（5）带式输送机保护试验记录。

（6）带式输送机主提升或主运输系统图。

（7）阻燃胶带、包胶滚筒和缓冲胶套（胶板）管理台账。

（8）阻燃胶带的安标证、阻燃和抗静电性能检测报告。

（9）带式输送机制动闸压力计算依据。

（三）主要通风机系统

【标准原文】

1. 性能满足矿井通风安全需要；

2. 电动机保护齐全、可靠；

3. 使用在线监测装置，且具备通风机轴承、电动机轴承、电动机定子绕组温度检测和超温报警功能，具备振动监测及报警功能；

4. 每月倒机、全面检查检修1次；防爆门每6个月检查维修1次；

5. 有与矿调度室直通电话；

6. 设有水柱计、电流表、电压表等仪表，并定期校准；

7. 机房安设应急照明装置；

8. 有故障诊断功能；

9. 有主通风机停机应急预案。

【条文依据】

《煤矿安全规程》第一百五十八条、第一百六十条、第一百六十一条、第四百五十一条、第四百六十九条、第五百零七条。

【条文内涵】

（1）主要通风机性能应在其最佳工况范围内的前提下满足矿井通风安全的需要，不应长时间超出最佳工况范围运行。

（2）主要通风机在线监测装置应能够实时监测通风机运行状态，通风机轴承、电动机轴承和定子绕组等各部温度检测传感器数据应准确；温度保护报警值不应设置为被监测部位的温度极限值，应随着大气或环境温度的变化以及设备运行变化规律进行及时调整，一般情况下其报警值应按照正常运行温度的120%来设定。具备和实现远程集中智能无人值守控制的通风机应具备故障诊断功能。

（3）原则上每一台通风机连续运行时间不应超过1个月；倒机后应立即对

停止运行的通风机进行全面的检查检修，主要内容应包括叶片间隙、叶片有无损伤、铜环和铆钉状态、温度和振动传感器准确性、各部轴承油量等。

（4）机房应急照明装置的照度应时刻能够满足通风机应急处置时的安全操作要求，应定期进行放电维护。

（5）煤矿应编制主通风机停机应急预案。

【实施要点】

要点1：通风机性能

主通风机应在最佳工况范围运行，不应超出最佳工况范围长时间运行。

要点2：在线监测

在线监测、温度和振动监测系统应正常运行。

要点3：通风机保护

保护装置应注意5个方面：①保护种类、数量符合规定；②检测传感器设置位置合理，能够有效、准确地检测故障数据；③保护试验制度符合现场实际；④保护的动作值设置必须合理、有效；⑤严格按照制度进行保护试验，从检测传感器源头进行试验，不应采用主机模拟试验程序或模拟开关进行试验，以确保各种保护有效、可靠。企业日常管理检查和上级各种现场检查均应调取主机报警记录，以验证其试验的真实性。

要点4：倒机与检修

倒机时间不应超过1个月；倒机后应在最短的时间内对停止运行通风机进行全面检查检修，确认检修合格、通风机完好备用。

要点5：防爆门检查

应按照规定对防爆门进行检查。

要点6：通风机调角

通风机调整角度（风量）应经总工程师批准。

要点7：直通电话

直通电话直通功能应符合要求。

要点8：直流电源与应急照明

直流电源维护、应急照明照度和维护应符合要求。

【资料清单】

（1）正常启停、倒机和反风操作的操作规程。

（2）主通风机保护试验制度。

（3）主通风机保护试验记录。

（4）通风机说明书和检测报告中的特性曲线图。

（5）通风机技术性能检测报告。

（6）通风机主要部件探伤报告。

（7）通风机、防爆门检查检修记录。

（8）计量器具检定台账和仪器仪表检定合格证。

（9）主通风机停机应急预案。

（四）压风系统

【标准原文】

1. 能力满足矿井安全生产需要；

2. 电动机保护齐全、可靠；

3. 压力表、安全阀定期检查校准，释压阀定期检查；

4. 油质合格，断油保护可靠；

5. 水冷压缩机水质合格，断水保护可靠；

6. 风冷压缩机冷却系统及环境符合规定；

7. 温度保护可靠，定值准确；

8. 井下压缩机运转时有人监护；

9. 机房安设有应急照明装置；

10. 有电动机及主要轴承温度和振动监测，具备故障诊断功能；

11. 地面压缩机宜采用集中远程监控，实现无人值守。

【条文依据】

《煤矿安全规程》第四百三十一条、第四百三十二条、第四百三十四条、第四百五十一条。

【条文内涵】

（1）供风能力包括采掘生产设备和矿井压风动力安全设施（风动阻挡车装置、阻车器、摇台等）的用风能力。

（2）释压阀的有效释压口径应与风包出风口相同，释压阀试验可在批次采购时索取厂家提供的试验报告或采取抽样自检的试验报告。

（3）油质、水质均应有有效的检测报告，断油、断水保护可靠。

（4）风冷压风机周围环境应无污染、无粉尘。

（5）各部温度检测传感器数据应准确；温度保护报警值不应设置为被监测部件的温度极限值，应随着大气或环境温度的变化以及设备运行变化规律进行及时调整，一般情况下其报警值应按照正常运行温度的120%来设定。具备和实现远程集中智能无人值守控制的通风机应具备故障诊断功能。

（6）机房应急照明装置的照度应时刻能够满足压风机应急处置时的安全操作要求，应定期进行放电维护。

【实施要点】

要点1：供风能力

供风能力包含压风系统设定的运行压力与压风网络的合理性。

要点2：压风机保护

保护装置应注意5个方面：①保护种类、数量符合规定；②检测传感器设置位置合理，能够有效、准确地检测故障数据；③保护试验制度应符合现场实际；④保护动作值设置的有效性；⑤严格按照制度进行保护试验，从检测传感器源头进行试验，不应采用主机模拟试验程序或模拟开关进行试验，以确保各种保护有效、可靠。

要点3：直通电话

直通电话直通功能应符合要求。

要点4：应急照明

应急照明照度和维护应符合要求。

要点5：检验与试验

安全阀、风包、油质、水质检验应合格；各种仪表有检验合格证，释压阀试验合格。

【资料清单】

（1）空气压缩机操作规程。

（2）空气压缩机保护试验制度。

（3）空气压缩机保护试验记录。

（4）压风及管路系统图。

（5）安全阀、风包、油质、水质检验报告。

（6）计量器具检定台账和仪器仪表检定合格证。

（五）排水系统

【标准原文】

1. 矿井及下山采区主排水系统：

（1）能力满足矿井、采区安全生产需要；

(2) 泵房及出口，水泵、管路、配电、控制设备，水仓蓄水能力符合《煤矿安全规程》规定；

(3) 有可靠的引水装置；

(4) 电动机保护装置齐全、可靠；有水位观测及高、低水位声光报警装置；

(5) 排水设施、水泵联合排水试验、水仓清理等符合《煤矿安全规程》规定；

(6) 有与矿调度室直通电话；

(7) 各种仪表齐全，及时校准；

(8) 有电动机及主要轴承温度和振动监测，具备故障诊断功能；

(9) 宜采用集中远程监控，实现无人值守；

2. 其他排水地点：

(1) 设备及管路符合规定要求；

(2) 设备完好，保护齐全、可靠；

(3) 能力满足安全生产需要；

(4) 使用小型自动排水装置。

【条文依据】

《煤矿安全规程》第三百一十一～三百一十四条。

【条文内涵】

(1) 矿井和采区主排水系统能力主要包括供电系统和控制装置以及主排水泵、管路和水仓等方面能力；一方面应符合《煤矿安全规程》第三百一十一条和第三百一十五条要求，另一方面应符合煤矿生产能力的要求。

(2) 水仓的有效蓄水不是水仓的空间容积，其有效能力符合《煤矿安全规程》第三百一十三条的要求。

(3) 水泵、水管、闸阀、配电设备和线路，必须经常检查和维护，每年雨季之前全面进行检修，所有水泵和相关设施均应处于完好状态；水仓、沉淀池以及水沟中的淤泥应当及时清理，以保证水仓的有效蓄水空间，且每年雨季前必须清理空水仓淤积物，以确保汛期排水安全。

(4) 每一个主排水系统应有 2 套及以上且可靠的灌引水系统。

(5) 主排水泵及其辅机电动机保护装置齐全、可靠。

(6) 水位观测应与高、低水位检测与报警装置实现联动。

(7) 每年雨季前应对全部工作水泵、备用水泵和检修进行 1 次联合排水试验，提交联合排水试验报告。试验内容应包括：检测每一个排水系统水泵、管路的最大排水能力，检测各水仓的有效蓄水能力，对每一个排水系统的所有水泵和全矿所有排水系统进行联合排水试验，检验全矿主排水系统的供电能力和抵御风险的能力。

（8）电动机及主要轴承温度和振动监测数据准确，实现故障诊断功能；应采用集中远程监控，实现无人值守。

（9）各排水点水泵及管路符合排水要求；设备完好，保护齐全可靠；使用自动排水装置。

【实施要点】

要点1：水泵及管路能力

水泵和管路排水能力以当前实测排水量为准，不应以水泵名牌额定排水量和管路理论排水量计算能力。

要点2：水仓能力

水仓有效蓄水能力以实测为准，不应把水仓空间容积数据作为水仓有效蓄水能力数据。

要点3：保护装置

保护装置应注意5个方面：①保护种类、数量符合规定；②检测传感器设置位置合理，能够有效、准确地检测故障数据；③保护试验制度符合现场实际；④保护动作值设定应有效；⑤严格按照制度进行保护试验，从检测传感器源头进行试验，不应采用主机模拟试验程序或模拟开关进行试验，以确保各种保护有效、可靠。

要点4：雨季前检修

每年雨季前应对水泵、管路、闸阀、灌引水系统以及配电、控制设施进行全面检查检修，届时没有完成检修或存在问题应属大型固定设备不完好。

要点5：灌引水装置

两套灌引水装置应该是互相独立的，不应有共用设施。

【资料清单】

（1）地方主管部门批复确认的煤矿主排水系统能力资料。

（2）矿井、采区主排水系统核算资料。

（3）主排水泵操作规程。

（4）主排水泵保护试验制度。

（5）主排水泵保护试验记录。

（6）主排水系统图。

（7）主排水泵供电系统图。

（8）主排水系统联合排水试验报告。

（9）计量器具检定台账和仪器仪表检定合格证。

（六）瓦斯抽采系统

【标准原文】

1. 防回火、防回气、防爆炸以及泄爆、抑爆装置符合规定；

2. 设置甲烷、流量、压力、温度、一氧化碳等监测传感器；

3. 超温断水等保护齐全、可靠；

4. 压力表、水位计、温度表等仪器仪表齐全、有效；阀门灵活；

5. 机房有应急照明；

6. 瓦斯泵站内电气设备防爆性能符合要求，保护齐全、可靠；

7. 有防烟火、防静电、防雷电措施。

【条文依据】

《煤矿安全规程》第一百八十二条；《煤矿瓦斯抽放规范》（AQ 1027—2006）；《煤矿低浓度瓦斯管道输送安全保障系统设计规范》（GB 40881—2021）；《瓦斯管道输送自动喷粉抑爆装置通用技术条件》（AQ 1079—2009）。

【条文内涵】

（1）站房附近管道应设置放水器及防爆、防回火、防回水装置；干式抽采瓦斯泵吸气管侧管路系统必须装设有防回火、防回气、防爆炸作用的安全装置；按照规定装设泄爆、抑爆装置，并定期检查。

（2）抽放管路中应设置瓦斯浓度、流量、负压、温度和一氧化碳等参数监测传感器，泵房应设置瓦斯浓度传感器。

（3）抽放泵运转时应实时监测水量、水温、轴承温度，超温断水等保护可靠。

（4）泵站内电气设备设施应采用防爆型且防爆性能符合要求，保护齐全、可靠。

（5）机房有防烟火措施，应防静电、防雷电设施。

【实施要点】

要点1：输气管路安全设施

按照规定设置防回火、防回气、防爆炸以及泄爆、抑爆装置，确保其有效、可靠。

要点2：系统安全监测

甲烷、流量、压力、温度等监测传感器和监测系统有效、可靠。

要点3：温度保护

水温、轴承温度传感器设置齐全，检测数据准确，超温断水保护可靠。

要点4：电气设备设施

瓦斯泵站内电气设备及各种电气设施防爆性能符合要求，保护齐全、可靠。

要点5：烟火、静电、雷电防护

防烟火措施有效，防静电、防雷电设施可靠。

要点6：保护装置

保护装置检查应注意：①保护种类、数量符合规定；②检测传感器设置位置合理，能够有效、准确地检测故障数据；③保护试验制度符合现场实际；④保护动作值设置的有效性；⑤严格按照制度进行保护试验，从检测传感器源头进行试验。

四、煤矿电气

（一）地面供电系统

【标准原文】

1. 有矿井供电设计及供电系统图，能力满足安全生产需要；

2. 矿井实现双回路供电，主变压器运行方式符合规定；

3. 主要设备供电符合《煤矿安全规程》规定；

4. 各种保护设置齐全、短路电流计算和继电保护定值合理、动作灵敏可靠，高压馈出侧装设有选择性的接地保护；

5. 变电所有可靠的操作电源；

6. 高压开关“五防”功能有效；

7. 反送电开关柜加锁并有明显标志；

8. 6 kV及以上电网单相接地电容电流符合规定；

9. 电气工作票、操作票符合《电力安全工作规程》的要求；

10. 防雷设施齐全、可靠；

11. 电压、谐波参数符合规定；

12. 主要变电所实现综合自动化保护和控制，实现无人值守；

13. 变电所有应急照明装置；

14. 矿井变电所有与矿调度室直通电话，有录音功能；电力调度电话号码张贴在电话机旁。

【条文依据】

《煤矿安全规程》第四百三十六条、第四百三十八条、第四百四十七条、第四百五十二条、第四百五十三条；《关于印发煤矿生产能力管理办法和核定标准的通知》(应急〔2021〕30 号)；《电力安全工作规程》。

【条文内涵】

（1）应有矿井整体的供电设计及供电系统图，且应符合当期煤矿供电实际。供电能力满足安全生产需要。

（2）矿井应实现双回路供电，矿井电源和主变压器应采用分列运行方式。

（3）对井下各水平中央变（配）电所和采（盘）区变（配）电所、主排水泵房和下山开采的采区排水泵房供电线路，不得少于两回路，当任一回路停止供电时，其余回路应当承担全部用电负荷。向局部通风机供电的井下变（配）电所应当采用分列运行方式。主要通风机、提升人员的提升机、抽采瓦斯泵、地面安全监控中心等主要设备房，应当各有两回路直接由变（配）电所馈出的供电线路；受条件限制时，其中的一回路可引自上述设备房的配电装置。向突出矿井自救系统供风的压风机、井下移动瓦斯抽采泵应当各有两回路直接由变（配）电所馈出的供电线路。上述供电线路应当来自各自的变压器或者母线段，线路上不应分接任何负荷。

上述设备的控制回路和辅助设备，必须有与主要设备同等可靠的备用电源。向采区供电的同一电源线路上，串接的采区变电所数量不得超过 3 个。

（4）地面供电系统的各种保护设置齐全；短路电流计算和继电保护定值合理，动作灵敏可靠。

（5）高压馈出侧装设有可靠的选择性单相接地保护，主要是让馈电线上的保护单元自动检测出故障，使故障线路开关跳闸，避免其他线路上的开关联动，减小停电区域，保障安全生产。

（6）高压开关具有防止误分合断路器、防止带负荷分合隔离开关、防止带电挂（合）接地线（接地开关）、防止带接地线（接地开关）合断路器（隔离开关）、防止误入带电间隔等“五防”功能有效、可靠。

（7）具有反送电状态的开关应有明显的状态标志，标明开关目前处于“正向送电”“反向送电”或“未送电”状态，且应标明“未送电”状态下的开关电源侧和负荷侧是否带电，以防止人员触电。

（8）6 kV 及以上电压电网应采取措施限制单相接地电容电流，煤矿应掌握限制前和限制后两个状态的单相接地电容电流数据。

（9）煤矿应参考《电力安全工作规程》并结合本矿实际，在停送电管理制度中明确电气工作票、操作票的具体要求。

【实施要点】

要点 1：供电设计与供电系统图

矿井供电设计及供电系统图应符合煤矿当期供电现状的供电设计；也可在原矿井初步设计或增能改造设计中的整体、全面的供电设计，如果有变化应在其基础上对个别变化部分做以说明和核算，从而达到保护合理，系统符合供电实际。

要点 2：供电能力

随着装备技术水平的不断提高，煤矿生产装备的装机功率也在增大，对于生产能力核定日期较久和增能改造中没有改变供电能力的煤矿，需要重点关注供电能力问题。

要点 3：双回路及主变压器

矿井实现双回路供电，注意双回路线路均应由变电站或区域变电所开关直供，不应 T 接或分接其他负荷。主变压器应采用分列运行方式。

要点 4：重要供电负荷

井下各水平中央变（配）电所和采（盘）区变（配）电所、主排水泵房和下山开采的采区排水泵房供电线路，主要通风机、提升人员的提升机、抽采瓦斯泵、地面安全监控中心等主要设备房，向突出矿井自救系统供风的压风机、井下移动瓦斯抽采泵应当各有两回路直接由变（配）电所馈出的供电线路，线路上不应分接任何负荷。上述设备的控制回路和辅助设备，必须有与主要设备同等可靠的备用电源。

要点 5：继电保护

各种电气保护应做到开关整定设定值、保护整定计算值、供电系统图标注值以及供电设计计算值相同，且定值合理、动作灵敏可靠。

要点 6：单相接地保护

高压馈出侧装设有可靠的选择性单相接地保护装置，应确保保护的有效性。

要点 7：直流电源

变电所直流操作电源应按要求定期进行放电与维护，确保其有效、可靠。

要点 8：开关“五防”

现场高压开关的“五防”功能应该齐全、有效、可靠。

要点9：反送电开关标志

反送电开关标志应准确；应准确地标明开关所处的“正向送电”“反向送电”或“未送电”状态，以及“未送电”状态下的开关电源侧和负荷侧是否带电，以防止人员触电。不具备反送电状态的开关不需要悬挂标志，仅具有反送电状态的开关可只悬挂反送电标志。

要点10：电容电流补偿

要掌握采取补偿限制措施后的单相接地电容电流是否达到要求，同时还应该了解补偿前的单相接地电容电流数据。

要点11：防雷检验

查验地面供电系统的防雷检验报告，检查防雷设施的齐全、可靠性。

要点12：系统电压与谐波

通过记录或供电系统主机浏览查询，查验供电系统运行电压在允许范围内；通过检查检验报告检查谐波参数符合规定。

要点13：综合保护与控制

地面变电所和配电所应实现综合自动化保护和控制，实现无人值守。

要点14：应急照明

应急照明照度应时刻能够满足变电所值机室、开关室在应急处置时的操作要求，应定期进行放电维护。

要点15：直通电话

矿井地面主变电所的直通电话不应与正常通信电话共用一部话机，直通电话应作为紧急情况下的应急通信，正常情况下的通信联络不应使用。使用直通电话呼叫调度室时应不需要拨号（包括人工和系统自动拨号），无论任何情况均不会出现占线；调度交换机应能够显示直通电话地点和直通字样。矿井地面变电所与矿调度室直通电话的直通应具有录音功能，电力调度电话号码应张贴在电话机旁。

【资料清单】

（1）矿井供电设计，供电系统变动说明和电气保护核算资料。

（2）矿井供配电系统图。

（3）矿井供电系统能力核定和核算资料。

（4）选择性单相接地保护装置原始和安装资料（或记录）。

（5）直流操作电源检测、放电维护及应急照明装置放电、维护记录。

（6）单相接地电容电流、谐波参数等检验报告。

（7）防雷设施检验报告。

（8）已执行的工作票和操作票。

（9）变电所停送电、检修、运行等记录。

（二）井下供电系统

【标准原文1】

1. 井下供配电网络：

（1）各水平中央变电所、采区变电所、主排水泵房和下山开采的采区泵房供电线路符合规定，运行方式合理；

（2）矿井、采区及采掘工作面等供电地点供电设计符合现场实际；

（3）按规定进行继电保护核算、检查、整定和试验；

（4）实行停送电审批和工作票制度；

（5）井下变电所、配电点供电系统图与实际相符；

（6）调度室、变电所有停送电记录；

（7）变电所设有与矿调度室直通电话；

（8）变电所设置符合规定；

（9）采区变电所应有专人值班或关门加锁并定期巡检；

（10）采用集中远程监控，实现无人值守。

【条文依据】

《煤矿安全规程》第四百三十八条、第四百三十九条、第四百四十七条、第四百四十九条、第四百五十一～四百五十三条、第四百五十六～四百六十条、第四百八十三条、第五百零七条；《煤矿井下供配电设计规范》；《电力安全工作规程》。

【条文内涵】

（1）各水平中央变电所、采区变电所、主排水泵房和下山开采的采区泵房供电线路不得少于两回路，当任一回路停止供电时，其余回路应当承担全部用电负荷。向局部通风机供电的井下变（配）电所应当采用分列运行方式。向采区供电的同一电源线路上，串接的采区变电所数量不得超过3个。

（2）煤矿除应有矿井供电设计外，还应有采区和采掘工作面等用电地点的供电设计，3个层面的供电设计必须符合现场实际。

（3）煤矿应每半年对井下配电系统继电保护进行一次核算、检查、整定和试验。

（4）煤矿井下计划停送电应参考《电力安全工作规程》和煤矿停送电管理制度实行审批和工作票制度。

（5）井下变电所、配电点供电系统图应及时更新，与现场实际相符。

（6）为了确保煤矿供电安全，煤矿井上下停送电应制定停送电管理制度，明确各种停送电均应在调度室和变电所设置停送电记录。调度室停送电记录应有开关号、停送电原因和时间、影响地点、申请人、发令人和受令人（操作人）等内容，变电所停送电记录应有开关号、停送电原因和时间、影响地点、发令人和受令人（操作人）等内容。

（7）变电所与矿调度室直通电话应符合直通要求。

（8）无独立通风系统的中央变电所不应具有采区变电所功能，具有 2 种以上电压馈出、向多个用电设备或地点供电的配电点均应设置采区变电所，采区变电所的设置地点、硐室规格等均应能够满足采区可靠供电和安全运行的需要。

（9）未实现无人值守的采区变电所应有专人值班或关门加锁并定期巡检。

（10）井下变电所均应采用集中远程监控，实现无人值守。

【实施要点】

要点 1：重要供电负荷

各水平中央变电所、采区变电所、主排水泵房和下山开采的采区泵房供电线路不得少于两回路，且当任一回路停止供电时，其余回路应当承担全部用电负荷，上述地点的供电线路不应出现就近"环接"和"T"接等不合理的供电运行方式。

要点 2：供电设计

大、中型煤矿应具有矿井、采区及采掘工作面（包括其他供电地点）3 个层面的供电设计。3 个层面的供电设计应该能够全面覆盖煤矿全部供用电系统，供电设计应符合供用电现场实际。

要点 3：继电保护

注意检查煤矿继电保护核算、检查、整定的周期和正确性，煤矿对井下供配电系统开关保护的试验应真实；各种电气保护应做到开关整定设定值、保护整定计算值、供电系统图标注值以及供电设计计算值相同，且定值合理、动作灵敏可靠。

要点 4：停送电工作票

核查现场停送电记录和停送电审批及工作票的执行情况。

要点 5：供配电系统图

井下变电所、配电点供电系统图应符合井下现场实际。

要点6：停送电记录

调度室、变电所均应有停送电记录，内容应符合停送电管理要求。

要点7：直通电话

变电所与矿调度室直通电话应符合直通要求，不应与正常通信共用一部话机。

要点8：变电所设置

核查是否存在具有多路不同负荷输出、具有变配电功能的配电点；变电所设置应符合规定。

要点9：变电所值守

未实现无人值守的采区变电所应设有专人值班或关门加锁，制定巡检制度并定期巡检。变电所应实现采用集中远程监控，实现无人值守。

【资料清单】

(1) 矿井、采区及采掘工作面等供电地点供电设计。

(2) 井下变电所、配电点供电系统图。

(3) 继电保护核算、整定资料，井下供配电系统继电保护试验记录。

(4) 停送电审批和工作票。

(5) 现场检查调度室和变电所停送电记录。

【标准原文2】

2. 电缆、防爆电气设备及小型电器无失爆。

【条文依据】

《煤矿安全规程》第四百四十一条、四百四十八条、四百八十二条；《爆炸性气体环境用电气设备　第1部分：通用要求》(GB 3836.1)；《爆炸性气体环境用电气设备　第2部分：隔爆型“d”》(GB 3836.2)；《爆炸性气体环境用电气设备　第3部分：增安型“e”》(GB 3836.3)；《爆炸性气体环境用电气设备　第4部分：本质安全型“i”》(GB 3836.4)；《爆炸性气体环境用电气设备　第5部分：正压外壳型“p”》(GB 3836.5)；《爆炸性气体环境用电气设备　第6部分：充砂型“q”》(GB 3836.7)；《爆炸性气体环境用电气设备　第9部分：浇封型“m”》(GB 3836.9)。

【条文内涵】

(1) 煤矿应按照《煤矿安全规程》、《爆炸性气体环境用电气设备》(GB 3836)、《煤矿矿井机电完好标准》等标准规范管理、使用和维护防爆电气设备及小型电器，保证使用中的隔爆型电气设备的耐爆性能或不传爆性能达到要求。耐爆性是指防爆外壳应有足够的机械强度，当在壳内爆炸时，所产生的高温气体及火焰既不会使外壳损坏，巨大的爆炸压力又不致使外壳变形或损坏。隔爆性又叫不传爆性，是指外壳各部件的接合面要符合一定的要求，当壳内发生爆炸时，产生的火焰、气体或灼热物质沿接合面向外传出时不会引起壳外易燃、易爆性气体爆炸。

（2）电缆接线“鸡爪子”、“羊尾巴”、明接头、破皮露芯线等情形而存在短路、接地或漏电隐患，其后果及危险性要较失爆要严重得多。应按照《煤矿安全规程》《煤矿矿井机电完好标准》等标准管理、使用和维护煤矿用电缆，保证井下使用电缆的供电安全。

【实施要点】

要点1：防爆电气设备和小型电器

现场对防爆电气设备及小型电器的防爆检查，应以国家《煤矿安全规程》、《爆炸性气体环境用电气设备》(GB 3836)、《煤矿矿井机电完好标准》等标准来判定，不应以地方或企业标准检查判定，其判定原则应遵循是否失去“耐爆性能或不传爆性能”。电气设备失爆的最终判定权应该是机电专业人员，非机电专业人员不应仅依据表面现象和字面理解判定电气设备是否失爆。

要点2：电缆失爆

电缆失爆现象检查，应重点关注电缆连接及引入装置的9个方面：

（1）密封圈材质合格。

（2）密封圈内径与电缆外径差应小于1 mm；密封圈外径与进线装置内径差应符合规定；密封圈宽度应大于电缆外径的0.7倍，且大于10 mm；厚度应大于电缆外径的0.3倍，且大于4 mm（70 mm^2 的橡套电缆例外）；密封圈无破损，不得割开使用；电缆与密封圈之间不得包扎其他物体。

（3）接线后紧固件的紧固程度以抽拉电缆不窜动为合格；线嘴压紧应有余量，线嘴与密封圈之间应加金属垫圈；压叠式线嘴压紧电缆后的压扁量不超过电缆直径的10%。

（4）电缆护套穿入进线嘴长度一般为5～15 mm。电缆粗穿不进时，可将穿入部分锉细（但护套与密封圈结合部位不得锉细）。

（5）低压隔爆开关冗余孔的接线嘴应用密封圈及厚度不小于2 mm的钢垫板封堵压紧。其紧固程度：螺旋线嘴用手拧紧为合格，压叠式线嘴用手晃不动为合格；钢垫板应置于密封圈的外面，其直径与进线装置内径差应符合规定；高压隔爆开关冗余孔的接线嘴应用与线嘴法兰厚度、直径相符的钢垫板堵封压紧，其隔爆接合面的间隙应符合规定。

（6）高压隔爆开关（或其他隔爆设备）接线盒引入铠装电缆应采用灌封式引入装置，绝缘胶应灌至电缆三叉以上，灌封长度应不小于进线嘴长度的0.7倍。

（7）接线嘴连接紧固、密封性良好。

（8）不同型号、规格的电缆不应直接连接，橡套电缆不应冷补，应采用阻燃材料硫化热补，若冷补应达到硫化热补的同等效能；高压铰链电缆建议首选热缩工艺，热缩、冷缩或接线盒连接的电缆其连接处机械强度应符合该型号电缆的技术标准。

（9）电缆护套无损坏露出芯线绝缘，电缆无硬弯或挤压严重变形等现象。

【标准原文3】

3. 采掘工作面供电：

（1）配电点设置符合规定；

（2）掘进工作面“三专两闭锁”设置齐全、灵敏可靠；

（3）采煤工作面甲烷电闭锁设置齐全、灵敏可靠；

（4）按要求试验，有试验记录。

【条文依据】

《煤矿安全规程》第一百六十四条、第四百五十七条。

【条文内涵】

（1）采掘工作面配电点的位置和空间必须满足设备安装、拆除、检修和运输等要求，并采用不燃性材料支护。

（2）掘进工作面正常工作的局部通风机必须采用“三专”（专用开关、专用电缆、专用变压器）供电，使用局部通风机供风的地点必须实行风电闭锁和甲烷电闭锁，保证当正常工作的局部通风机停止运转或者停风后能切断停风区内全部非本质安全型电气设备的电源。

（3）采煤工作面必须实行甲烷电闭锁。

（4）每15天至少进行一次风电闭锁和甲烷电闭锁试验，每天应当进行一次正常工作的局部通风机与备用局部通风机自动切换试验，试验期间不得影响局部通风，试验记录要存档备查。

【实施要点】

要点1：配电点设置

配电点设置不应将就现场，应在巷道施工设计中规划配电点设置的位置和规格，从设计和施工源头保证配电点满足设备安装、拆除、检修和运输等要求。

要点2：采掘工作面“三专两闭锁”

掘进工作面局部通风机应采用“三专”供电，并实现风电、瓦斯电闭锁，监控分站电源的可靠性要求较高，应取自“三专”电源；采掘工作面监控分站电源的取向和风电、瓦斯电闭锁关系应在采掘工作面供电系统图中标示。

要点3：试验与检查

煤矿日常安全和专业管理可调取监控系统报警记录和曲线、查阅变电所停送电记录和查阅现场试验记录。

【资料清单】

（1）采掘工作面供电设计和供电系统图。

（2）调取监控系统报警记录和曲线。

（3）现场查阅变电所停送电记录和试验记录。

【标准原文4】

4. 高压供电装备：

（1）高压控制设备装有短路、过负荷、接地和欠压释放保护；

（2）向移动变电站和高压电动机供电的馈电线路上，装设选择性的动作于跳闸的单相接地保护；

（3）真空高压隔爆开关装设有过电压保护。

【条文依据】

《煤矿安全规程》第四百五十一条、第四百五十三条。

【条文内涵】

井下高压电动机、动力变压器的高压控制设备，应当具有短路、过负荷、接地和欠压释放保护。其目的是确保井下电气设备能够安全可靠运行，防止发生短路、过负荷、接地、欠电压、单相断线等故障，造成设备损坏、人身触电、火灾等事故。

【实施要点】

要点1：控制设备不好功能

核查各种高压控制设备说明书是否装有短路、过负荷、接地和欠压释放保护，现场核查保护定值与供电设计和整定核算报告是否一致。

要点2：单相接地与过电压保护

核查向移动变电站和高压电动机供电的馈电开关或系统图；核查现场是否装有选择性的单相接地保护；核查真空高压隔爆开关说明书是否有过电压保护。

【标准原文 5】

5. 低压和 3300 V 供电装备：

（1）采区变电所、移动变电站或者配电点引出的馈电线上有短路、过负荷和漏电保护；

（2）有检漏或选择性的漏电保护；

（3）按要求试验，有试验记录。

【条文依据】

《煤矿安全规程》第四百五十一条、第四百五十三条。

【条文内涵】

（1）采区变电所、移动变电站或者配电点引出的馈电线上必须有短路、过负荷和漏电保护，并确保其有效、可靠。

（2）井下低压馈电线上必须装设检漏保护装置或者有选择性的漏电保护装置，保证能够自动、超前切断漏电的馈电线路。

（3）每天必须对低压漏电保护进行 1 次跳闸试验，有试验记录。

【实施要点】

要点 1：保护功能

核查采区变电所、移动变电站或者配电点馈电开关应具有短路、过负荷和漏电保护功能。

要点 2：漏电保护

核查每一个低压系统均应有检漏或选择性的漏电保护。

要点 3：试验记录

通过现场试验记录和停送电记录，核查试验真实性。

【资料清单】

（1）低压馈电设备说明书。

（2）供电系统图。

（3）现场试验记录和停送电记录。

【标准原文 6】

6. 变压器及电动机控制设备：

（1）干式变压器、移动变电站过负荷、短路等保护齐全可靠；

（2）低压和 3300 V 电动机控制设备有短路、过负荷、单相断线、漏电闭锁保护及远程控制功能。

【条文依据】

《煤矿安全规程》第四百五十一条。

【条文内涵】

漏电闭锁是指在开关合闸前对负荷进行绝缘监测，当负荷对地绝缘阻值低于闭锁值时起闭锁作用不能合闸，减少漏电故障的断电次数，缩小漏电故障的断电范围。当主电路的对地绝缘电阻降低到规定的动作值时，应实现漏电闭锁，当对地绝缘电阻上升到动作值1.5倍时，应解除漏电闭锁。

远程控制功能是满足设备的远程启动和停止，以及信息采集和智能控制无人值守的要求。

【实施要点】

要点1：变压器保护功能

核查干式变压器和移动变电站过负荷、短路保护功能是否可靠。

要点2：开关保护功能

核查低压和3300 V电动机控制设备是否具备短路、过负荷、单相断线、漏电闭锁功能。

要点3：保护定值

保护定值是否符合供电设计和供电系统图。

【标准原文7】

7. 保护接地符合规定。

【条文依据】

《煤矿安全规程》第四百七十五～四百八十条；《煤矿井下保护接地装置的安装、检查、测定工作细则》。

【条文内涵】

（1）煤矿井下所有36 V以上带电体的外壳、电缆接地芯线、铠装电缆的钢带（钢丝）和铅皮、橡套电缆屏蔽护套等通过接地极、局部接地极、接地母线、局部接地母线形成完整的保护接地网，并限定在一定的阻值内；通过保护接地的分流作用最大限度降低和减少人员触电后通过人身上的电流，起到保护人身安全的作用。保护接地与系统漏电配合，漏电保护及时地跳开漏电回路，切断漏电，最大限度减少人身触电的时间。

（2）应加强接地质量的管理，确保任一组主接地极断开时，井下总接地网上任一保护接地点的接地电阻值不得超过2 Ω。每一移动式和手持式电气设备至局部接地极之间的保护接地用的电缆芯线和接地连接导线的电阻值不得超过1 Ω。

（3）井下主接地极安装应考虑方便日常检查，加装主接地极机械升降装置，接地导线应使用铜质软线。

（4）采区变电所（包括移动变电站和移动变压器），装有电气设备的硐室和单独装设的高压电气设备，低压配电点或者装有 3 台以上电气设备的地点，无低压配电点的采煤工作面的运输巷、回风巷、带式输送机巷以及由变电所单独供电的掘进工作面至少分别设置 1 个局部接地极；连接高压动力电缆的金属连接装置均应当装设局部接地极。局部接地极可以设置于巷道水沟内或者其他就近的潮湿处。

采掘工作面中的电气设备一般都不设局部接地极，其接地保护作用是通过电缆接地芯线将漏电流分流入其他局部接地极来实现的。为保证电缆芯线和接地连接导线的电阻值不超过 1 Ω，在采区变电所与工作面之间的低压配电点、采煤工作面的运输巷、回风巷、胶带运输巷以及由变电所单独供电的掘进工作面，至少应分别设置 1 个局部接地极。采煤工作面的运输巷或回风巷的局部接地极应尽量靠近工作面，其作用是运输巷或回风巷电气设备电缆线路接地芯线断裂时，仍能起到保护人身触电的作用。

（5）连接主接地极母线应当采用截面不小于 50 mm^2 的铜线，或者截面不小于 100 mm^2 的耐腐蚀铁线，或者厚度不小于 4 mm、截面不小于 100 mm^2 的耐腐蚀扁钢。

电气设备的外壳与接地母线、辅助接地母线或者局部接地极的连接，电缆连接装置两头的铠装、铅皮的连接应当采用截面不小于 25 mm^2 的铜线，或者截面不小于 50 mm^2 的耐腐蚀铁线，或者厚度不小于 4 mm、截面不小于 50 mm^2 的耐腐蚀扁钢。

（6）橡套电缆的接地芯线，除用作监测接地回路外，不得兼作他用。

【实施要点】

要点 1：电气设备外壳接地

电压在 36 V 以上和由于绝缘损坏可能带有危险电压的电气设备的金属外壳、构架，铠装电缆的钢带（钢丝）、铅皮（屏蔽护套）等的保护接地极易被煤矿忽视或错误理解，煤炭企业和各级检查应正确理解、执行，并加以关注。

要点 2：任一点接地电阻值

日常维护注意检测总接地网上任一保护接地点的接地电阻值和移动式及手持式电气设备的接地连接导线的电阻值。

要点 3：接地网

注意电气设备及电缆与主接地的保护接地连接，应与主接地极连接成1个总接地网；主接地极应定期检查，出现锈蚀影响效果应及时处理。

要点4：采掘工作面设备接地

为确保采掘工作面移动设备接地保护可靠，应在采区变电所与工作面之间的低压配电点、采煤工作面的运输巷、回风巷、胶带运输巷以及由变电所单独供电的掘进工作面，至少应分别设置1个局部接地极；采煤工作面的运输巷或回风巷的局部接地极应尽量靠近工作面。

要点5：接地线

注意现场连接主接地极母线、各电气设备的外壳与接地母线、辅助接地母线或者局部接地极的连接方式和导线截面积符合要求；电缆连接装置两端的铠装、铅皮的连接线应符合要求，且不应锈蚀。

要点6：辅助接地

供检漏保护装置作检验用的辅助接地线，应采用芯线总断面不小于10 mm^2的橡套电缆与辅助接地极连接；漏电保护装置的辅助接地极应单独设置，规格要求与局部接地极相同，并距主接地极、局部接地极的直线有效绝缘距离不小于5 m。

【标准原文8】

8. 信号照明系统：井下照明和信号的配电装置综合保护功能齐全、可靠。

【条文依据】

《煤矿安全规程》第四百七十条、第四百七十三条、第四百七十四条。

【条文内涵】

（1）严禁用电机车架空线作照明电源。电机车架空线电压太高，直流的回路靠地回流，若用电机车架线作照明，容易造成漏电和人身触电事故。

（2）矿井中的电气信号，除信号集中闭塞外应当能同时发声和发光；重要信号装置附近，应当标明信号的种类和用途。矿井电气信号包括提升机信号指令系统、带式输送机保护系统、乘人装置控制保护系统、无极绳控制系统、各种绞车信号指令系统、各种单轨吊车信号指令系统、信号信息引导系统等。电气信号是指挥、控制设备运行的指令，同时又是对设备沿线及设备检修人员、运行值班人员的警示、提醒和告示；是设备运行安全预防的一项重要措施，同时也是对设备正常运行的一种重要保护。所以，对于有起车信号指令的必须有预警和发光。电气信号发光和发声还能够使设备操作人员进一步确认信号的准确性，减少操作人员误操作的可能性。集中闭塞的所有信号都符合要求的条件下，才能发出指令信号，如多水平提升系统信号。对于发生错误可能造成重大事故的信号装置，应标明信号的种类和用途，以提示发信号时予以注意。

（3）升降人员和主要井口绞车的信号装置的直接供电线路上，严禁分接其他负荷。如果分接其他负荷，则可能因其他负荷的干扰造成信号误发或信号中断，发生急停或使司机误操作，造成生产中断或掉道、挤人和跑车等重大事故。因此，为确保升降人员和主要井口绞车信号装置的正常、可靠地工作，信号装置的直接供电线路上严禁分接其他负荷。

（4）井下照明和信号的配电装置，应当具有短路、过负荷和漏电保护的照明信号综合保护功能。照明线路和信号线路易发生挤压、撞碰，所以必须有短路保护和漏电保护。因照明均为单项负载，为了保护干式变压器不过载，必须有过负荷保护。

【实施要点】

要点1：照明电源

煤矿不应采用电机车架线作照明电源。

要点2：信号装置

除信号集中闭塞外，矿井的电气信号均应当能同时发声和发光，即为“声光信号”；各种重要信号装置和有2种以上信号装置的地点，在每一种信号装置处应当标明信号的种类和用途。

要点3：综合保护

注意检查井下照明和信号配电装置的短路、过负荷保护的合理性和漏电保护的可靠性。

【标准原文9】

9. 电缆：

（1）井下动力、照明、信号以及控制、通信电缆使用煤矿用电缆；

（2）电缆连接及引入符合规定；

（3）电缆敷设（吊挂）符合规定。

【条文依据】

《煤矿安全规程》第十条、第四百六十二~四百六十八条。

【条文内涵】

（1）井下电缆的选用应符合以下要求：

① 具有煤矿矿用产品安全标志印证和阻燃抗静电检验报告，不应使用无安标、阻燃抗静电检验不合格以及淘汰电缆。

② 电缆主线芯的截面满足供电线路负荷的要求。电缆应当带有供保护接地用的足够截面的导体。

③ 对固定敷设的高压电缆：在立井井筒或者倾角为45°及其以上的井巷内，应当采用煤矿用粗钢丝铠装电力电缆。在水平巷道或者倾角在45°以下的井巷内，应当采用煤矿用钢带或者细钢丝铠装电力电缆。在进风斜井、井底车场及其附近、中央变电所至采区变电所之间，可以采用铝芯电缆；其他地点必须采用铜芯电缆。

④ 固定敷设的低压电缆，应当采用煤矿用铠装或者非铠装电力电缆或者对应电压等级的煤矿用橡套软电缆。

⑤ 非固定敷设的高低压电缆，必须采用煤矿用橡套软电缆。移动式和手持式电气设备应当使用专用橡套电缆。

⑥ 使用的电缆应与供电设计相符。

（2）电缆与电气设备连接符合要求：

① 电缆线芯必须使用齿形压线板（卡爪）、线鼻子或者快速连接器与电气设备进行连接。

② 不同型电缆之间严禁直接连接，必须经过耐压等级、引入方式等符合要求的接线盒、连接器或者母线盒进行连接。

③ 同型橡套电缆之间直接连接采用修补连接工艺时（包括绝缘、护套已损坏的橡套电缆的修补），必须采用阻燃材料进行硫化热补或者与热补有同等效能的冷补；在地面热补或者冷补后的橡套电缆，必须经浸水耐压试验，合格后方可下井使用。

④ 同型塑料电缆连接时，应首选热缩工艺，连接处的机械强度以及电气、防潮密封、老化等性能，应当符合该型矿用电缆的技术标准。

（3）电缆的敷设应当符合下列要求：

① 在总回风巷、专用回风巷及机械提升的进风倾斜井巷（不包括输送机上、下山）中，不应敷设电力电缆。溜放煤、矸、材料的溜道中严禁敷设电缆。

② 在水平巷道或者倾角在30°以下的井巷中，电缆应当用吊钩悬挂。

③ 在立井井筒或者倾角在30°及以上的井巷中，电缆应当用夹子、卡箍或者其他夹持装置进行敷设。夹持装置应当能承受电缆重量，并不得损伤电缆。

④ 水平巷道或者倾斜井巷中悬挂的电缆应当有适当的弛度，并能在意外受力时自由坠落。其悬挂高度应当保证电缆在矿车掉道时不受撞击，在电缆坠落时不落在轨道或者输送机上。

⑤ 电缆悬挂点间距，在水平巷道或者倾斜井巷内不得超过3 m；在立井井筒内，不得超过6 m。

⑥ 沿钻孔敷设的电缆必须绑紧在钢丝绳上，钻孔必须加装套管。

⑦ 电缆不应悬挂在管道上，不得遭受淋水；电缆上严禁悬挂任何物件。电缆与压风管、供水管在巷道同一侧敷设时，必须敷设在管子上方，并保持0.3 m以上的距离。在有瓦斯抽采管路的巷道内，电缆（包括通信电缆）必须与瓦斯抽采管路分挂在巷道两侧。盘圈或者盘“8”字形的电缆不得带电，但给采、掘等移动设备供电电缆及通信、信号电缆不受此限。

⑧ 井筒和巷道内的通信和信号电缆应当与电力电缆分挂在井巷的两侧。如果受条件所限：在井筒内，应当敷设在距电力电缆0.3 m以外的地方；在巷道内，应当敷设在电力电缆上方0.1 m以上的地方。

⑨ 高、低压电力电缆敷设在巷道同一侧时，高、低压电缆之间的距离应当大于0.1 m。高压电缆之间、低压电缆之间的距离不得小于50 mm。

⑩ 井下巷道内的电缆，沿线每隔一定距离、拐弯或者分支点以及连接不同直径电缆的接线盒两端、穿墙电缆的墙的两边都应当设置注有编号、用途、电压和截面的标志牌。

【实施要点】

要点1：电缆管理

煤矿应建立规范的电缆管理台账，电缆的安标证和阻燃抗静电性能检验报告应与台账对应管理；动力电缆台账应与供电设计和供电系统图中电缆的规格、型号、长度相吻合。

要点2：电缆连接

高压铰链电缆连接应首选热缩工艺并保证连接强度，或采用接线盒连接；低压橡套电缆不应采用冷补工艺。

要点3：电缆敷设

各种电缆均不应采用封闭式的电缆桥架和装饰物遮挡等遮丑式的敷设方式，不便于检查维护，对供电安全不利；电缆桥架、电缆沟中敷设的电缆应按照规定间距摆放，不可将各种电缆堆积其中；各种电压等级的电缆间、动力与照明信号电缆间、电缆与各种管路间距离符合要求；微信号电（光）缆可打捆吊挂，但应与照明信号电缆分开。

要点4：电缆运行环境

电缆敷设地点不应存在帮顶围岩状态差随时冒落砸伤电缆以及堆积杂物挤伤

电缆等危险情况。

要点5：电缆状态

使用中的动力及127 V的信号、照明电缆不应存在外护套破损（漏内绝缘）、严重变形和硬弯等危及电缆运行安全的情况。

五、文明生产

（一）设备设施

【标准原文】

1. 井下移动电气设备上架，小型电器设置规范、可靠；
2. 标志牌内容齐全；
3. 防爆电气设备和小型防爆电器有防爆入井检查合格证；
4. 各种设备（设施）表面清洁，无锈蚀。

【条文依据】

《煤矿安全规程》第四百四十八条。

【条文内涵】

（1）煤矿井下在用的移动设备的各种控制开关等电气设备应上架（或台），不应直接放在地面。

（2）小型电器设置应符合现场实际使用要求。

（3）煤矿各种机电设备均应设置规范的设备标志牌，标志牌应涵盖整定牌的相关内容，不应用整定牌等各种牌代替标志牌。

（4）防爆电气设备和小型防爆电器应有煤矿防爆设备入井检查合格后签发的合格证。

（5）各种机电设备（设施）的表面应清洁，无淤泥、无油垢、无锈蚀，不受顶板或喷雾滴水、喷淋。

【实施要点】

要点1：控制开关设置

在用的移动设备控制开关等电气设备均应设置在架（或台）上。

要点2：小型电器设置

各种小型电器设置的位置：

（1）控制按钮、打点器等操作类的小型电器应安设在操作人员便于观察受控设备、不易被外物损伤、能够保证操作人员安全且易操作的位置，并可靠固定。

（2）声光类警示信号装置应设置在被警示人员容易听到、容易看到、噪声低且不易被外物损坏的位置。

（3）接线盒类应设置在电缆吊挂点近处且单独吊挂或固定，不应使电缆承受接线盒的重力。

（4）电话机类应设置在对应位置帮壁便于使用、噪声低的位置，不应设置在各种设备转动及运转部位附近或控制台上。

（5）其他类小型电器设置符合其说明书设置要求。

要点3：设备标志牌

（1）设备编号：开关和变压器应标示供电系统图中的、便于指挥停送电的盘号，一般不应超过3位数；其他设备应为设备号。

（2）设备名称：本台设备的名称。

（3）规格型号：本台设备的规格型号。

（4）容量（功率）：变压器类标示变压器容量，开关类标示开关容量和互感器变比，动力设备标示功率。

（5）额定电压：开关类直接标示额定电压，变压器类标示一次和二次额定电压。

（6）额定电流：开关类直接标示额定电流，变压器类标示注一次和二次额定电流。

（7）过负荷保护整定值：标示设定的主回路实际动作值，不应标示换算值。

（8）短路速断保护整定值：标示设定的主回路实际动作值，不应标示换算值。

（9）其他设备数据：转速、扬程、排气量、排水量等。

（10）设备用途：应标明本台设备的准确用途，或供电区域、受控设备直接名称，不应是代号。

（11）责任单位：本台设备的使用、维护、管理单位。

（12）责任人：本台设备的维护责任人。

要点4：防爆合格证

煤矿对防爆设备入井检查合格后签发的合格证应与防爆电气设备入井检查记录相吻合。

（二）管网

【标准原文】

1. 各种管路应每100 m设置标识，标明管路规格、用途、长度、流向、管路编号等；

2. 管路敷设符合要求；

3. 无锈蚀，无跑、冒、滴、漏。

【条文内涵】

（1）注意管路标识要规范，符合要求。

（2）管路敷设方式、强度和防滑措施满足安全生产需要。

（3）管路防腐符合要求，不应存在跑、冒、滴、漏等现象。

【实施要点】

要点1：管路标识

管路标识应至少每100 m一个；巷道的转弯处、穿墙管路墙体两端等设置标识；管路的长度指标识标注的同规格管路的长度；管路的编号为管路每节编号，起端应从该管路载体（或进入矿井）源头。

要点2：管路敷设

任何管路均不应落地敷设，管路的敷设强度应能够保证管路受外力冲击时不易脱落，倾斜井巷敷设的管路应有防止管路下滑的措施。

要点3：管路防腐

井下各种管路均应采取防腐措施，管路不应有锈蚀，不应存在跑、冒、滴、漏等现象。

（三）机房卫生

【标准原文】

1. 机房硐室、机道和电缆沟内外卫生清洁；

2. 无积水，无油垢，无杂物；

3. 电缆、管路排列整齐。

【条文内涵】

机房硐室、机道的环境卫生应保持清洁，使机电设备在较好的环境中运转；不应存放非场所设备正常运行或备用的物资，各种检修工作完工后应及时清理作业现场；机房硐室、机道和电缆沟内外均不应有积水、油垢和杂物；机房硐室、机道的电缆和管路排列整齐，电缆沟内电缆排列整齐。

【实施要点】

要点1：机房硐室、机道

注意机房硐室、机道设备整洁、干净，无淤泥、无积水、无油垢，不应存放非场所设备正常运行或备用的物资。

要点 2：电缆沟

机房硐室、机道和电缆沟内外无积水、无积油和油垢、无杂物，更不应有易燃或其他任何物品。

要点 3：电缆管路

机房硐室、机道和电缆沟内外电缆、管路排列整齐，符合要求。

（四）器材工具

【标准原文】

电工操作绝缘用具齐全合格。

【条文依据】

《煤矿安全规程》第四百四十二条、第四百四十三条。

【条文内涵】

电工操作和绝缘用具包括高低压验电笔（根据现场电压等级配备）、绝缘手套、绝缘靴、绝缘台、接地导线、绝缘杆等。

【实施要点】

要点：绝缘用具种类、数量、质量合格

（1）注意电工操作和绝缘用具的配备种类、数量应符合要求。

（2）注意验电笔、接地导线的完好、有效。

（3）注意绝缘手套、绝缘靴等绝缘用具检验有效期限。

六、附加项——设备管理

【标准原文】

建设设备管理系统，有效实施设备全生命周期管理。

【条文依据】

《关于印发〈关于加快煤矿智能化发展的指导意见〉的通知》（发改能源〔2020〕283 号）。

【条文内涵】

随着信息技术在煤矿的应用，传统机电设备的选型、采购、使用、维护、调拨、报废等管理模式早已不能适应煤矿智能化建设与发展需要，应引进和应用信息技术手段，将选型、采购、发放、安装调拨等设备初始信息直至设备的大修、报废的最后环节中每一道环节信息融入信息管理技术手段，并有效利用各种机电设备的运行、维护等重要生命过程数据，对煤矿机电设备实施全生命周期管理。

【实施要点】

要点：系统功能符合要求，有效应用

煤矿机电设备全生命周期管理系统基本功能应符合《煤炭工业企业设备管理规程》（能源煤〔1989〕104号）以及本标准对煤矿机电设备管理基本流程要求，在其基础上宜扩展设备生命过程的分析功能。

机电设备全生命周期管理系统应在煤矿全面、有效应用，切忌只建设不应用的脱节、浪费现象。

【资料清单】

现场对系统功能和运行效果、相关管理流程、报表进行查询。

3.6 运　　输

一、运输管理

（一）制度保障

【标准原文】

制定并落实以下制度、标准：

1. 运输设备（设施）安装、运行、检修、检测等管理制度；

2. 运输线路铺设、维护标准。

【条文依据】

《煤矿安全规程》第四条；《煤矿安全生产条例》第二十五条；《煤矿机电设备检修技术规范》(MT/T 1097—2008)。

【条文内涵】

煤矿企业制定运输设备（设施）购置、入库、安装、运行、检修、检测、大修、报废等管理制度，是对运输设备（设施）实现全生命周期管理的一种有效管理方法，是实现矿井安全运输的基础，通过各项制度指导、约束和规范运输设备管理工作，确保运输设备（设施）线路的健康使用、安全运行，为实现安全运输的目标奠定基础。

煤矿企业制定和完善运输设备、设施、线路、硐室完好（铺设）标准是矿井标准化建设的最基础工作，要切实做到设备（设施）线路安装铺设、检查维护、试验检验有标准，力求做到处处有标准、台台有标准。

煤矿企业制定和完善运输系统安全运行、生产管理、技术管理、质量管理、风险管理、隐患管理、人员管理制度，切实做到事事有标准、有考核，人人工作有责任、有标准、有考核。

运输管理要努力实现人人、事事、处处、时时有标准、有责任、有考核，真正实现全员自主管理，最大限度地发挥职工的主观能动性，实现煤炭企业管理的不断创新和发展。

【实施要点】

要点1：制定和完善运输管理制度

（1）制定和完善窄轨机车、无极绳连续牵引车、无轨胶轮机车、单轨吊机车、运输绞车、齿卡轨机车、架空乘人装置、斜巷卡轨乘人装置、平巷人车、单轨吊人车、矿用车辆、连接装置、挡车装置等设计选型、安装验收、检查维护、使用运行、检测检验、大修报废等管理规定。

（2）制定和完善轨道线路、单轨吊线路、无轨胶轮车道路、牵引网路、机车监控系统等设计选型、铺设验收、检查维护、使用运行管理规定。

（3）制定和完善乘人管理规定、行车不行人管理规定、巷道封闭管理规定、物料封车管理规定、特殊物料运送管理规定、综采设备支架运送管理规定、车辆复轨管理规定、无轨胶轮车故障救援管理规定、井下油料运送储存和加油管理规定、区队隐患排查管理规定、区队风险管控措施实施管理规定、岗位安全风险辨识和确认管理规定、区队零星工程施工管理规定、区队安全技术教育培训管理规定等。

（4）各类检查、维修、试验、验收等记录表格纳入各相关运输管理规定中。

（5）管理制度应以文件形式正式下发，每年进行修订完善。

要点2：制定和完善运输设备、设施、线路完好标准

（1）窄轨机车、运输绞车、矿用车辆等传统运输设备执行《煤矿矿井机电设备完好标准》。

（2）根据新型辅助运输设备等设备特点，依据《煤矿安全规程》、《煤矿机电设备检修技术规范》（MT/T 1097—2008）、设备技术条件要求、设备使用说明书等要求，制定和完善无极绳连续牵引车、无轨胶轮机车、单轨吊机车、齿卡轨机车、架空乘人装置、斜巷卡轨乘人装置、单轨吊人车等新型辅助运输设备完好标准。

（3）依据《煤矿安全规程》、相关标准，制定和完善单轨吊线路、无轨胶轮车道路、异型轨线路、齿轨车线路、机车监控系统等铺设和维护标准。

(4) 依据《煤矿安全规程》、设备技术条件要求、设备使用说明书等要求，制定和完善挡车装置、连接装置等完好标准。

【资料清单】

(1) 运输设备和设施管理规定。

(2) 运输线路管理规定。

(3) 新型辅助运输设备完好标准。

(4) 新型辅助运输线路铺设标准。

(5) 挡车装置、连接装置等完好标准。

(二) 技术资料

【标准原文】

1. 有运输设备、设施、线路的图纸、技术档案，有检修记录；

2. 有作业规程、安全技术措施；

3. 运输系统、设备选型和能力计算资料齐全；

4. 单轨吊、架空乘人装置有设计；

5. 有运输设备管理台账，编号管理；

6. 纳入煤矿矿用产品安全标志管理的设备设施符合规定。

【条文依据】

《煤矿安全规程》第四条、第十条、第十四条第（六）款、第三百八十三条、第三百九十条；《井工煤矿辅助运输安全管理规范》(NB/T 10739—2021) 第5.2条；《煤炭矿井制图标准》(GB/T 50593—2010)；《煤矿机械技术文件用图形符号　第4部分：井下运输机械图形符号》(GB/T 18024.4—2010)。

【条文内涵】

运输技术资料管理是全面系统掌握运输系统和设备情况，制定有针对性的设备维修改造计划，努力实现运输设备全生命周期管理，确保实现设备的完好使用和安全生产的目标。技术资料包括运输设备、设施、线路的设计选型计算资料、设备购置商务和技术资料、设备出厂原始资料、设备安装和维护安全技术措施、工程安装验收资料、运输系统运行作业规程、运输设备检查维护记录、检测检验报告、大修改造计划、设备报废资料、主要运输设备实行“一机一档”管理资料、运输设备和线路管理台账、运输系统图等内容。

【实施要点】

要点1：图纸、技术档案，检修记录符合要求

（1）窄轨机车、无极绳连续牵引车、无轨胶轮机车、单轨吊机车、齿卡轨机车、架空乘人装置实行“一机一档”管理。

（2）设备技术档案包括运输设备和运输设施的采购资料、到矿验收资料、设备及部件“两证一标志”、设备安装资料、使用说明书、大修台账等。

（3）依据《煤炭矿井制图标准》（GB/T 50593—2010）、《煤矿机械技术文件用图形符号　第4部分：井下运输机械图形符号》（GB/T 18024.4—2010）的要求绘制运输系统图（含地面），内容包括运输巷道、硐室、断面图（包括设备线路布置）、运输设备、运输设施、运输线路、图例、会签栏等，每半年更新一次，分管领导审查签字。

（4）运输系统、运输设备、运输线路、运输设施竣工验收报告、维修记录、试验记录、检查记录、运输质量标准化月度验收资料齐全完整。

（5）制订矿井运输年度更新改造和大修计划，并有完成情况台账。

要点2：作业规程、安全技术措施符合要求

（1）完善各运输系统作业规程。①按照矿井各运输系统编制作业规程，各运输系统是指斜井提升系统、运输大巷运输系统、采区主要上下山运输系统、工作面运输系统、无轨胶轮车运输系统、架空乘人装置系统、地面运输系统等；②作业规程主要内容包括运输系统基本情况、系统安全风险分析及管控措施、设计选型及验算、设备（设施）线路安装要求、设备（设施）线路装备和质量要求、运行方式和规定、劳动组织安排、检查检修与维护、安全技术规定，要履行审批程序。

（2）完善安全技术措施。新安装和拆除运输设备（设施）和线路、综采支架设备运送、设备（设施）线路检修作业、运输设备年度检测检验等要制定安全技术措施，要履行审批程序。

要点3：运输系统、设备选型和能力计算符合要求

（1）各类运输设备、钢丝绳、连接装置、挡车装置、运输线路（道路）、运输巷道、充电硐室、储油硐室、维修硐室、换装转载站等要进行设计选型验算。

（2）架空乘人装置、单轨吊设计应由具有煤炭行业（矿井）设计资质的机构进行设计，设计资料符合要求，图纸资料完整齐全。

（3）要定期对矿井运输能力进行核定。

要点4：设备编号、台账符合要求

建立运输设备、运输设施、运输线路管理台账，内容符合现场实际。

要点5：设备（设施）、安全标志符合要求

在用、新购置运输设备（设施）要符合煤矿矿用产品安全标志管理的规定。

【资料清单】

（1）运输设备和运输设施的采购资料、到矿验收资料、设备及部件“两证一标志”、设备安装资料、使用说明书、大修台账等。

（2）运输系统、运输设备、运输线路、运输设施竣工验收报告、维修记录、试验记录、检查记录、运输质量标准化月度验收资料。

（3）运输设备、钢丝绳、连接装置、挡车装置、运输线路（道路）设计选型验算资料。运输巷道、转载硐室、充电硐室、储油硐室、维修硐室、换装转载站设计资料。架空乘人装置、单轨吊设计资料。

（4）矿井运输年度更新改造和大修计划、完成情况台账。

（5）各运输系统作业规程。

（6）各类安全技术措施。

（7）运输系统图、设备基础图。

（8）矿井运输能力核定资料。

（9）运输设备、运输设施、运输线路管理台账。

（10）在用、新购置运输设备（设施）符合煤矿矿用产品安全标志资料。

（三）检测检验

【标准原文】

1. 使用中的斜井人车，有完整的重载全速脱钩测试报告及连接装置的探伤报告；

2. 按规定对窄轨车辆连接链、连接插销进行检测，有检测检验报告；

3. 按规定对架空乘人装置、无轨胶轮车、单轨吊车进行试验、检测检验，有完整的试验、检测检验报告；

4. 新投用机车应测定制动距离，之后每年测定 1 次，有完整的制动距离测试报告；

5. 无极绳连续牵引车、卡轨车、齿轨车、异型轨卡轨车等根据产品使用说明书要求，由矿定期检查、检修、试验，并有试验记录。

【条文依据】

《煤矿安全规程》第二十条、第三百七十七条第（十一）款、第三百七十八条、第三百八十三条、第三百九十～三百九十二条、第四百一十五条、第四百一十六条；《矿山在用斜井人车安全性能检验规范》（AQ 2028—2010）第 8.1 条、

第8.2条；《矿用人车　安全要求》（GB 21011—2007）第4.13条；《煤矿在用窄轨车辆连接链检验规范》（AQ 1112—2014）；《煤矿在用窄轨车辆连接插销检验规范》（AQ 1113—2014）；《煤矿在用架空乘人装置定期安全检测检验规范》（NB/T 10755—2021）第7.1条；《煤矿用架空乘人装置》（MT/T 1117—2011）第5.3.4条；《煤矿用架空乘人装置安全检验规范》（AQ 1038—2007）；《煤矿在用无轨胶轮车安全检测检验规范》（NB/T 10756—2023）第7.1条、第7.2条；《煤矿用防爆柴油机无轨胶轮车安全使用规范》（AQ 1064—2008）；《矿用防爆柴油机无轨胶轮车通用技术条件》（MT/T 989—2006）；《煤矿在用单轨吊车安全性能检测检验规范》（NB/T 10176—2019）第7.1条、第7.2条；《柴油机单轨吊机车》（MT/T 883—2000）第6.14条；《煤矿井下钢丝绳牵引单轨吊车》（MT/T 886—2000）；《DX25J防爆特殊型蓄电池单轨吊车》（MT/T 887—2000）；《煤矿在用电机车检测检验规范》（NB/T 10049—2018）第7.1条、第7.2条；《煤矿用无极绳调速机械绞车安全检验规范》（AQ 1041—2007）；《安全评价检测检验机构管理办法》第十六条、第二十条。

【条文内涵】

按照规定的周期、项目和方法对运输设备和设施进行检测检验，是保障运输安全的重要措施，因此必须认真抓好这项工作。

【实施要点】

要点1：斜井（巷）卡轨乘人装置检测检验要求

（1）斜井（巷）卡轨乘人装置必须采用全程双侧卡轨装置，每组卡轨装置应紧随轨道移动，在任何工况下卡轨都能运行；必须设置失效安全型制动装置，断绳时制动装置既能自动发挥作用，也能人工操纵；组列运行的车厢间应当采用硬连接加保护链的连接方式，连接应当具有止脱措施。头车、尾车应当具备制动功能。

（2）每班进行1次手动落闸试验，由跟车工负责实施，并填写试验记录。

（3）提升机牵引的斜井（巷）卡轨乘人装置，按照相关规定进行静止松绳落闸试验；无极绳绞车牵引的斜井（巷）卡轨乘人装置，按照相关规定进行月度等试验，由专业管理人员和车辆维护人员实施，并有试验记录。

（4）按照设备使用说明书要求，对斜井（巷）卡轨乘人装置的超速保护装置进行定期标校，由专业管理人员和车辆维护人员实施，并有试验记录。

（5）按照《煤矿安全规程》、《关于印发煤矿在用安全设备检测检验目录（第一批）的通知》（安监总规划〔2012〕99号）规定的检测检验周期、项目、依据标准，每年进行1次重载超全速脱钩试验和安全检测检验，由具有相应资质的第三方检测机构组织实施，并有检测检验报告。

（6）依据《矿用人车　安全要求》（GB 21011—2007）第4.13条要求，由具有相应资质的第三方检测机构每年对主牵引杆等连接装置进行探伤检查，并有探伤报告。

要点2：连接装置检测检验要求

（1）按照《煤矿安全规程》、《关于印发煤矿在用安全设备检测检验目录（第一批）的通知》（安监总规划〔2012〕99号）规定的检测检验周期、项目、依据标准，由具有相应资质的第三方检测机构对窄轨车辆连接链、连接插销进行检测检验，并有检测检验报告。

（2）对于长连接杆等非标准连接装置，要进行安全系数选型验算，其安全系数必须满足《煤矿安全规程》表12的规定，该装置生产企业要提供国家相关检测机构出具的长连接杆抽样破断力检测报告。

要点3：架空乘人装置检测检验要求

（1）按照《煤矿安全规程》、《关于印发煤矿在用安全设备检测检验目录（第一批）的通知》（安监总规划〔2012〕99号）规定的检测检验周期、项目、依据标准，由具有相应资质的第三方检测机构在新车初次使用前和每年对架空乘人装置进行检测检验，并有完整的检测检验报告。

（2）依据《煤矿用架空乘人装置》（MT/T 1117—2011）第5.3.4条要求，由具有相应资质的第三方检测机构每年对驱动轮主轴进行探伤检查，并有探伤报告。

要点4：无轨胶轮车试验与检测检验要求

（1）按照《煤矿安全规程》等相关规定进行检测检验。使用中的柴油动力无轨胶轮车和铅酸蓄（锂）电池动力无轨胶轮车，应每周对制动效果进行1次试验，依据《矿用防爆柴油机无轨胶轮车通用技术条件》（MT/T 989—2008）等试验方法，由专业管理人员和设备维护人员负责实施，并有试验记录。制动效果试验包括地面无轨胶轮车检测线试验或制动距离检验。

（2）使用中的柴油动力无轨胶轮车和铅酸蓄（锂）电池动力无轨胶轮车，每15天至少进行1次甲烷电闭锁试验，由通防部门负责实施，并有试验记录。

（3）使用中的柴油动力无轨胶轮车和铅酸蓄（锂）电池动力无轨胶轮车，每月对液压油路系统进行1次检查，由专业管理人员和设备维护人员负责实施，并有检查记录。

（4）依据《煤矿安全规程》要求，由具有相应资质的第三方检测机构在新车初次使用前、大修后和每年对无轨胶轮车进行1次安全检测检验，并有完整的检测检验报告。

要点5：单轨吊车检测检验要求

（1）使用中的柴油动力单轨吊车和铅酸蓄（锂）电池动力单轨吊车，每15天至少进行1次甲烷电闭锁试验，由通防部门负责实施，并有试验记录。

（2）依据《煤矿安全规程》要求，由具有相应资质的第三方检测机构在新车初次使用前、大修后和每年对单轨吊车进行1次安全检测检验，并有完整的检测检验报告。

（3）空气动力单轨吊车可依据相关规定和标准，由具有相应资质的第三方检测机构进行检测检验，并有完整的检测检验报告。

（4）依据《柴油机单轨吊机车》（MT/T 883—2000）要求，由具有相应资质的第三方检测机构每年对主拉杆进行探伤检测，并有检测报告。

要点6：机车制动距离测定要求

新投用机车及之后每年测定1次，由具有相应资质的第三方检测机构按照《煤矿安全规程》、《煤矿在用电机车检测检验规范》（NB/T 10049—2018）的要求进行试验，并有完整的制动距离测试报告。

要点7：无极绳连续牵引车、卡轨车、齿轨车、异型轨卡轨车、挡车装置试验要求

（1）无极绳连续牵引车、卡轨车、齿轨车、异型轨卡轨车、挡车装置等根据产品使用说明书要求，由矿定期检查、检修、试验，并有试验记录。

（2）根据无极绳连续牵引车、卡轨车、齿轨车、异型轨卡轨车等设备特点，依据《煤矿安全规程》、《煤矿机电设备检修技术规范》（MT/T 1097—2008）、设备技术条件要求、设备使用说明书等要求制定检查、检修、试验（试验项目、试验周期、试验方法，试验责任人）等相关规定，由矿按照本规定进行试验，并填写试验记录表，矿专业负责人审核签字。

（3）对于无极绳连续牵引车，建议由具有相应资质的第三方检测机构，按照《煤矿用无极绳调速机械绞车安全检验规范》（AQ 1041—2007）要求，每年进行1次检测检验。

要点8：检测检验报告和试验记录审核要求

运输设备、设施的检测检验报告和试验记录分管领导都要审核签字，并建立

检测检验管理台账。

【资料清单】

（1）斜井（巷）卡轨乘人装置。每班手动落闸试验记录；静止松绳落闸试验记录；超速保护装置标校记录；新车初次使用前和每年的主牵引杆等连接装置探伤检查报告；新车初次使用前和每年的重载超全速脱钩试验和安全检测检验报告。

（2）窄轨车辆连接链、连接插销。初次使用前和每年的窄轨车辆连接链、连接插销检测检验报告；非标准连接装置安全系数验算资料，生产企业提供的国家相关检测机构出具的检测报告。

（3）架空乘人装置。新车初次使用前和每年的架空乘人装置检测检验报告。驱动轮探伤报告。

（4）无轨胶轮车。每周制动效果试验记录，包括无轨胶轮车检测线试验或制动距离检验记录表；每 15 天甲烷电闭锁试验记录；每月液压油路系统检查记录；新车初次使用前和每年的无轨胶轮车检测检验报告。

（5）单轨吊车。新车初次使用前和每年的单轨吊车检测检验报告。

（6）窄轨机车。新车初次使用前和每年的制动距离测试报告。

（7）无极绳连续牵引车、卡轨车、齿轨车、异型轨卡轨车、挡车装置等试验记录。

二、运输巷道与硐室

（一）巷道车场

【标准原文】

1. 巷道净断面与支护符合《煤矿安全规程》，巷道（包括管、线、电缆）与运输设备最突出部分之间的最小间距符合规定；

2. 车场、巷道曲线半径、巷道连接方式、运输方式设计合理，符合《煤矿安全规程》及有关规定要求。

【条文依据】

《煤矿安全规程》第九十～九十二条、第四百五十九条；《煤矿斜井井筒及硐室设计规范》（GB 50415—2017）第 2.0.3 条、第 4.1.3 条、第 4.4.1 条；《煤矿井下车场及硐室设计规范》（GB 50416—2017）第 4.2.19 条、第 5.1.3 条；《煤矿巷道断面和交岔点设计规范》（GB 50419—2017）第 4.2.1 条、第 4.2.2 条、第 4.3.1 条；《煤矿井下辅助运输设计规范》(GB 50533—2009) 第 8.2.1 条、第 9.1.2 条。

【条文内涵】

矿井运输巷道及车场的断面尺寸、坡度、转弯半径、支护状态是决定运输设备、设施安全运行的基本条件，也是矿井运输标准化工作要求的最基础工作，因此在运输标准考核办法中，将其分值设定为 8 分，可见其重要性。

矿井运输标准化工作首先要从巷道抓起，一是新设计矿井和采区要尽量选用先进的辅助运输设备，要根据运输设备适宜的条件进行巷道断面和坡度的设计，做到新系统新装备。二是要积极开展运输系统优化和改造工作，淘汰落后的运输方式和设备，选用适合本矿实际的运输设备和运输系统。三是运输系统优化改造和提高运输装备水平是一项系统工程，是实现矿井减人提效和安全生产的根本性措施，因此主要领导要充分认识到运输工作的特殊性和重要性，切实抓好运输系统优化的顶层设计工作，提高运输装备水平，为矿井运输标准化建设奠定坚实基础。

在矿井运输系统的运行和生产过程中，要求巷道断面、坡度、支护状况、巷道与运输设备之间的间距符合规定，对保障运输车辆和设备安全高效运行、人员安全具有重要作用，因此要重点对运输巷道情况进行整治和检查，确保其符合相关规定。

车场、巷道曲线半径、巷道连接方式、运输方式是矿井运输系统中的一些关键节点，是运输岗位人员进行车辆转换调配作业的主要工作场所，也是运输事故的多发地点，因此要抓好这些地点的设计和管理工作，为职工创造安全的工作环境和条件。

矿井应根据运输方式、车辆类型、运输能力等因素，确定矿井运输巷道布置、巷道断面、支护形式、车场布置方式、巷道曲线半径、巷道连接方式；辅助运输系统设计要在最大限度实现连续无转载的原则下，力求做到系统简单、紧凑合理、操作安全、运输流畅、节能高效，便于施工，满足安全生产需要。

【实施要点】

要点 1：运输巷道断面及间隙要求

轨道运输巷道、无极绳连续运输车巷道、卡轨车巷道、单轨吊车运输巷道、无轨胶轮车运输巷道、齿轨车运输巷道和架空乘人装置巷道的断面及间隙符合《煤矿安全规程》和相关设计规范要求。

要点 2：车场、巷道曲线半径、巷道连接方式、运输方式符合要求轨道运输巷道、无极绳连续运输车巷道、卡轨车巷道、单轨吊车运输巷道、无轨胶轮车运输巷道、齿轨车运输巷道和架空乘人装置巷道的车场、巷道曲线半径、巷道连接方式、运输方式符合《煤矿安全规程》和相关设计规范要求。

（二）硐室车房

【标准原文】

斜巷信号硐室、躲避硐、绞车房、候车室、调度站、人车库、充电硐室、错车硐室、车辆检修硐室等符合规定。

【条文依据】

（1）斜巷信号硐室。《煤矿安全规程》第三百八十八条第（四）款；《煤矿斜井井筒及硐室设计规范》(GB 50415—2017）第5.2.1条、第5.2.2条；《煤矿井下车场及硐室设计规范》(GB 50416—2017）第5.4.4条。

（2）乘人车场。《煤矿斜井井筒及硐室设计规范》(GB 50415—2017）第5.1.2条。

（3）躲避硐。《煤矿安全规程》第九十一条、第三百八十八条第（四）款；《煤矿斜井井筒及硐室设计规范》(GB 50415—2017）第5.3.1条、第5.3.2条；《煤矿井下车场及硐室设计规范》(GB 50416—2017）第5.4.4条。

（4）候车室。《煤矿安全规程》第三百八十八条第（四）款；《煤矿井下车场及硐室设计规范》(GB 50416—2017）第11.2.1条、第11.2.2条。

（5）调度站。《煤矿井下车场及硐室设计规范》(GB 50416—2017）第8.7.1~8.7.3条。

（6）车辆检修硐室、充电（加油）硐室。《煤矿安全规程》第一百六十七条；《煤矿井下车场及硐室设计规范》(GB 50416—2017）第8.2.1条、第8.2.2条、第8.3.1条；《煤矿井下辅助运输设计规范》(GB 50533—2009）第13.3.2条、第13.4.3条。

（7）错车硐室、会让硐室、调向硐室。《煤矿安全规程》第九十二条；《煤矿斜井井筒及硐室设计规范》(GB 50415—2017）第5.5.1~5.5.3条；《煤矿井下车场及硐室设计规范》(GB 50416—2017）第8.1.1~8.1.4条；《煤矿井下辅助运输设计规范》(GB 50533—2009）第13.4.3条。

（8）车辆存放硐室。《煤矿井下辅助运输设计规范》(GB 50533—2009）第13.3.2条、第13.4.3条。

（9）避险硐室。《煤矿斜井井筒及硐室设计规范》(GB 50415—2017）第

5.4.1 条、第 5.4.2 条。

（10）人行道。《煤矿安全规程》第九十一条；《煤矿巷道断面和交岔点设计规范》（GB 50419—2017）第 4.2.1～4.2.5 条、第 9.2.1 条；《煤矿井下车场及硐室设计规范》（GB 50416—2017）第 4.5.4 条、第 4.5.5 条、第 5.4.1 条、第 5.4.2 条。

（11）跑车防护装置硐室。《煤矿斜井井筒及硐室设计规范》（GB 50415—2017）第 5.6.1 条、第 5.6.2 条。

【条文内涵】

斜巷信号硐室、躲避硐、绞车房、候车室、调度站、人车库、充电硐室、错车硐室、车辆检修硐室等是运输系统所必备的硐室，是工作人员操作和施工地点，符合要求的硐室能够让工作人员安全施工，减少生产安全事故的发生。

矿井应根据运输巷道布置、生产能力和服务年限、车辆类型、地质条件和围岩性质、煤尘煤层自然发火倾向、瓦斯及水文情况等因素综合确定矿井运输巷道断面及支护、硐室车房设计和布置，满足安全生产需要。

【实施要点】

要点 1：斜巷信号硐室设置要求

①上部平车场的信号硐室应设在分车道岔人行道侧；②上部甩车场和中部甩车场的信号硐室可设在摘挂钩点附近的低道侧；③下部车场的信号硐室宜设在起坡点处的高道侧；④信号硐室净宽不小于 1.5 m，净深不小于 1.5 m，净高不小于 2.0 m。

建议：上部甩车场和中部甩车场的信号硐室可设在分车道岔岔心相对的上、下山巷道侧。

要点 2：斜巷躲避硐室设置要求

①上部甩车场和中部甩车场的躲避硐可设在轨道上山人行道侧；②下部车场的躲避硐宜设在起坡点附近的人行道侧；③躲避硐净宽不小于 1.2 m，净深不小于 0.7 m，净高不小于 1.8 m，躲避硐内严禁堆积物料。

建议：上部甩车场和中部甩车场的躲避硐可设在摘挂钩点附近的高道侧。

要点 3：采区车场人行道设置要求

采区上部和中部甩车场双道布置并设有高、低道时，摘挂钩段人行道应设在中间和低道侧。

建议：采区上部和中部甩车场双道布置并设有高、低道时，摘挂钩段人行道应设在中间和高道侧。

要点4：充电硐室设置要求

（1）铅酸蓄电池动力装置充电硐室应当符合下列要求：①充电硐室应当独立通风，在同一时间内，5 t及以下的铅酸蓄电池车辆充电电池的数量不超过3组、5 t以上的铅酸蓄电池车辆充电电池的数量不超过1组时，可不采用独立通风，但必须在新鲜风流中。②井下充电硐室风流中以及局部积聚处的氢气浓度不得超过0.5%。

（2）锂电池动力装置充电硐室应当符合下列要求：①优先选择在岩层。位于煤层时，采用砌碹或锚网喷等联合支护。②施工材料与装饰材料满足阻燃要求。③具备甲烷、一氧化碳、氢气、温度监测及超限断电和视频监视。④配置自动灭火装置。⑤充电硐室必须独立通风，且回风风流应直接引入总回风巷或采（盘）区回风巷。

要点5：其他硐室设置要求

符合《煤矿安全规程》、《煤矿斜井井筒及硐室设计规范》（GB 50415—2017）和《煤矿井下车场及硐室设计规范》（GB 50416—2017）有关规定。

（三）装卸载站

【标准原文】

车辆装载站、卸载站和转载站符合规定。

【条文依据】

《煤矿安全规程》第九十～九十二条；《煤矿井下煤炭运输设计规范》（GB 51179—2016）第8.3.2条；《煤矿井下车场及硐室设计规范》（GB 50416—2017）第8.4.1～8.4.3条、第8.5.1条、第8.6.1条、第8.6.2条；《煤矿井下辅助运输设计规范》（GB 50533—2009）第4.2.5条、第9.1.3条、第13.3.2条第9款、第13.4.3条第6款。

【条文内涵】

车辆装载站、卸载站和转载站是运输系统中的重要环节，运输人员和相关设备工作频繁，也是运输事故多发地点，因此要求其巷道断面、设备状态、安全设施设置符合要求，对安全高效转载、卸载创造安全工作环境具有重要意义。

【实施要点】

要点1：采区煤仓装载站设置要求

巷道断面尺寸符合《煤矿安全规程》第九十～九十二条规定，支护良好，照明齐全；采用矿车运送煤炭时，煤仓放煤口宜采用液动、电动或风动控制闸门，放煤工在硐室内操作作业，设有放煤工与机车司机的联系信号装置。

要点2：翻车机硐室设置要求

巷道断面符合《煤矿安全规程》要求，支护良好，照明齐全；设置推车设备，翻车机内和翻车机入口处阻车器齐全可靠，硐室内各种设备完好。

要点3：底卸式矿车卸载站设置要求

巷道断面符合《煤矿安全规程》要求，支护良好，照明齐全；设置推车设备，卸载轮、曲轨齐全可靠，基础无变形、通过顺畅无卡阻。

三、运输线路

（一）轨道线路

【标准原文1】

运行7 t及以上机车、3 t及以上矿车，或者运送15 t及以上载荷的矿井井筒、主要水平运输大巷、车场、主要运输石门、采区主要上下山、地面运输系统轨道线路使用≥30 kg/m的钢轨；其他线路使用≥18 kg/m的钢轨。卡轨车、齿轨车和胶套轮车运行的轨道线路，应当采用不小于22 kg/m的钢轨。

【条文依据】

《煤矿安全规程》第三百八十条；《煤矿巷道断面和交岔点设计规范》（GB 50419—2017）第10.1.1条；《煤矿斜井井筒及硐室设计规范》（GB 50415—2017）第4.1.1条。

【条文内涵】

轨道线路轨型符合要求，是矿井轨道运输中保障车辆安全运行、杜绝和减少脱轨事故、提高车辆运行速度的最低要求，更是运输标准化建设的最基本要求，各矿井新铺设的轨道线路轨型必须符合规定要求，首先做到新账不欠；对于原有不符合规定的轨道线路，要制定整改规划，尽快完成升级改造工作，确保矿井轨道轨型全部符合规定要求。

《煤矿安全规程》和《煤矿安全生产标准化管理体系基本要求及评分办法》对轨型的规定只是最低要求，而目前矿井中综采设备、综采支架的重型化和大型化得以高速发展，对矿井运输装备水平提出更高要求，为了安全、高效、快捷完成矿井各项运输任务，特别是综采工作面的安装撤除工作，轨道线路应逐步向重型轨（38 kg/m及以上）和大轨距（900 mm及以上）方向发展，以切实满足矿井采掘设备装备升级的迫切需求。

巷道中铺设的钢轨型号应根据巷道的类别、运输设备及运送的最重物件进行选择确定，以减少运输线路车辆脱轨事故的发生，保证运输设备安全运行。

【实施要点】

要点1：轨型要求

（1）运行7 t及以上机车、3 t及以上矿车，或者运送15 t及以上载荷的矿井、采区主要巷道轨道线路，应当使用不小于30 kg/m的钢轨；其他线路应当使用不小于18 kg/m的钢轨。

（2）运送液压支架的轨道线路，应当使用不小于30 kg/m的钢轨。

（3）运行斜井（巷）卡轨乘人装置的轨型不小于30 kg/m。

（4）矿井地面、井下各类巷道中全面淘汰18 kg/m以下的钢轨。

（5）同一线路必须使用同一型号的钢轨。

要点2：新建、改建轨道的轨型和轨距建议

对于新建、改建的卡轨车、齿轨车和胶套轮车运行的轨道线路，应当采用不小于30 kg/m的钢轨。

要点3：线路轨型资料

通过矿井运输系统图、矿井轨道线路设计和矿井轨道线路管理台账等资料真实反映轨道线路现状。

【标准原文2】

主要运输线路及行驶人车的轨道线路质量达到要求：

（1）接头平整度：轨面高低和内侧错差≤2 mm；

（2）轨距：直线段和加宽后的曲线段允许偏差为 -2 ~5 mm；

（3）水平：直线段及曲线段加高后两股钢轨偏差≤5 mm；

（4）轨缝≤5 mm；

（5）扣件齐全、牢固，与轨型相符；

（6）轨枕规格及数量应符合标准要求，间距偏差不超过50 mm；

（7）道碴粒度及铺设厚度符合标准要求，轨枕下应捣实，轨枕露出高度≥50 mm；

（8）曲线段设置轨距拉杆。

【条文依据】

《煤矿井下车场及硐室设计规范》（GB 50416—2017）第4.2.14条、第4.2.15条；《煤矿巷道断面和交岔点设计规范》（GB 50419—2017）第10.3条。

【条文内涵】

主要运输线路包括井下主要斜巷、井底车场、主要运输大巷、主要运输石门、地面运输系统的轨道系统。

矿井轨道线路质量合格是保证矿井安全运输、防止运输事故发生和高产高效的重要措施，轨道铺设质量达不到要求易造成车辆脱轨、斜巷跑车、人员伤亡等事故，严重影响矿井正常安全生产秩序，是造成运输事故发生的重要原因，因此要加强轨道线路的管理工作，切实抓好轨道线路的设计、铺设、维护和检查工作，使其达到质量优良或合格，确保运输设备的安全高效运行，保障矿井正常生产和运输安全。

【实施要点】

要点1：轨道线路铺设和维护技术要求

（1）井底车场轨道线路、各弯道和车场的平曲线半径一般不小于9 m，当条件困难时应不小于6 m。

（2）轨道线路的竖曲线半径不宜小于12 m。

（3）轨道曲线段要按照巷道曲线半径进行外轨加高，曲线段加高值为35 mm（半径15 m）、20 mm（半径20 m）、20 mm（半径25 m和30 m）。

（4）曲线段加宽值为15 mm（半径5 m）、10 mm（半径10 m和15 m）、5 mm（半径20 m、25 m、30 m）。

（5）轨型30 kg/m及以上时轨枕宽×高不小于160 mm×140 mm，轨型小于30 kg/m时轨枕宽×高不小于150 mm×120 mm，允许偏差不超过10 mm；推广使用混凝土轨枕，逐步减少或淘汰木轨枕。

（6）轨道接头处要求采用对接方式，轨枕接头间距一般不大于0.5 m，中间轨枕间距不大于0.7 m，间距偏差不超过50 mm。

（7）道碴粒度及铺设厚度符合标准要求，铺设厚度不小于100 mm，道碴粒度要求为10~40 mm，轨枕下应捣实，轨枕露出高度不超过50 mm，而对于采用轨道道床硬化方式的情况，对轨枕露出高度50 mm不作要求。

（8）斜巷轨道线路的托绳轮数量齐全，转动灵活，钢丝绳不磨轨枕和扣件。

（9）巷道坡度大于15°时，必须采取轨道防滑措施。

要点2：人员素质要求

加强对轨道检查方法的培训学习，运输管理人员和轨道维护人员要熟练掌握轨道检查方法和维护标准。

要点3：检查要求

（1）轨道弯道半径计算公式：

$$R = b^2 \times 1000/8\Delta h$$

式中　R——曲线半径，m；

b——弦长，m；

Δh——正矢值，mm。

（2）检查工具要求包括轨距尺、塞尺、直角卡尺、线绳、米尺、锤子等。

（3）轨道线路检查方法（略）。

【标准原文3】

其他轨道线路质量应达到要求：

（1）接头平整度：轨面高低和内侧错差≤2 mm；

（2）轨距：直线段和加宽后的曲线段允许偏差为 -2～6 mm；

（3）水平：直线段及曲线段加高后两股钢轨偏差≤8 mm；

（4）轨缝≤5 mm；

（5）扣件齐全、牢固，与轨型相符；

（6）轨枕规格及数量符合标准要求，间距偏差不超过50 mm；

（7）道碴粒度及铺设厚度符合标准要求，轨枕下应捣实。

【条文依据】

《煤矿井下车场及硐室设计规范》(GB 50416—2017) 第 4.2.14 条、第 4.2.15 条；《煤矿巷道断面和交岔点设计规范》(GB 50419—2017) 第 10.3 条。

【条文内涵】

其他轨道线路指除主要运输线路以外的所有轨道线路，一般指采区内轨道线路。

采煤和掘进工作面顺槽轨道线路质量要求可参照本标准执行。

【实施要点】

要点1：与主要运输线路要求相同的项目

轨道线路铺设和维护技术要求、人员素质要求、检查要求。

要点2：管理维护要求

采区内运输巷道使用时间较短，受采煤工作面采动影响大，巷道动压大、底鼓变形频繁，对轨道线路的铺设、维护和安全使用造成较大不利影响，而采区内一般轨道选型都小于矿井主要运输巷道的轨型，运送的综采设备和综采支架载荷大，因此要特别加强对采区内轨道线路的维护和管理工作，确保运输安全。

【标准原文4】

异型轨道线路、齿轨线路质量符合设计及说明书要求。

【条文依据】

《煤矿安全规程》第三百八十条；《煤矿井下辅助运输设计规范》（GB 50533—2009）第7.2条、第13.2.5条。

【条文内涵】

卡轨车轨道分为异型轨、普通轨和槽钢轨，普通轨卡轨车（无卡轨功能的轨道线路）运行时宜在弯道和起伏坡道两侧加设护轨装置。①异型轨分为SMJ140型和SMJ160型两种型式，一般23 t以下载荷选取SMJ140型，否则选取SMJ160型；一般采用外卡式结构型式，以实现车辆的全程卡轨运行和制动装置的有效制动；②普通轨一般轨型不小于30 kg/m，多数采用外卡式结构型式，以实现车辆的全程卡轨运行。

齿轨卡轨线路一般采用异型轨和在轨道中间加设齿条的结构形式，采用模块化结构设计，轨道型号为SMT140/900；直轨标准规格分为1.0 m、3.0 m、4.5 m；过渡轨用来对接普通轨与异型轨，方便普通车辆在两种轨道上不转载通行；水平曲线弯轨和竖曲线弯轨分别用于水平和竖直弯曲巷道。轨道连接形式分为单侧道夹板连接和法兰连接两种形式，轨距一般为900 mm。

【实施要点】

要点1：异型轨道线路铺设和维护技术要求

（1）轨道铺设平直，轨道中心线符合设计要求，偏差不大于设计值的±50 mm。

（2）采用地锚固定（坡度小于5°时，轨道在18 m线路范围接口处打设一对地锚固定；坡度在5°及以上时，每节轨道接口处都必须打设地锚），地锚杆体直径不小于20 mm，长度不小于1.4 m，螺丝拧紧后，应外露3～5扣。

（3）接口处固定销齐全紧固，公母扣无开焊。

（4）两节轨道接头处高低错差应不大于2 mm，直线段两节轨道水平误差应不大于5 mm，曲线段加高后水平误差应不大于5 mm；轨缝误差不大于3 mm。

（5）每节弯轨必须用地锚固定，弯轨与弯轨用螺栓连接，弯轨与直轨连接处扣件应齐全，固定销紧固。

（6）轨道上轨面无明显变形。

（7）沿线托轮、压绳轮齐全完好、转动灵活、固定可靠、布设合理、满足要求。

（8）轨道连接固定可靠。

要点2：齿轨卡轨线路铺设和维护技术要求

轨道型号为SMT140/900，轨距一般为900 mm。

（1）轨道前后的高低，目视直顺，用10 m弦量不超过2 mm。

（2）直线段轨面水平误差不大于5 mm，曲线段加高后轨面水平误差不大于5 mm。

（3）两侧轨间的垂直间隙不得大于2 mm，两轨道侧面间隙宽度不得超过4 mm。

（4）过渡轨道的齿条的横向位移不得大于2 mm。检查确保过渡轨道上的齿条高度差不得大于2 mm。

（5）两节轨道的M20×60连接螺栓紧固有效，每个连接螺栓必须加装弹簧垫圈。地锚固定螺栓拧紧后，不允许超出锚板表面60 mm。

（6）轨面及内侧错差不大于2 mm，不应有硬弯。

（7）轨缝允许偏差不大于2 mm，无3处以上连续瞎缝。

（8）齿条、齿杆、底座板及法兰板连接扣件齐全，密贴紧固。

（二）单轨吊线路

【标准原文】

单轨吊车线路达到要求：

1. 下轨面接头间隙直线段≤3 mm；
2. 接头高低和左右允许偏差分别为2 mm和1 mm；
3. 接头摆角垂直≤7°，水平≤3°；
4. 水平弯轨曲率半径≥4 m，垂直弯轨曲率半径≥10 m；
5. 起始端、终止端设置轨端阻车器。

【条文依据】

《煤矿安全规程》第三百九十一条；《煤矿井下辅助运输设计规范》（GB 50533—2009）第8.1.2条、第13.3.3条。

【条文内涵】

单轨吊运输具有爬坡能力强（25°）、运量大（30 t）、连续无转载、适应性强、自身具有起吊功能、安装简单、占用人员和设备少、运输效率高、安全性能高等优势，近几年在矿井生产条件相对较复杂和困难的中小型煤矿中得到大力发展和推广应用。由于单轨吊车是靠吊挂在顶板上的轨道摩擦运行的，因此轨道的固定可靠、轨道质量、巷道环境是保障单轨吊车运行的基本条件，为此应高度重视单轨吊轨道线路的设计、铺设、维护、使用和检查工作。

【实施要点】

单轨吊车运输安全的关键是悬吊装置的可靠程度和吊轨的敷设质量，煤矿企业应按照标准设计、铺设单轨吊轨道，定期按照单轨吊轨道维护标准进行维护。

要点1：单轨吊轨道铺设技术要求

（1）轨道吊挂点相关规定。①采用锚喷（锚索）支护时每个吊轨悬挂点应采用双锚杆吊挂，两吊链受力要均匀；②采用矿用工字钢梯形棚支护时可用顶梁或在顶梁间加小短梁悬挂吊轨，支架间应设纵向拉杆等加固措施，防止发生倒棚事故；③采用U型可缩性金属支护时可采用支架顶梁悬挂吊轨，支架间应设纵向拉杆；④采用料石或混凝土墙金属横梁支护时可采用横梁悬挂吊轨；⑤锚杆（锚索）锚固力或悬挂链破断力满足运送最大载荷时相关安全倍数的要求；⑥吊轨型号及吊轨长度应按列车运行中的最大负载进行设计，需要时可增设悬挂点。

（2）水平弯道要平滑圆顺、无折线，单节弯道中部吊挂点齐全；竖曲线弯道要平滑圆顺、无折线。

（3）各类螺丝、闭锁销齐全，紧固有效。

（4）巷道坡度大于18°时，轨道要进行斜拉加固，确保运送大载荷时轨道不下滑。

（5）巷道淋水处有防护措施，确保淋水不侵蚀轨道线路。

（6）轨道吊挂点上部顶板支护状态良好。

要点2：单轨吊轨道选型要求

运送16 t以上载荷时，可选用I140V或I250重型轨道。

要点3：单轨吊轨道管理要求

基于单轨吊轨道的特点，现场一般难以对轨道进行维护，因此要突出抓好轨道的铺设和验收工作，确保轨道铺设合格。

（三）无轨胶轮车道路

【标准原文】

主要运输巷道和行驶支架搬运车的采煤工作面顺槽，道路必须进行混凝土、铺钢板等方式硬化，路面平整。

【条文依据】

《煤矿安全规程》第三百九十二条；《煤矿斜井井筒及硐室设计规范》(GB

50415—2017）第 2. 0. 3 条、第 2. 0. 8 条；《煤矿井下车场及硐室设计规范》（GB 50416—2017）第 4. 2. 19 条；《煤矿巷道断面和交岔点设计规范》（GB 50419—2017）第 13. 2. 1 ~ 13. 2. 3 条；《煤矿井下辅助运输设计规范》（GB 50533—2009）第 9. 1. 2 条、第 13. 4. 4 条；《煤炭工业矿井设计规范》（GB 50215—2015）第 6. 3. 4 条。

【条文内涵】

由于无轨胶轮车运输具有运量大（80 t）、运行速度快（40 km/h）、连续无转载、安全高效、占用人员少等优势，近些年在煤矿大型和特大型矿井建设中得到高速发展。由于综采设备及综采支架重量大，井下车辆运行频繁，为了保障车辆运行平稳、安全快捷、减轻车辆颠簸和粉尘污染，必须对运输巷道的地板进行硬化处理，一般采用混凝土硬化等措施，因此要求道路的铺设厚度、混凝土强度和平整度必须满足重型载荷的平稳运行的要求。

【实施要点】

要点 1：道路铺设和维护技术要求

（1）无轨胶轮车道路应符合下列规定：①主要运输巷道和行驶支架搬运车的采煤工作面顺槽，道路必须进行混凝土、沥青、铺钢板等方式硬化，路面平整，硬化路面的厚度不宜小于 150 mm，混凝土强度等级不应小于 C20；②井下运输巷道路面平整，底板无底鼓；③无轨胶轮车运行巷道内无淋水和积水；④巷道路面、坡度、质量应当满足车辆安全运行要求。

（2）巷道坡度不大于 6°。

（3）无轨胶轨车平曲线、竖曲线半径：①行车频繁的主要运输线路平曲线半径不应小于 35 m，非行车频繁的运输线路平曲线半径不应小于 25 m；②当车身为铰接或带转向架时，行车频繁的主要线路平曲线半径不应小于 25 m，非行车频繁的线路平曲线半径不应小于 15 m；③通往井底车场有关硐室，行驶无轨胶轮车的辅助线路平曲线半径不得小于 9 m，竖曲线半径不应小于 50 m。

要点 2：道路铺设和维护管理要求

（1）新铺设的要有设计资料，制定铺设安全技术措施，并认真执行。

（2）新铺设的要进行工程竣工验收，并填写验收记录表。

（3）每月对无轨胶轮车道路质量进行检查，填写检查记录表。

（4）无轨胶轮车道路混凝土强度检验报告。

（5）对道路底鼓变形、损坏的路段及时维修。

（四）道岔

【标准原文1】

道岔轨型不低于线路轨型，无非标准道岔，道岔质量达到要求：

（1）轨距按标准加宽后及辙岔前后轨距偏差≤+3 mm；

（2）水平偏差≤5 mm；

（3）接头平整度：轨面高低及内侧错差≤2 mm；

（4）尖轨尖端与基本轨密贴，间隙≤2 mm，无跳动，尖轨损伤长度≤100 mm，在尖轨顶面宽20 mm处与基本轨高低差≤2 mm；

（5）心轨和护轨工作边间距按标准轨距减小28 mm后，偏差+2 mm；

（6）扣件齐全、牢固，与轨型相符；

（7）轨枕规格及数量符合标准要求，间距偏差不超过50 mm，轨枕下应捣实。

【条文依据】

《煤矿安全规程》第三百八十条第（三）（四）款；《煤矿井下车场及硐室设计规范》（GB 50416—2017）第4.2.18条；《煤矿巷道断面和交岔点设计规范》（GB 50419—2017）第10.1.3条。

【条文内涵】

道岔是轨道线路的重要组成部分，车辆运行时往往由于道岔不合格造成车辆脱轨、串轨而发生事故，既影响矿井正常生产，又危及人员安全，是矿井运输安全管理的一大难点，因此必须切实做好道岔的选型、铺设、维护和检查工作，对于使用时间长、损坏严重的道岔要及时更新。

【实施要点】

要点1：道岔铺设和维护技术要求

（1）道岔开程：尖轨开程80～100 mm。

（2）轨缝：尖轨根部不大于8 mm，其他不大于5 mm。

（3）轨枕规格和间距符合设计要求。

（4）道钉数量齐全，浮离不大于2 mm。

（5）滑床板与尖轨底面贴合，其间隙不大于2 mm。

（6）捣固坚实，无空板吊板。

（7）转辙器、拉杆零件齐全，连接牢固，动作灵活可靠。

要点2：重点管控要求

（1）加强道岔铺设和维护工作，确保道岔合格，保障车辆安全运行。

（2）加强对道岔检查方法的培训学习，运输管理人员和轨道维护人员要熟练掌握道岔检查方法和维护标准。

要点3：道岔检查方法要求

（1）道岔轨距测量6个点，其中尖轨前端1处（在尖轨前端100 mm处量取），尖轨根部2处（在尖轨根部接头前端量取），曲连接轨中部1处，道岔后部2处（在道岔后部轨道接头处量取）。

（2）道岔水平测量4个点，其中尖轨前端1处（在尖轨前端100 mm处量取），直、曲连接轨中部各1处，道岔后部2处（在道岔后部轨道接头处量取）。

（3）心轨和护轨工作边间距测量2处（在心轨尖端后50 mm处量取）。

（4）道岔一般按照单开或对称道岔检查，渡线道岔一般视为两组单开道岔。

【标准原文2】

单轨吊道岔达到要求：

（1）道岔框架4个悬挂点的受力应均匀，固定点数均匀分布不少于7处；

（2）下轨面接头轨缝≤3 mm；

（3）轨道无变形，活动轨动作灵敏，准确到位；

（4）机械闭锁可靠；

（5）连接轨断开处有轨端阻车器。

【条文依据】

《煤矿井下辅助运输设计规范》（GB 50533—2009）第8.1.2条、第13.3.3条。

【条文内涵】

单轨吊道岔是单轨吊线路的重要组成部分，是单轨吊车分岔运行关键部件，道岔的吊挂可靠、闭锁装置齐全有效、岔尖密贴、显示保护可靠是防止单轨吊车掉落或串岔的基本要求，因此为了车辆安全运行，必须切实加强道岔的设计、铺设、维护和检查工作，确保运输安全。

【实施要点】

要点1：道岔铺设和维护技术要求

（1）锚杆（锚索）锚固力或悬挂链破断力满足运送最大载荷时相关安全倍数的要求。

（2）道岔3处端头与基本轨连接平滑圆顺、无折线。

（3）巷道坡度大于18°时，道岔要有斜拉加固措施，确保运送大载荷时道岔不下滑游动。

（4）巷道淋水处有防护措施，确保淋水不侵蚀道岔。

（5）道岔上部顶板支护状态良好。

（6）道岔采用风动或电动控制其动作。

（7）设置道岔位置指示器。

（8）道岔焊接部分无开裂或虚焊。

（9）各类螺丝、闭锁销齐全，紧固有效。

要点2：重点管控要求

（1）基于单轨吊道岔的特点，现场一般难以对其进行维护，因此要突出抓好道岔的铺设和验收工作，确保轨道铺设合格。

（2）使用过程中重点对道岔的操作机构和闭锁机构进行维护和检查。

（五）窄轨架线电机车牵引网络

【标准原文】

1. 敷设质量达到要求：

（1）架空线悬挂高度、架空线与巷道顶或棚梁之间的距离、悬吊绝缘子距架空线的距离、架空线悬挂点的间距等符合规定；

（2）架空线直流电压不超过600 V；

（3）钢轨接缝处的电阻符合要求；

（4）轨道绝缘设置符合要求；

2. 电机车架空线巷道乘人车场装备有自动停送电开关。

【条文依据】

《煤矿安全规程》第三百八十一条、第三百八十五条。

【条文内涵】

（1）架空线的悬挂高度是保证行人安全的重要因素，特别是各乘人地点要保证高度符合要求。

（2）架空线与巷道顶或棚梁之间的距离、悬吊绝缘子距架空线的距离等符合规定是保障架空线有效绝缘的重要措施，必须保证距离和绝缘子数量符合规定。

（3）每条钢轨因接缝不好会降低导电作用，因此要求两平行钢轨之间每隔50 m连接1根断面不小于50 mm^2 的铜导线或其他具有等效电阻的导线，这样可使个别增大电阻的接缝对总的回电电阻影响不大。

（4）为了防止架线电机车的回电电流经过不担负回电的轨道，流入采区或有瓦斯、煤尘爆炸危险的区域，在不回电的轨道与回电轨道之间必须加以绝缘，第一处设在 2 种轨道之间，第二处设在距离第一处超过一列车长度的不回电轨道上，以防由列车将两处绝缘同时短路。还要经常检查绝缘点的绝缘电阻，防止被水浸泡而短路或使其绝缘电阻降低。

（5）为防止上下车人员和所携带的工具物品触电，人员上下车时必须切断该区域段架空线电源。

【实施要点】

要点 1：架空线铺设和维护技术要求

（1）自轨面算起，架空线悬挂高度在行人的巷道内、车场内以及人行道与运输巷道交叉的地方不小于 2 m；在不行人的巷道内不小于 1.9 m；在井底车场内，从井底到乘车场不小于 2.2 m；在地面或工业场地内，不与其他道路交叉的地方不小于 2.2 m。

（2）架空线与巷道顶或棚梁之间的距离不小于 0.2 m。

（3）悬吊绝缘子距架空线的距离，每侧不超过 0.25 m。

（4）架空线悬挂点的间距，直线段内不超过 5 m，曲线段不超过 3 m。

（5）架空线直流电压不超过 600 V。

（6）两平行钢轨之间每隔 50 m 连接 1 根断面不小于 50 mm^2 的铜导线或者其他具有等效电阻的导线。线路上所有钢轨接缝处，用导线或者采用轨缝焊接工艺加以连接。连接后每个接缝处的电阻符合要求。

（7）不回电的轨道与架线电机车回电轨道之间，应加以绝缘，第一绝缘点设在 2 种轨道的连接处，第二绝缘点设在不回电的轨道上，其与第一绝缘点之间的距离应大于一列车的长度。在与架线电机车线路相连通的轨道上有钢丝绳跨越时，钢丝绳不得与轨道相接触；绝缘点应经常检查维护，保持可靠绝缘。

（8）人员上下车地点应当有照明，架空线必须设置分段开关或者自动停送电开关，人员上下车时必须切断该区段架空线电源。

（9）双轨巷道乘车场必须设置信号区间闭锁，人员上下车时严禁其他车辆进入乘车场。

（10）接触线磨损截面不超过 50% 。

（11）牵引变流所符合规定。

（12）淘汰钢铝线。

要点 2：架空线管理要求

煤矿企业应按照标准设计、铺设，定期进行维护。

（六）运输方式改善

【标准原文】

1. 长度超过1.5 km的主要运输平巷或者高差超过50 m的人员上下的主要倾斜井巷，应采用机械方式运送人员；

2. 水平单翼距离超过4000 m时，有缩短人员和物料运输时间的有效措施；

3. 采用先进的运输方式替代多级、多段运输，矿井实现辅助运输连续化；

4. 矿井逐步取消调度绞车。

【条文依据】

《煤矿安全规程》第三百八十二条。

【条文内涵】

（1）完善机械运人设备，采用机械运人，能够大幅度减轻职工上下井劳动强度和体力消耗，缩短职工上下井时间，对促进矿井安全高效生产具有重要意义，因此要切实抓好这项工作，确保其装备齐全，运行正常。

（2）提高辅助运输机械化水平，增加辅助运输能力，减少辅助运输环节及转载次数，提高辅助运输效率和运行可靠性，应充分考虑设备、物料的整机、整件和集装箱式运输，减少换装环节，降低劳动强度，减少运输费用。

（3）井下开拓及运行条件适合时，应优先考虑由单一运输方式组成的井下辅助运输系统，尽可能实现物料设备或人员等的直达运输，其环节少、运行效率高、安全可靠。

（4）除立井煤仓底部、带式输送机尾部、带式输送机检修道等地点使用调度绞车外，其他地点取消调度绞车运输方式。

【实施要点】

要点1：采用机械运人规定

实现机械运送人员，要作为运输标准化建设工作的重点来抓。

（1）长度超过1.5 km的主要运输平巷包括主要水平运输大巷、采区（盘区）主要水平运输大巷、主要运输石门等巷道。有条件的长距离采区工作面顺槽大力推广机械运送人员，以缩短职工上下井时间，减轻职工体力消耗。

（2）高差超过50 m的人员上下的主要倾斜井巷包括斜（暗）井、采区（盘区）主要上下山等巷道。

（3）机械运送人员方式包括架空乘人装置、斜井（巷）卡轨乘人装置、无轨胶轮人车、单轨吊人车、齿卡轨人车、钢丝绳牵引带式输送机等，不包括行人助行器。

要点2：缩短人员和物料运输时间措施

包括建设物料投放孔、增设新的运送人员和物料提升运输系统等。

要点3：实施辅助运输连续化改造措施

（1）矿井主要运输系统大力推广应用无轨胶轮车、单轨吊车、齿卡轨车等一站式无转载运输系统，逐步减少和取消地轨运输系统。

（2）矿井主要运输系统逐步优化和减少无极绳牵引的运输系统，简化运输环节和系统，消除运输过程中设置跟车工和车辆转换等安全隐患。

（3）矿井各运输系统逐步淘汰调度绞车（含慢速绞车、双速绞车、回柱绞车）和地轨等落后的运输方式。

（4）斜井提升系统的上下车场、立井提升系统井口和井底车场推广使用销齿式推车机、链式推车机和无极绳式操车设备等，淘汰调度绞车或人力推车操作等方式。

（5）运输大巷采用矿车运送煤炭方式的矿井，推广使用底卸式矿车运送煤炭和机车过底卸式卸载站技术，井下逐步淘汰卸载站翻车机和操车设备等。

（6）新开拓建设的水平或采区生产系统，巷道设计布置时要充分考虑辅助运输设备的适宜条件，优先考虑采用连续无转载的辅助运输设备系统。

（7）对于掘进矸石运量大的矿井，要充分研究解决掘进工作面矸石连续高效运送工作，优化运输设备选型和运输系统设计，建设采区矸石仓或移动矸石仓系统，实现区域或矿井煤与矸石的分时分运，建设高效的矿井排矸系统。

（8）掘进工作面必须采用机械运料方式，杜绝人工运料等落后的运输方式。

（9）采用单轨吊车运输的矿井，要逐步淘汰普通矿车，采用专用集装箱和平板车配合运输，大幅度减少矿井车辆占用，优化运输系统和环节。

（10）井上下要逐步淘汰架线机车，取消架空线，改善井下巷道安全环境，从根本上消除人员触电事故的发生。

（11）使用无轨胶轮车运输的矿井，要大力推广由专业化公司实施的采煤工作面安装撤除工作，以减少矿井支架搬运车辆投入和占用，提高运输效率和安全性。其他矿井也应推广该模式。

要点4：多级、多段运输说明

对于开采条件好、开采范围小、生产和运输系统简单的矿井，2 次及以上转载即可视为多级多段；而对于生产和运输系统复杂、采取多水平多采区布置方式的矿井，3 次以上转载即可视为多级多段。

四、运输设备

（一）斜井人车

【标准原文】

1. 制动装置灵敏、可靠；

2. 有跟车工，有在运行途中任意点都能发送紧急停车信号的装置。

【条文依据】

《煤矿安全规程》第三百八十四条、第三百九十条；《矿用斜井人车技术条件》(MT/T 388—2007)；《矿山在用斜井人车安全性能检验规范》(AQ 2028—2010)；《矿用人车　安全要求》(GB 21011—2007)。

【条文内涵】

斜井（巷）卡轨乘人装置是一种矿井斜巷运送人员的主要设备，由于巷道坡度大、运行距离长、乘人多（每列 45 人），运行中存在跑车、脱轨、翻车、人员坠落、挤人等，矿井一般都将其列为重大安全风险，因此要重点确保设备完好、制动可靠、信号畅通和良好的乘人秩序，实现安全、快捷、方便、高效地运送人员，缩短职工上下井劳动时间和减轻职工劳动强度，提高工作效率。

【实施要点】

要点 1：淘汰设备要求

严禁采用插爪式、抱轨式斜井人车运送人员。

要点 2：主要技术要求

(1) 制动装置灵敏、可靠，必须设置失效安全型制动装置。断绳时，制动装置既能自动发挥作用，也能人工操纵。应具有超速制动、手动制动和断绳制动功能。制动手柄灵活可靠，制动块无损伤。手动落闸试验时，各部动作灵活，无卡阻现象。静止松绳或手动落闸试验时，制动闸应同时落下，目测制动闸牙面与钢轨头的咬合严密。恢复运行状态时，制动装置应恢复到原来位置。液压制动系统可靠，工作压力符合设计要求，液压箱油位不低于液位线中线，无渗漏油现象。离心释放器固定可靠，无损伤，限速保护装置可靠。离心超速保护装置要定期进行标校，确保其灵敏可靠。

(2) 开动机构。自动及手动弹簧不得有裂纹、断裂或永久变形。主拉杆不偏转，伸缩灵活，与导向套的间隙不大于1 mm。操作机构及传动杆件无弯曲变形，动作灵活可靠，活动部位不缺油。闭锁装置动作灵活可靠。拉动主拉杆时，栓杆能自动抬起。

（3）必须采用全程双侧卡轨装置，每组卡轨装置应紧随轨道移动，在任何工况下卡轨都能运行。该装置要能有效防止车辆脱轨和侧翻。卡轨轮组固定可靠、转动灵活、卡轨有效。

（4）组列运行的车厢间应当采用硬连接加保护链的连接方式，连接应当具有止脱措施。头车、尾车应当具备制动功能。最大组列数不得超过3节车厢。连接装置承载牵引力的链环、销轴的安全系数应符合《煤矿安全规程》第四百一十六条的规定，磨损量不超过原尺寸的10%。拉杆、连接装置、保护链无损伤。

（5）车体。扶手、靠背板、座板、脚踏板、保护链、瞭望窗等零部件完整紧固。

（6）人车运行平稳，车轮不得有裂纹，定期注油，转动灵活。转向架可在线路水平方向和垂直方向灵活转动。卡轨轮固定可靠，转动灵活。

要点3：信号装置要求

（1）有跟车工，有在运行途中任意点都能发送紧急停车信号的装置。一般采用泄漏通信等设备，设备要灵敏可靠。

（2）多水平运输时，从各水平发出的信号必须有区别。

（3）人员上下地点应当悬挂信号牌。任一区段行车时，各水平必须有信号显示。

要点4：轨型要求

异型轨道轨型不小于SMJ140，普通轨道轨型不小于30 kg/m。

要点5：保养与维修要求

严格按照相关规定和设备使用维护说明书要求，抓好斜井（巷）卡轨乘人装置日常保养和定期维修工作。

（二）架空乘人装置

【标准原文】

1. 架空乘人装置正常运行；

2. 吊椅中心至巷道一侧突出部分的距离、钢丝绳间距、乘人吊椅距底板的高度、乘坐间距符合规定；乘人站设上下人平台，平台处钢丝绳距巷道壁≥1 m，路面进行防滑处理；

3. 运行坡度、运行速度符合《煤矿安全规程》规定；

4. 驱动系统设置失效安全型工作制动装置和安全制动装置，安全制动装置必须设置在驱动轮上，且有效；每周至少检查1次闸瓦（片）磨损情况、闸瓦（片）与闸盘间隙及接触面积，符合相关标准规定；

5. 有超速、打滑、全程急停、防脱绳、变坡点防掉绳、张紧力下降、越位等保护装置；

6. 沿线设有延时启动声光预警信号；

7. 上下人地点应装置语音提醒装置；装备通信信号装置，具备通话和信号发送接收功能，有视频监视；

8. 非固定抱索架空乘人装置有乘人间距提示和保护；

9. 减速器有油温检测，油温异常时能发出报警信号；

10. 驱动轮和尾轮有断轴保护措施；

11. 钢丝绳安全系数、插接长度、断丝面积、直径减小量、锈蚀程度符合规定；

12. 倾斜巷道架空乘人装置：与轨道提升系统同巷布置时，设置电气闭锁；与带式输送机同巷布置时，隔离措施可靠；

13. 巷道应当设置照明。

【条文依据】

《煤矿安全规程》第三百八十三条、第四百零八条、第四百一十一～四百一十四条；《煤矿机电设备检修技术规范》（MT/T 1097—2008）；《煤矿在用架空乘人装置定期安全检测检验规范》（NB/T 10755—2021）；《煤矿用架空乘人装置安全检验规范》（AQ 1038—2007）；《煤矿用架空乘人装置》（MT/T 1117—2011）；《煤矿固定抱索器架空乘人装置技术条件》（MT/T 873—2000）。

【条文内涵】

由于架空乘人装置具有系统简单、适应性强、运人能力强、乘人方便快捷、安全性高、投资少、运行费用低等优点，目前在全国煤矿得到大力推广和应用，成为矿山的主要运人设备。由于其使用数量多、设备使用年限和运行时间长、维护管理工作薄弱、现场条件复杂多样等，架空乘人装置飞车等伤人事故时有发生，因此要重点确保安全保护装置齐全有效，运输环境符合要求，设备性能和钢丝绳完好，防范重大运输事故发生。

【实施要点】

要点1：安全间隙要求

（1）吊椅中心至巷道一侧突出部分的距离、钢丝绳间距、乘人吊椅距底板的高度、乘坐间距符合规定。

（2）单人吊椅中心至巷道一侧突出部分的距离不得小于0.7 m，双向同时运送人员时钢丝绳间距不得小于0.8 m；双人吊椅中心至巷道一侧突出部分的距离不得小于0.9 m，双向同时运送人员时钢丝绳间距不得小于1.2 m。固定抱索器的钢丝绳间距不得小于1.0 m。乘人吊椅距底板的高度不得小于0.2 m，在上下人站处不大于0.5 m。乘坐间距不应小于牵引钢丝绳5 s的运行距离，且不得小于6 m。除采用固定抱索器的架空乘人装置外，应当设置乘人间距提示和保护装置。

（3）各乘人站应当设上下人平台，路面应当进行防滑处理，并符合相关标准规定。乘人平台处钢丝绳距巷道壁不小于1 m；平台长度、宽度和坡度根据现场条件确定，要确保乘人安全上下。

（4）建议吊椅的坐凳面到托绳轮最低位置不小于1 m。

要点2：运行坡度、运行速度要求

在用的架空乘人装置，采用固定抱锁器运行坡度超28°时，运行速度不得大于0.7 m/s，乘坐间距不得小于13 m，并有保证人员安全上下车的措施。建议最大不超过30°。

要点3：制动装置要求

（1）驱动系统设置失效安全型工作制动装置和安全制动装置，安全制动装置必须设置在驱动轮上，且有效；每周至少检查1次闸瓦（片）磨损情况、闸瓦（片）与闸盘间隙及接触面积，符合相关标准规定。

（2）制动器安全制动力应当为额定牵引力的1.5～3倍；制动闸杠杆系统动作灵敏可靠，销轴不松晃、不缺油，闸轮表面无油迹，液压系统不漏油；工作制动闸（安全制动器）在制动时，闸瓦（片）与制动轮（闸盘）紧密接触，有效接触面积不小于设计的70%。

要点4：保护装置要求

（1）超速保护。一般在驱动部前端托绳轮上设置传感器，当运行速度超过设计速度的115%时，系统停车。

（2）打滑保护。一般在驱动部前端托绳轮、驱动轮上设置传感器，当钢丝绳在驱动轮的绳槽内滑动，且钢丝绳速度与驱动轮线速度相差大于15%时，系统停车。

（3）全程急停保护。沿线设置保护开关，安装间距不大于 50 m，能够实现乘客在紧急情况下任意点停车；可设置在 2 根钢丝绳中间位置或 2 根钢丝绳外侧位置。

（4）防脱绳保护。一般包括电器和机械 2 种型式。①设置保护开关，当钢丝绳从驱动轮、尾轮及沿线托绳轮上脱落（上拉）时，钢丝绳触动保护开关，系统停车。②设置托（压）轮或机械摆动卡爪式防脱绳装置，防止沿线钢丝绳从托（压）轮上脱落（上拉），其安装距离要确保钢丝绳不脱落（上拉）。

（5）变坡点防掉绳保护。一般包括电器和机械 2 种型式。①设置保护开关，并安装在上变坡点（下起坡点）钢丝绳下方（上方）位置，当钢丝绳脱落时，钢丝绳触动保护开关，系统停车。②设置机械限位装置，并安装在上变坡点（下起坡点）钢丝绳下方（上方）位置，当钢丝绳脱落时，机械限位装置能够承接脱落钢丝绳继续坠落或上拉，防止钢丝绳伤人。上变坡点（下起坡点）传感器安装位置要高于（低于）机械限位装置。

（6）张紧力下降保护。系统张紧方式一般有重锤张紧和液压张紧两种方式。①采用重锤张紧方式时，当重锤落到下死点（重锤触地）时，重锤触动传感器，系统停车。②采用液压张紧方式时，当液压系统压力下降到设定值时，系统停车。

（7）越位保护。在下人站点前方设置传感器，乘人越过下人站点时，传感器检测到乘人越位未下车，系统即停车。

（8）张紧行程限位保护。系统张紧方式一般有重锤张紧和液压张紧两种方式。①采用重锤张紧方式时，当重锤到达上、下死点时，重锤触动传感器，系统停车。②采用液压张紧方式时，当张紧油缸到达油缸两端死点时，触动传感器，系统停车。

（9）防反转保护。可通过检测钢丝绳、驱动轮、电动机、减速器等运行方向变化，当发生逆向运行时，系统停车。单侧运行系统不受此限。

（10）安全保护发生保护动作后，需经人工复位，方可重新启动。

要点 5：其他保护及信号装置要求

（1）沿线设有延时启动声光预警信号。各乘人站、沿线应设置延时启动声光预警信号，在设备准备启动前，能够先发出启动声光预警信号，警示乘人安全乘坐，其安装距离要满足沿途任何地点乘人能够听到报警声音。

（2）上下人地点应装置语音提醒装置；装备通信信号装置，具备通话和信号发送接收功能，有视频监视。语音提醒装置装设在上下人地点，可提醒乘人准备上下车；通信信号装置装设在上下人地点，方便发送开停车信号和工作联系；视频监视安装在上下人地点，方便调度台实时了解上下人地点乘人情况。

（3）非固定抱索架空乘人装置有乘人间距提示和保护装置。当乘人间距小于设计值时，能够报警并停车；乘坐间距不应小于牵引钢丝绳 5 s 的运行距离，且不得小于 6 m。

（4）减速器有油温检测，油温异常时能发出报警信号。油温检测装置应设置在减速器内部。

（5）驱动轮和尾轮有断轴保护措施。一般包括电器和机械两种型式。①在驱动轮或尾轮下方设置保护开关，当驱动轮轴或尾轮轴发生断裂而坠落时，驱动轮或尾轮能够触动保护开关，使系统停车。②在驱动部和尾轮处设置机械保护装置，当驱动轮轴或尾轮轴发生断裂时，能够防止驱动轮或尾轮受牵引钢丝绳弹性势能作用而快速移动伤人。

要点 6：钢丝绳要求

钢丝绳安全系数、插接长度、断丝面积、直径减小量、锈蚀程度符合《煤矿安全规程》第四百零八条、第四百一十一～四百一十四条要求。

要点 7：轨道提升或带式输送机同巷布置要求

倾斜巷道架空乘人装置：与轨道提升系统同巷布置时，设置电气闭锁；与带式输送机同巷布置时，隔离措施可靠。设置电气闭锁的目的是防止架空乘人装置与提升绞车同时运行，实现运人不行车，行车不运人，确保人员安全；隔离措施包括设置防止带式输送机上飞矸或带式输送机运转伤人的防护网等，当带式输送机运行坡度大于 16°时，可在沿途输送带两侧和上部每 100 m 增设一组防止断带事故扩大的 H 型钢梁等安全措施。

要点 8：安装完好要求

（1）巷道应当设置照明。

（2）驱动部。混凝土基础牢固可靠，无开裂现象；钢架结构无扭曲变形，螺丝紧固有效。机座无变形损坏，基础规格和螺栓符合设计，紧固可靠。

（3）张紧装置。能够适时灵活调节运载钢丝绳在运行过程中的张力，活动部位移动灵活，不卡轮轴、不歪斜；重锤上下活动灵活，不卡、不挤、不碰支撑架，配重安全设施稳固可靠；导绳轮无变形，螺丝无松动，滑动尾轮架距滑动导轨的极限位置不小于 500 mm；收（扩）绳装置灵活可靠。

（4）轮系。托轮、压轮应转动灵活、平稳、不晃动；端盖平面在竖直平面内，钢丝绳在轮衬槽中心；轮衬贴合紧密、无脱离现象；托轮架稳固，无弯曲变形及位置偏移等现象；各部件连接螺栓紧固有效，焊缝无开裂现象。固定托轮架的横梁编号管理，牢固可靠，不晃动，紧固螺母无松动。托绳轮和压绳轮应具有耐磨的、阻燃材料制造的可更换的软质轮衬。

（5）驱动轮和尾轮轮缘、辐条无裂纹、变形，轴不松动，紧固螺母无松动；转动灵活，无异常摆动和异常声响。驱动轮与尾轮的最小直径与钢丝绳绳径之比值不得小于60，驱动轮和尾轮转动灵活，无异常摆动和异常声响。

（6）吊椅部分。各部件齐全完整，螺丝紧固有效，无开焊、裂纹或变形；抱索器与吊椅的紧锁装置齐全、有效，无变形；抱索器衬垫安装牢固，磨损不超限。抱索器滚动件滚动灵活。

要点9：保养与维修要求

严格按照设备相关规定和使用维护说明书要求，抓好架空乘人装置工作。

【资料清单】

（1）架空乘人装置设计、说明书、图纸等资料。

（2）采购、到货验收、安装、竣工验收相关资料。

（3）安装施工规程、安全技术措施相关资料。

（4）设备台账。

（5）运行使用、维护管理制度。

（6）日常试验、检查记录、定期维护维修记录。

（7）钢丝绳换绳记录、查绳记录。

（三）机车、平巷人车、矿车、专用车辆

【标准原文】

1. 制动装置齐全、可靠；

2. 列车或者单独机车前有照明、后有红灯；

3. 警铃、连接装置和撒砂装置完好；

4. 同水平行驶5台及以上机车时，有机车运输集中信号控制系统及机车通信设备；同水平行驶7台及以上机车时，有机车运输监控系统；

5. 新建大型及以上矿井的井底车场和运输大巷，有机车运输监控系统或者运输集中信号控制系统，机车应具有定位装置；

6. 防爆机车有甲烷断电仪或者便携式甲烷检测报警仪；

7. 防爆柴油机动力机车有自动保护装置和防灭火装置；

8. 机车、平巷人车、矿车、专用车辆完好。

【条文依据】

《煤矿安全规程》第三百七十七条、第三百七十八条、第五百零一条；《煤矿机电设备检修技术规范》(MT/T 1097—2008)；《煤矿在用电机车检测检验规范》(NB/T 10049—2018)。

【条文内涵】

1. 轨道机车

轨道机车分为电机车和防爆柴油动力机车，电机车可分为架线式电机车与防爆蓄（锂）电池式电机车两种。

轨道机车作为水平运输巷道中广泛采用的一种运输设备，为煤矿安全生产发挥了重要作用，特别是在一些生产条件相对较差的中、小型矿井中使用仍比较广泛，而由于机车设备流动性强、运行环境差、运输频繁、维修力量薄弱等原因，设备运行状态差、制动装置不可靠、安全保护装置不齐全等问题较为突出，因此要重点抓好轨道机车完好和维护运行工作。

防爆柴油动力机车的自动保护装置可靠与否直接关系到柴油机的安全运行，配备灭火装置是防止车辆火灾时事故扩大的有效措施。

各类防爆机车配备甲烷断电仪或便携式甲烷检测报警仪，是防范瓦斯事故的重要措施，必须严格落实。

2. 平巷人车

平巷人车具有运人能力大、乘坐舒适平稳和安全性强等优点，是采用轨道机车运输的运输大巷中运送人员的重要设备。由于平巷人车涉及乘坐人员，而且乘坐人员多（一列车可同时运送超百人），因此必须确保平巷人车的完好运行。

3. 矿车

矿车作为一种频繁流动的运输设备，也是矿井采用轨道运输方式中使用最多的运输设备，因此其管理难度相对较大，而车辆不完好易造成车辆脱轨甚至跑车事故，是运输安全管理的一大薄弱环节，因此要做好设备的使用、维护和管理工作，确保设备完好运行。

矿车包括各类矿车、材料车、平板车、单轨吊集装箱等。各类矿车又分为固定车厢式矿车、翻斗式矿车、底卸式矿车、侧卸式矿车、梭式矿车等。

【实施要点】

要点 1：机车选型与性能要求

(1) 机车选型要符合设计标准要求。

（2）制动装置齐全、可靠。机械、电力或空气制动装置齐全、可靠，空气制动装置不漏气，制动手轮转动灵活，螺杆、螺母配合不松旷，各连接销轴不松旷、不缺油，弹簧不失效，闸瓦（闸带）紧闸时接触面积不小于60% 。

（3）机车或者列车必须前有照明、后有红尾灯。照明齐全明亮，照明有效距离不小于40 m；机车或者列车运行时，机（列）车尾端（部）必须有红尾灯，以防发生车辆追尾事故。

（4）警铃、连接装置和撒砂装置完好。电动、风动或机械警铃声音洪亮，性能完好；列车运行时必须使用具有煤矿安全标志的连接装置，连接装置无损伤，无变形；撒砂装置灵活可靠，砂管畅通，管口对准轨面中心，砂子干燥充足；制动距离应符合《煤矿安全规程》第三百七十七条规定。

要点2：监控系统及通信要求

（1）同水平行驶5 台及以上机车时，有机车运输集中信号控制系统及机车通信设备；同水平行驶7 台及以上机车时，有机车运输监控系统。

① 机车运输集中信号控制系统。通过采用先进技术和设备对煤矿机车主要运输系统的局部线路进行检测与监控，实现系统行车信号、道岔控制、车辆运行的联锁闭塞和调度功能，以取消人工扳道岔，提高运输效率，保障运输安全。同水平行驶5 台及以上机车时，必须装备机车运输集中信号控制系统。

② 机车运输监控系统。通过采用先进技术和设备对煤矿机车运输系统的全部、大部线路进行检测与监控，实现系统行车信号、道岔控制、车辆运行的联锁闭塞和调度功能，以取消人工扳道岔，提高运输效率，保障运输安全。同水平行驶7 台及以上机车时，必须装备机车运输监控系统。

（2）同水平行驶5 台及以上机车时，必须装备机车通信设备，以方便机车司机与调度站联系，通信设备包括泄漏通信和移动通信等方式。

（3）新建大型及以上矿井的井底车场和运输大巷，必须装备机车运输监控系统或者运输集中信号控制系统，机车应具有定位装置；通过机车定位装置，准确反映机车具体位置，以便于生产指挥。

要点3：机车保护装置要求

（1）防爆机车有甲烷断电仪或者便携式甲烷检测报警仪（同无轨胶轮车）。

（2）防爆柴油机动力机车有自动保护装置和防灭火装置（同无轨胶轮车）。

要点4：机车、专用车辆符合要求

（1）符合《煤矿矿井机电设备完好标准》中机车、平巷人车、矿车、专用车辆完好标准要求。

（2）专用车辆包括单轨吊集装箱等特种车辆，质量符合设备使用说明书等要求。

要点5：蓄（锂）电池技术和管理要求

（1）井下用电池应当符合下列要求：电池配置充放电安全保护装置。使用锂电池时，电池温度不得超过60 ℃。

（2）蓄电池动力装置必须符合下列要求：铅酸蓄电池动力装置井下检修应当在充电硐室内进行，测定电压时必须在揭开电池盖10 min后测试。锂电池动力装置严禁带电插拔。采用快速插接装置时，应当具有机械和电气连锁，防爆性能每周至少检查1次。

（3）电量超过2 kW · h的锂电池动力装置应当符合下列要求：输入、输出端设置断电开关，瓦斯超限应切断所有非本安输出。具有远程连续监测与安全预警功能。

（4）使用蓄电池的设备充电应当符合下列要求：充电设备与蓄电池匹配。充电设备接口具有防反向充电保护措施。电动车辆等移动设备在专用充电硐室或者地面充电。充电点必须在新鲜风流中，不得淋水，具备甲烷、一氧化碳、氢气、温度超限闭锁断电和视频监视功能，并具有自动灭火等应急处置措施。

（5）禁止在井下充电硐室以外地点对电池（组）进行更换和维修，本安设备中电池（组）和限流器件通过浇封或者密闭封装构成一个整体替换的组件除外。

要点6：保养与维修要求

严格按照设备完好标准要求，抓好机车、平巷人车、矿车、专用车辆日常保养和定期维修工作。

（四）调度绞车、卡轨车、无极绳连续牵引车、绳牵引卡轨车、绳牵引单轨吊车

【标准原文】

1. 调度绞车：

（1）安装符合设计，固定可靠；

（2）制动装置齐全、可靠；

（3）钢丝绳符合规定；排列整齐，绞车有钢丝绳伤人防护措施；

（4）声光信号齐全、完好；

2. 卡轨车、无极绳连续牵引车、绳牵引卡轨车、绳牵引单轨吊车：

（1）制动装置齐全、灵敏可靠、使用正常；

（2）越位、超速、张紧力下降等保护装置可靠；

（3）有司机与相关岗位工之间的信号联络装置；有跟车工时，设置跟车工与牵引车司机联络的信号和通信装置；

（4）驱动部、各车场设置行车报警和信号装置；

（5）钢丝绳符合规定。

【条文依据】

《煤矿安全规程》第三百九十条、第四百零八条、第四百一十二条、第四百一十三条；《煤矿机电设备检修技术规范》(MT/T 1097—2008)；《煤矿用无极绳调速机械绞车安全检验规范》(AQ 1041—2007)。

【条文内涵】

（1）调度绞车。调度绞车包括各类调度绞车、双速绞车、慢速绞车、回柱绞车和风动绞车等。鉴于目前调度绞车运输系统安全可控性差、事故多发、设备维护使用状态差、安全管理难度大的实际，各单位更要下大气力抓好这类运输系统的管理工作，确保运输安全。

（2）卡轨车、无极绳连续牵引车、绳牵引卡轨车。按照轨道形式可分为异型轨卡轨车、普通轨卡轨车和槽钢轨卡轨车三种型式；按照张紧装置型式可分为重锤张紧和液压张紧两种方式。近些年，无极绳连续牵引车运输方式得到了大力发展，为煤矿安全生产发挥了重要作用，但由于该运输系统构成部件多而且较为分散，因此应加强该设备的巡检和维护工作，特别要抓好设备的设计、安装和验收工作，保障新投入设备的完好和安全运行。

（3）齿轨车。齿轨车轨道是在异型轨的基础上在 2 节钢轨之间加 1 根平行齿条，以实现机车的爬坡运行，同时具有卡轨功能。齿轨机车具有爬坡能力强（30°）、运输能力大（300 kN）、可实现转弯和分岔运行、具有制动功能和卡轨功能、能有效防止车辆脱轨、侧翻和跑车等特点，能够实现连续无转载运输，特别适合现代化矿井中重型综采支架的安全运输工作，是一种具有很大发展潜力的新型运输设备。齿轨车都是以柴油发动机为动力，对设备运行、维护要求高，对轨道铺设要求高，因此，要加强对设备的使用、维护管理和道路的铺设工作。

（4）绳牵引单轨吊。具有无极绳连续牵引车的性能特点，但钢丝绳悬吊在顶板上部，安全风险相对较大。因此，要重点加强对钢丝绳托绳和防跑车的管控措施。

【实施要点】

要点1：调度绞车主要技术要求和管控重点

（1）选型满足提升技术和安全要求。设备安装前，要进行选型设计，符合相关规定。

（2）安装符合设计，固定可靠。设备安装要制定安全技术措施；设备安装原则上采用混凝土基础固定方式；对于设备使用时间较短的地点，可以采用地锚或压柱方式，采用地锚固定方式时要对地锚数量、直径和长度做出明确规定，采用压柱固定方式时要对压柱材质、数量等做出明确规定，并认真执行。

（3）制动装置齐全、可靠。制动拉杆在制动工作状态时不得到达极限位置，液压制动或电液推杆系统不漏油、不渗液，油缸或推杆行程不得到达死点位置，制动闸带与闸轮的接触面积不小于闸带面积的70%；各拉杆、螺丝、销轴、铆钉、闸带（块）可靠有效，闸衬磨损不超限。

（4）钢丝绳符合规定；排列整齐，绞车有钢丝绳伤人防护措施。钢丝绳符合《煤矿安全规程》第三百九十条、第四百零八条、第四百一十二条、第四百一十三条规定，排列整齐，无挤压变形；采用在司机操作前方设置护板、护网等安全措施，以防钢丝绳跳绳或弹出伤人，保障司机安全。

（5）声光信号齐全、完好。绞车硐室、各车场必须设置声光信号，在发送信号时，信号装置要具有声音和灯光显示功能，保障在嘈杂环境下能够可靠准确地进行信号联络，满足提升运输需求。

（6）符合《煤矿矿井机电设备完好标准》中调度绞车完好标准要求。

要点2：卡轨车、无极绳连续牵引车、绳牵引卡轨车、绳牵引单轨吊车主要技术要求和管控重点

（1）选型满足提升技术和安全要求。设备安装前，要进行选型设计，符合相关规定。

（2）制动装置齐全、灵敏可靠、使用正常。绞车应具备2套制动闸，机械、电力制动装置齐全可靠。紧急制动闸制动力应为额定牵引力的1.5~2倍，制动拉杆在制动工作状态时不得到达极限位置，液压制动或电液推杆系统不漏油、不渗液，油缸或推杆行程不得到达死点位置，制动闸带与闸轮的接触面积不小于闸带面积的70%；各拉杆、螺丝、销轴、铆钉、闸带（块）可靠有效，闸衬磨损不超限。

（3）越位、超速、张紧力下降等保护装置可靠。①越位保护：在驱动部前方和尾轮前方设置保护开关，当传感器检测到车辆触发保护开关时，系统停车。②超速保护：一般在驱动部前端设置传感器，当运行速度超过设计速度的115%

时，系统停车。③张紧力下降保护：采用重锤张紧方式时，在主副绳两侧分别安装保护开关，当重锤运行到上、下死点时，重锤触动保护开关，系统停车；采用液压张紧方式时，当液压系统压力下降到设定值或油缸运行到前后死点位置时，系统停车。

（4）有司机与相关岗位工之间的信号联络装置；有跟车工时，设置跟车工与牵引车司机联络的信号和通信装置。①信号联络装置：绞车硐室、各车场必须设置声光信号，在发送信号时，信号装置要具有声音和灯光显示功能，保障在嘈杂环境下能够可靠准确地进行信号联络；同时该装置还具有通信功能，方便信号工与司机联络，满足提升运输需求。②信号和通信装置：一般使用泄漏通信设备，能够同时实现通信和信号发送功能，方便跟车工与牵引车司机在沿途任意地点的信号和通信联络，满足生产运输需求。

（5）驱动部、各车场设置行车报警信号装置。驱动部、各车场设置行车报警信号装置，提升过程中显示红灯并发出报警声音，提示沿途人员躲避，保障运输安全。

（6）钢丝绳符合规定。符合《煤矿安全规程》第三百九十条、第四百零八条、第四百一十二条、第四百一十三条规定要求，驱动轮的最小直径与钢丝绳直径之比值不小于50，钢丝绳在滚筒上固定牢靠，排绳整齐，无咬伤和打结现象。

（7）绞车基础无变形、开裂、松碎现象，机座无变形损坏，基础螺栓、压板符合设计，紧固可靠；滚筒无破损、变形、锈蚀，滚筒轮衬无严重磨损；电动机运行温度不超过规定，运行平稳；减速器不漏油，油量适当，齿轮罩连接牢固可靠、无变形。

（8）梭车。车架和车轮无开焊和裂纹，车辆连接插销孔防脱装置齐全有效；缠绳滚筒固定可靠，转动灵活，闭锁装置可靠；钢丝绳锁具可靠，不损坏钢丝绳；牵引臂固定牢固，无变形，工作可靠；制动器灵活可靠，采用液压安全制动车牵引时，液压系统密封良好，压力稳定，制动爪动作灵敏可靠，闭锁装置可靠。

（9）轮系。导绳轮、托绳轮、压绳轮固定可靠、转动灵活、无变形、无损伤、不脱绳、控绳有效。

（10）张紧部分。张紧装置固定可靠，无开焊、裂纹和变形，两端导向轮方向与钢丝绳走向一致，导向轮和张紧绳轮转动灵活；活动滑轮上下移动灵活、不卡轮轴、不歪斜，行程区间适中；张紧坠砣上下滑动灵活，不卡、不挤、不碰支撑架；防护网齐全可靠；回绳尾轮固定牢固可靠。

(11) 电控部分符合要求，操作台各种仪表指示准确、可靠。

要点3：保养与维修要求

严格按照设备完好标准要求，抓好调度绞车、卡轨车、无极绳连续牵引车、绳牵引卡轨车、绳牵引单轨吊车日常保养和定期维修工作。

【资料清单】

(1) 调度绞车、卡轨车、无极绳连续牵引车、绳牵引卡轨车、绳牵引单轨吊车设计说明书、图纸等资料。

(2) 采购、到货验收、安装、竣工验收相关资料。

(3) 安装施工规程、安全技术措施相关资料。

(4) 各类设备台账。

(5) 运行使用、维护管理制度。

(6) 日常试验、检查记录，定期维护维修记录。

(7) 钢丝绳换绳记录、每日验绳记录。

(五) 单轨吊车

【标准原文】

1. 具备2路及以上相互独立回油的制动系统；

2. 设置既可手动又能自动的安全闸，并正常使用；

3. 超速保护、甲烷断电仪、防灭火等装置齐全、可靠；

4. 机车设置车灯和喇叭，列车的尾部设置红灯；

5. 燃油机车排气标准符合规定，排气超温、冷却水超温、水箱水位、润滑油压力等保护装置灵敏、可靠；

6. 蓄电池单轨吊车装备蓄电池容量指示器及漏电监测保护装置；

7. 司机应当配备通信装置；

8. 运送人员时，有制动和防护装置。

【条文依据】

《煤矿安全规程》第三百七十八条、第三百九十条、第三百九十一条第（七）款；《柴油机单轨吊机车》(MT/T 883—2000)；《DX25J防爆特殊型蓄电池单轨吊车》(MT/T 887—2000) 第5.1.6条；《煤矿井下钢丝绳牵引单轨吊车》(MT/T 886—2000)。

【条文内涵】

由于单轨吊车运输具有爬坡能力强（25°）、运量大（200 kN）、连续无转载、适应性强、自身具有起吊功能、安装简单、占用人员和设备少、运输效率高、轨道系统铺设维护简单、投资少、安全性能高等优势，近几年在矿井生产条件相对较复杂和困难的中小型煤矿中得到大力发展和推广应用。由于单轨吊车结构相对比较复杂，而且多是采用柴油动力型式，因此对设备的维护和保养要求比较高，为此要求各单位应全面落实设备包机制、巡检制和试验制度，切实抓好设备的维护、保养和运行工作，实现设备完好运行、运输安全生产的目标。

（1）单轨吊车按照驱动方式不同分为柴油单轨吊车、铅酸蓄电池单轨吊车、锂电池单轨吊车、气动单轨吊车和绳牵引单轨吊车。

（2）单轨吊车主要管控内容：①柴油单轨吊车。其管控重点是柴油发动机的安全保护、制动系统、驱动系统及尾气排放质量等。②蓄（锂）电池单轨吊车。其管控重点是制动系统、牵引系统、锂电池充电等。③绳牵引单轨吊车。其管控重点是张紧系统、制动系统、钢丝绳防脱绳和钢丝绳使用等。④空气动力单轨吊车。其管控重点是制动系统、驱动系统、气阀门、压风质量等。

【实施要点】

要点 1：制动系统要求

（1）具备 2 路及以上相互独立回油的，设置既可手动又能自动的安全闸，并正常使用。

（2）制动系统要求具有冗余液压回路，保障在一路回油系统出现故障时，另外一路回油系统能够保障单轨吊车安全可靠制动，防止事故发生。

（3）单轨吊车要设置工作制动、安全制动和停车制动装置。工作制动和安全制动装置应具有相互独立的控制系统。工作制动一般设置在操作手柄中间的位置，运行过程中将操作手柄从中位向前推进时，工作制动自动解除，单轨吊车起步前行，当操作手柄拉回到中位时，单轨吊车停车制动；单轨吊车反方向运行依然。

（4）安全制动装置应为失效安全型，既可手动又可自动，安全（紧急）制动和停车制动装置可合二为一。在紧急情况下，司机可迅速按下急停按钮，实现单轨吊车紧急制动。

（5）目前生产的单轨吊车都增设了一套手动制动装置，该装置工作原理为通过人工控制打开回油阀门，使得制动液压油回流到油箱而泄压，实现单轨吊车制动。该阀门是机械结构，不受电气故障影响，当由于电气故障导致单轨吊车无法制动时，可操作该阀门实现单轨吊车制动，以最大限度实现单轨吊车运行安全，防止跑车事故发生。该装置既可用手动方式操作，也可采用脚踏方式操作。

（6）制动油缸、管路和阀门无漏油、渗油现象；制动油缸伸缩灵活，制动力为额定牵引力的1.5～2倍；制动闸块齐全、无裂纹、无破损、磨损不超限。

要点2：超速保护、甲烷断电仪、防灭火等要求

（1）超速保护。一般常采用离心超速保护或电控超速保护，当下行车辆速度超过额定速度的15%时，离心（电控）超速保护动作，使单轨吊车安全制动。①离心超速保护工作原理是：当下行车辆速度超过额定速度的15%时，离心超速保护装置的拨叉动作，触发截止换向阀动作，使单轨吊车安全制动；②电控超速保护工作原理是：当下行车辆速度超过额定速度的15%时，通过轴编码器采集的车辆速度，经过车载电控系统筛选判定，控制电磁阀动作，使单轨吊车安全制动；③要定期对离心超速保护装置进行标校，确保其灵敏可靠。

（2）甲烷断电仪。采用铅酸蓄电池（锂电池）机车、柴油机车时，单轨吊车必须装备甲烷断电仪，当甲烷浓度达到0.5%时，甲烷断电仪实现自动断电停机停车，以防瓦斯爆炸事故发生。

（3）防灭火。单轨吊车每个司机室内应装设与之相适应的便携式灭火器或自动灭火系统，灭火器能够方便地取出，并在有效期内，发生火灾时能够实现人工或自动灭火，防止事故扩大。

要点3：车灯和喇叭要求

（1）照明灯和尾部红灯。单轨吊车车头上应装设照明灯，尾部设置红色信号灯，且信号灯能见距离不小于60 m，照明灯与红色信号灯可相互切换。

（2）喇叭。在机车或车头上必须装设喇叭或警铃，在距离司机室20 m处喇叭或警铃音响应清晰。

要点4：燃油机车保护装置要求

（1）燃油机车排气标准符合规定，未经稀释的排气中CO浓度不超过1000 ppm，NO_x浓度不超过800 ppm；在机车正常运行时，经巷道风流稀释后，空气中的CO浓度不超过24 ppm，NO_x浓度不超过2.5 ppm。

（2）采用湿式排气的防爆型柴油动力装置，应具有发动机排气超温、冷却水超温、水箱水位、润滑油压力等保护装置；排气口的排气温度不得超过77 ℃，柴油机动力装置表面温度不得超过150 ℃，冷却水温度不得超过95 ℃，当设备运行中到达上述指标时，柴油机能够实现自动停机。

（3）柴油机符合相关完好标准，不失爆。冷却水箱、废气处理箱、油箱等无破损、变形、漏油、漏气现象；燃油闪点应高于70 ℃。

要点5：蓄电池要求

单轨吊车装备蓄电池容量指示器及漏电监测保护装置，以防蓄电池亏电运行，确保蓄电池使用寿命和运行可靠性；漏电监测保护装置是防止漏电导致短路产生电火花，危及矿井通风安全。

蓄（锂）电池技术及管理要求，详见机车实施要求。

要点6：通信装置要求

司机应当配备通信装置。可装备泄漏通信、手机通信等通信设备，实现单轨吊车运行区段内的通信范围全覆盖。

要点7：运人设备要求

运送人员时，有制动和防护装置。运送人员时必须使用人车厢，人车组列后，列车两端必须设置制动装置（带有制动装置驱动单元或制动车），避免在人车连接装置发生故障造成的跑车隐患，确保人员安全；人车厢两侧必须设置防护链或防护杆，运行中正常使用防护装置，防止人车运行中人员坠落伤人。

要点8：设备基本技术要求

（1）运行坡度符合《煤矿安全规程》规定要求，选型设备牵引力满足最困难条件运行要求。柴油机单轨吊车运行巷道坡度不大于25°，钢丝绳单轨吊车不大于25°，建议气动单轨吊车不大于20°，铅酸蓄电池单轨吊车不大于15°。建议锂电池单轨吊车运行巷道坡度大于15°时，工作制动力应满足相关标准规定，并制定专项安全措施，但不得大于25°。

（2）车体。车体无开焊裂纹、无变形、无锈蚀、表面清洁，各主连接杆无弯曲变形、磨损超限和损伤，各紧固件紧固良好有效；驾驶室内座椅齐全、操作杆操作灵敏可靠。

（3）驱动部。各驱动单元正常工作，驱动轮表面光洁平整，无大于10 mm的凹凸，驱动轮挂胶无脱落。电动机符合完好标准，减速机无裂纹、无破损或变形。

（4）液压系统。液压泵组压力、流量不得低于设计值的10%，液压油泵、马达运转正常、无异响、压力正常；各部密封良好、无漏油渗油、压力表齐全、压力正常，符合要求；油箱、蓄能器及各类阀组工作正常；各油缸密封良好，活塞动作灵活。

（5）起吊装置。起吊装置的吊梁、马达、油缸、吊链、吊钩、操控阀等部件无损坏变形、动作灵活、起吊正常。

（6）承载装置。承载轮、导向轮转动灵活，无异响、无卡阻现象，各部螺栓紧固有效，连接可靠，强度符合设计要求。

(7) 蓄(锂)电池箱体及吊耳、承载横梁销孔与悬吊装置连接件齐全紧固、连接可靠;强度符合设计要求,蓄(锂)电池及防爆插销符合完好标准。

(8) 绳牵引单轨吊车。可参照无极绳连续牵引车相关完好标准要求。制动装置可靠,符合设计要求。

(9) 空气动力单轨吊车。运行条件不大于15°,匹配轨道型号应不低于I140E。应设置行车制动、停车制动和紧急制动,行车制动和紧急制动必须具有相互独立的控制系统,停车制动和紧急制动的制动方式为失效安全型,紧急制动的制动力不得低于最大牵引力的1.5倍。空气动力马达表面最高温度不应超过90 ℃。气动马达、气缸、压缩气瓶、连接管路、阀门等部件无漏风现象,驱动轮、制动组件、起吊梁、气动(手动)葫芦等性能可靠。

要点9:保养与维修要求

(1) 抓好单轨吊车日常保养和定期保养工作。要严格按照设备生产厂家提供的车辆使用维护说明书要求,认真开展车辆的日常保养和定期保养工作,车辆保养包括日常保养、一级保养、二级保养和三级保养。

(2) 参照国外资料,建议柴油发动机运行时间达到12000 h时进行大修工作。

(六) 无轨胶轮车

【标准原文】

1. 转向、制动、照明系统及警示装置完好可靠,车辆有防止停车自溜设施或工具;

2. 装备自动保护装置、甲烷断电仪或者便携式甲烷检测报警仪、防灭火设备等安全保护装置;

3. 装备随车通信系统或车辆位置监测系统;行驶5台及以上机车时,有车辆位置监测系统;

4. 运送人员使用专用人车;

5. 载人或载货数量符合规定;

6. 运行速度:运人时不超过25 km/h,运送物料时不超过40 km/h,车辆严禁空挡或熄火滑行;

7. 井下燃油无轨胶轮车符合排气标准规定。

【条文依据】

《煤矿安全规程》第三百七十八条、第三百九十二条;《煤矿用防爆柴油机无轨胶轮车安全使用规范》(AQ 1064—2008);《煤矿用防爆柴油机无轨胶轮运输车辆通用安全技术条件》(MT/T 1199—2023)。

【条文内涵】

无轨胶轮车运输方式具有运行速度快（速度可达 40 km/s)、运输能力强（可一次整体运送 70 t 综采液压支架)、机动灵活、装卸方便、上下坡行驶（爬坡能力可达 6°）等特点，可实现液压支架整体运输、从地面直达采煤和掘进工作面的无转载连续运输，目前新建大型和特大型矿井很多都采用这种运输方式，近些年部分生产条件较好的中小型矿井也选用无轨胶轮车运输。

由于无轨胶轮车在井下巷道起伏不平、弯道多和空间狭小的条件下运行，担负着人员、重型载荷和材料设备的运送任务，因此车辆的制动系统可靠、保护装置齐全有效、防爆性能可靠对于矿井运输安全和生产具有重要作用。

无轨胶轮车按照动力方式可分为防爆柴油机无轨胶轮车、防爆蓄（锂）电池无轨胶轮车、防爆电动无轨胶轮车和风动无轨胶轮车。

按照车辆用途可分为人车、材料车、支架搬运车（分框架式和铲板式结构)、混凝土搅拌车、洒水车、铲车（多功能)、指挥车和梭车等。

按照车厢结构形式分为铰接式结构和整体式结构。

按照车辆行走型式分为胶轮结构和履带结构。

【实施要点】

要点 1：转向、制动要求

(1) 转向系统。各部位连接可靠，方向盘应转动灵活，操作方便，无卡滞。

(2) 制动系统。要设置工作制动、紧急制动和停车制动装置，工作制动与紧急制动和停车制动必须为相互独立的控制系统；其灵敏可靠，不失效。

要点 2：照明、警示要求

(1) 照明系统。有照明灯（白色)、信号灯（红色)、转向灯（黄色)、倒车灯和刹车灯（红色)；车辆前后要分别设置至少 1 个红色信号灯，能见距离不小于 60 m。

(2) 警示装置。有喇叭，声音洪亮；有倒车声光警示装置，警示信号声音洪亮。要配备三角警示架。

要点 3：掩车装置要求

车辆有防止停车自溜设施或工具，车辆配备不少于 2 组停车掩车器。

要点 4：安全保护装置要求

（1）装备自动保护装置（同单轨吊车）。

（2）无轨胶轮车必须装备甲烷断电仪或者便携式甲烷检测报警仪，当甲烷浓度达到0.5%时，甲烷断电仪实现自动断电停车停机，或者便携式甲烷检测报警仪提示报警，司机及时停车停机，以防瓦斯爆炸事故发生。

（3）装备防灭火设备（同单轨吊车）。

要点5：通信和机车定位要求

装备随车通信系统或车辆位置监测系统；行驶5台及以上机车时，有车辆位置监测系统。

（1）设置随车通信系统。无轨胶轮车必须装备机车通信设备，包括机载通信电话、移动通信电话等，通信设备工作范围应能覆盖无轨胶轮车运行线路，以方便机车司机与调度（室）站联系。

（2）设置车辆位置监测系统。每台无轨胶轮车都要装备定位卡，且在无轨胶轮车运行线路上都要设置定位接收装置，确保在调度平台上能全面反映无轨胶轮车运行位置和时间等信息。

要点6：运送人员、货物要求

（1）运送人员使用专用人车。矿井配备人车数量要满足最大班下井人数需要，禁止在交接班时采用材料车运送人员，以防重大事故发生。

（2）载人或载货数量符合规定。无轨胶轮人车要严格按照规定人数乘坐，严禁超员乘坐；无轨胶轮货车要严格按照规定的载重量运输，严禁超载运行。人车上要在醒目位置标识最大乘人数，货车要在醒目位置标识最大载重量。

（3）运行速度：运人时不超过25 km/h，运送物料时不超过40 km/h，车辆严禁空挡或熄火滑行。由于矿井井下存在巷道坡度大、环境狭小、巷道转弯多、视线差等不利因素，而超速运行、空挡或熄火滑行都会造成无轨胶轮车转向和制动失效，存在非常大的安全风险，易酿成重大运输事故，因此要求司机严格按照操作规程进行操作，坚决杜绝各类违章行为，确保运输安全。

要点7：燃油无轨胶轮车排气要求

井下燃油无轨胶轮车符合排气标准规定（同单轨吊车）。

要点8：无轨胶轮车其他技术要求

（1）车体。车辆清洁卫生、外观无明显划痕。车体无开焊、裂纹、变形，凸凹深度不超过30 mm；各部位螺栓紧固、有效。各液压（气）管路畅通，无破损、裂纹，无跑、冒、滴、漏现象；车门转动，开闭方便，无变形；驾驶室挡风玻璃无破损，清洁、明亮，不影响司机视线；车轮轮胎完好，无严重破损，气压正常。

（2）传动系统。各部件转动灵活、无异响、连接可靠，无裂纹、断裂现象、连接螺栓无松动、各部件润滑良好，无渗漏现象。

（3）电气设备。应符合《煤矿矿井机电设备完好标准》的有关规定，连接电气设备的缆线应符合规定，并具有耐油性；电线排列整齐、接线符合要求，无失爆。

要点9：保养与维修管理要求

抓好无轨胶轮车日常保养、定期保养、大修和报废工作。详见单轨吊车实施要求，不再赘述。

五、运输安全设施

（一）挡车装置和跑车防护装置

【标准原文】

1. 轨道斜巷挡车装置和跑车防护装置符合规定；
2. 无轨胶轮车运行的长坡段巷道内采取车辆失速措施；
3. 无轨胶轮车运行的巷道转弯处设置防撞装置。

【条文依据】

《煤矿安全规程》第三百八十七条、第三百九十二条；《煤矿用跑车防护装置安全技术要求》（GB 43068—2023）；《煤矿斜井井筒及硐室设计规范》（GB 50415—2017）。

【条文内涵】

1. 轨道斜巷挡车装置和跑车防护装置

轨道斜巷中安装完善各类挡车装置和跑车防护装置是保障运输安全，将事故损失降低到最低限度的重要措施，为此将此设备纳入运输标准化考核的重要内容（设定分值高达5分）并严格考核，确保其安装齐全、可靠有效。

（1）挡车装置含义。防跑车装置包括在各车场安设能够防止带绳车辆误入非运行车场或者区段的阻车器、在上部平车场入口安设能够控制车辆进入摘挂钩地点的阻车器、在上部平车场接近变坡点处安设能够阻止未连挂的车辆滑入斜巷的阻车器。跑车防护装置包括在变坡点下方略大于一列车长度的地点设置能够防止未连挂的车辆继续往下跑车的挡车栏、在倾斜井巷内安设能够将运行中断绳、脱钩的车辆阻止住的安全防护装置。

（2）跑车防护装置缓冲器含义。①钢丝绳压板式缓冲器。由一套挡车栏和两个缓冲器组成，当发生跑车事故时，挡车栏拦截跑车车辆，矿车冲击力抽出压板间的钢丝绳，利用摩擦副产生的摩擦力实施缓冲制动，使跑车减速以至于最后停下来，最大限度地降低跑车造成的损失；目前吸能量最大为2.5 MJ。②摩擦滚筒式缓冲器。利用摩擦副产生的摩擦力实施缓冲制动，使跑车减速以至于最后停下来。能够实现缓冲器的工作阻力标定，确保设计与现场实际工作阻力的一致性，其安装位置一般高出巷道底板，不易受水的侵蚀；目前吸能量最大为2.5 MJ。③钢带式缓冲器。利用矿车冲击力拉出盘曲钢带，钢带通过压辊组时连续发生塑性变形，产生恒定可控的制动力实施缓冲制动，将跑车具有的动能逐渐吸收，使跑车减速以至于最后停下来。能够实现缓冲器的工作阻力标定，确保设计与现场实际工作阻力的一致性。由于其工作特性是通过钢带塑性变形吸收能量，制动力恒定可控，具有稳定制动特性，可靠性能高，而且其吸能量可达5 MJ，大幅度减少斜巷跑车防护装置车挡安装数量，减少设备投入费用和设备维护工作量，由于钢带采用镀锌处理，防锈蚀性能好，不易受现场恶劣环境对设备工况的影响；钢带式过卷缓冲装置已经在立井提升系统中应用多年。

（3）跑车防护装置车挡保护距离计算公式：

$$L=\frac{E}{mg}(\sin\alpha-\omega_1\cos\alpha)$$

式中 L——斜坡长度，m；

E——跑车防护装置抗冲击能量，J；

α——巷道坡度，(°)；

m——载重（包括车重量），kg；

ω_1——车辆运行阻力系数，0.02；

g——重力加速度，9.8 m/s^2。

根据现场巷道最大坡度、最大载荷量、跑车防护装置额定抗冲击能量，依据本计算公式确定巷道中跑车防护装置的安装距离和数量。

2. 无轨胶轮车运行车辆失速措施含义

是指水平缓坡段、避险硐室（应急车道）、巷道侧设置的缓冲物、挡车装置等措施。

3. 无轨胶轮车巷道转弯处设置防撞装置含义

是指车辆转弯时，为防止车辆剐蹭巷道损坏车厢和影响运行安全，安装在巷道各岔口、巷道转弯处的废旧轮胎等缓冲物。

【实施要点】

要点1：挡车装置设置与使用要求

（1）斜巷挡车装置和跑车防护装置安装数量齐全、可靠，正常使用。

（2）各类挡车装置的各种部件齐全、性能可靠，功能完善。

（3）跑车防护装置主机显示器能够全面显示车挡工况；吸能器固定螺丝齐全、紧固有效，钢丝绳无锈蚀、断丝；电动收放机构收放钢丝绳排绳整齐，无断丝损伤；车挡处于挡车状态时，最下一根钢丝绳距离轨道高度不得大于本矿最低平板车辆的牵引高度值。

（4）挡车装置必须经常关闭，放车时方准打开。

（5）兼作行驶人车的倾斜井巷，在提升人员时，倾斜井巷中的挡车装置和跑车防护装置必须处于常开状态并进行闭锁。

（6）挡车装置和跑车防护装置安装位置。①阻车器：上部平车场入口处、上部平车场接近变坡点处、各车场能够防止带绳车辆误入非运行车场或者区段处；采用无极绳运输系统中，摘连车辆的各车场处；主要运输巷道通往采区巷道的岔口连接处、在斜坡上停放车辆的车场或位置处等。②挡车栏：在变坡点下方略大于一列车长度的地点。③跑车防护装置：倾斜井巷中有中部车场时，可安设在各中部车场甩车道岔岔尖以上5～10 m处；无中部车场的倾斜井巷，按照上述计算公式计算其具体安装位置和数量；在下部车场起坡点以上5～15 m处，掘进上下山时每100～180 m安装一组。

要点2：车辆失速措施要求

有水平缓坡段、避险硐室（应急车道）、巷道侧设置缓冲物、挡车装置等安全技术措施。无轨胶轮车失速保护装置一般安装在斜坡下段，所安装设备必须具有相应的煤矿安全标志，数量齐全，设备正常使用，性能可靠。

（1）水平缓坡段。无轨胶轮车运输的斜井井筒，凡连续运行长度超过800 m时，建议设计30～50 m长的水平缓坡段，以防止无轨胶轮车长距离连续下坡，制动失效发生失速跑车事故。

避险硐室（应急车道）。其作用是当无轨胶轮车制动失效发生失速跑车事故时，能够有效防止车辆继续跑车，防止事故扩大。

（2）应急避险硐室。符合《煤矿斜井井筒及硐室设计规范》（GB 50415—2017）第5.4条要求。

（3）装备挡车装置等措施。其作用是当无轨胶轮车制动失效发生失速跑车事故时，通过挡车装置有效拦截跑车，使车辆缓慢停止，以防止事故扩大。按照要求安装无轨胶轮车失速保护装置等措施，其一般安装在斜坡巷道的下段位置。

要点3：防撞装置要求

巷道各岔口、巷道转弯处设置废旧轮胎等缓冲物，防撞装置齐全。其作用是当无轨胶轮车制动失效发生失速跑车事故时，通过车辆侧撞缓冲物以减缓跑车速度和能量，防止事故扩大。一般是在巷道上悬挂废旧轮胎、沙桶和沙袋等。

（二）安全警示

【标准原文】

1. 斜巷车场及中间通道口有可靠的声光行车报警装置；

2. 斜巷双钩提升有错码信号；

3. 弯道、井底车场、其他人员密集的地点、顶车作业区有声光预警信号装置，关键道岔有道岔位置指示器；

4. 各乘人地点悬挂有明显的停车位置指示牌；

5. 斜巷车场悬挂最大提升车辆数及最大提升载荷标识；

6. 无轨胶轮车运输巷道各岔口、错车点、弯道、车场等处有行车信号和安全标志；

7. 有轨运输与无轨运输交叉处、有轨运输行人通行处等危险路段设置有限速和警示装置；

8. 各运输岗位悬挂岗位责任制和操作规程。

【条文依据】

《煤矿安全规程》第三百七十七条、第三百八十四条、第三百八十五条；《煤矿用防爆柴油机无轨胶轮车安全使用规范》(AQ 1064—2008）第4.1.5条、《道路交通标志和标线　第2部分：道路交通标志》(GB 5768.2—2022)。

【条文内涵】

为了实现运输系统的顺畅、安全、高效运行，建立良好的运输生产秩序，必须在各运输线路、运输场所和运输岗位上设置和完善警示报警装置、位置显示信号、行车信号、各类安全标志、警示标志、有关运输工作提示标志、各岗位安全生产责任制牌板和操作规程牌板等安全警示装置。

【实施要点】

要点1：报警装置及信号要求

（1）斜巷车场及中间通道口有可靠的声光行车报警装置。当绞车运行时，斜巷声光行车报警装置发出声光报警信号，提醒人员严禁进入，已误入提升巷道的进入硐室躲避车辆，以保障人员安全，因此要求各提升巷道的各车场必须设置和完善行车报警装置，并正常使用，必须具有声音报警和红光显示功能。

（2）斜巷双钩提升有错码信号。对于斜巷双钩提升的下车场轨道线路采用单双轨变换形式的，存在车辆错入可能性，因此必须安装错码信号，以防止车辆错入造成的车辆相撞事故。

（3）弯道、井底车场、其他人员密集的地点、顶车作业区有声光预警信号装置，关键道岔有道岔位置指示器。①在弯道或司机视线受阻的区段、井底车场、其他人员密集的地点、顶车作业区、各乘人车场往往存在车辆和人员混行的问题，由于视线受限极易造成车辆伤人事故，因此上述地点必须设置和完善声光预警信号装置，并做到灵敏可靠。②运输大巷和车场的部分道岔使用频繁，要求这类道岔必须装备道岔位置指示器，机车司机清楚道岔位置状态，能够提高行车及调车速度，方便车辆安全运行。主要运输线和区间交叉点及采区车场中机车行驶频繁地段的道岔，以及机车驶过次数多、速度较快、有调车、顶车作业所使用的道岔都应视为关键部位道岔。道岔位置指示器应能对道岔的尖轨与基本轨密贴在定位、反位或不密贴进行监视；而对于使用机车监控系统的运输巷道，系统都设有道岔位置显示器，因此不必重复设置。

要点 2：斜巷提升标志与警示要求

（1）各乘人地点悬挂有明显的停车位置指示牌，以示车辆停车位置，防止列车越位占线，影响其他车辆运行，保障行车安全。

（2）斜巷车场悬挂最大提升车辆数及最大提升载荷标识。

（3）斜巷车场、无极绳连续运输车系统各车场都要悬挂提升车辆数及最大提升载荷标识牌板，要明确提升各类车辆的数量，以指导把钩工按照要求摘挂车辆。

要点 3：无轨胶轮车信号、标志要求

（1）无轨胶轮车运输巷道各岔口、错车点、弯道、车场等处有行车信号和安全标志。行车信号包括各岔口或特殊位置的红绿灯信号，各相关硐室口、会车点等地点的警示信号；参照《道路交通标志和标线　第 2 部分：道路交通标志》（GB 5768.2—2022）设置安全标志，包括各巷道入口、硐室入口处的限高、限宽、限速和鸣笛等标志。

（2）有轨运输与无轨运输交叉处、有轨运输行人通行处等危险路段设置有限速和警示装置，以防止车辆相撞事故和造成车辆伤人事故。

要点4：运输岗位责任制和操作规程要求

井上下各运输岗位、场所必须悬挂岗位责任制和相关人员操作规程牌板，岗位责任制和操作规程编制内容符合现场实际，具有可操作性，其目的是指导现场岗位人员认真履行岗位职责，严格按照操作规程进行操作，同时方便管理人员对岗位人员的监督与考核。

（三）物料捆绑

【标准原文】

捆绑固定牢固可靠，有防跑防滑措施。

【条文内涵】

在煤矿生产运输过程中，存在车辆种类多、设备材料品种繁杂、运行巷道坡度大、弯道多、物资装卸频繁、装封车人员繁杂等大量不利因素，而由于封车不牢导致的次生事故时有发生，因此煤矿要切实抓好车辆的捆绑和封车工作，为安全运输创造条件。

（1）轨道运输车辆的捆绑封车，要做到设备、支架、配件和材料封车牢固可靠，重心位置合理；必须使用规定的封车工具和材料，运送不同物资必须使用规定的车辆；特别要抓好“三超”物资的封车管理，防止跑料、车辆封装问题导致的车辆脱轨等事故。

（2）无轨胶轮车运输的捆绑封车，要做到设备、支架、配件和材料封车牢固可靠，重心位置合理；必须使用规定的封车工具和材料，运送不同物资必须使用规定的车辆；特别要抓好“三超”物资的封车管理，防止跑料、车辆封装问题导致的事故。

（3）单轨吊运输中，重点抓好大坡度或“三超”物资运送中跑料等问题导致的事故。

【实施要点】

要点：完善捆绑技术和管理要求

（1）捆绑用具必须规范且完好可靠，捆绑用具投入使用前必须进行检查验收，损坏的及时更换并有显著标识；使用中的捆绑用具无变形、开焊、损伤、打结、扭曲、绳股断裂等现象，钢丝绳扣插接长度符合规定要求。

（2）要根据所装物料、设备结构、尺寸、重量选择相符的车型运送，封车牢固可靠。必须封车牢靠、保护有效，严禁超过车辆额定载重量，严禁随意乱装、混装。

（3）物料封车时，封车数不少于2道并做防滑处理；各类设备、材料装车时，设备、材料之间和与车体之间除捆绑外还必须加设防滑垫木，多层叠装时应分层采取防滑措施。

（4）各类物料捆绑固定，应符合本矿制定的《捆绑封车管理规定》的规定。

（5）各车场和装载点的捆绑用具码放整齐，数量齐全，定置管理。

（四）连接装置

【标准原文】

保险链（绳）、连接环（链）、连接杆、插销、连接钩头完好，连接方式符合规定。

【条文依据】

《煤矿安全规程》第四百一十六条第（一）（四）（六）（七）（八）款；《钢丝绳夹》(GB/T 5976—2006)；《钢丝绳吊索 插编索扣》(GB/T 16271—2009)。

【条文内涵】

连接装置是矿井运输的重要设施，主要用于斜巷提升运输环节，承担着车辆之间的连接作用，连接装置断裂将导致跑车事故发生，造成财产损失和危及人员安全，因此国家对连接装置的生产和试验要求非常严格，煤矿企业也要高度重视连接装置的选型、验收、使用、检查和试验等管理工作，切实做到连接装置完好使用，保障运输提升安全。

【实施要点】

要点：完善连接装置技术和管理要求

（1）制定连接装置选型、验收、使用、检查和试验等管理规定，并严格执行。

（2）新采购和使用中的连接装置须是由取得“煤矿窄轨车辆连接器生产许可证”的单位生产的合格产品，并有出厂合格证和煤矿安全标志。

（3）定期对保险链（绳）、连接环（链）、连接杆、插销、连接钩头进行测量检查，对磨损、断丝、焊缝、裂纹、锈蚀、变形、变音等进行检查并有检查记录，发现磨损严重、有断丝、焊缝、裂纹、锈蚀严重、变形、变音的要及时更换，并对其进行报废。

（4）具有跑车风险的倾斜井巷采用矿车运输时，必须加装保险绳。

（5）钢丝绳连接钩头制作方式执行《钢丝绳夹》(GB/T 5976—2006)、《钢

丝绳吊索　插编索扣》（GB/T 16271—2009）规定，固定（插接）合格。

六、文明生产——作业场所

【标准原文 1】

运输线路、设备硐室、车间等卫生整洁，设备清洁，材料分类、集中码放整齐。

【条文依据】

《井工煤矿辅助运输安全管理规范》（NB/T 10739—2021）第 6.3.1.9 条。

【条文内涵】

矿井运输系统、场所、车间、硐室的文明生产状况是矿井安全生产标准化工作的基础，也是矿井整体形象展示的一个窗口，因此抓好运输专业标准化的文明生产工作显得尤为重要。

（1）运输线路包括矿井地面运输系统、斜井提升系统、主要运输巷道系统、采区主要上下山运输系统、架空乘人装置系统等。运输线路要求达到底板干净、无杂物、无积水，人行道畅通、符合规定，管线悬挂符合规定，各种标识牌板悬挂规范一致，场所中的工具、备品备件、记录资料、消防器材等分类码放整齐，实现定置化管理。

（2）设备硐室包括绞车（运输设备驱动部）硐室、运输设施硐室、维修硐室、换装硐室、装载硐室、卸载硐室、候车硐室、信号硐室、躲避硐室、会车硐室、调向硐室、车场等；车间包括地面运输设备维修车间、无轨胶轮车检测线、车辆存放库房等。要求维修车间（硐室）和车辆库房等地点的底板（地面）硬化、干净卫生，墙面刷白整洁；设备、物资、工具、备品备件、记录资料、消防器材等分类码放整齐，实现定置化管理；牌板悬挂规范一致；备品备件上台上架，账卡物一致。各类硐室要有醒目的标识，各类牌板悬挂规范一致，物资、工具分类码放整齐，环境文明整洁，无积水、杂物；候车硐室座椅齐全完整，信号硐室的信号装置安装和座椅规范。

【实施要点】

明确管理责任和范围，确保全矿井主要运输线路、设备硐室、车间等卫生整洁，设备清洁，材料分类、集中码放整齐。

【标准原文 2】

主要运输线路水沟畅通，巷道无淤泥、积水；水沟侧作为人行道时，盖板齐全、稳固。

【条文依据】

《井工煤矿辅助运输安全管理规范》(NB/T 10739—2021) 第 6.3.1.5 条;《煤矿巷道断面和交岔点设计规范》(GB 50419—2017) 第 11.3.2 条。

【条文内涵】

运输系统线路的水沟必须保持畅通,水沟侧作为人行道时盖板要齐全和稳固,不得存放物资,以方便人员行走;要做到巷道无淤泥、积水和杂物。

由于生产安排确需在巷道中临时存放设备、综采支架等物资时,要确保足够的安全间隙,确实无法达到要求的要制定安全技术措施,并认真实施,以保障特殊时期的运输行人安全。

【实施要点】

落实管理责任,全矿井主要运输系统始终保持水沟畅通、盖板齐全稳固、无淤泥及积水、人行道畅通。

3.7 调度应急和"三堂一舍"

一、调度管理

(一) 基础管理

【标准原文 1】

制定并执行调度工作管理制度;内容包括调度值班、调度会议、信息报告和处理。

【条文依据】

《中华人民共和国安全生产法》第四条;《煤矿安全生产条例》第四条。

【条文内涵】

煤矿调度机构是全矿生产组织协调、安全监视监控、灾害及事故(险情)应急处置、产品运销经营等项管理的中枢,承担着煤矿生产、安全、应急、信息处置等多个方面重要任务和重要管控职能。调度工作脱离制度化的管理,将导致生产、安全、经营等方面活动的随意甚至混乱。煤矿建立完善调度管理系列化的制度,且依靠科学的、完善的制度,才能全面履行其管控职能、职责,进而实施煤矿科学的、规范的、有序的安全生产管理。

【实施要点】

要点 1：调度管理制度的要求

（1）煤矿除满足本标准所明确要求的管理制度外，还应该根据本矿调度机构的职能、业务范围，结合本矿管理资源、风险现状、现场条件等实际，建立完善调度管理制度，制度应以本矿正式行政文件载体下发。

（2）煤矿应确保调度管理的资源投入，包括管理人员、场所、设备、设施、技术、信息等资源。

（3）煤矿调度机构应按照制度严格执行，确保日常调度管理规范，同时，在接受政府、上级监督检查时，能够提供完整、客观的制度执行的证据资料。

要点 2：调度管理制度的建立原则

（1）符合性。即内容应符合国家安全生产相关法规、规章和上级相关规定。

（2）完整性。即内容应完整覆盖本矿调度机构的全部管理业务、管理职能，杜绝管理环节漏洞和管理死角，防止内容缺陷导致无章可循。

（3）适宜性。即每个制度所规定的管控环节、管控内容应适用于本矿的管理资源、管理条件和现场条件等实际，制度必须具有操作的可行性和与管理实际的适宜性。调度机构应关注法规、规章、标准等对安全生产相关内容的变化，及时修改完善其管理制度，以确保制度的持续适宜性。

（4）可考核性。即每个制度所做出的规定，特别是国家法规、规章和上级明确规定的管控内容，在制度执行后，应具有可检查性、可考核性。

【资料清单】

（1）调度管理制度。

（2）调度管理制度执行原始资料。

【标准原文 2】

调度室每天 24 h 专人值守，每班工作人员满足调度工作要求。

【条文依据】

《生产安全事故应急条例》第十四条；《煤矿安全规程》第四百八十九条、第六百七十二条；《生产经营单位生产安全事故应急预案编制导则》（GB/T 29639—2020）第 6.3.1.1 条。

【条文内涵】

煤矿在生产管理方面，具有生产系统 24 h 连续运转的特征。煤矿在安全管理方面，对隐患即风险的管控、重大灾害防控、重大事故防控同样具有 24 h 连续性的特征。煤矿调度机构作为全矿井安全生产指挥中枢，必须配备足够的人员实施应急值守，以满足 24 h 不间断对生产、安全、应急等方面管控的要求。这也是煤炭行业长久以来的宝贵管理经验。

【实施要点】

要点1：建立机构、明确职能

(1) 建立调度机构，明确其管理职能、管理业务、管理需求。

(2) 根据本矿调度机构的职能、业务和管理实际需求，配备足够数量的人员实施24 h专人值守。

(3) 明确调度机构负责人（正副主任）、调度员等岗位职责。

要点2：保障人员满足需求

调度机构配备的值守（值班）人员，不但其人数满足每日三班工作的需求，同时注重其人员基本素质的适宜性。

【标准原文3】

调度室有灾害预防和处理计划、事故应急救援预案、采掘（采运排）工程平面图。井工煤矿还应备有井下避灾路线图、通风系统图、人员位置监测系统图；露天煤矿还应有边坡监测系统平面图、月度采矿设计说明书及图纸。

【条文依据】

《中华人民共和国安全生产法》第二十一条、第八十一条；《煤矿安全规程》第十二条、第十四条、第十五条、第十七条。

【条文内涵】

井工煤矿开采活动面临水、火、瓦斯、煤尘、顶板、冲击地压、突出等多类别的重大事故风险，露天煤矿开采同样面临多类别的重大事故风险，无论是井工煤矿还是露天煤矿，都要面对恶劣气象气候条件导致的重大灾害风险。调度机构作为安全生产应急处置指挥中心，在实施应对灾害、事故的应急处置时，离不开灾防计划、应急预案、技术图纸等基础资料。平时做好这些基础技术资料的准备，在第一时间实施应急处置时则有可靠的技术支撑，这不仅仅是满足国家安全生产法律法规的规定，更是面对灾害、事故及险情，实施科学处置、高效应急、挽救生命、降低灾损的基本措施。

【实施要点】

要点1：建立技术文档管理制度

管理制度应明确管理职责、内容类别、管理程序（起草编制、载体形式、审核批准、上报备案、及时颁发、存放归档等）、方式方法等。

要点2：完善技术文档

(1) 煤矿应按照国家安全生产法律、法规、标准、《煤矿安全规程》等相关要求，规范编、审、批《安全生产事故应急救援预案》《煤矿灾害预防和处理计划》。

（2）建立技术资料清单，按照制度的规定，对技术资料的编制、收集、传递、下发、上报、保存、归档、使用等规范管理，落实资料管理职责。

（3）及时更新技术图纸。按照制度规定的管控职责、程序步骤、方式方法、周期频次实施更新管理。

（4）确保技术资料的完整性、符合性（符合《煤矿安全规程》等相关规定）。

【资料清单】

（1）文件化的技术文档管理制度。

（2）技术资料清单，技术图纸及时更新管控证据。

（3）技术资料分管责任人及其岗位责任制。

（4）最新、有效版本的本年度灾防计划、应急预案和技术图纸资料。

【标准原文 4】

调度人员按规定深入现场，了解安全生产情况。

【条文内涵】

（1）生产现场的内涵。井工煤矿的生产现场既包括井下的采掘生产现场、重点工程现场、要害环节地点，也包括地面安全生产重要场所和要害部位。

（2）深入现场的意义。调度人员（包括调度机构正副主任、调度员、工程技术人员等）工作在煤矿生产指挥中心岗位上，承担着生产协调、险情预警、事故应急、信息传递、当好参谋等重要职责。这就要求调度人员必须掌握生产系统各作业现场（包括井工和露天矿）的基本情况，以防在履职履责时出现片面性、盲目性，这也是煤矿行业长久以来的基本做法。因此，调度人员就必须深入现场。

（3）标准“规定”的内涵。标准所描述的“调度人员按规定深入现场”，其“规定”两个字的内涵，是指本矿根据其调度管理机构的职能、业务、生产现场条件及环境、人力资源配置等实际情况，对需要深入现场的调度人员类别、频次、时限、任务、职责等管控内容以制度载体予以明确。

【实施要点】

要点 1：建立调度人员深入现场管理制度

煤矿应根据其调度人员配备的数量、生产系统的复杂程度、作业场所数量、生产作业条件状况等因素，制定切实可行的调度人员深入现场的管理制度。管理制度应：

（1）明确需要深入现场的主体（调度机构哪些类别人员）。

（2）明确需要深入的现场名称、范围。

（3）明确需要了解哪些生产、安全等情况。

（4）明确频次要求。每月具体次数、班次，每次深入现场的时限。

（5）明确管控要求。即对现场发现的重大问题、险情、急需处置的事项如何管控。

（6）明确深入现场之后的记录管理。即每个深入现场的调度人员如何作出各自的记录。

（7）明确计划和考核。即月初如何对深入现场作出计划，月末如何对深入现场的情况进行统计、考核及责任追究等。

要点2：管理制度严格执行

（1）调度人员应熟悉本矿深入现场管理制度的规定内容。

（2）调度机构应严格执行其制度，提供客观的管控证据资料。

（二）组织协调

【标准原文1】

组织召开日调度会，对生产计划进行跟踪、协调、督促、落实、考核，会议记录详实。

【条文内涵】

纵观煤炭行业的历史和现状，调度机构始终是煤炭生产的指挥中心，是连接煤炭生产各环节的纽带。煤炭生产需要依靠调度机构实施对生产系统的多重工艺实施全过程随时管控；煤矿地下开采的安全管理需要面对复杂的地质灾害及险恶环境；煤矿生产管理主体包括矿级高管层，也包括多个生产管理部门。其施工、作业、生产的主体是不同类别的多个区队共同参与。这些需要调度机构作出综合协调、及时协调、科学平衡、合理调度、跟踪指导、督促落实。这些工作需要用多种调度会议的办法来解决。

【实施要点】

要点1：建立调度例会管理制度

其制度应明确会议的类别、频次、时间、地点、内容、程序、主持人、参与人、签到方式、会议记录（记录人、记录内容、记录载体、记录保存）、纪律要求、纪要整理（必要时）、会议资料管理等。

要点2：会议管理

调度会议应务实、简捷、高效，注重对生产计划组织落实、协调平衡、跟踪管理。对调度会议决定事项注意跟踪、督办和信息反馈。

要点3：生产组织协调管理

调度机构值班人员及时、全面掌握生产动态和安全监测监控，适时做好安全生产管理的全面指挥、综合调度。

要点4：资料管理

留存客观、完整的证据资料备查。

【资料清单】

（1）文件化的调度会议管理制度。

（2）调度会议签到证据资料。

（3）调度会议记录。

（4）调度会议纪要（制度有此项规定时）。

（5）调度会议重要事项执行、落实、督办的证据资料。

（6）日、旬、月度生产计划完成及考核证据资料。

【标准原文2】

按规定及时上报安全生产信息，下达安全生产指令并跟踪落实。

【条文依据】

《中华人民共和国安全生产法》第二十一条、第五十九条、第八十三条；《煤矿安全生产条例》第十八条；《生产安全事故信息报告和处置办法》（国家安全生产监督管理总局令第21号）第四条、第六条、第十条、第十一条。

【条文内涵】

在安全生产领域，信息传递是非常重要的管理要素，煤矿的安全生产管理、应急救援处置离开了信息传递，则一事无成。调度机构作为煤矿生产和安全的指挥中心，是上下管理层级之间的连接枢纽，既承担着上报安全生产信息的法律责任，又担负着保护生命、保护国家（集体）财产的社会责任。因此，依法依规做好信息传递是调度机构义不容辞的工作。

【实施要点】

要点1：建立完善管理制度

依照国家安全生产信息上报、传递、处置相关法律法规的规定，建立煤矿信息管理制度。制度应包括：

（1）信息类别。分别明确包括哪些生产方面、安全方面、其他方面的类别。

（2）信息接收。上级下达安全生产指令后，煤矿应明确信息接收主管部门、接收登记、信息传递或传达、原始资料留存。

（3）信息上报。明确负责的主管部门及岗位职责、信息载体形式（纸质版、电子版等）、信息来源提供、上报周期频次、上报程序、接收部门、信息留存。

（4）指令落实。负责上级指令执行和落实的主管领导、主管部门、指令信息执行跟踪、指令执行信息反馈等。

（5）信息保密。明确信息保密的管理方式方法。

要点 2：按照制度规范信息管理

按照本矿信息管理制度，规范实施安全生产信息的上报、传递、指令落实。

【资料清单】

（1）文件化的信息管理制度。

（2）信息接收、上报、传递登记证据资料。

（3）对上级政府部门、煤矿上级、本矿领导、调度会议等安全生产指令下达、跟踪、执行情况落实的证据资料。

【标准原文 3】

调度原始记录详实；完整记录当班安全生产情况。

【条文内涵】

煤矿调度机构作为安全生产指挥中心，客观、准确地进行安全生产的详实记录，是调度管理工作的基本职责。煤矿承担着保障职工生命安全、保障国家（集体）财产安全、保障环境安全等法律责任。煤矿在生产和管理的过程中，是否做到依法依规组织生产、严格保护生命等，需要大量的原始记录作为基础支撑。煤矿在生产过程中，要不间断地接受政府执法部门、上级部门的不定期的监督检查。煤矿必须注重管理“留痕”，即对原始安全生产信息客观记录、规范留存、接受检查，严禁弄虚作假。

【实施要点】

要点 1：建立完善管理制度

在本矿调度文档管理制度中明确：

（1）调度记录载体形式及类别（纸质版、电子版等）。

（2）调度记录与对应的管理文件逻辑衔接清晰。

（3）调度记录实施记载的责任主体、记载要求、更改规定。

（4）记录数据真实、日期准确、签名规范。

（5）记录的留存管理方式方法、保存期限。

（6）对记录弄虚作假、随意涂改、保存失职的责任追究等。

要点2：按照制度规范管理

（1）建立原始记录的清单。

（2）按照制度规定的工作职责，规范记录的管理。

（3）及时整理、梳理调度记录，接受政府和上级主管部门的检查，及时予以提供。

【资料清单】

（1）调度机构记录清单。

（2）分类别、分周期时间的原始记录。

（三）信息报告和处置

【标准原文1】

矿用调度通信符合规定。通信系统有选呼、急呼、全呼、强插、强拆、监听、录音功能。调度工作台电话录音保存时间不少于3个月。

【条文依据】

《煤矿安全生产条例》第二十六条、第三十六条；《煤矿安全规程》第四百八十七条、第四百八十八条、第五百零七条。

【条文内涵】

调度机构建立完善的通信系统，既是国家安全生产法律法规的强制性规定，也是煤炭生产、安全预防、应急处置的基本设施。随着国家对煤矿行业安全管理的逐步严格、社会经济发展和科学技术进步，煤矿通信系统日趋完善。《煤矿安全规程》对煤矿通信系统的性能功能、设施安设、信息存储等方面做出了明确规定。为确保煤矿生产组织协调、安全预防预控、事故应急处置、灾害调查追责的顺畅实施，煤矿必须建立完善符合《煤矿安全规程》规定的通信系统并严格管理。

【实施要点】

要点1：投入保障管理

确保资金、技术、人力、物力等方面的投入，购置、安设的通信系统性能、功能应完整、符合《煤矿安全规程》的规定。

要点2：建立本矿通信系统管理制度

（1）系统管理的主责部门及管控职能，相关岗位职责。

（2）明确电话安设地点。应按照《煤矿安全规程》第五百零七条的规定进行完整性覆盖。

(3) 系统安装、验收、使用、值班、调校、测试、巡检、维护、记录、通信录更新、录音功能测试、录音信息存放、原始资料管理、技术更新等管控环节的内容。

要点3：严格制度执行和落实

(1) 按照其管理制度实施严格管理，确保通信系统日常安全生产运行稳定、应急处置畅通可靠。

(2) 接受政府主管部门、煤矿上级部门的监督检查和资料抽查。

【标准原文2】

受极端天气、滑坡、泥石流等威胁的煤矿应进行预警。

【条文依据】

《中华人民共和国突发事件应对法》第六十三条；《煤矿安全规程》第七章第二节地面防治水；《关于预防暴雨洪水等自然灾害引发矿山事故灾难的通知》(矿安〔2022〕65号)。

【条文内涵】

无论是井工煤矿还是露天煤矿，在开采过程中，恶劣气象气候都会给煤矿安全生产带来极大威胁。暴雨、洪水、雷电、台风、滑坡、泥石流等自然灾害会直接或间接引发煤矿事故灾难。因此，煤矿必须高度重视极端天气对安全生产的威胁，采取积极的、科学的防范措施，及时、准确地实施预警是降低灾害风险的基本前提。

【实施要点】

要点1：纳入本矿双重预防机制

(1) 高度重视极端天气风险，根据本矿所在地域气候特征，将极端天气风险防控纳入本矿双重预防机制管控。

(2) 保障对极端天气风险管控的人力、物力、资金、技术、信息等资源。

要点2：预防自然灾害引发事故灾难专项管理制度的内容要求

(1) 相关领导、相关部门的管理职能和职责。

(2) 资源投入保障。

(3) 强化自然灾害风险基础管理，应按照国家矿山安全监察局下发的《关于预防暴雨洪水等自然灾害引发矿山事故灾难的通知》(矿安〔2022〕65号)文件完善以下防控措施：矿区地表水系、地下水系、水文地质图纸等基本信息完整性、准确性；井下防隔水煤（岩）柱的可靠性、煤矿周边水害水患危险性、露天煤矿边坡岩移状况等；应对灾害、事故的应急救援队伍、物资、装备、设备、材料等应急准备；淹井、内涝、滑坡、雷击、停电的应急准备；防排水设备设施完好试验；清理水仓、沉淀池和水沟清理相关工作部署和实施；通信系统的可靠性、备用通信系统的完好性；应急演练策划和实施等。

（4）定期开展自然灾害风险分析和隐患排查，制定方案、明确责任和措施。

（5）本矿预警机制。明确预警载体、灾害信息接收、预警发出主体、预警方式方法、预警级别确定、接收预警对象、预警解除方式等管控内容。

（6）预警措施。明确授予调度人员、跟班人员、带班人员、安监人员、班组长、瓦斯检查员、施工作业人员的紧急避险权利；停产作业措施；紧急撤人措施；启动应急救援预案的程序；对人员紧急施救的措施；扩大应急措施等。

（7）巡查巡视。巡查巡视的主体、方式方法、地点部位、发现问题及隐患的信息反馈。

（8）信息报告传递。与本矿安全生产信息报告和信息传递的制度内容相衔接，做好信息上报。

（9）生产秩序恢复。

（10）灾害防治的针对性技术措施。包括暴雨、洪水、内涝、雷电、台风（强风）、滑坡、泥石流等。

（11）制度以正式文件下发、报备、宣贯。

要点3：严格制度执行和措施落实

（1）调度人员必须熟悉和掌握自然灾害防控的相关内容，严格执行预防自然灾害引发事故灾难专项管理制度。

（2）严格制度执行，明确主管部门、安监部门的监督检查职能职责。

（3）纳入调度会议跟踪、督办、落实。

（4）纳入风险管控督查落实。

（5）纳入效益考核机制，实施严格的责任追究。

【资料清单】

（1）文件化的预防自然灾害引发事故灾难专项管理制度。

（2）风险管控清单（检查自然灾害风险内容）。

（3）雨季巡查巡视记录，发现问题进行传递、处理、跟踪证据资料。

（4）应急救援物资保障清单，应急救援队伍保障、应急通信保障证据资料。

（5）实施预警的证据资料（信息接收、预警发出、预警解除等）。

（6）专项应急救援预案（或方案）。

（7）应急避险实施证据资料。

【标准原文3】

出现险情或发生事故时，调度人员及时下达停止作业或撤人指令，按程序启动事故应急救援预案，跟踪现场处置情况并做好记录。

【条文依据】

《中华人民共和国安全生产法》第五十五条；《生产安全事故应急条例》第十七条；《煤矿安全规程》第二百零一条、第六百八十条、第六百八十三条。

【条文内涵】

调度机构作为安全生产指挥中心，实施应急处置既是其重要任务，也是其重要职责，挽救生命，分秒必争。调度机构在接到灾害、事故、重大险情时，必须把挽救生命作为第一要务。面临煤矿行业的高风险和可能突发的灾害、险情等意外时，煤矿必须坚持以人为本、珍爱生命的基本原则，快速高效地实施生命挽救的应急处置。

【实施要点】

要点1：建立完善制度

煤矿应依法依规并结合本矿的风险实际，建立调度机构应急处置管理制度。制度应明确：

(1) 风险类别。自然灾害（包括预兆）、生产安全事故（包括预兆）、相关突发事件。

(2) 接警程序。

(3) 下达撤人命令程序（包括应急避险组织）。

(4) 信息报告程序。应按照《中华人民共和国安全生产法》《生产安全事故报告和调查处理条例》《生产安全事故应急条例》《煤矿安全规程》及地方法规相关要求。

(5) 预案启动。按照本矿应急救援预案的规定。

(6) 应急处置情况跟踪。现场险情趋势、应急资源调配、应急救援行动、扩大应急、应急避险状况等。

(7) 信息传递。上级应急命令的接收、登记、传达、传递、信息反馈。

(8) 完整记录。对应急处置全过程实时记录，明确记录载体、记录人、记载内容等。

要点2：严格制度执行和措施落实

(1) 按照相关制度做好极端天气预防性管理。

(2) 当灾害、事故发生时，严格按照本制度规定的程序实施应急处置。

（3）特别在应急处置过程中，关注并跟踪险区人员安全撤离情况。

【资料清单】

（1）文件化的调度机构应急处置管理制度。

（2）灾害或事故（包括重大险情）接警记录。

（3）应急处置全过程记录（包括事故信息上报、上级应急处置指令、事故应急救援、人员应急避险等）。

【标准原文4】

按规定汇总并上报调度安全生产信息日报表，旬（周）、月调度安全生产信息统计表。

【条文内涵】

煤矿的上级调度机构及其上级领导，需要掌握生产经营的总体状况和趋势，需要其下属煤矿及时提供安全生产信息。煤矿调度机构有责任、义务应及时汇总、分析和上报安全生产信息。

【实施要点】

要点1：建立完善制度

煤矿所建立的信息管理制度中，应明确：生产信息收集、汇总、分析、统计的主管部门及岗位职责；信息日报表、生产旬报（或周报）、生产月报的内容、载体（纸质版或电子版）形式、统计、编制、审批、上报（传递）、时限、存档的管控程序；接收生产信息的上级主管部门；生产信息的保密管理；信息资料的存储管理。

要点2：严格制度执行

（1）按照本矿制度的规定实施信息上报、传递、保存等管理。

（2）留存证据资料备查。

【资料清单】

（1）信息日报表。

（2）生产旬报（或周报）。

（3）生产月报。

【标准原文5】

掌握监测监控系统运行情况，出现监测预（报）警情况，及时核实、处置，并做好记录。

【条文依据】

《煤矿安全规程》第四百八十九条、第四百九十四条。

【条文内涵】

调度机构作为安全生产指挥中心，承担着全矿井安全生产的监测监视职能。基于此，《煤矿安全规程》规定将监测监视系统末端安设在调度机构是科学的。调度机构应履行监测监视系统的管理职能，监测监视系统的值班人员应履行岗位职责，24 h 不间断紧盯系统运行。其意义和作用在于：一是应确保系统本身运行可靠、稳定，当发现系统运行有异常情况时，应立即按照规定汇报，安排及时处理。二是紧盯被监视监测地点、监测监视对象的数据、状态，出现异常情况时，应立即按照制度规定的程序核实、处置。三是对异常情况进行核准，及时实施预警（预报、报警）。四是及时将异常情况、异常信息记录。五是按照制度规定的程序实施预警或报警信息的解除。

【实施要点】

要点 1：建立完善制度

按照《煤矿安全规程》及相关技术标准的规定，结合本矿实际，建立本矿安全监测监视系统管理制度。且制度应：

（1）对《煤矿安全规程》规定的监测监视地点完整性覆盖。

（2）确保本矿监测监视系统的资源投入，包括人力、物力、财力、技术、信息等。

（3）明确分工领导、职能部门、管理岗位及岗位责任制。

（4）明确系统的值班方式、岗位管控内容（正常情况、异常情况、预报预警及解除）。

（5）明确设备维护、保养、巡检、调校、更新、故障排除、存储等环节的管理。

（6）监测监视系统应形成哪些记录，这些信息资料如何统计、编制、审批、传递、签名、上报、归档等。

（7）信息储存、备份、查询管理。

（8）失职、渎职的责任追究。

（9）系统的技术改造、技术更新管理等。

制度应以本矿正式文件下发，制度内容应紧跟国家技术进步和法规标准的最新要求，持续保持文件的先进性、符合性。

要点 2：保障资源到位

（1）煤矿应确保监测监控系统所需要的人力、物力、财力、技术、信息等相关资源保障。

（2）配置必需的监测监控系统管理人员，包括值班、维护等人员，并明确其岗位职责。

要点3：严格制度执行

（1）按照制度的各项规定严格执行。

（2）保存客观的、完整的原始记录备查。

【资料清单】

（1）文件化的监测监视管理制度。

（2）系统运行记录、值班记录、预警预报记录、故障及故障排除记录、异常情况信息传递记录、相关报表台账等。

【标准原文6】

矿调度室设置图像监视系统的终端显示装置，且运行正常，并对关键环节进行监视，实现信息的存储和查询。

【条文依据】

《煤矿安全规程》第四百八十七条、第四百八十九条、第四百九十八条、第四百九十九条、第五百零一～五百零三条。

【条文内涵】

煤矿所安设的图像监视系统，是盯着矿井重大风险的“哨兵”和“眼睛”，对煤矿重大灾害的防治起着至关重要的作用。其终端显示装置按照《煤矿安全规程》规定设置在调度室，调度室作为安全生产指挥中心，就必须按照《煤矿安全规程》的相关规定履行其管理职能，依靠所监测监视系统，紧盯系统的监测监视环节、地点、岗位、对象，切实发挥监测监视系统的作用。

【实施要点】

要点1：建立制度

（1）以矿正式文件下发监测监视系统管理制度。

（2）制度应完整覆盖监测监控管理的各环节。

要点2：人员配置

配备足够的人员，实施对系统终端显示装置监视的24 h连续值班，并明确其人员的岗位职责。

要点3：严格管理

（1）按照该制度规定的程序、内容严格执行。

（2）发现异常情况，按照制度规定的程序及时处置。

（3）保存客观的、完整的原始记录备查。

【资料清单】

（1）文件化监测监视系统管理制度。

（2）监测监视系统安设的、分类别的传感器地点清单。

（3）该系统运行、值班、巡检、维护、保养、调校、更新、故障排除、存储等相关记录（注意与上一条款的内容逻辑连接）。

【标准原文 7】

井工煤矿重要工作场所装备的有线调度电话应具备直通功能。

【条文依据】

《煤矿安全规程》第五百零七条。

【条文内涵】

调度电话的直通功能是《煤矿安全规程》的强制性规定，其内涵是要求通信系统在生产作业地点所安设的电话，当人员使用电话需要和调度机构联络（双向联络）时，无须拨号、无须转接，在 1 ~5 s 内即可连接。这不仅仅是方便日常生产作业的组织、协调，更重要的是，当发生紧急情况时，现场人员能够迅速将相关信息及时报告调度室，便于煤矿调度指挥中心做出响应，组织救援或采取其他措施。

【实施要点】

要点 1：资源保障到位

确保资源投入和技术保障，即煤矿应按照《煤矿安全规程》第五百零七条的相关规定，所选购的通信系统必须满足电话的直通等相关功能。

要点 2：场所完整性覆盖

对煤矿重要的生产作业场所、岗位，必须完整性地执行《煤矿安全规程》第五百零七条的要求，在规定的地点全部安设具有直通功能的调度电话。

要点 3：建立完善制度

对通信系统的功能完整性保持，必须建立文件化的管理制度，且对巡检维护人员配置和对巡检、维护、更新等方面的管理作出明确的规定。

二、应急管理

（一）制度建设

【标准原文】

制定并执行应急管理制度：内容涵盖事故预警、应急值守、信息报告、现场处置、应急投入、救援装备和物资储备、安全避险设施管理和使用。

【条文依据】

《中华人民共和国安全生产法》第四条；《生产安全事故应急条例》第四条、第十四条；《中华人民共和国突发事件应对法》第三十五条；《煤矿安全规程》第六百七十二条。

【条文内涵】

安全生产管理制度是企业管理的基本载体和基础。煤矿必须依照国家安全生产和应急管理的一系列法律、法规、规章、标准等相关规定，将这些法制性的管控规定，有机地、科学地纳入本矿的应急管理体系。依靠制度化的应急管理制度体系，实施对煤矿全方位、全链条的应急管理。

【实施要点】

要点1：完善制度

即按照国家安全生产和应急管理法律、法规、规章、标准的相关规定，遵照地方政府、煤矿上级的应急管理相关要求，结合本矿实际，建立完善系列化的应急管理制度，且应做到：

（1）完整覆盖应急管理的全过程、各环节。

（2）明确应急管理各层级管理部门（区队）的管理职能、明确各应急管理岗位人员的职责。

（3）确保应急日常管理、灾害防治、事故应急救援的各类资源。

（4）明确应急管理的程序、内容、方式方法、监督检查、效果考核、责任追究。明确重要的管控内容应形成哪些证据资料。

（5）制度的内容应确保科学性、适宜性、可操作性、可考核性。

（6）制度应以本矿正式文件下发，按照规定上报、备案。

要点2：严格制度执行和落实

（1）持续跟踪国家应急管理法律、法规、规章、标准的变化及上级部门对应急管理的新要求，及时更新本矿应急管理制度。

（2）制度的管控内容涉及的各相关管理部门应严格执行应急管理的相关规定。

（3）应急管理的主责部门应对应急管理制度的执行情况进行监督检查，纳入考核机制。

（4）留存完整、客观的管理证据资料备查。

【资料清单】

（1）文件化的应急管理制度体系文本。

（2）应急管理制度有效执行的证据资料。

（3）应急管理岗位职责履行证据资料。

（二）应急保障

【标准原文1】

1. 有固定的应急救援指挥场所，满足应急指挥需求；

2. 配备应急救援物资、装备、设施，齐全完好，并按规定定期检查补充；

3. 有可靠的信息通信和传递系统，有最新的内部和外部应急响应通讯录；

4. 配置必需的急救器材和药品；与就近的医疗机构签订急救协议。

【条文依据】

《中华人民共和国安全生产法》第七十九条；《生产安全事故应急条例》第四条、第十三条、第十七条；《煤矿安全生产条例》第三十六条；《煤矿安全规程》第十七条、第十八条、第四百八十七条、第六百八十条、第六百八十二条、第六百八十五条、第七百零一条、第七百零二条；《矿山事故灾难应急预案》(安监总应急〔2006〕229号）第4.4条。

【条文内涵】

煤矿实施应急救援离不开最基本的资源保障，这就是标准所规定的4个方面：组织保障、物资保障、通信保障、急救保障。这些基础保障，在国家一系列安全生产法律、法规、规章、《煤矿安全规程》中均有明确的规定。这既是国家安全生产法律法规的强制性要求，又是现场实施应急救援的基本前提，因此，煤矿必须严格依法依规强化应急基础保障的管理。否则，煤矿应急救援、应急处置则无从谈起。

【实施要点】

要点1：建立完善制度

按照国家安全生产和应急管理法律、法规、规章、标准的相关规定，遵照地方政府、煤矿上级的应急管理相关要求，结合本矿实际，建立完善4个方面应急救援基础保障的管理制度，且应做到：

（1）分别明确各项基础保障分管的矿级领导、主管部门及管理职能和权限、分管岗位及岗位职责。

（2）制度应完整覆盖应急保障管理的全过程、各环节。

（3）煤矿主要负责人确保基础保障的资源，包括人力、物力、财力、技术、场所等。

(4) 明确管理管理程序、管控内容、方式方法、管理措施、定期检查、维护更新、责任追究、管理证据等。

(5) 制度内容应确保科学性、适宜性、可操作性、可考核性。

要点2：严格制度执行

(1) 制度应以本矿正式文件下发，按照规定上报备案。

(2) 持续关注国家应急管理法律、法规、规章、标准的变化及上级部门对应急管理的新要求，及时更新本矿的管理制度。

(3) 严格制度的执行和落实。

(4) 留存完整、客观的管理证据资料备查。

【资料清单】

(1) 应急救援指挥部固定场所证据资料。

(2) 应急救援物资（设备、设施）管理台账；应急救援物资定期检查、维护、消耗、更新（补充）证据资料；应急救援物资完好、有效证据资料。

(3) 最新内部应急响应通讯录。最新外部应急响应通讯录。

(4) 本矿医疗急救资源清单；本矿医疗急救管理制度；与外部就近医疗机构签订的有效版本《医疗急救协议书》；外部医疗机构实施应急救援的医疗急救证据资料。

【标准原文2】

有符合要求的矿山救护队为其服务。煤矿应设立专职救护队，不具备条件的，应设立兼职救护队，并与邻近的专职救护队签订救护协议，兼职救护队员需经培训合格。矿山救护队到达服务煤矿时间不超过30 min。

【条文依据】

《中华人民共和国安全生产法》第三条、第八十二条；《中华人民共和国突发事件法》第三十九条；《生产安全事故应急条例》第十条、第十一条；《煤矿安全生产条例》第二十九条；《煤矿安全规程》第六百七十六条。

【条文内涵】

国家安全生产法律强调“安全生产工作应当以人为本，坚持人民至上、生命至上，把保护人民生命安全摆在首位”。煤矿受多种风险因素的影响，事故时有发生。煤矿一旦发生重大事故，依靠救护队伍实施生命抢救是必然选择。国家法律、法规对煤矿应急救援队伍的组建，区分不同情况，规定了“应当建立”专职队伍、“必须有专职队伍服务”、“可以不建”专职队伍但是必须“建立兼职队伍”并“签订应急救援协议”的不同选项。因此，煤矿应根据自身规模、条件等实际情况，严格执行国家应急救援队伍组建、管理的相关法律法规。

【实施要点】

要点1：队伍组建

（1）煤矿能力、条件具备的，应依法组建专职应急救援队伍。

（2）煤矿能力、条件不具备组建专职应急救援队伍的，应组建兼职应急救援队伍。

要点2：服务协议管理

（1）煤矿必须有专职应急救援队伍为其提供服务。煤矿所选择的为其服务的专职队伍必须坚持就近原则，并签署救援协议。与煤矿签署了服务协议的专职队伍，其到达煤矿的时限应满足法规规定。

（2）所签署的救援协议文本应规范，并妥善留存、备查。

要点3：建立完善兼职队伍管理制度

煤矿应建立兼职救护队伍管理制度，其管理制度应完整覆盖队伍管理的各环节，并明确：

（1）人员物色和选拔应满足应急抢险需求的基本条件。

（2）接受专职救护队伍的培训和训练，并明确周期、频次、内容。

（3）队伍组织架构合理，明确分队负责人、队员数量、队员更新管理。

（4）救援队伍器材、装备按照国家规定配置并严格管理。

（5）配置队伍学习、训练的场所并规范管理。

（6）队伍分管领导、主管部门及其管理职能、职责。

（7）应急值守或值班管理。

（8）队伍组建、队伍日常管理、队员资质培训的各项资源保障。

（9）队伍组建情况上报所在地政府安检机构等。

要点4：兼职队伍建设

（1）兼职救护队的组建及其队伍的管理，应按照《矿山救援规程》第十三~十五条的相关规定执行。兼职救护队基础设施应按照《矿山救援规程》第二十七条的相关规定建立完善。兼职救护队的装备配置，应按照《矿山救援规程》“附录4”的规定执行。

（2）按照《生产安全事故应急条例》第十一条、《矿山救援规程》第三十三条、第三十六条的规定接受专职救护队伍的培训、训练、业务指导。

（3）兼职救护队严格按照其制度实施严格管理。

（4）煤矿调度机构人员应十分熟悉为本矿服务的专职救援队伍、本矿兼职救援队伍的基本信息、通信方式。

【资料清单】

（1）对本矿实施应急救援服务的专职救护队名录、相关资质证据资料。

（2）本矿与专职队伍签署的应急救援协议。

（3）本矿组建的兼职救护队证据资料，一般包括正式的队伍组建文件，救护队的一套管理制度，救护队员培训合格证据资料，队伍技术业务学习、训练、参加演练、现场熟悉等证据资料，队伍装备、设施、场所管理证据资料。

（4）专职应急救援队伍 30 min 到达本矿证据资料。

（5）专职或兼职应急救援队伍上报政府安监机构备案的证据资料。

（三）安全避险

【标准原文 1】

按规定建立完善井下压风自救、供水施救等安全避险设施，设置井下避灾路线指示标识。安全避险系统应当随采掘工作面的变化及时调整和完善，每年由总工程师组织开展有效性评估。

【条文依据】

《国务院关于进一步加强企业安全生产工作的通知》(国发〔2010〕23 号)，第三条；《煤矿安全生产条例》第二十六条；《煤矿安全规程》第二百二十条、第二百四十五条、第六百七十三条、第六百八十四条、第六百八十七条、第六百八十九条、第六百九十一条；《防治煤与瓦斯突出细则》第四章第五节、第一百一十六~一百二十一条；《防治煤矿冲击地压细则》第八十四条。

【条文内涵】

标准描述的“按规定建立完善”的矿井应急避险的系统、设施，其内涵是指《煤矿安全生产条例》《煤矿安全规程》《防治煤与瓦斯突出细则》《防治煤矿冲击地压细则》等法规所明确的应急避险、安全防护的相关规定。

为了切实保障煤矿职工的生命安全，针对煤矿的瓦斯爆炸、瓦斯突出、冲击地压、矿井水害等重大风险，《煤矿安全规程》及《防治煤与瓦斯突出细则》、《防治煤矿冲击地压细则》明确了安全防护设施设置、应急避险系统建立完善、应急避险设施设置相关规定，这是对广大煤矿井下职工生命保护的最后一道防线。为确保上述系统、设施的完好、完善和有效，《煤矿安全规程》还作出了煤矿应“每天巡检”“维护管理”“建立技术档案”“总工程师组织年度有效性评估”等具体和明确的规定。煤矿必须执行这些规定。

【实施要点】

要点1：纳入风险管控机制

（1）将重大灾害、事故的防护设施建立完善、应急避险系统的建立完善、应急避险设施的设置和完善纳入本矿双重预防机制。

（2）将系统建立完善、设施配置完善的管控，与本矿重大灾害防治、风险管控方案、作业规程、相关管理制度有机融合。

（3）煤矿安全生产第一责任人应确保安全避险系统建立完善、设施配置完善的各项资源投入。

要点2：建立完善制度

对系统建立完善、设施配置完善的管控，实施制度化的管理。应明确：

（1）相关管理层级、部门（或单位）的管理职能、相关管理岗位的职责。

（2）系统建立应遵循的技术标准，设施配置完善应遵循的技术性标准。

（3）巡检、维护、测试、调整、更新等方面管理的责任主体、方式方法、周期频次。

（4）监督检查主体及职责、责任追究。

（5）总工程师组织年度有效性评估的程序、内容、方式方法。

（6）应形成的管理证据资料及资料的归档管理。

要点3：严格制度执行和措施的落实

（1）涉及应急避险各系统管理的基层区队、管理单位，应严格制度执行和措施落实。

（2）机关业务部门应加强技术指导、业务保安、现场巡查监督的管理。

（3）安检部门应对应急避险系统的管理（从部门职能、岗位职责、现场状况等），全面加强监督检查，并纳入绩效考核机制管控。

【资料清单】

（1）文件化的避险系统及设施管理制度。

（2）本矿应急避险系统及应急避险设的管理纳入双重预防机制管理的证据资料。

（3）应急避险系统和应急避险设施管理台账。

（4）应急避险系统和应急避险设施巡检资料。

（5）应急避险系统和应急避险设施技术档案。

（6）年度组织开展对避险系统有效性评估资料。

【标准原文 2】

井下设置应急广播系统并定期测试，作业人员能够清晰听到应急指令。

【条文依据】

《中共中央办公厅　国务院办公厅关于进一步加强矿山安全生产工作的意见》第十四条；《煤矿安全规程》第六百八十五条。

【条文内涵】

《煤矿安全规程》除了要求煤矿应建立完善通信系统外，还要求煤矿在井下设置应急广播系统。煤矿井下的应急广播系统，是应对灾害、事故的重要举措，是对煤矿通信系统的有力补充。挽救生命务必分秒必争。应急广播系统除具有调度直通电话功能外，还具有迅速将煤矿调度室（应急救援中心）关于险情、灾害、事故的相关信息和应急避险的命令第一时间直接传递给现场危险区域、周边危险区域的所有人员，以便使人员迅速实施应急避险。

为确保应急广播系统功能的完整性、有效性发挥，《煤矿安全规程》还对现场受众对象、声音技术做出了规定。

【实施要点】

要点 1：投入保障到位

应在物力、财力、技术等方面保障应急广播系统的资源投入。

要点 2：建立完善制度

建立完善应急广播系统管理制度。应明确：

（1）该系统的分管矿级领导、主管部门及管理职能。

（2）该系统使用部门及职能职责。

（3）该系统的原始技术资料管理。

（4）该系统的安装、回撤、巡检、维护、更新、故障排查的管理主体、管理方式、相关管理职责。

（5）对该系统实施测试的项目、内容、方式方法、记录载体。

（6）该系统使用、维护、测试人员达到应知应会。

（7）制度应形成的记录等证据资料。

要点 3：严格制度执行

（1）按照本矿制度的规定进行管理，确保运行稳定、可靠。

（2）涉及该系统管理、使用的各基层区队、相关管理部门，应按照制度规定的管控内容，在巡查、维护、测试、使用、记录等方面各司其职。

（3）调度机构人员、现场管理人员及职工熟悉该系统的功能，熟练掌握该系统的使用技能。

(4) 接受上级监督检查，提供客观完整的管理证据资料。

【标准原文 3】

入井人员随身携带额定防护时间不少于 30 min 的隔绝式自救器，并能熟练使用；矿井避灾路线沿线按需要设置自救器补给站。

【条文依据】

《煤矿安全规程》第十三条、第六百七十九条、第六百八十六条。

【条文内涵】

煤矿下井人员个体使用的自救器，是井下职工的救命器，对重大灾害及重大事故的防护、对生命保护意义重大。《煤矿安全规程》对个体使用的自救器的生命保护时间作出了不少于 30 min 的下限规定，是力争保障井下职工能够在 30 min 内撤离险区。

对某些大型煤矿或衰老煤矿，随着开采的延伸、开采距离的延长，可能存在 30 min 内职工难以撤离险区的情况，因此，《煤矿安全规程》又规定了"自救器补给站"的相关内容。旨在通过对开采距离比较远的工作地点，要求在其避灾路线上设置自救器补给站，以解决自救器一次性使用其生命保护时间不足以撤离险区的问题。

【实施要点】

要点 1：资源投入保障

煤矿应确保入井人员个体佩戴的自救器及避灾路线上的自救器补给站管理所需要的人力、物力、技术等资源保障。

要点 2：建立完善制度

依照《煤矿安全规程》相关规定，建立完善本矿自救器的管理制度。制度应明确：

(1) 自救器管理的分管矿级领导、主管部门及其管理职能、相关管理岗位及其职责。

(2) 自救器投入保障管理（资金、场所、管理人员、技术、信息等）。

(3) 个体使用的自救器管理。管理程序和管理措施包括采购、入库、上架、培训、考试、发放、维护、测试、监督、报废、更新等；自救器备用量的管理；自救器规格、型号、时限的满足性管理。现场自救器的佩戴管理（包括外来人员）、使用管理、抽查是否熟练使用。

(4) 自救器补给站管理。明确本矿是否需要建立自救器补给站的基本原则和条件；自救器补给站设立的方案设计、审批；自救器补给站安装、验收和移交管理；日常巡检、维护、更新、补充、回撤等。

（5）应形成的管理证据资料。

要点3：严格制度执行

（1）煤矿按照其自救器管理制度的规定，规范对个体使用的自救器、自救器补给站的管理。

（2）留存客观证据资料备查。

【标准原文4】

明确授予带（跟）班人员、班组长、安检员、瓦斯检查工、调度人员的遇险处置权和现场作业人员的紧急避险权。

【条文依据】

《中华人民共和国安全生产法》第五十五条；《国务院关于进一步加强企业安全生产工作的通知》（国发〔2010〕23号）第十三条；《中共中央　国务院关于推进安全生产领域改革发展的意见》第一条；《生产安全事故应急条例》第十七条；《煤矿安全规程》第八条。

【条文内涵】

党中央、国务院对职工生命安全非常重视，国家安全生产法律、法规、《煤矿安全规程》等也对应急避险做出了明确规定。煤矿施工作业现场面对险情、灾害和突发事故，现场职工生命安全受到威胁时，应快速、科学地实施应急避险，这是应急处置的第一要务。煤矿必须高度重视应急避险管理、强化干部、职工的应急避险意识，不断提升应急避险技能，充分发挥现场应急避险设施的功能。

【实施要点】

要点1：建立完善制度

煤矿应根据国家安全生产应急避险法律、法规、规章应急避险的相关规定，结合本矿安全生产基本条件、风险程度，建立应急避险权限管理制度。制度应明确：

（1）应急避险管理的分管矿级领导、主管部门、管理职能和岗位职责。

（2）面临的风险类别。

（3）应急处置权限六类主体人员的完整性覆盖。

（4）授权的载体、形式、发布、贯彻、培训、学习、签名。

（5）对被权限的人员组织学习培训后的掌握情况如何监督检查。

(6) 应急避险管理如何与应急演练管理有机融合。

要点2：强化应急意识培训

(1) 加强职工应急避险意识的培训，将应急避险及本制度的管理内容纳入本矿年度培训计划。

(2) 进行必要的应知应会考试、抽查，确保现场职工、干部应急意识提升，确保掌握应急避险的应知应会和相关逃生技能。

要点3：严格制度执行

按照本矿的应急避险权限管理制度严格管理和实施。

【资料清单】

(1) 文件化的应急避险权限管理制度。

(2) 应急避险权限授权载体。

(3) 组织对应急避险权限学习贯彻、培训、签名证据资料。

(4) 应急避险权限掌握情况抽查、检查证据资料。

(四) 应急预案

【标准原文1】

预案编制与修订：按规定编制应急救援预案，并及时修订；按规定组织应急救援预案的评审，形成书面评审结果；评审通过的应急救援预案由煤矿主要负责人签署公布，及时发放。

【条文依据】

《中华人民共和国安全生产法》第二十一条、第八十一条；《中华人民共和国突发事件应对法》第三十六条；《生产安全事故应急条例》第五条、第六条；《煤矿安全生产条例》第十八条；《生产安全事故应急预案管理办法》第五条、第二十一条至第二十四条、第三十五条；《煤矿安全规程》第六百七十四条。

【条文内涵】

实施应急预案管理，是我国实行改革开放后应急管理“一案三制”（一案指应急预案；三制指应急管理的应急法制、机制、体制）体系的重要内容之一，是国家应急管理基本方略，是应急救援管理重要举措。改革开放之后，从党中央、国务院诸多安全生产政策，到国家安全生产一系列法律、法规、规章、标准，对应急预案管理有一套系列化的规定。自21世纪之初到现在，上到国务院、国务院各部门，下至各级政府、企业单位，均形成了完整的应急预案管控体系。煤矿作为高风险行业的企业，强化应急预案的管理，既是法律法规的强制性规定，也是现场实施应急处置的基础性举措。

【实施要点】

要点1：建立制度

煤矿应按照国家有关应急预案管理的一系列法律、法规、规章、标准等相关规定，建立完善本矿《应急预案管理制度》。制度应做到：

（1）保障应急救援及应急预案管理相关资源。

（2）明晰从煤矿的安全生产第一责任人，到各分管副职、管理部门、基层区队的职能职责。

（3）规范应急预案管理的各流程。包括风险评估、资源调查、预案起草、外部评审、上下衔接、签署发布、文本发放、预案公布、上报政府、报送上级、定期评估、及时修订、贯彻培训、学习签名等。

（4）预案中的基本要素的内容做到完整性、符合性、科学性、适宜性、可操作性等。包括组织机构、应急职责、处置程序、应急措施等。

（5）关注国家应急管理、预案管理法律法规及标准的变化，确保本矿制度与国家法律法规规定的持续符合性。

要点2：预案建立

（1）煤矿应按照国家相关应急法规、预案编制标准和本矿管理制度进行预案编制。

（2）预案编制应考虑本矿与煤矿上级的预案、与所在地政府相关预案的逻辑衔接。

（3）预案编制完成后，应按照法规、标准相关规定组织评审，并留存客观、完整的评审证据资料。

（4）对预案评审发现的问题，煤矿应及时组织修改完善。预案评审通过后，煤矿应按照法规、制度的规定程序实施发布发放。

要点3：预案修订

（1）当发生符合法规规定的修订条件时，应及时组织修订，确保预案的持续符合性、适宜性。修订后的预案应及时报备。

（2）应关注本矿年度安全风险辨识评估报告中确认的重大风险情况，纳入预案修订范畴。

（3）按照《生产安全事故应急预案管理办法》的规定实施定期评估。

要点4：预案培训

（1）将本矿应急预案培训纳入年度安全培训计划。

（2）预案培训应遵从应知应会的原则，对预案所涉及指挥人员、工作人员、施救队伍、涉险人员等不同对象，科学组织、针对性培训。

【资料清单】

（1）本矿形成正式文件的《应急预案管理制度》。

（2）编制（修订）预案管理者制度，编制预案所依据的法律、法规、规章、标准、上级文件清单。

（3）应急救援预案。

（4）预案评审证据资料。

（5）向所在地政府主管部门备案、向本煤矿上级报送的证据资料。

（6）预案签署、发放、公布的证据资料。

（7）预案培训、学习、监督检查证据资料。

（8）预案评估、修订的证据资料。

【标准原文 2】

按分级属地管理的原则，按规定时限、程序完成应急救援预案上报并进行备案。

【条文依据】

《生产安全事故应急预案管理办法》第三条、第二十六～二十八条。

【条文内涵】

国家实施应急预案文本备案制度，是强化应急管理监督的重要措施。实行预案备案属地管理原则，既方便煤矿预案备案的实施，又能够让政府监督监管应急预案的可行性、适宜性。《生产安全事故应急预案管理办法》对应急预案的报备程序、上报时限、资料提供、接收登记等方面作出了明确规定，因此，煤矿必须严格依法依规执行。

【实施要点】

要点 1：纳入制度管控

煤矿应急预案备案管理应纳入本矿《应急预案管理制度》，并明确：

（1）初次编制的预案、修订之后的预案分别如何报备。

（2）本矿实施备案的主责部门。

（3）备案的时限规定。

（4）需要报备的政府机构、部门。

（5）需要上报的煤矿上级部门。

（6）备案回执的索取。

（7）备案证据资料的管理。

要点2：规范报备管理

煤矿应按照制度规定规范实施预案备案、上报。

【资料清单】

（1）预案报备的文件。

（2）预案备案证据资料。

（3）预案上报煤矿上级证据资料。

（五）应急演练

【标准原文1】

有应急演练规划、年度演练计划和演练工作方案，内容符合相关规定。

【条文依据】

《生产安全事故应急预案管理办法》第三十三条；《生产安全事故应急演练基本规范》（AQ/T 9007—2019）第6.1条、第6.2条。

【条文内涵】

（1）应急演练规划编制。基于国家法规要求煤矿应至少3年一次对应急预案的针对性和实用性进行评估，煤矿就必须对其所编制的应急救援预案（综合预案、每个专项预案）在3年一个周期内至少演练一次。因此，煤矿应在每一个新版本预案评审完成后，编制该版本应急演练三年规划。

（2）年度演练计划编制。基于煤矿每一年度有多个预案演练的任务，就应该分年度编制《年度演练计划》。对本年度需要演练的预案，结合安全生产实际及相关影响因素，科学、合理地安排本年度的演练计划。

（3）演练工作方案编制。《生产安全事故应急演练基本规范》（AQ/T 9007—2019），对演练工作方案编制的内容做出了明确的规定，煤矿应按照标准的规定及本矿演练管理制度的规定，编制完善《演练工作方案》，以确保演练实施的科学性、可操作性。

（4）文本审批及报备。《3年演练规划》《年度演练计划》《演练工作方案》文本编制完成后，按照煤矿《应急演练管理制度》的相关规定履行审批、报备程序。

【实施要点】

要点1：建立管理制度

按照国家应急演练法律、法规、规章、标准的相关规定，结合本矿实际，编制本矿《应急演练管理制度》，并做到：

（1）保障应急演练的各项资源。

（2）分别明确矿安全生产第一责任人、各分管副职、各管理部门、基层区队、参演人员的演练职能职责。

（3）规范演练全流程。包括规划编制、计划编制、演练策划、类别确定、资源保障、文案编制、组织机构、文件编写、组织实施、安全保障、过程记录、演练评估、演练总结、资料归档、持续改进、资料报备等。

（4）明确演练规划、演练计划等演练文件编制、审批、下发、上报等程序。

（5）制度管控程序和措施做到完整性、符合性、适宜性、可操作性等。

（6）关注国家应急演练法律、法规、标准的变化，及时修订本制度，确保制度的持续符合性。

要点 2：完善演练文本

按照《生产安全事故应急演练基本规范》（AQ/T 9007—2019）的规定，完整编制、审批本矿的《3 年演练规划》《年度演练计划》《演练工作方案》等演练文件。

【资料清单】

（1）应急演练制度。

（2）应急演练 3 年规划。

（3）应急演练年度计划。

（4）应急演练工作方案。

【标准原文 2】

按规定 3 年内完成所有综合应急救援预案和专项应急救援预案演练，至少每半年组织 1 次生产安全事故应急救援预案演练，并对演练情况进行评估和总结，记录详实，并保存演练影像资料。

【条文依据】

《生产安全事故应急预案管理办法》第三十四条；《生产安全事故应急演练基本规范》（AQ/T 9007—2019）第 6.2.3 条、第 7.5 条、第 8.1 条。

【条文内涵】

应急演练意义重大。包括检验预案存在的问题；提高应急预案的针对性、实用性和可操作性；完善应急各项准备，提高应急能力；磨合上下级之间、部门与部门的协调配合能力；普及应急知识，提升应急意识和能力；锻炼应急救援队等。应急预案要承担和完成其应急救援、挽救生命、降低灾损的任务，唯有通过应急预案演练，才能检验其功能的科学性、有效性。

基于国家对应急演练颁发了一系列的法律、法规、规章、标准方面，且预案演练是一项具有长期性、科学性、复杂性、基础性的工作，不仅意义重大，且尚有一定的安全风险（风险主要来自实战演练）。因此，煤矿应急预案演练工作务必高度重视、精心组织、严密安排、规范实施。

【实施要点】

要点1：演练策划

煤矿应按照国家应急演练标准、本矿管理制度、预案演练文件的规定，全面、精细进行演练过程的整体策划。包括机构组建、目标确认、文本编制、资源保障、场地确认、安全保障、过程控制等。

要点2：充分准备

对经费支出、演练文本、记录表格、工具材料、参演人员、事前培训、防护措施等方面充分准备。

要点3：过程控制

应按照演练策划、演练方案、演练脚本等相关设计，各参演岗位人员严格履行职责，指挥人员及时调度、协调，有序推进各个场景的演练活动，确保演练任务完成。及时发现突发情况并酌情中止或终止演练。

要点4：客观记录

按照演练制度、演练方案的规定，利用文字、影像、图片等形式客观、完整地进行演练记录。

要点5：演练评估

应按照批准的演练评估方案、评估标准实施评估。评估的过程应严谨，评估的结果应客观。

要点6：演练总结

应按照演练制度的规定进行演练总结。在完整收集演练文本、演练记录、评估报告等基础资料的基础上实施总结。演练总结的内容应完整体现演练标准的相关规定。演练总结既要充分肯定成绩，更要实事求是地分析、查找案演练全过程存在问题和差距。形成规范的《演练总结报告》。

要点7：资料整理

按照国家预案演练相关法规、标准、本矿预案演练制度的规定，在每次演练结束后，应及时和完整收集、归纳、整理预案演练的相关资料，做好资料归档、上报等相关工作。

要点 8：持续改进

演练评估、演练总结需要在演练策划、预案文本、演练组织、资源准备、措施实施等方面分析问题和缺陷，确认应急预案文本是否需要修订、如何修订补充完善。

【资料清单】

（1）经过审批的全套演练工作文件（符合国家演练标准的相关规定）。

（2）完整的演练过程记录，包括纸质版、电子版、图片、影像等。

（3）应急演练评估方案及评估证据资料。

（4）应急演练工作总结及发放证据资料。

（5）演练后持续改进证据资料。

（6）演练资料应报备、上报的证据资料。

三、“三堂一舍”

（一）职工食堂

【标准原文】

基础设施齐全、完好，满足高峰时段职工就餐需要；工作人员持健康证上岗；为职工提供免费班中餐服务或补助。

【条文依据】

《中华人民共和国食品安全法》第四十五条；《国务院关于促进煤炭工业健康发展的若干意见》（国发〔2005〕第 318 号）第二十七条；《关于调整煤矿井下艰苦岗位津贴有关工作的通知》（劳社部发〔2006〕24 号）第二条；《工业企业设计卫生标准》（GBZ 1—2010）第 4.3 条、第 7.2 条。

【条文内涵】

党中央、国务院一直十分关心煤矿职工的生活，出台了一系列法规、政策、标准、文件，不断提升煤矿职工的生活幸福指数。基于煤矿是高危行业、井工煤矿地下作业的艰苦和特殊环境，煤矿应高度重视职工的生活福利事业，在饮食、就餐、服务方面应持续改进提高。

【实施要点】

要点 1：资源投入保障

（1）煤矿应确保职工饮食就餐的投入，包括基础设施、管理人员、技术人员的配置、资金投入等。

（2）新建煤矿在设计之初应立足于饮食就餐基础设施的高起步。

（3）生产煤矿应积极创造条件，改善职工就餐基础设施。

要点2：建立完善制度

煤矿依照国家食品安全法律、法规、相关标准，建立完善职工食堂食品安全管理制度，至少应明确：

（1）职能职责界定。包括明确分管职工食堂（或后勤部门）的矿级领导、职工食堂管理部门及岗位职责。

（2）准入管理。包括食品加工人员健康准入、个人更衣、个人卫生管理。

（3）采购管理。包括食材（包括半成品、食品添加剂等）的采购、运输、储存安全和卫生管理。

（4）场所管理。包括食品加工制作场所、储存场所的采光、照明、通风、防虫防鼠设施。

（5）加工制作管理。包括对食品加工制作全过程的安全和卫生管理。例如消毒、盥洗、防腐、防尘、防蝇、防鼠、防虫、洗涤、处理废水、存放垃圾、废弃物的环节。

（6）设施管理。包括食品加工制作的设备、机械、器械、炊具、用具的安全和卫生管理，职工就餐使用的餐具、饮具、容器的安全和卫生管理。

（7）用水和生活饮用水安全卫生管理。

（8）使用的洗涤剂、消毒剂安全保障管理。

（9）防止食物中毒管理。包括食品留样、食品追溯机制、食品安全追责、中毒急救等。

要点3：加强日常规范管理

（1）煤矿及职工食堂的管理部门应严格按照法规、制度实施管理，分管领导、主管部门加强监督检查。

（2）职工班中餐依法依规保障，结合本矿实际，提高服务质量，满足职工需求。

【资料清单】

（1）职工食堂个数、建筑面积、就餐场所面积、最高就餐人数/顿基础数据资料。

（2）文件化职工食堂食品安全管理制度。

（3）职工食堂加工制作人员名单及个人健康证资质证件。

（4）职工班中餐管理制度，职工班中餐补助证据资料。

（5）职工食堂安全管理、食品安全卫生监督检查证据资料。

（二）职工澡堂

【标准原文】

满足高峰时段职工洗浴要求；设有更衣室、浴室、厕所，更衣室安全设施齐全；澡堂使用电动更衣吊篮时，电动更衣吊篮的设计选型、安装、使用管理、维护保养符合相关规定要求；洗衣房设施齐全，为职工提供衣物清洗、烘干服务。

【条文依据】

《工业企业设计卫生标准》（GBZ 1—2010）第6.2～6.4条、第6.6～6.8条；《矿用电动更衣吊篮安全管理规范》（KA/T 18—2023）第4～8条。

【条文内涵】

由于煤矿地下作业环境的艰苦，煤尘、粉尘飞扬等因素对职工的健康侵害，煤矿井下职工每班后洗浴是基本的劳动保护措施。因此，国家相关法规和基础建设标准对煤矿职工的更衣、洗浴有专项要求。煤矿应该重视职工的更衣、洗浴、工作服洗涤、工作服烘干等后勤服务的管理，积极创造条件，为职工提供高质量的后勤服务保障。

【实施要点】

要点1：资源保障管理

（1）煤矿应确保职工洗浴的投入，包括资金、物力、基础设施、管理人员、设备设施等。

（2）新建煤矿在设计之初应立足于更衣、洗浴基础设施的高起步。

（3）煤矿应积极创造条件，不断改善职工更衣、洗浴、工作服洗涤设施。

要点2：建立完善制度

煤矿应依照国家卫生健康相关法规、标准的规定，建立完善职工更衣、洗浴管理制度，至少应明确：

（1）分管职工更衣、洗浴工作矿级领导、职能部门、岗位职责。

（2）职工澡堂基础保障配置，包括照明、通风设施，工作服洗涤场所及设备设施，休息场所及设施，管理人员、卫生服务人员、工作服洗涤及烘干人员配置等。

（3）更衣室使用电动吊篮的专项管理。①严格按照国家相关标准进行设计、选型、采购、安装、验收；②严格使用管理。对职工提出的使用明确具体的安全防控措施和要求；③严格维护管理。按照实际需求配置管理维护、巡检人员，明确维护巡检周期频次、工作质量、隐患排查、故障排查等；④扎实演练管理。按照国家相关规定和本矿相关制度，实施专项应急演练。

（4）洗浴场所、水源、水温、室内温度、照明、通风、消毒、防滑、如厕安全卫生管理。

（5）工作服洗涤、烘干设备设施的安全管理。

（6）更衣室消防管理。

（7）服务态度、服务质量管理。

（8）安全监督检查管理，失职、失责的追究。

要点3：严格制度执行

（1）煤矿涉及职工洗浴、更衣、洗衣管理的分管领导、资源保障部门、使用部门、监督管理部门等，应严格履行管理职能职责，严格按照制度执行，主管部门加强监督检查。

（2）使用有电动吊篮更衣的煤矿，务必按照其管理制度，严格监督检查、定期巡查，对使用、巡检、维护、消防、演练等环节全面监督，纳入考核机制管控。

（三）职工会堂

【标准原文】

设施完好，满足职工集会需要。

【条文依据】

《工业企业设计卫生标准》（GBZ 1—2010）第7.1条。

【条文内涵】

24 h三班连续作业是煤矿生产的特点之一，因此，每班生产作业前需要召开班前会。基层区队需要在班前会上点名、组织班前学习及总结、安排部署安全工作和生产任务等事宜。因此，煤矿基层各生产作业单位需要设置会议场所。

矿一级及机关管理部门，更是由于安全管理、生产经营管理等方面的需要经常召开安全工作、生产调度、事故分析等各类会议，同样需要会议场所。因此，会堂需求是一项基础性、长期性的工作，也是煤矿基础设施之一。各矿应根据实际需求，分管理层级设置其会议场所。

【实施要点】

要点1：保障资源投入

（1）煤矿应根据需求，统一策划并设置矿级、机关部门、基层区队层级会议场所。

（2）根据不同层级召开会议的实际需求，确保资金投入，配备会堂必要的基础设施及用品，满足会堂功能的需求。

要点2：建立制度并规范管理

（1）煤矿建立完善会堂管理制度，明确管理责任人、管理方式方法、卫生整洁要求、设施完好等管理内容。

（2）会堂的使用单位、管理单位应严格按照制度实施管理。

（四）职工宿舍

【标准原文】

布局合理，人均面积不少于5 m^2；室内整洁，设施齐全、完好，物品摆放有序，提供免费网络服务。

【条文依据】

《宿舍建筑设计规范》（JGJ 36—2016）第4.1条、第4.2条。

【条文内涵】

随着我国经济高速发展、社会日益进步、矿井经济效益提升等因素，煤矿应逐步改善和提供煤矿职工的居住环境、条件，不断优化和改善职工居住、休息的条件。这不仅仅是给职工谋福利，同时也是一种劳动保护措施。因此，煤矿高管层领导应重视职工居住条件的改善，确保对职工宿舍、居住条件和设施的投入，应在满足国家法规、相关标准基本要求的前提下，不断提高单身职工居住的幸福指数。

【实施要点】

要点1：资源保障

（1）煤矿应保障对单身职工居住基本设施的投入，确保职工住宿面积符合国家法规、标准的规定。

（2）保障住宿管理、住宿条件改善的资源提供。

（3）不断创造条件，逐步改善职工住宿环境（包括道路、照明、供暖、空调、通风、绿化、健身、娱乐等），应尽可能让男女单身职工分楼居住或分层居住。

（4）保障职工生活区（包括宿舍、食堂、娱乐场所、体育锻炼场所等）无线网络全覆盖，其信号灵敏、可靠、稳定。

要点2：建立完善制度

（1）明确职工宿舍管理的分管矿级领导、主管部门及岗位职责。

（2）制度内容应包括居住面积、建筑设施、公共卫生设施、个人卫生、文明举止、室内卫生及设施摆放、公共卫生面貌、防火防触电防高处坠落等安全管理、公共设施维修维护管理等。

要点 3：规范住宿管理

（1）煤矿应严格按照住宿管理制度对住宿进行规范管理。

（2）持续对住宿人员进行公共卫生意识、个人健康意识、住宿安全防护意识的宣传教育。

四、附加项——职工福利

【标准原文】

职工免费就餐、洗衣、住宿。

【条文依据】

《“健康中国 2030”规划纲要》第一章；《国务院关于促进煤炭工业健康发展的若干意见》（国发〔2005〕第 18 号）第二十六条。

【条文内涵】

煤矿应在生产、经营、效益发展的同时，深刻理解和重视煤矿职工的劳动艰辛，尊重煤矿职工的劳动。煤矿高管层领导的政治站位应与党中央、国务院保持一致，将“坚持以人民为中心的发展思想”付诸行动，在职工住宿、餐饮、文体、娱乐、健康等方面持续给煤矿职工办好事、办实事。

【实施要点】

要点 1：高度重视后勤服务投入保障

（1）将煤矿职工生活、服务、后勤等方面幸福指数的提升纳入本矿高管层管控范围。

（2）根据本矿自身条件、经济承受能力量力而行。

要点 2：重视日常后勤服务管理

投入资源给职工谋福利应确保其效果，注意倾听职工的意见、需求，相关措施应配套、完善，持续改进工作。